말뚝기초 트러블과 대책

Pile Foundation Trouble and Measure

이 책은 일본지반공학회 출판『말뚝기초의 트러블과 대책(제1 개정판)』(2014년 11월 17일 발행)을 번역한 것입니다.

말뚝기초 트러블과 대책

Pile Foundation Trouble and Measure

일본지반공학회 저

임종석, 김병일 역

씨아이알

Troubles and measures, Series No.1 Troubles of pile foundations and their measures (revised edition)
The Japanese Geotechnical Society, Troubles of pile foundations and their measures editorial committee
The Japanese Geotechnical Society
Original Japanese edition published in 2014 by The Japanese Geotechnical Society

서문

일본지반공학회(日本地盤工學會)에서는 회원 또는 앞으로 지반공학을 공부하여 이 분야에 종사할 뜻을 지닌 분들을 대상으로 지반공학적 지식을 알기 쉽게 해설한 책과 계획·설계·시공 단계에서 발생하는 여러 가지 문제를 해결하는 데 참고할 수 있는 책 등을 출판하고 있다. 즉, 지반과 기초에 대한 이해하기 쉬운 입문서, 조사·설계에서 시공까지의 기술을 해설한 실무서, 이론과 관련 사항을 해설한 책 등을 출판하고 있다.

그러나 지반과 기초에 관한 공사에는 위의 검토만으로는 대처할 수 없는 불확정 요소도 많이 포함되어 있으며, 이 때문에 트러블이 발생한 사례도 많다. 이러한 트러블을 미연에 방지하거나 또는 적절히 대처하기 위해서는 과거의 경험을 교훈 삼아 장래에 도움이 되도록 하는 것이 필요하다. 따라서 지금까지 출판된 책에서는 충분히 다룰 수 없었던 지반과 기초에 관한 트러블과 대책 사례를 구체적으로 해설한 '트러블과 대책 시리즈'를 출판하게 되었다.

이 책은 그 시리즈의 일환으로 1992년 4월에 출판된 초판에서 최근 말뚝기초공법의 발전과 사용 실적 등에 맞추어 새롭게 개정한 것이다. 이 책을 집필하는 데 귀중한 사례를 제공해 주신 집필자 여러분은 물론, 기획·편집을 담당한 편집위원 여러분들께 깊이 감사드리면서 이 책이 여러분의 좋은 동반자가 되기를 바란다.

2014년 10월

공익사단법인 일본지반공학회

머리말

이 책은 말뚝공사에서의 트러블 사례를 모은 것이다. 트러블은 직무 영역이나 개인 내부로 매몰되는 것이 대부분이었지만, 1992년 4월 '트러블과 대책 시리즈'의 첫 번째 도서『말뚝기초 트러블과 대책』(야마다 키요시미(山田清臣) 위원장)이 발행되어 사례를 공개함으로써 동일한 실패나 트러블을 반복하지 않기 위한 유익한 자료로 활용되어 왔다. 그러나 초판이 발행된 지 20년이 지나면서 말뚝 시공법은 크게 달라졌다. 예를 들어, 현재 많이 사용되고 있는 회전관입말뚝공법과 강관소일시멘트말뚝공법 등은 당시에는 개발되지 않았다. 또한 매입말뚝이나 현장타설콘크리트말뚝은 당시와 비교하여 말뚝의 형상·치수나 시공기계·시공관리가 크게 달라졌다. 한편 초판에서 대표적인 공법이었던 타입말뚝은 현재는 거의 사용되지 않는다. 이와 같은 사정 때문에 말뚝기초에 관련된 기술자들로부터 현재도 사용할 수 있는 트러블 시리즈의 간행을 바라는 목소리가 높아져 이 책을 개정하게 되었다.

초판에서는 관련 기술자들을 대상으로 설문조사를 실시하여 많은 분들의 경험을 바탕으로 이 책을 편집했는데, 개정판에서도 새로운 공법의 트러블 사례를 수집하기 위해 유사한 설문조사를 실시하였다. 그 결과, 다수의 사례가 수집되어, 이를 분석하여 대표적인 사례를 게재하였다. 말뚝 시공법마다 트러블 내용을 유형화하고, 발생하기 쉬운 트러블의 요인과 대처법을 종합하여 정리하였다. 트러블 사례에서는 먼저 트러블의 내용을 밝히고 그 요인을 분석한 다음 실시한 대처 방법을 서술하고, 나아가 향후 방지 대책의 제안을 간결하게 정리하였다. 그런데 초판에 게재된 대표적인 사례 중에서 이번 설문조사에서는 제공되지 않았던 트러블이 있어서 이는 개정판에도 게재해야 한다는 판단에 따라 원래 형태로 게재하기로 하였다. 이 때문에 개정판의 체제를 초판과 동일한 B5 판형(182×257mm, 번역본은 46배판 판형(188×257mm)을 사용) 그대로 하였다.

트러블 정보를 제공하는 것은 용기있는 행위이며, 틀림없이 동종 업계의 기술자로부터 존경받는 것이라 생각한다. 트러블을 일으키는 것이 권할 만한 것은 아니지만 다음의 대처가 기술자의 평가를 결정하는 가장 중요한 척도라고 생각한다. 그러나 트러블 사례의 구체적인 물건이 판명됨에 따라 새로운 분쟁이 생기는 것을 피하기 위하여 제공해주신 트러블 내용은 가능한 한 바꾸지 않은 상태에서 실제 대상 물건을 특정할 수 없도록 노력하고 있다. 또한 개별 사례 제공자는 명기하지 않고 집필하신 분들의 이름을 일괄적으로 기재하였다.

이번 개정판의 발간을 위해 기꺼이 정보를 제공해주신 분들, 이 책을 정리하는 데 편집위원회 위원들의 헌신적인 작업에 다시 한번 감사드린다. 또한 독자 여러분께서 이 책을 유용하게 활용하기를 바라면서, 더 유익한 정보나 개선 방안 등을 제안해주시면 감사히 받아들이겠다.

2014년 10월

말뚝기초 트러블과 대책(개정판) 편집위원회

구와하라 후미오(桑原文夫) 위원장

편집위원회 소개

• 편집위원회

• 원안 작성 담당자

- 사례 작성자 명단

가토 히데아키(加藤 秀明)	응용개발(주)
고로키 마키(興梠 真樹)	큐키공업(주)
구스모토 조(楠本 操)	(사)강관말뚝 및 강판기술협회
나카노 다카시(中野 敬史)	(주)오바야시구미
니시무라 유우(西村 裕)	(주)도요아사노재단
다케이 코지로(武居 幸次郎)	가시마건설(주)
미야다 승리(宮田 勝利)	미쓰이스미모토건설(주)
미야모토 가즈토루(宮本 和徹)	동양테크노(주)
미카미 히로히데(三上 博英)	(주)지오다이나믹
사다쿄 다카시(定京 隆)	앤도파일(주)
사카이 타카오(酒井 隆男)	미타니적산(주)
사토 게이(佐藤 啓)	마에다제관(주)
센조 노부유키(千種 信之)	일본콘크리트공업(주)
스즈키 키요시(鈴木 清司)	동북폴(주)
아리키 타카아키(有木 高明)	지켄테크노(주)
아베 테츠라(阿部 哲良)	고요건설(주)
아야마 야스히(阿山 泰久)	(주)오바야시조
아즈마 마사키(吾妻 正輝)	고다마 콘크리트공업(주)
아츠미 토모키(渥見 智紀)	주택파일공업(주)
야마시타 히사오(山下 久男)	카즈와공업(주)
야마자키 츠토무(山崎 勉)	(주)안도 하지마
오오카와 유키노리(及川幸典)	도호쿠폴(주)
오쿠노 미노루(奥野 稔)	(주)케이·에프·씨
와타나베 마사나리(渡邊 将成)	후지무라 크레스트(주)
요코야마 마사키(横山 正樹)	미타니적산(주)
이가키 게이조(井垣 圭三)	(주)다케나카 공무점
이나토미 요시즈(稲富 芳寿)	극동흥화(주)
이마 히로토(今 広人)	재팬파일(주)
이이다 노부유키(飯田 努)	재팬파일(주)
이치카와 카즈토미(市川 和臣)	JFE엔지니어링(주)
츠치야 토미오(土屋 富男)	(주)다케나카공무점
하시모토 미치노리(橋本 光則)	(주)미토모토질엔지니어링
호리이 히로켄(堀井 宏謙)	(주)안도 하자마
호리키리 절(堀切 節)	(주)테녹스
호소다 미츠미(細田 光美)	재팬파일(주)
혼바시 야스시(本橋 康志)	재팬파일(주)
후쿠무라 타카카(福村 孝佳)	신일본철주금엔지니어링(株)

- 초판 사례 저자 명단

가와베 히로시(川辺一洋)
가쿠 야스히로(角 康弘)
가쿠라이 마사아키(加倉井 正昭)
고원 도요시(古園 豊繁)
고이즈미 신고(小泉 真五)
나이토 료지(内藤禎二)
나카무라 이쿠오(中村 郁夫)
니시우치 히로오(西内 郁夫)
다나카 마사시(田中 昌史)
다쓰구치 다카시(辰口 隆司)
다키구치 켄이치(滝口 健一)
마에다 요시오(前田 芳男)
미나세 히라히라(間瀬 惇平)
사이키 코헤이(済木 幸平)
아라이 후생(新井 厚生)
아베 토시히코(阿部 俊彦)
야마구치 마코토(山口 誠也)
야마모토 이츠오(山本 稜威夫)
오노미 히로아키(尾身 博明)
오오키 노리미치(大木 紀通)
우치다 아키(内田 昭)
우치야마 승려(内山 勝麗)
이시이 유스케(石井雄輔)
이케다 겐지(池田憲二)
이타가키 고조(板垣 恒三)
츠츠이 시게유키(筒井 茂行)
타다 마사아키(多田 正明)
하가 타카나리(芳賀 孝成)
하라구치 테츠오(原口 哲夫)
하세가와 마사히로(長谷川 昌弘)
하야시 타카히로(林隆 浩)
후지모토 미치오(藤本 道雄)
후지이 리유(藤井 利侑)
히구치 요헤이(樋口 洋平)
히라야마 히데키(平山 英喜)

차례

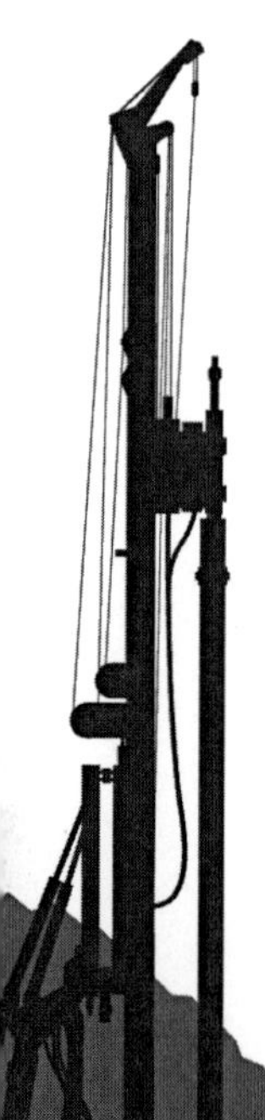

제4장 강관말뚝의 트러블과 대책

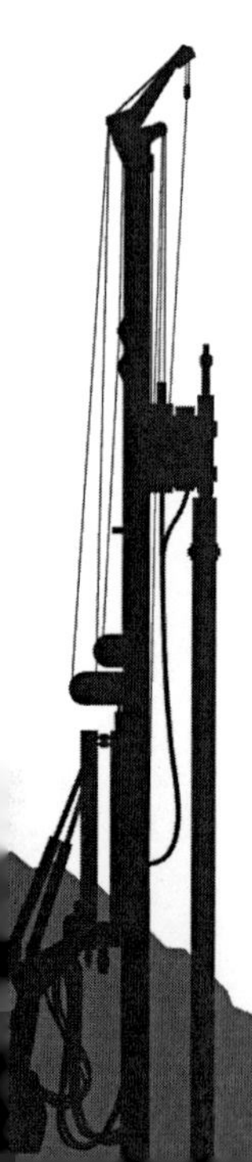

제5장 소구경말뚝의 트러블과 대책

트러블 사례 차례

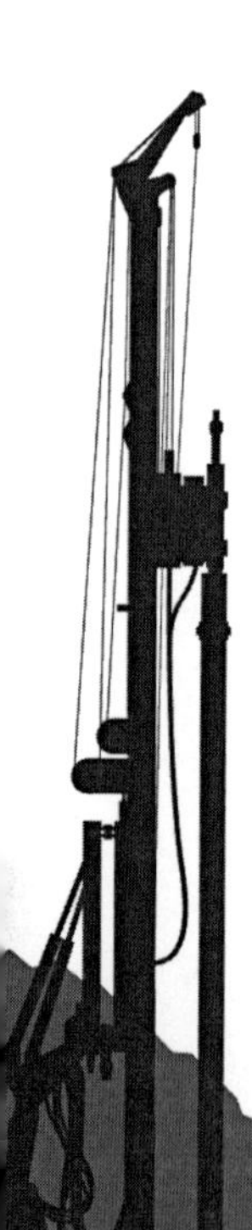

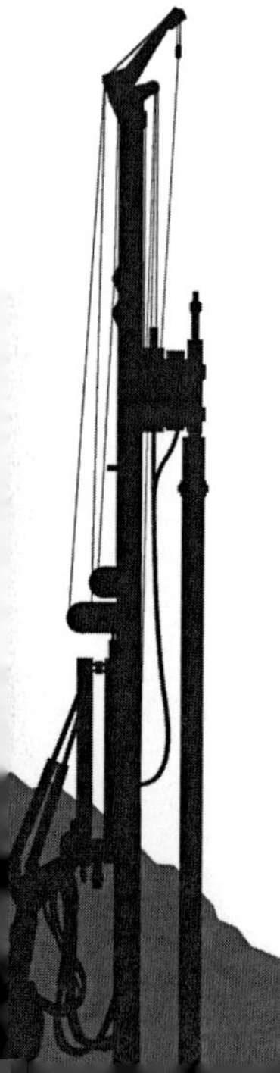

제1장

말뚝기초에서의 트러블 개요

제1장 말뚝기초에서의 트러블 개요

1.1 개요

1.1.1 트러블 발생과 요인

(1) 트러블 발생

말뚝기초의 트러블은 주로 시공 시에 발생하지만 완성 후 사용 시에 나타나는 경우도 있다. 말뚝기초의 성능은 말뚝 몸체와 지반에 따라 결정되지만 시공 시에 나타나는 트러블의 대부분은 말뚝 몸체에 관한 것이다. 기성말뚝이라면 말뚝 몸체의 손상, 현장타설콘크리트말뚝이라면 말뚝 몸체의 불량으로 나타나는 경우가 많다. 또한 말뚝에는 문제가 없어도 시공 위치, 깊이가 설계와 다른 경우에도 트러블이 발생한다. 시공 시에 지반을 이완시키는 경우 등은 말뚝기초의 성능에 커다란 영향을 미칠 가능성이 있지만, 시공 시에는 발견되지 않는 경우가 많다.

시공 시에는 트러블이 나타나지 않았어도 사용 시에 상부구조물에 어떠한 장애가 발생하고 그 원인이 말뚝기초에 있는 경우가 있다. 말뚝기초의 지지력 부족 때문에 상부구조의 침하와 경사 또는 균열 등의 손상이 발생하면 다시금 말뚝기초에 문제가 있었다는 것이 확인된다. 사용 시에 나타나는 트러블은 시공 시의 트러블에 비해 대처하기 더 곤란한 경우가 많으므로 시공 시에는 신중하게 함으로써 트러블을 피하는 것은 물론, 만에 하나 발생하는 예측하지 못한 사태에 대해서도 그 대처 방법을 예상해두는 것은 의의가 있다.

(2) 트러블 요인

트러블이 발생하는 주요 요인은 다음의 3가지로 분류할 수 있다.

i) 지반정보의 부족

지반조사가 불충분하고 부적절하여 말뚝의 지지층을 오인하는 경우가 있다. 적은 수의 지반조사로 지층이 복잡하게 구성된 지반을 평가하는 것은 곤란하다. 또한 지반조사는 평면적인 밀도뿐만 아니라 깊이방향으로도 충분한 범위를 조사할 필요가 있다.

지반조사는 말뚝기초의 설계에 필요한 정보를 얻는 것이 가장 중요한 목적이지만 시공을 위한 정보를 얻는 것도 마찬가지로 중요하다. 일반적으로 후자에 관한 정보 부족과 오해가 말뚝을 시공하는 단계에 이르러 트러블로 이어지는 경우가 많으므로 주의해야 한다. 또한 최근 도시지역에서는 자연지반이 적고 기존 구조물의 철거 후에 신설 구조물을 건설하는 경우가 많다. 이와 같은 경우에는 지중 매설물을 파악하지 않은 상태에서 말뚝공사를 진행하면 생각하지 못한 장애에 시달리는 경우가 있다.

ii) 부적절한 설계

말뚝은 시공법마다 각각 적절, 부적절한 지반이 있으며 해당 지반에 적절한 공법을 채택해야 한다. 지하수위가 높은 경우, 지하수 흐름이 빠른 경우, 배출 곤란한 커다란 자갈을 함유한 지반 등에 대하여 적용 불가능한 공법도 있다. 그것을 위해서는 말뚝의 시공법에 정통한 설계자가 공법을 선택하고 설계해야 한다.

iii) 부적절한 시공(관리)

말뚝기초는 지표에서 깊은, 보이지 않는 곳에서 시공하며 완성 후에도 육안에 의한 검사가 불가능하다. 따라서 그 성능을 보증하기 위해서는 시공 중의 관리가 매우 중요하다.

최근 말뚝기초 기술은 눈부시게 발전하였으며 다종다양한 공법이 실용화되어 있다. 종래보다 현격히 향상된 말뚝기초의 성능을 발휘시키기 위한 요구사항은 더욱더 증가하고, 시공관리는 한층 엄격, 복잡해지고 있다. 말뚝시공자는 이와 같은 시공관리를 그 관리규준에 따라 성실히 실행해야 한다.

1.1.2 트러블 대처와 방지 대책

(1) 트러블 대처

트러블이 발생한 경우에는 시공 중, 사용 중을 불문하고 그 원인을 해명하고 즉각 대처해야 한다. 안전에 관한 트러블 대처는 다른 작업보다 최우선적으로 대응해야 한다. 또한 트러블의 원인을 특정하기 위한 조사가 필요한 경우가 있으며, 당해 지반의 정확한 파악, 시공방법의 문제점 발견 등에 따라 어느 단계까지 되돌아갈지를 조기에 결정한다. 나아가 대처 공사의 준비, 대처 결과의 타당성 검증 등 문제 종결을 위한 계획을 구축한다.

(2) 트러블 방지 대책

트러블에서 많은 교훈을 얻을 수 있다. 이후의 트러블 방지를 위해 이러한 지식을 관계자가 공유하고 관리하는 것은 매우 유용하다.

기초공사 관계자들 중에는 트러블에 대한 위기관리에 소홀한 경우도 종종 있다. 기술자 개개인의 자질에 관한 문제에 그치지 말고 조직적으로 이에 대처할 필요가 있다.

1.1.3 트러블 사례의 수집

이 책을 집필할 때 건설회사나 말뚝 관련 단체 등에 설문조사를 보내 트러블 사례를 수집했다. 트러블 대상은 다음과 같다.

- 말뚝기초 시공 시 발생한 트러블 중 주로 지반에 기인하는 트러블
- 지반에는 직접적으로 기인하지 않지만 시공관리 오류 등 사람의 실수나 철근망의 띠철근이 시공 중에 벗어나는 등의 시공 트러블
- 건물이 기울어지는 등 사용 중의 트러블
- 시공에 따른 지하수의 오염, 소음, 진동, 오염지반에서의 시공 등 환경 및 공해에 관한 트러블
- 지내력 부족에 의한 중장비 전도 등 지반 등에 기인하는 사고
- 예상되는 트러블에 대해 사전에 대처하여 트러블을 미연에 방지한 사례

이 설문조사를 주로 건축설계사무소나 (사)일본건설업연합회 각 사, (사)일본기초건설협회, (사)콘크리트파일건설기술협회, (사)강관말뚝·강널말뚝기술협회, (NPO 법인)주택지반품질협회 등 기초말뚝 관련 다양한 단체, 고내력마이크로파일연구회 등 주요 공법협회·연구회 등에 의뢰한 결과 총 210개의 트러블 사례가 모였다. 협력해주신 관계자 여러분께 심심한 사의를 표한다.

편집위원회에서는 수집된 설문을 통해 말뚝 종류·공법별로 '트러블의 종류와 그 요인'의 일람표를 작성하였다. 또한 이 책에서 내용을 소개할 사례의 후보로 범용성이 있는 트러블에 대해 향후 트러블 방지의 관점에서 유용하고 정보량이 많은 사례를 선정하여 집필을 의뢰하였다. 그 결과 56개의 사례를 새롭게 수록하였다. 또한 초판에 수록한 사례 중 이번 설문조사에서는 수집되지 않았지만 트러블 사례로 게재해야 한다고 판단한 22개의 사례를 다시 수록하였다. 사례 제목의 오른쪽 위에 *표시를 한 것이 그 사례들이다. 재게재 시에는 초판의 원문을 최대한 존중하고 수정은 중력단위의 SI단위로 변경, 용어 등의 통일, 문장 뜻의 명확화 등 필요한 최소한의 수정만 하였다.

1.1.4 이 책의 구성

이 책은 5개의 장으로 구성되어 있다. 제1장은 조사·시험, 계획·설계, 시공단계 및 사용단계에서 발생하는 트러블에 대해 개괄적으로 설명한다. 제2장부터 제5장까지는 말뚝 종류별로 구체적인 트러블에 대해 기술하고 있다.

제2장은 현장타설콘크리트말뚝, 제3장은 기성콘크리트말뚝(프리보링공법, 속파기공법), 제4장은 강관말뚝(속파기공법, 강관소일시멘트말뚝공법, 회전관입말뚝공법, 타격공법, 진동공법), 제5장은 소구경말뚝(마이크로파일, 주택용 소구경말뚝)을 다루고 있다.

초판에서는 시공법별로 나누어 타입말뚝, 매입말뚝, 현장타설콘크리트말뚝 순으로 수록하였다. 그러나 이 책에서는 다음과 같은 이유로 말뚝 종류별로 변경하였다.

- 기성콘크리트말뚝은 건축물, 강관말뚝은 토목구조물이 주요 대상 구조물이기 때문에 말뚝 종류별로 나누는 것이 더 이해하기 쉽다.
- 기성콘크리트말뚝과 강관말뚝은 속파기공법 등 같은 시공방법이라도 트러블에 대한 대

처 방법이 다르다.

- 타입공법은 기성콘크리트말뚝에서는 거의 사용되지 않기 때문에 하나의 장으로 수록할 필요가 없어졌다.

또한 초판에는 수록되지 않았던 강관소일시멘트말뚝공법, 회전관입말뚝공법(강관말뚝), 마이크로파일 및 주택용 소구경말뚝을 추가했다. 이는 초판 출간 이후에 출현한 공법이며, 최근 많이 사용되고 있는 공법이기 때문이다.

제2장~5장의 각 장에서는 공법 설명, 트러블 개요, 설문조사로 본 트러블 현황, 트러블 대처법 및 트러블 방지 대책을 설명한 후 구체적인 트러블 사례를 제시하고 있다. 트러블 사례는 제2장(현장타설콘크리트말뚝)이 23건, 제3장(기성콘크리트말뚝)이 24건, 제4장(강관말뚝)이 21건, 제5장(소구경말뚝)이 10건 등 총 78건이다. 모두 실제 현장에서 발생한 귀중한 트러블 사례이며, 향후 트러블을 미연에 방지할 수 있는 자료로 활용되기를 바란다.

1.2 조사·시험으로 인한 트러블

지반조사에 따른 지반구성과 지반특성 등 지반조건 설정이 적절하지 않으면, 계획·설계 단계에서의 트러블 요인을 유발할 수 있으며, 시공단계에서 말뚝기초 트러블의 발생원인 자체가 될 수 있다. 예를 들면, 지지층을 오인하여 근입깊이 미달이나 착공 장애 등의 트러블이 발생한다. 말뚝기초 트러블을 방지하는 데 계획·설계·시공의 각 단계에서 예상되는 지반조건의 예상 정밀도를 향상시키는 것은 대단히 중요하다. 이 절에서는 트러블 방지의 관점에서 지반조사에 의한 지반정보의 수집과 평가상의 유의점에 대하여 설명한다.

1.2.1 지반에 관한 트러블의 내용과 요인

(1) 설문조사에 나타난 트러블의 내용과 요인

이번 설문조사에서 수집한 말뚝기초 트러블 사례에서 지반과 관련된 요인을 추출하면, 잔존 기초 등 인공 존재물에 관한 지중 장애 외에 착공 장애가 발생하기 쉬운 사력층 입경과 옥석·전석의 혼입 상황, 지지층 출현 깊이의 변화와 경사, 또한 지하수의 영향 등을 들 수 있다. 말뚝 종별마다 지반에 관련된 주요 트러블 내용을 정리하면 다음과 같다.

① 현장타설콘크리트말뚝 사례에서는 트러블로서 말뚝두부의 단면 결손이 대부분을 차지한다. 그 요인 중 지반에 관한 요인으로는 연약점토층에 대한 케이싱 인발의 영향이나 피압지하수의 영향 등을 들 수 있다. 또한 공법과 적용 지반의 판단 오류도 원인이 되고 있다.

② 기성콘크리트말뚝 사례에서는 프리보링공법에 의한 사력층에서의 근입깊이 미달, 근고액 유출, 세립분 함유율이 큰 모래층에서의 근고액 강도 저하 등을 들 수 있다. 또한 속파기공법에서는 연약점성토층에서 배토 불량으로 인한 말뚝 편심, 주변 말뚝 등의 변상 또는 시공 지반인 경우 시공기계의 안정성에 따른 항체의 편심·경사 등이, 더불어 사력층에서의 눈막힘이나 실트층에서 스파이럴오거에의 흙 부착으로 인한 항체 손상 등이 보고되고 있다.

③ 강관말뚝 사례에서는 속파기공법에서 이암층에서의 주면저항 저하로 인한 근입깊이 초과나 말뚝주면으로부터의 피압지하수의 분출 등이, 강관소일시멘트말뚝공법에서는 시라스지반에서 소일시멘트의 탈수·굴착 장애로 인한 근입깊이 미달, 또한 회전관입말뚝공법에서는 중간층 자갈·전석의 영향과 연암 지지층의 굴곡·경사에 의한 항체 선단부의 파손 등이 특기할 만하다.

④ 마이크로파일에서는 사례 수집 건수가 적지만, 사질토지반에서 강관 선단부에 토사 유입으로 인한 슬라임 퇴적이나 지하수에 의한 그라우트의 유출 등의 사례가 있었다.

⑤ 주택용 소구경 말뚝에서는 단독주택이 대상이므로 경제적 제약이 있으며, 스웨덴식 사운딩시험(이하 SWS시험)이 지반조사의 주류가 되고 있다. 따라서 조사내용에 한계가 있고 채취되는 지반정보도 제한적이기 때문에 이로 인한 항체 손상이나 근입깊이 미달, 상부구조의 부등침하 등이 발생하고 있다.

(2) 현 상황에서 예상되는 트러블의 내용과 요인

이번 수집한 트러블 사례 외에도 1992년 설문조사 결과와 초판 등을 참고로 지반에 관련된 트러블의 내용과 요인을 개괄적으로 정리하면 **표 1.1**과 같다.

표 1.1 트러블의 내용과 지반 요인

트러블의 내용	지반에 관계되는 요인
항체의 손상	옥석·전석 등 지중 장애, 점성토의 폐색, 지지층 경사
말뚝의 근입깊이 미달, 근입깊이 초과	옥석, 전석 등 지중 장애, 지지층과 중간층 오인, 인공적인 되메우기 정보의 부족
공벽 붕괴	중간 세사층, 사력층의 붕괴, 지하수 변동
말뚝둘레부·선단 근고부의 변상	지하수 유동, 지지층 세립분의 영향
지반·구조물의 변상, 부등침하	지층 판정의 오류, 지지층 오인, 지반정보의 부족
지지력 부족	지지층의 굴곡, 지지층 오인
말뚝의 경사·편심	연약지반, 지지층의 경사, 옥석·전석 등 지중 장애
기타	피압지하수의 분출

지반에 관련된 트러블의 요인으로는 지반정보의 부족과 이에 따른 지지층의 오인 등 **표 1.1**의 내용과 같이 다양한 항목을 들 수 있다. 그러나 이 중 일부는 지반조사 단계와 계획·설계단계, 시공계획 시 등에 검토 가능했던 내용도 많다. 충분한 지반조사 실시와 적절한 해석, 지반조건에 맞는 기초공법 선정, 시공계획에서의 배려 등을 통해 트러블 발생 가능성은 매우 낮아진다.

한편 잔존 기초와 기초 철거 후의 되메우기 상태·공동의 영향 등에 따른 트러블의 발생은 인위적인 요인에 의한다. 시공기록 등이 없으면 해결할 수 없는 문제이기도 하므로 이들은 지반 요인과는 구분하여 생각할 필요가 있다.

1.2.2 지반조사 결과 해석상의 유의점

(1) *N*값에 의한 토질의 특성 평가

점성토의 전단강도는 실내토질시험에 의해 평가해야 하며 N값으로 추정하면 과소평가하기 쉽다. 한편 사력층의 경우는 자갈이 걸리면 N값이 과대하게 측정되기 쉽다. 이 때문에 지역성과 퇴적 연대, 지층의 전단파속도(V_s) 등의 정보를 이용해 본래의 결합상태를 평가한다. 또, 동일 지층의 대표 N값을 결정할 때에는 표준편차를 고려하는 등 불균형에 대한 배려가 필요하다.

(2) 지층 단면 예상

지반 구성이나 지반 특성 등 지반조건을 설계나 시공계획에 이용하기 위하여 지층 단면을 예상하는 데는 깊을수록 연대가 오래되었다고 보는 지층 누중의 법칙을 기본으로, 지질학적 특성과 공학적 특성의 양자를 감안하여 책정하는 것이 중요하다. 예상 지반 단면은 구조물의 주요 단면선을 따라서 작성하고 조사 결과를 투영한다. 여기에 예상한 지지층의 변화에 맞춰 배치와 말뚝길이 등을 설정하게 되는데, 조사 지점이 너무 멀리 떨어져 있으면 숨은 매몰곡이나 지지층의 굴곡을 간과하기 쉬우므로 주의가 필요하다.

(3) 거력·전석 등의 정보

충적·홍적 사력에 함유된 큰 자갈 또는 전석 등은 말뚝 타설 시 말뚝의 휨, 파손, 효율 저하 등의 착공 장애를 발생시킨다. **그림 1.1**처럼 사력은 편평한 형상으로 퇴적되어 있다고 추정되며, 그 평면적인 편차와 보링로드와의 간섭 확률 등 때문에 지반조사에서 보고되는 사력의 지름은 실제로 분포하는 자갈 지름보다 과소하게 평가된다. 실제의 입경은 경험적으로 조사 보고의 3배에서 5배라고 한다. 이 비율은 어스오거나 어스드릴공법 등의 착공 공사에서 자갈의 끼임을 평가하는 기본적인 주의사항이 된다.

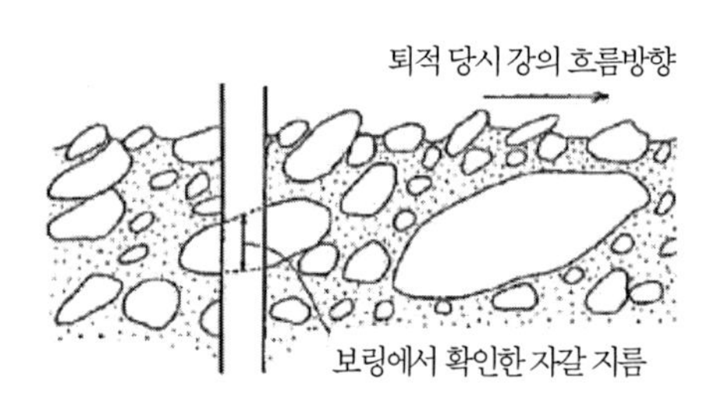

그림 1.1 보링과 자갈 지름[1)]

한편 시공지반면의 평가나 얕은 굴착의 시공에는 지표 부근의 잔해 유무가 유력한 정보가 된다. 이 정보들은 토질주상도의 비고·기사(記事)란에 기재되어 있으므로 상세한 정보에도 주의하는 것이 바람직하다. 또한 시공 시의 시험말뚝은 공경에 차이가 있는 보링조사와는 달리 공경의 차이가 없이 본 시공되므로 그 정보는 트러블을 방지하는 데 매우 유효하다고 할 수 있다.

(4) 공벽의 붕괴 정보

공벽의 붕괴는 말뚝의 근입깊이 미달이나 콘크리트, 말뚝 둘레 고정액의 유출로 이어지는 경우도 많고 공내에서 막힘 등의 현상을 발생시켜 항체를 구속하는 원인이 된다.

지반조사 시 착공 중의 공벽의 붕괴현상 등의 정보는 말뚝의 축조 혹은 침설 시 유효한 자료가 된다. 한편 지반조사공의 지름은 10 cm 정도인데 비해 말뚝공사의 착공 지름은 그 3배에서 10배 이상으로 단순하게 비교할 수 없는 면도 있어서 이수 상태나 지하수 등 다른 요인도 주의가 필요하다.

공벽의 붕괴는 세립분이 적은 느슨한 모래·자갈질 지반, 입도균등한 모래·자갈층에서 많이 발생한다. 또한 모래에 가까운 소성지수 $I_p = 10$ 전후의 저소성 실트, 초연약한 점성토에 있어서는 공벽이 튀어나와 불안정해지는 경우가 많다. 이들의 안정성 평가는 토질주상도상의 토질명 혹은 기사, N값의 크기에 따라 평가하지만 실내시험이 필요한 경우도 있다. 매립·성토 시공 후의 경과 연월과 충적층, 홍적층의 분류는 공벽의 안정성을 평가하는 데 유효한 정보가 된다.

(5) 지하수의 수압·유동 상태에 관한 정보

지하수는 대수층 중에 연속하는 점토층(가압층)의 존재로 깊이 방향으로 분단된다. 가압층 하위의 대수층이 우물 이용 등으로 고갈되어 있는 경우에는 착공에 의한 진흙 누출로 인해 공벽 붕괴가 발생하는 경우가 있다. 반대로 피압상태라면 용수(湧水)에 의한 보일링으로 대수층을 교란시키는 등 착공 공사에서 지하수가 주는 영향은 크다. 또한 사력층과 같이 지하수의 유동성이 높은 대수층은 이수(泥水)나 근고액의 유출로 항체의 품질에 악영향을 미치기도 한다.

이수를 이용하는 말뚝공사에서는 이수 관리가 공벽 안정에 매우 중요하다. 지반조사 때 물과 진흙의 누출이나 농도 정보는 공사상의 공벽 보호나 (4)의 막힘현상 방지에 유효하다.

또한 토질주상도에 기재되는 이수위는 이수막의 영향 때문에 정확한 지하수가 아니다. 지하수의 평가에는 물 없는 굴착에서의 수위, 현장투수시험, 공내 세정 후의 수위 측정이 유효하다.

(6) 인공 개변 지반의 평가

자연지반에서는 낮은 지반과 주위보다 높은 평지의 지형면 그 자체가 지반 특성을 나타낸다. 그러나 절토·성토된 평탄화지나 준설지반에서는 동일 재료로 토량의 균형을 맞추는 경우도 많기 때문에 성토와 원지반의 분류가 불명확해진다. 인공 개변 지반은 공사기록이 중요한 판단재료가 되는 것 외에 정밀도가 떨어지기는 하지만 고지도의 이용도 효과적이다.

1.2.3 트러블 회피 방안

지반조사는 통상 기초의 기본계획에 선행하며 말뚝기초가 예상되는 경우에도 시공실적이 많은 현장타설콘크리트말뚝이나 기성콘크리트말뚝의 매입공법 등을 예상한 조사내용으로 실시된다. 또한 예비조사와 본조사라는 단계를 밟지 않고 한 번에 끝낼 때가 많다. 그러나 구조물 계획 변경 등으로 이 예상대로 되지 않고 조사내용이 빗나가는 경우도 자주 있다. 그 때문에 보다 빠른 단계에서 구체적인 기초공법 등의 설계 정보를 입수하고 지반조사에 반영하는 것이 트러블을 줄일 수 있다.

(1) 조사 진행 방식

지반조사는 예비조사 결과로부터 구조물 사양 및 기초공법의 방향성을 검토하고 그 기본설계에 근거해 상세조사를 실시하는 것이 바람직하다. 이를 위해 구조물 사양 및 기초공법의 결정에 맞추어 지반조사는 예비조사와 본조사 혹은 1차 조사, 2차 조사와 같이 단계적으로 실시하는 것이 바람직하다.

i) 기본계획·설계에 대응한 예비조사(1차 조사)

부지의 중요 지점에서의 지지층 조사(토층 구성, N값 분포)에 의해 대략적인 구조물 규모, 배치, 나아가서는 구조물 사양에 따른 기초공법의 방향성을 검토한다.

ii) 실시설계에 대응한 본조사(2차 조사)

2차 조사에서는 실시설계의 내용이나 목적에 따라 내진 목표나 구조물의 중요도를 고려한 상세조사를 행한다. 또 한편으로 현장 시공에 필요한 가설공사상의 지반조건(얕은 굴착, 표층지반의 지지력, 침하 특성) 등의 파악과 설정은 현장에 맡기는 경우가 많지만 현장 시공에 필요한 시험항목도 이 시점에서 실시하는 것이 바람직하다.

이번 트러블 사례 중에서도 시공 지반면의 지지력 부족으로 발생한 트러블도 여러 건 보고되어 있다. 현장 공기가 짧기 때문에 2차 조사 실시 타이밍이 어려운 면도 있지만 단계적인 조사 실시에 따라 불명확한 지반 리스크는 배제해야 한다.

(2) 지반조사 정밀도의 향상

지반조사 실시 간격은 작을수록 정확한 결과를 얻지만 지지층 변화가 심한 지역과 변화가 적은 지역의 통일적인 평가는 어렵다. 게다가 조사에는 계획 예산이나 현장의 제약조건도 있으므로 이 조사 간격의 평가는 어렵다. 참고로 **그림 1.2**에 도쿄와 간사이(関西)에서 지지층(도쿄자갈층 등)을 대상으로 한 조사보링의 간격과 지지층의 굴곡에 관한 검토자료[2]의 일부를 나타낸다. 이 자료에 입각하여 "도쿄, 간사이권도 상당한 확률로 보링 간격이 20 m를 넘으면 굴곡은 1 m 이상이 될 가능성이 증가한다"라고 하고 40 m의 조사 간격 이하에서도 "1~2 m 정도의 지지층 변화를 전제로 한 설계는 필요"라는 제안이 있다.[3]

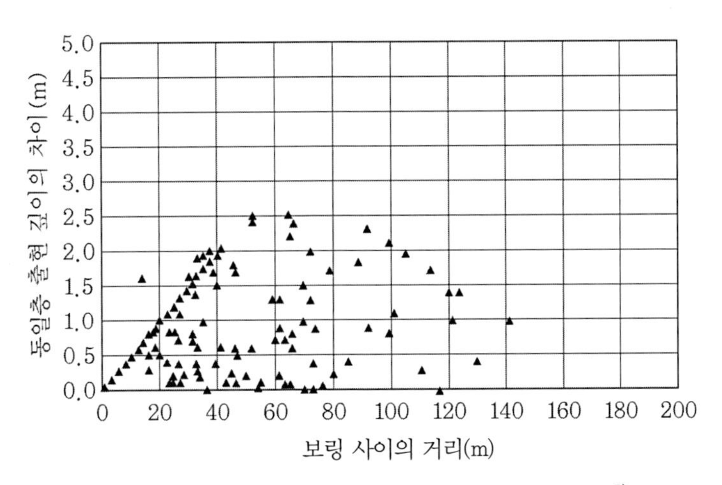

그림 1.2 도쿄자갈층의 보링 거리와 그 출현 깊이의 차이[2]

주로 하천 퇴적물로 형성되어 있는 일본의 지반은 소규모 익곡(溺谷)의 침입이나 지지층 경사의 리스크가 높다. 이 때문에 주요 개소를 기계 보링으로 확인하고 램 사운딩 등의 보간에 의해 지지층의 굴곡을 파악하는 것은 유효한 수단이다.

이번 트러블 사례에서도 간단한 항타기에서의 시굴 등을 보충자료로 하여 지지층의 굴곡을 정확하게 파악하고 지지층 경사에 따른 말뚝의 트러블을 미연에 방지한 성공 예도 여러 건 보고되어 있다.

(3) 적정한 조사 수량 확보

말뚝 트러블은 설령 보수가 용이하다 하더라도 실태를 방치하지 않고 숨은 요인을 분석하는 것이 필요하다. 트러블의 대부분은 지반의 요인이 관여하기 때문에 '적정한 지반조사가 이루어졌는가?'와 원인을 규명하는 것이 트러블 방지에 효과적이다.

작은 트러블도 대규모 사고로 이어질 가능성이 있으며 또한 복구대책 공사는 지반조사 비용의 몇 배가 소요되는 경우도 많다. 기초공사의 트러블은 늦게 발견하면 금전 면이나 공사 조건 면에서 타격이 크다. 따라서 지반조사의 정밀도 향상은 전체 기초공사에 관한 '공사 트러블 보험'으로 생각하면 그 역할은 매우 크다. 최근 건축 분야를 중심으로 저비용화가 진행되고 있는 영향을 받아서 예산에 맞춰 지반조사 수량이 깎이는 경우가 많다. 그러나 말뚝기초의 설계·시공에서는 전술한 바와 같은 지지층 굴곡 등의 리스크를 고려한 적정한 조사 수량의 실시가 요망된다.

1.2.4 최근 트러블의 특징

(1) 구조물 재건축에 따른 트러블

구조물의 재건축에서는 구조 몸체와 기초의 해체·철거 공사를 수반하는데, 그중에는 기초를 남겨두는 경우도 있다. 철거 자취의 공동(空洞)은 양질토로 충전되어 있어도 느슨한 예가 적지 않다. 이것들은 남겨두어도, 철거하여도 말뚝공사에서는 지중 장애로서 트러블을 유발할 가능성이 크다.

이번 사례에서는 기초 철거 공동으로의 콘크리트 유출, 말뚝 경사, 말뚝 편심 발생, 또 잔존 기초가 지중 장애가 되어 생기는 말뚝 근입깊이 미달 등의 트러블이 많이 보고되었다. 이의 방지 대책으로 토지 매매에 따른 정보 전달의 의무화, 규격화 혹은 기초 철거 자취의 되메우기 방법의 통일(기준화)이 필요하다고 생각한다. 또한 지중 장애가 우려되는 경우에는 지반조사로서 전기·전자 탐사, 표면파 탐사 등을 통해 장애나 공동 위치를 예상하고 보링조사로 실제 그 유무를 확인하는 방법도 널리 이용되고 있다.

(2) SWS시험의 과제

2001년의 건축기준법 개정으로 건축 분야에서 지반의 지지력 평가는 SWS시험으로도 가능해졌다. 이에 따라 소규모 주택의 지반 지지력 확인은 현재 이 시험이 주류를 이루고 있다. SWS시험은 연속회전관입시험이며, 연약지반에서는 10 m 이상의 깊이까지 시험이 가능하다. 이 깊이는 주택용 소구경말뚝의 지지층 범위로서도 유효하기 때문에 말뚝의 지지층 확인 목적으로도 SWS시험이 이용되고 있다.

그러나 SWS시험에서 관입능력의 한계에 가까운 깊은 부분에서의 지지층 선정, 초연약지반의 지지력 판정을 실시하는 것은 지반의 오인으로 이어질 가능성이 높다. 이번 사례에서 보고된 지지층의 오인 등이나 초연약토에서 발생하는 침하의 트러블은 SWS시험 결과의 과대 해석이 원인으로 추정된다.

SWS시험의 결과를 평가할 때 유의점은 다음과 같다.

① SWS시험은 원칙적으로 토질의 평가가 어렵다. 로드의 마찰음으로 평가 가능하다고 여겨지는 것도 있지만, 조사 기술자의 기술 능력에 의존하는 것으로서, 언제나 기대할 수 있는 것은 아니다.

② 중간토를 평가할 수 없기 때문에 중간토의 지지력 판정은 곤란하다.

③ 부식토층 등에서 발생하는 압밀현상은 SWS시험으로는 판정할 수 없다.

④ 관입은 인력·기계로 행하는데, 로드가 가늘어서 과도한 가압으로 조인트부가 파손되는 경우도 있다.

⑤ 지지층 확인에 있어서 5~10 m 이상의 깊이에서는 마찰 등의 저항으로 인해 지지층의 오인도 발생한다.

SWS시험에서 구한 N_{sw}값은 사질토 혹은 점성토라는 토질 판정이 없으면 저항값의 정확한 평가가 어렵다. 따라서 주요한 시험 위치에서 핸드오거 등을 이용해 흙을 채취하고 토성을 판단하는 것이 결과의 평가에는 유효하다. 그러나 이번 사례에서 나타난 침하 트러블은 실내토질시험을 실제로 하지 않으면 판단할 수 없는 현상으로서, 지반조건에 따라서는 보링조사를 기본으로 한 상세한 조사가 필요하다는 것을 강조해두고자 한다.

1.3 계획·설계에 따른 트러블

1.3.1 설문조사에 근거한 트러블의 종류와 요인

말뚝기초의 트러블이 드러나는 것은 시공단계나 완성 후의 사용단계이지만, 기초구조의 기본계획 단계나 실시설계 단계에서 설계 판단의 미숙·미흡, 구조 검토 부족이나 과오 등이 트러블 발생의 주 원인이나 요인으로 나타나는 경우가 적지 않다. 1992년에 간행된 초판에서는 설문조사 결과를 분석하여 트러블 방지의 관점에서 계획·설계 단계에서 유의해야 할 사항을 추출했다. 이 절에서는 개정 20여 년만에 실시한 설문조사 결과 분석을 통하여 초판과 같은 관점에서 말뚝기초의 계획·설계상의 유의점을 정리한다.

또한 이 책에서는 말뚝 종류, 말뚝 공법별로 제2장부터 제5장에 설문조사 개요나 트러블 사례를 보이고 있는데, 그중 여기에서는 현장타설콘크리트말뚝공법, 기성콘크리트말뚝의 매입공법(프리보링공법, 속파기공법) 그리고 강관말뚝의 회전관입말뚝공법을 채택한다. 기성콘크리트말뚝이나 강관말뚝의 타입공법에 대해서는 초판 당시와는 건설 사정이 많이 변하여 채택 사례가 적어진 점, 강관말뚝의 매입공법에 대해서는 기성콘크리트말뚝의 매입공법과 공통점이 많은 점 등으로 기술을 생략했다. 또한 주택용 소구경말뚝공법은 건축 분야의 주택계 건물을 대상으로 하는 공법으로서, 건축기준법상의 건축 확인에서 구조계산서 제출이 필요하지 않은 '4호 건물'에 해당하여 전문회사에 의한 설계·시공이 전제가 되어 일반적인 구조기술자가 관련되는 기회가 적으며, 이번 설문조사에서 계획단계에 기인하는 트러블이 많이 보고되었던 데다가 제5장에서 상세히 기술되므로 여기서는 다루지 않는다.

초판에서는 설문조사 결과의 분석으로부터 말뚝기초의 기본계획과 실시설계의 표준적인 작업항목에 들어 있는 원인이나 요인과 결부된 말뚝기초 트러블을 추출하고, 각 말뚝 종류에 공통적으로 발생 빈도가 많은 트러블과 그것의 원인·요인으로서 계획단계에 기인하는 다음의 두 가지 항목을 들고 있다.

원인·요인		트러블
① 지층·지질 판정의 오류(지지층 선정의 오류)	→	항체 불량, 항체 손상
② 지중 장애물 특히 전석·옥석 등의 파악 불충분		시공 불능, 공벽 붕괴

또, 말뚝 종류별 특유의 트러블로서 다음을 추가하고 있다.

③ 매입공법·타입공법 → 말뚝 공법 선정 실수 → 지반·주변 구조물의 변상

한편 실시설계 단계에 기인하는 트러블 사례의 보고로는 부마찰력 평가 불충분으로 인한 부등침하 발생 사례 여러 가지와 올케이싱공법에 의한 현장타설콘크리트말뚝에서의 철근 간격 등에 기인하는 철근 동시 상승 등이 있지만 그 빈도는 별로 많지 않다. 그 이유로 전자에서는 지지력 설계식이 내포하는 실제 저항력에 대한 여력 등을 들고 있다.

이상과 같은 전 회 조사 결과도 염두에 두고 이번 실시한 설문조사 결과를 분석한다.

(1) 현장타설콘크리트말뚝

표 1.2는 이번 설문조사로부터 현장타설콘크리트말뚝의 사례에 대해서 말뚝기초의 기본계획이나 실시설계의 표준적인 작업 항목을 초판과 같이 정리하고, 이와 연관될 수 있는 트러블을 추출한 것이다. 표의 비고에는 구체적인 트러블 상황도 간단히 기술했다. 또한 지중 장애를 요인으로 하는 행의 비고에는 구체적인 원인·요인을 6가지 항목으로 기재하고 있다. 또, 표 안의 이중 테두리는 초판 작성 당시 조사 결과에서 다수의 사례 보고가 있었던 트러블의 종류와 요인을 나타내어 약 20년의 시간적 변화를 이해하도록 배려했다.

초판 작성 시 설문조사에서는 현장타설콘크리트말뚝의 트러블 사례로 174건을 수집하였는데, 그 공법 내역을 보면 어스드릴공법(ED), 올케이싱공법(AC), RCD공법(RCD), 지중벽, 심초, BH공법, 기타 7개 공법의 구분에 대해 각각 실제 건수 비율은 46 : 55 : 42 : 19 : 8 : 3 : 1로 보고되고 있다. 이에 반해 이번 설문조사에서는 ED : AC : RCD : 기타 4개 공법의 구분에 대해 수집 총수는 73건으로, 그 내역은 전술한 순서대로 56 : 15 : 1 : 1로 나타나 있다. 이 편향은 저부확대말뚝 중심으로 어스드릴공법의 채택 사례 수가 압도적으로 증가한 건축 분야에서의 현장타설콘크리트말뚝공법의 현황을 반영하는 것으로 해석할 수 있다.

그런데 **표 1.2**에서는 이 중에서 28건이 추출되어 있으며, 그 내역은 ED : 21건, AC : 6건, RCD : 1건, 기타 : 0건이었다. 따라서 여기에서의 분석은 현재의 어스드릴공법에 대한 계획·설계 단계에 기인하는 트러블을 주로 추출한 것으로 해석된다.

표 1.2 트러블 요인으로 여겨지는 설계 작업 항목의 분석(현장타설콘크리트말뚝)

트러블 요인 \ 트러블 종류			① 항체 형상·콘크리트 불량		② 공벽 붕괴		③ 굴착 불능·능률 저하		④ 철근 솟아오름·부상	⑤ 기구 매설	⑥ 지지력 부족·지반의 이완		⑦ 경사·편심		⑧ 소음·진동	⑨ 굴착 변경	⑩ 기타		계	비고
말뚝기초구조의 계획	설계조건의 파악	건축조건																		
		지반조건							주1		1	E1	1	E1					2	지지층 경사:2(1 미연)
		지하수 조건		주2	1	E1			주2										1	지하수의 피압상태:1
		지중 장애	4	E2 A2	3	E2 R1	2	E2	주2				3	E2 A1			1	E1	13	• 기존 말뚝 철거 후 되메우기:3(+4) ※ 기존 말뚝 인발 후 처리:3 • 콘크리트찌꺼기 처리 • 흙막이엄지말뚝 주변 되메우기:1 • 존치 우물 철거: 1 (미연) • 기존 말뚝 조우:1
		부지조건																		
		근접시공																		
		시공환경																		
	지지층의 선정											주2								
	말뚝공법의 선정			주2					주1		1	E1	2	E2					3	• 기존 말뚝 철거 후 되메우기 불량:1 • 지지층 경사:1(1 미연)
	재료의 선정																			
말뚝기초의 설계	연직·수평지지력																			
	말뚝배치 결정			주2																
	배근설계 배근상세		3	E2 A1															3	• 철근간격 부족:2 • 2단 근:1
	기타 상세설계			주2																
	기준도시방서		6	E4 A2															6	• 덧쌓기 높이:1 • 슬럼프:5
계			13		4		2				2		6					1	28	

【주】 주1: 초판 작성 시 설문조사에서 10건 이상의 사례가 있던 테두리
주2: 동 5건 미만의 사례가 있었던 테두리
E: 어스드릴공법, A: 올케이싱공법, R: RCD공법

이 표에 의거하여 계획·설계 단계의 트러블을 정리하면 다음과 같다. 뒤에서 서술하는 각 공법의 경우도 포함하여 설문조사 수집 총 건수가 통계적으로는 그리 많지 않으므로 각 공법에서의 트러블 발생 상황의 전체 경향을 정확하게 반영하고 있다고는 반드시 단언할 수 없다. 따라서 이번 설문조사 결과로부터 트러블마다의 발생 빈도의 대소를 논하는 것에 다소의

무리가 있지만 설명의 형편상 보고 건수가 많은 순서로 발생 빈도의 대소도 포함해 개요를 서술하는 것에 유의하기 바란다.

① 트러블의 종류로는 항체의 형상과 콘크리트 불량이 사례의 절반 가까이를 차지하고 있다. 그 요인으로는 계획단계에서 지중 장애에 대한 파악과 기존 말뚝 등의 인발 철거 후의 처리 부족, 실시설계 단계에서 주근 간격, 덧쌓기 높이, 슬럼프 등의 설계 사양에 대한 배려 부족을 들 수 있다. 이러한 트러블은 지난번 조사에서도 지적되고 있었던 것인데, **표 1.2** 안의 이중 테두리에서도 드러난다.

② 한편 초판 당시 설문조사에서 가장 많이 지적된 트러블은 지반조건의 파악 부족이나 공법 선정의 오류 등으로 인한 공벽 붕괴나 굴착 불능이며, 이번에 이러한 트러블이 수집되지 않은 것은 굴착기계 등의 성능 향상의 한 단면을 보여주는 것이라고 할 수 있다.

③ 이에 따른 트러블은 경사·편심이며, 계획단계에서의 지중 장애 파악이나 기성말뚝 등의 철거 후 처리 미숙이 ①과 마찬가지로 트러블 원인·요인으로 지적되고 있다.

④ 기타 트러블로는 지하수 피압 상황 파악 미흡으로 인한 공벽 붕괴, 지지층의 예상치 못한 경사로 인한 지지력 부족, 경사·편심 등을 들 수 있다.

(2) 기성콘크리트말뚝의 매입공법

표 1.3에는 기성콘크리트말뚝의 트러블을 이전과 같이 정리하였다. 초판 당시 설문조사에서는 프리보링공법 41건, 속파기공법 56건, 총 97건의 사례를 수집하였으나, 이번 조사에서는 각각 56건, 19건으로 프리보링공법이 속파기공법을 앞지르고 있어, 주로 건축 분야의 현황을 나타내는 데이터군으로 추정할 수 있다. 이들 데이터군에서 계획·설계로 인한 트러블로 추출한 사례는 총 17건으로, 이 중 14건이 프리보링공법 사례이다. 다음에서는 이 표에서 추정되는 계획·설계로 인한 기성콘크리트말뚝의 트러블 종류와 요인을 정리하였다.

표 1.3 트러블 요인으로 여겨지는 설계 작업 항목의 분석(기성콘크리트말뚝)

트러블의 요인 \ 트러블의 종류			① 항체 손상		② 말뚝 근입 부족		③ 말뚝 과도 근입	④ 지반·구조물 변상		⑤ 근고부 불량	⑥ 항주부 불량	⑦ 지지력 부족		⑧ 경사·편심		⑨ 소음·진동	⑩ 기타	계	비고
말뚝기초구조의 계획	설계조건의 파악	건축조건																	
		지반조건	1	주3 N1	3 1	P3 N1						주2		주3				5	• 지지층 경사 2, 미 1, N1 • 자갈지름 오인 : N1
		지하수조건		주2								주3							
		지중 장애	1	N1			주1	주3					10	P10		1	P1	12	• 기존 말뚝 인발시공 불량 8 • 기존 말뚝 존치 조우 1 • 오염토양 개량공사 영향 1 • SCP 지반개량 영향 미 • 기존 말뚝 근고부의 간섭 1 • 기존 소나무말뚝 말려듦 : N1
		부지조건																	
		근접시공																	
		시공환경																	
	지지층 선정				(3)	P3						주3						(3)	• 지지층 경사 : 2, 미 1
	말뚝공법 선정			주3			주2								주3				
	말뚝종류 선정			주3															
	재료 선정																		
말뚝기초설계	연직·수평 지지력																		
	말뚝배치 결정																		
	항두접합부 설계																		
	기준도시방서																		
계			2		4					2			10			1		17	

【주】 P : 프리보링공법, N : 속파기공법
주1 : 초판 작성 시 설문조사에서 10건 이상의 사례가 있었던 테두리
주2 : 동 5건 미만의 사례가 있었던 테두리
주3 : 동 5건 미만의 사례가 있었던 테두리
비고에 기재된 '미'는 미연에 트러블을 회피한 사례

① 트러블의 종류로는 프리보링공법에서 경사·편심 트러블이 17건 중 10건으로 가장 많았으며, 그 원인·요인으로 계획단계에서의 지중 장애 파악 부족을 꼽는 설문조사 결과가 많았다. 지중 장애를 요인으로 하는 행의 비고에는 구체적인 원인·요인을 6개 항목 기재하고 있는데, 기존 말뚝의 인발 철거 후 되메우기 처리의 불량이 다수 보고되고 있는 것에 주의를 요한다.

② 초판 작성 시의 설문조사에서는 전석, 옥석 등과 관련된 지중 장애로 인한 말뚝 근입깊

이 미달이 발생한 사례가 많았지만, 이번 조사에서는 지반조건의 파악 부족으로 분류한 지지 지반의 경사와 관련된 프리보링공법에서의 트러블 2건과 속파기공법에서의 자갈지름 오인에 의한 트러블 1건을 포함하더라도 전석, 옥석 등과 관련된 지중 장애 트러블은 보고되지 않았으며, 이에 시공기계의 성능 향상을 하나의 원인이라 해석할 수 있다. 이와 같은 추론으로부터 초판 작성 시의 설문조사에서 비교적 많은 트러블 사례였던 말뚝공법 선정의 오인과 관련된 근입깊이 미달이나 항체 손상이 이번에 추출되지 않은 것도 설명할 수 있다.

③ 또한 초판 작성 시의 설문조사와 비교하면, 계획 시점의 지반조건 파악 부족을 요인으로 지지력 부족이나 부등침하로 이어진 사례가 다수 보고되고 있는데, 이런 종류의 트러블이 이번에 추출되지 않았다. 이것은 앞서 언급한 바와 같이 시공기계의 능력 향상 효과로 보는 것인지 아니면 이번에는 우연히 추출되지 않은 것인지에 대해서는 현재로서는 알 수 없다.

④ 항체 손상 트러블이 2건 추출되었는데, 모두 속파기공법에 해당되고 지반조건이나 지중 장애 등에 관한 계획단계에서 파악 부족이나 오인 등을 원인·요인으로 꼽고 있다. 표의 이중 테두리에서 알 수 있듯이, 이러한 트러블은 지난번에도 추출된 바 있으며, 동 공법의 항체 침설 방법에 기인한 트러블이라고 볼 수 있을 것이다.

(3) 강관말뚝의 회전관입말뚝공법

강관말뚝의 회전관입말뚝공법 개발은 초판 간행 이후이며, 건축 분야에서는 2000년에 구(舊) 건설대신(建設大臣) 인증을 취득한 이후 채택되기 시작했다. 토목 분야에서도 2004~2007년까지 건설기술심사증명을 취득하고 2007년에 일본도로협회 「말뚝기초설계편람」 등에 채택되는 등 여기서 언급한 타 공법에 비해 역사가 깊지 않은 공법이다.

표 1.4는 전 항과 마찬가지로 이 공법에서 계획·설계 단계에 기인한 트러블을 추출한 것이다. 설문조사 수집 총수는 17건으로, 그중 2/3에 가까운 11건이 이 표에서 추출되었다. 지반 중에 우근(羽根, 깃뿌리)이 달린 강관말뚝을 강제 회전관입하는 이 공법의 원리에 관한 유의점을 엿볼 수 있는 결과라고 해석할 수 있다. 이번 설문조사를 통해 파악된 트러블의 종류와 요인에 대하여 다음과 같이 기술한다.

표 1.4 트러블 요인으로 여겨지는 설계 작업 항목의 분석(회전관입말뚝공법의 강관말뚝)

트러블 요인 \ 트러블 종류			① 항체 손상	② 말뚝 근입 부족	③ 말뚝 과도 근입	④ 지반·구조물의 변상	⑤ 지지력 부족	⑥ 경사·편심	⑦ 소음·진동	⑧ 기타	계	비고
말뚝기초구조의 계획	설계조건의 파악	건축조건										
		지반조건	1	3	(1)				1		5(1)	• 지지층 경사 : 1+3(미연) • 사력층 진동 : 1
		지하수조건										
		지중 장애	2					1		1	4	• 화강암사석 : 1 • 지지층 거석 조우 : 1 • 기존 항체 철거 불충분 : 1 • 말뚝 철거 후 되메우기 미흡 : 1
		부지조건										
		근접시공										
		시공환경										
	지지층 선정											
	말뚝공법 선정		(1)								(1)	
	말뚝종류 선정											
	재료 선정											
말뚝기초설계	연직·수평 지지력											
	말뚝배치 결정											회전철물 부족 : 1
	항두접합부 설계		(2)		(1)						(3)	• 두께 부족 : 1 • 근입깊이 초과 중 말뚝 미고려 : 1
	기준도시방서		2		(1)						2(1)	
계			5(3)	3	(3)			1	1	1	11(6)	

【주】( )에 들어 있는 수치는 트러블의 종류와 원인이 복수로 거론된 트러블로서 인과관계가 크다고 판단되는 사항에 대표로 넣고 건수의 집계계산에서 제외시킨 경우를 나타낸다.

① 계획·설계 단계에 기인한 것으로 판단되는 트러블의 유형으로 항체 손상이 추출 트러블 수의 절반 이하로 나타났다. 그 요인으로는 지반 중 전석 등의 크기 오인과 존재 자체의 미파악과 기존 말뚝, 기존 구체의 철거 불충분이 지적된다.

② 회전관입 시 회전 토크 부하에 대해 회전 철물의 설치 부족이나 강관 두께 부족이 원인인 사례가 보고되었으며, 말뚝기초 상세도, 기준도 등에 특기된 항체의 상세를 변경하는 사태에 이르고 있다. 계획·설계 단계에서 항체 상세의 지정 방법은 물론, 이것을 행하는 데 항체 제조회사로부터의 기술지원을 받는 방법과 그에 따른 설계책임의 소재에 대해 특히 주의를 요하는 사례로 판단된다.

③ 지지 지반의 경사에 따른 말뚝 근입깊이 미달, 근입깊이 초과의 트러블도 거론된다. 특히 지지층의 예상보다 높은 경사에 관련하여 추가해야 할 중간 말뚝이 고려되지 않은

사례가 추출되고 있으며, 이 트러블도 설계도서 미비라는 지적을 받고 있다. 본 공법의 유의사항으로 주의를 요한다.

1.3.2 트러블 방지를 위하여 설계 시점에서 고려해야 할 유의점

시공 시나 사용 시에 트러블을 일으키지 않기 위해 계획·설계 단계에서 가장 주의해야 할 점은 지지층의 설정과 시공법의 선정을 정확하게 실시하는 것이며, 그 때문에도 지반조사를 정확하게 발주·감리하고 필요한 지반정보 등을 가능한 한 정확하게 파악하는 것이다. 아울러 지반의 변화나 토질 불균형에 대한 리스크에 대해서도 설계상 배려해야 한다. 예나 지금이나 이 원칙에 변화는 없으므로 우선은 경험과 학습을 통해서 각 말뚝공법 각각의 장단점에 익숙해지는 것이 바람직할 것이다. 전문서 및 전문지의 특집호, 시공 보고문 등 외에 초판 간행 이후 기초의 트러블에 관한 문헌 4)~7)이 출판되어 있으므로 이 책과 함께 참고하면 좋다.

이하, 트러블 방지의 관점에서 계획과 실시설계 단계에서 유의해야 할 사항에 대해서 약간 구체적으로 몇 가지를 제시한다.

(1) 현장답사에 의한 부지 조건, 주변 상황 파악

공법 선정에 있어서는 시공성에 대한 검토가 불가결하다. 현장답사는 반드시 실시하고, 이웃 지역과의 고저 관계, 근접 장애물 유무 또는 반입로의 상황, 소음·진동상의 제약 등 다양한 조건의 파악을 이행해야 한다. 특히 시공상의 제약이 설계조건으로 연결되는 것이 부지 경계 한계에 말뚝을 배치하는 경우 등이다. 각 공법에 의한 시공상의 최소 여유와 시공 오차, 흙막이벽과의 위치관계 등을 검토하고 적절한 간격을 설정한 후에 말뚝배치를 결정하는 것이 중요하고, 부지 외 구조물에 대한 근접시공에 의한 영향에 대한 검토도 중요하다. 이것을 잘못하면 말뚝 위치의 변경이나 말뚝 편심에 의한 구체 보강 등이 시공단계에서 발생하여 트러블이 될 수 있으므로 주의해야 한다.

(2) 개축 부지에서의 지중 장애물 확인과 기존 말뚝의 인발 처리

이번 설문조사에서 가장 주목되는 트러블은 개축 부지의 땅속에 남아 있는 구체나 말뚝과의 갑작스런 조우와 이러한 지중 장애물 철거 후의 되메우기 처리 방법에 기인하는 트러블이다.

1970년대 경제성장기에 건설된 방대한 건설 산물은 현재 갱신 시기를 맞고 있는데, 특히 도시지역 건설부지의 상당수는 기존 구체를 해체한 철거지에 해당하며, 상부 건물이 해체되고 부지 형상이 재편되어 빈터가 된 부지로 되어 있는 경우가 많다. 옛 건물 구체의 위치와 규모, 해체 시의 처리상황, 특히 지하 구체나 말뚝의 잔존 상태를 최대한 확실히 조사하는 것이 중요하다. 토지 소유자가 해체 전의 설계도서를 보관하고 있는 경우에는 이를 반드시 확인할 것, 또한 불명확한 경우에는 지반 내력 조사, 지중 장애물 조사 등을 사전에 실시하는 등 트러블 방지 대응이 필요하다.

한편 기존 구체의 해체공사와 그 후의 개축공사가 계속 이루어지는 경우에는 지하 구체나 말뚝의 철거 후 되메우기공법에 대해 발주자의 주의를 환기시키고 자연지반 이상의 강도 발현을 진제로 한 충전재에 의한 되메우기 시공이 실현되도록 도모하는 것이 중요하다. 이번에 수집한 트러블 사례의 교훈으로부터는 유동화 처리토에 의한 되메우기 충전이 효과적이라고 지적하는 사례가 많이 있으며 종래에 많이 사용된 양질토(산모래) 충전 등의 방법으로는 신설 말뚝 시공 시의 트러블을 확실히 방지하기는 어려운 것으로 나타났다. 설계단계에서 기존 말뚝의 인발 공사의 시방을 특기하는 경우에는 지반상황을 감안하여 기존 말뚝 인발 후 충전 공법 등에도 신중한 공사시방의 책정이 요망된다.

(3) 구조세목 규정의 적용에 관련된 과제

1.3.1 (1)에서는 말뚝기초의 설계에 직접 기인한 트러블로서 현장타설콘크리트말뚝공법에서의 주근 간격과 콘크리트 슬럼프값이 부적절해서 콘크리트 항체의 불량으로 이어진다고 하는 트러블이 보고되고 있다. 또한 동 공법에서는 피할 수 없는 타설 콘크리트의 열화부를 처리하기 위한 덧쌓기 높이의 부족을 원인으로 하는 항체 불량 트러블도 보고되고 있다.

이 중 콘크리트 슬럼프값과 덧쌓기 높이의 시방에 대해서는 대표적인 공사시방서 종류나 기준서 종류를 참고로 하여 설계 조직이나 발주기관에서 독자적으로 책정한 표준도나 기준도, 특기시방서 등을 설계도서의 일부로 첨부함으로써 실시설계 단계의 검토가 생략되는 경향이 있다. 예를 들면, 앞에서 말한 트러블의 내용을 보면 공공건축공사 표준시방서[8]에 기재된 "이수 중 타설 콘크리트의 소요 슬럼프는 18 cm"에 준하여 시공하여 항체 손상이 생겨버린다거나, 마찬가지로 "특별한 기록이 없는 한 800 mm 이상"의 덧쌓기 높이에 관한 규정으로부터 '이상'이 누락되어 수치가 한 사람의 보폭으로 하여 트러블의 한 요인이 되었다고 추측된다. "특별한 기록이 없는 경우의 최저한 지켜야 할 값"에는 말뚝의 경우이므로, 지반조건과 시공조건을 감안하고 충분한 검토를 더하여 만일의 위험을 피하는 여유와 여력을 고려한다고 하는 의미가 강할 것이며, 이런 종류의 시방규정에 대한 맹신은 엄중히 삼가야 한다. 시방규정에는 그 근거가 되는 데이터나 영향인자(말뚝단면조건, 지반조건, 시공조건)의 파악이 필수적이다. 표준시방서 등의 작성에서도 시방규정 해설의 내실화가 요망된다. 학·협회의 관련 규정, 해설서의 비교 검토도 효과적이라 생각되므로 관련 문헌 9)~11)을 들어둔다.

1.4 시공단계에서의 트러블

본 절에서는 현장타설콘크리트말뚝, 기성콘크리트말뚝, 강관말뚝, 마이크로파일, 주택용 소구경말뚝의 말뚝 종류·시공법에 대해 시공단계에서의 트러블에 대해 총괄적으로 기술한다. 공법별 설문조사 결과나 트러블 사례에 대해서는 제2장~5장에 기재하였다.

1.4.1 시공단계에 발생하는 트러블의 종류와 그 특징

공법에 관계 없이 말뚝의 시공단계에서 발생하는 주요 트러블로는 시공 시에 발생하고 그 상황을 확인할 수 있는 것과 트러블 자체 혹은 트러블의 주된 요인은 공사단계에서 발생하고 있기는 하지만 그 변상이나 트러블을 눈으로 확인할 수 없는 것이 있다.

시공 시 발생하여 그 상황을 확인할 수 있는 트러블의 특징은 대처가 가능한 경우가 많다는 것이다. 구체적으로는 기성콘크리트말뚝을 이용하는 공법에서 항체 자체의 손상, 설치 예정 위치와의 차이(수평, 연직), 근접물이나 지반의 변상 등이 있다.

한편 시공단계에서는 확인하지 못하고, 말뚝공사 완료 후나 사용단계에서 트러블을 깨닫는 경우도 있다. 이러한 경우 지지력에 대한 트러블이 많으며, 말뚝선단이 지지층에 미치지 못한 경우나 시공 불량으로 인해 소정의 근고부가 구축되어 있지 않은 경우, 또한 현장타설콘크리트말뚝에서 말뚝두부의 콘크리트 충전 불량 등이 있다. 이러한 사례의 특징으로는 트러블을 발견한 시점에 구조물이 어느 정도까지 구축된 경우가 많아 그 대처가 대규모가 되는 경우가 많다.

1.4.2 트러블의 내용과 그 요인

(1) 시공 시에 나타나는 트러블 예

시공 시, 발생 상황이나 문제 내용을 확인할 수 있는 트러블 현황과 그 주된 요인은 **표 1.5**와 같다. 발생하는 주요 트러블은 표에서 나타내는 바와 같이 그 요인이 시공기계 선정 오류나 보링조사 개소 수 부족, 보링데이터의 오독 등 사전 대응의 부족에 따른 것과 과도한 시공속도로 인한 굴착이나 연직도 확인 부족 등 시공 시 관리 미숙 등 이른바 휴먼에러에 의한 것, 예상치 못한 지중 장애물이나 조사단계에서는 구분할 수 없었던 지반 구성·상황의 변화 등 사전 대응이나 신중한 시공관리로도 대응할 수 없는 것이 있다. 이러한 트러블 요인 중에서 최근 많이 발생하고 있는 것으로 '기존 말뚝'이 원인이 되어 발생하는 경우가 있다. 기존 말뚝에 의한 트러블로는 기존 말뚝이 땅속에 박혀 있어 그 자체가 신설 말뚝에 간섭하여 장애물이 되는 경우와 기존 말뚝은 철거했지만, 그 철거공의 되메우기가 미흡했기 때문에 신설공이 경사지거나 편심되거나 하는 경우가 있다. 이러한 기존 말뚝에 의한 트러블은 앞으로의

표 1.5 시공 시에 나타나는 트러블의 내용과 그 주요 요인

구분	트러블의 종류	트러블의 내용	주요 요인
항체에 관한 것	현장타설콘크리트말뚝의 품질 불량	콘크리트 타설량이 계획값과 다름	공벽 붕괴, 굴착길이 관리 불량, 슬라임 잔류
		철근망의 동시상승	• 케이싱튜브의 경사·변형 • 스페이서의 변형·설치 불량
	기성콘크리트말뚝의 손상	두부의 손상	과도한 타격·회전, 시공기기 부적격
	강관말뚝의 손상	두부의 손상	과도한 타격·회전, 시공기기 부적격
설치위치에 관한 것	평면적인 편차	위치 편차	장애물, 과대 굴착지름, 연직도 불량
	연직방향 편차	굴착공 휨	과도한 시공속도, 지중 장애물
		굴착불능	• 지지층 깊이가 설계와 다름 • 시공기기 부적격, 지중 장애물, 지반조사 부족 • 시공 가부의 판단 오류
		근입부족(기성말뚝)	• 배토불량, 연직도관리 불량, 시간관리 불량 • 굴착지름·길이 관리 오류
		과잉근입(기성말뚝)	• 지지층 깊이가 설계와 다름 • 유지시간 부족, 굴착길이 관리 오류
주변의 영향	근린 구조물 변상	구조물 이동·경사	배토 부족, 공벽 붕괴
	주변 지반 변상	융기, 함몰, 붕괴	배토 부족, 시공수 과다, 공벽 붕괴
	환경문제	소음, 진동	시공기기 부적격, 지중 장애물

부지 사정을 감안할 때 점점 증가 추세로 보이지만 구체적인 대처 방법이 표준화되어 있지 않은 것이 현실이다. 철거 말뚝의 위치정보(기존 말뚝의 숨은 지도)와 잔존물 정보 그리고 철거공의 되메우기 재료 및 되메우기 방법, 되메우기공의 지반정보(N값, q_u값 등) 등의 제반 정보가 다음 공정 업자에게 명확하고 상세하게 전달될 수 있는 시스템의 구축이 요망되는 바이다.

(2) 말뚝시공 후에 나타나는 트러블

시공단계에서 확인이 곤란한 트러블은 말뚝공사 완료 후(굴착 단계) 그 현상이 나타나 트러블로 문제시된다. 이러한 트러블의 내용과 그 주요 요인은 **표 1.6**과 같다. 이 표에서 말뚝 시공 후에 나타나는 트러블은 대부분이 구조물에 경사·침하 등의 이상이 생겨 나타나는 경우이다. 그 원인으로는 지중부에서의 항체 파손에 의한 것이나 시공 불량에 의한 지지력 부족으로 인한 것이 있다. 하지만 트러블이 발생한 단계에서는 정확한 원인을 알 수 없는 경우가 많고, 원인 규명을 위한 조사나 트러블 대처에는 많은 시간과 비용이 소요되는 경우가 많은 것도 큰 특징이다.

표 1.6 시공 후에 표면화하는 트러블 현황과 그 주된 요인

구분	트러블의 종류	트러블의 내용	주된 요인
항체에 관한 것	현장타설콘크리트말뚝의 품질 불량	굴착 후 말뚝머리부 지름이 부족	콘크리트의 유동성, 이수 농도
	기성콘크리트말뚝의 불량	구조물의 침하·경사	기성콘크리트말뚝의 중간·선단부의 손상
설치 위치에 관한 것	평면적인 편차	굴착 후의 위치 편차	시공관리 오류, 말뚝중심 측량 오류, 집게 경사
	연직방향 편차(현장타설콘크리트말뚝)	말뚝천단이 계획값과 다름	시공관리 오류
	연직방향 편차(기성콘크리트말뚝)	굴착 후의 근입깊이 초과	유지기간 부족, 근고부 불량

1.4.3 주요 트러블의 대처 방법

(1) 시공 시에 나타난 트러블의 대처 예

시공 시에 표면화된 트러블은 그 현상을 확인할 수 있기 때문에 구체적인 대처법을 강구할 수 있는 경우가 많다. 예를 들어, 항체가 손상되었을 경우는 그 말뚝을 철거하고 새로운 말뚝으로 바꾸어 놓는다거나, 설치 위치의 편차가 발생했을 경우는 정확한 위치로 수정하거나 하는 등으로 대처하는 것이 일반적이다. 기존 말뚝 등의 장애물 출현 시에는 장애물을 철거하고 철거공을 적절한 방법으로 되메운 다음 소정의 위치에 말뚝을 시공한다. 되메우기 방법으로는 사질토계의 토사에 의한 되메우기, 소정 배합의 유동화 처리토에 의한 되메우기, 시멘트밀크에 의한 지반개량이 일반적이지만 어느 방법도 장단점이 있으므로 지반상황이나 현장상황에 따라 적절한 대처법을 선택하도록 한다.

(2) 말뚝공사 완료 후에 나타난 트러블의 대처 사례

이 단계에서 나타난 경우에는 우선 발생 시점에서 트러블 위치에 구축되어 있는 구조체를 철거해야 한다. 그 후에 문제가 생긴 기초말뚝에 대해서 처치(철거하고 재시공이나 보강 대책)를 시행하여 기초말뚝 부분이 완성된 후 다시 한번 상부구조를 만들게 된다. 어느 경우든 공비와 공기에 큰 악영향을 끼칠 것이 불가피하며 이러한 트러블을 일으키지 않도록 충분한 시공관리를 행하고 객관적인 시공기록을 남겨두는 것이 중요하다.

1.5 사용단계에서의 트러블

1.5.1 설문조사 결과 등에 보이는 사용단계의 트러블 사례

이번 설문조사에서 사용단계에서의 트러블 사례는 주택용 소구경말뚝의 트러블 현상으로서 부등침하, 침하, 경사, 주변 지반과의 상대침하가 거론되고 있다. 그 요인으로 불충분한 지질조사(지지층의 두께, 강도, 압밀침하에 의한 부마찰력(NF)의 작용, 중간지지층 아래의 점성토층의 압밀침하), 설계의 미비(성토 등에 의한 압밀침하의 영향을 고려하지 않아서 주변 지반 압밀침하와의 침하 차), 불충분한 시공관리(강도가 낮은 지지층에 설치, 얇은 중간지지층에서의 관통 등)가 있다.

초판 작성 시의 설문조사에서 사용단계의 트러블 사례로는 설계 미비의 사례(구조물의 완성 후에 부등침하가 생긴 타입말뚝에서 NF의 평가가 미흡)와 지지층의 근입 부족 사례(급경사 토단층의 근입 불량인 프리보링근고말뚝에서 표층의 충적지반의 압밀침하에 의한 NF의 작용)의 2건만 게재되고 있다.

지난 문헌에서도 사용단계의 트러블 사례는 적으며, 다음의 사례가 보이는 정도이다. 이것 말고 지진에 의한 변상 사례도 있지만 말뚝기초가 주요원인인지 불분명한 것이 많다.

① 기설 교량의 교체와 예측을 초월한 변위[12] : 측방이동량이 과대해져 거더와 파라펫이 충돌, 강관말뚝도 지진 시에는 허용응력을 크게 초과한다.
② 연약지반상 옹벽 성토 공사에서의 변상 대책[13] : 성토 중에 옹벽이 측방이동한다. 성토를 철거하여 지반개량하고 타이로드에 의해 옹벽을 보강하여 성토를 구축했다.

1.5.2 사용단계의 트러블과 그 원인

(1) 사용단계의 트러블

사용단계의 트러블은 트러블을 직접 판정할 수 있는 ① 트러블 표면화 현상과 직접 판정할 수 없는 ② 트러블 비표면화 현상으로 나뉜다. 후자는 사용단계의 초기에는 트러블 현상이 표면화되고 있지 않지만 어떠한 부가적 요인에 의해 장래 트러블이 표면화하는 현상이다.

① 트러블 표면화 현상에는 다음과 같은 것을 생각할 수 있다.
- 상부구조의 침하, 경사, 부등침하
- 상부구조의 수평변위
- 상부 구조부재의 휨 균열, 전단 균열, 좌굴 등의 손상, 경사, 변형

② 트러블 비표면화 현상에는 다음과 같은 것을 생각할 수 있다.
- 지지력 부족
- 말뚝 부재의 손상으로 인한 부재 내력 부족

- 푸팅이나 지중보의 균열, 철근 부식으로 인한 내력 저하, 변상에 따른 내력 여유도의 저하
- 지하수위 저하나 성토에 의한 지반침하에 따른 NF의 작용
- 지반침하나 세굴 등에 의한 말뚝머리 부근의 돌출에 의한 수평저항 부족, 돌출 부재의 부식
- 근접 성토 등에 의한 편토압, 주변 굴착 등에 의한 측방이동
- 지진 시 사질토지반의 액상화, 측방유동, 예상 외의 지진동

(2) 사용단계의 트러블 원인

사용단계의 트러블 원인으로는 ① 지지력 부족, ② 수평저항 부족, ③ 지반 변상, ④ 지진 등의 영향을 생각할 수 있다.

① 지지력 부족에는 주면저항 또는 선단지지력이 설계값보다 극단적으로 작다.

② 수평저항 부족에는 주변 지반의 강도 부족, 항체의 휨 내력 부족이 있다.

③ 지반 변상에는 예상 외의 지반침하에 의한 NF의 작용 또는 설계보다 극단적으로 큰 NF의 작용, 예상 외의 성토 등에 의한 편토압의 작용 또는 주변 굴착 등에 의한 측방이동이 있다.

④ 지진 등의 영향에는 사질토지반의 액상화, 측방유동, 수평저항 부족, 지지력 부족, 예상 외의 지진동이 있다. 특히 지진 시에는 장기 사용 상태에 따라 큰 힘이 말뚝에 작용하므로 ①, ② 원인과 상승작용에 의해 구조물의 변상 등의 트러블이 현저해진다.

(3) 구체적인 문제점

트러블의 원인에 직결되는 구체적인 문제점은 지질조사, 설계, 말뚝 시공의 각 단계에서 각종 현상이 있으며, 경우에 따라서는 그것들의 복합현상으로서 파악할 수 있다.

① 지질조사 부족은 지지층의 굴곡 상태 평가, 지지층의 강도 평가 간 차이를 야기해 말뚝 지지력 부족의 요인이 된다.

② 설계에서는 구조계획, 설계의 미비가 있고, 말뚝 지지력 특성의 인식 부족을 들 수 있다.

예를 들면, 현장타설콘크리트말뚝의 지지력 저하에 따른 침하 형태를 지지력 특성의 모식도(**그림 1.3**)에서 설명하자면, **1.3 (a)**와 같이 말뚝의 지지력 저하가 있더라도 장기하중에 대해서는 과대한 침하로 이어지지 않지만 단기하중에 대해서는 과대한 침하를 일으킬 수 있다. 단, **1.3 (b)**와 같이 주면저항이 저하하면 장기하중에서도 침하가 커지는 경우가 있다. 또, **1.3 (c)**와 같이 주면저항의 비율이 작은 선단지지말뚝에서는 특히 슬라임 등에 의한 선단지지력의 저하가 크면 극단적인 침하가 생길 수 있다. 또, 말뚝 지지력의 격차가 크면 부등침하로 나타나 상부 구조부재에 균열 등의 손상이 생기는 일이 있다. 그 외에 지반침하 등의 예상과 영향 평가, 무리말뚝 효과 등의 현상, 편토압의 작용 등이 적절히 고려되지 않은 것 등을 들 수 있다.

③ 내진설계의 문제에는 지진 시 구조물 거동의 예상(높이가 높은 구조물, 편심이 작용하는 구조물), 지진 시 지반 거동의 예상(액상화, 측방유동, 측방 이동, 수평지반변위, 지진동의 증폭) 등의 내진설계의 미비가 있고, 이것들에 의해 내진설계의 예상 이상의 변상이나 손상이 생긴다.

④ 말뚝의 시공에서는 현장타설콘크리트말뚝의 경우는 열화 안정액의 사용으로 인한 주면저항의 저하, 공저 처리 불량과 공저 지반 교란으로 인한 선단지지력의 저하, 지지층

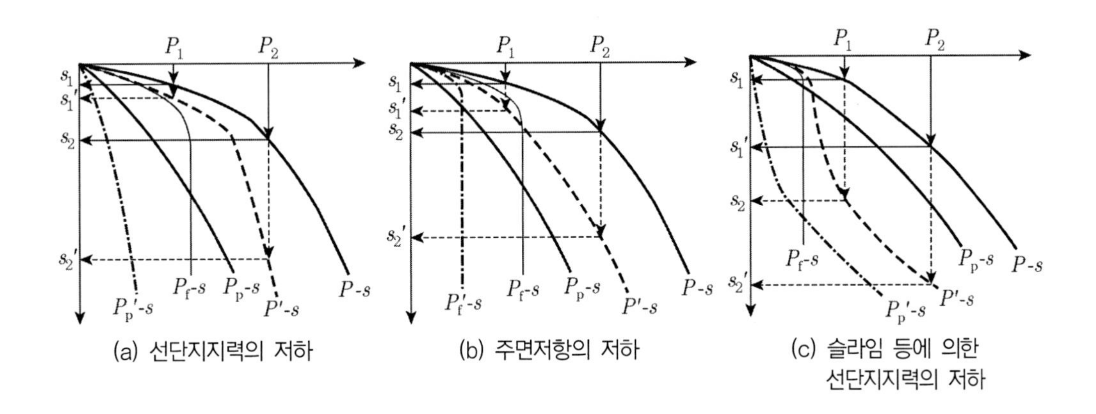

(a) 선단지지력의 저하 (b) 주면저항의 저하 (c) 슬라임 등에 의한 선단지지력의 저하

하중의 범례

P_1 : 장기하중

P_2 : 단기하중

침하량의 범례

하중상태	정상인 경우	지지력 저하
장기하중 시	s_1	s_1'
단기하중 시	s_2	s_2'

그림 1.3 현장타설콘크리트말뚝의 지지력 저하에 따른 침하형태

의 근입길이 부족 및 지지층의 강도 부족이나 지지층 두께의 부족에 의한 선단지지력의 저하, 철근 이음 불량이나 항체 콘크리트 불량에 의한 휨 내력 부족 등을 생각할 수 있고, 기성콘크리트말뚝의 경우는 말뚝 주위 고정액의 침강, 고정액 누출에 의한 주면저항의 저하, 근고 형상 불량, 근고 강도 부족 등과 공저 지반의 교란에 의한 선단지지력의 저하, 지지층으로의 근입길이 부족 또는 지지층의 강도 부족이나 지지층 두께의 부족에 의한 선단지지력의 저하, 시공 시의 항체 손상 등을 생각할 수 있다.

1.5.3 사용단계의 트러블에 대한 대책

사용단계의 트러블에 대한 대책으로는 다음과 같은 것을 생각할 수 있다.

- 추가 말뚝에 의한 연직지지력 및 수평지지력의 증대
- 지반개량 등에 의한 표층지반 개량에 의한 수평저항의 증대
- 지지 지반 개량에 의한 연직지지력의 증대
- 말뚝두부 돌출부의 충전 보수
- 푸팅, 지중보 등 부재의 보수, 보강
- 언더피닝, 잭업에 의한 상부공의 수복

이상의 대책은 복수 조합해 실시하는 경우가 많은데, 최악의 경우는 상부구조물도 포함하여 재구축하게 되기도 한다.

1.5.4 사용단계에서의 트러블 사례

마지막으로 저자들이 아는 정보로부터 사용단계의 트러블과 대책의 사례를 소개한다.

(1) 현장타설콘크리트말뚝의 지지력 부족으로 교각이 침하한 사례

3경간 연속 합성 거더교의 상판 콘크리트 타설에 의해 중간 교각이 침하하였다. 중간 교각은 1교각 1기초말뚝의 대구경(ϕ2.4 m) 현장타설콘크리트말뚝(RCD공법)이며 상시하중에 대한 침하를 줄이기 위해서 주면저항이 충분히 커지도록 홍적 모래층에 15 m 이상 근입시킨

설계이다. 말뚝 시공에 3일간을 요하여 공벽면에 머드케이크가 부착되어 주면저항이 극단적으로 저하한 데다가 슬러지 탱크의 용량 부족 등으로 2차 공저 처리 후 슬라임 재퇴적으로 선단지지력이 부족했기 때문에 예상 이상의 교각 침하가 발생하였다. 대책은 상부구조의 단면력에 여유가 있었으므로 기초말뚝만의 대책으로서 말뚝주면에 푸팅바닥면으로부터 지지층 상면까지 고압분사 지반개량을 실시하였다.

(2) 성토에 의한 지반 침하와 말뚝의 지지력 부족으로 교각이 침하한 사례

설계에서는 성토에 의한 점성토층의 압밀침하에 의한 부마찰력을 고려하여 SL(slip layer)말뚝으로 부마찰력을 저감시키고 선단지지력에 의존하는 속파기 근고 공법에 의한 합성말뚝을 채택하였다. 말뚝의 시공에서 지지층의 굴곡을 간과하고 굴착전류값에 의한 지지층의 확인이 불충분한 상태에서 강도가 작은 모래층을 지지층으로 판단하여 근고하였기 때문에 선단지지력이 부족하여 교각의 침하가 생겼다. 대책은 상부구조는 단순 거더이기 때문에 손상이 없으므로 말뚝의 선단지반을 고압분사 지반개량으로 굳혔다.

(3) 말뚝의 지지력 부족으로 전력설비의 기초가 침하, 경사진 사례

프리보링확대근고공법에 의한 PHC말뚝으로, 표층이 연약하여 말뚝의 주면저항이 작으며 말뚝선단도 지지층에 근입되어 있지 않았기 때문에 말뚝의 지지력 부족을 생각할 수 있다. 말뚝 시공 시에 굴착전류값에서 부식토 밑에 있는 지지층 상부의 충적 사질토를 지지층이라고 판정했던 것이 원인이다. 대책은 인접하여 기초를 다시 만들고 전력설비를 이전했다.

(4) 현장타설콘크리트말뚝의 부등침하로 상부 구조부재가 손상된 사례

어스드릴공법에 의한 현장타설콘크리트말뚝의 부등침하 때문에 상부구조의 기둥이 비틀림전단파괴를 일으켜, 보, 지중보 모두 과대한 균열 손상이 발생했다. 지지층의 굴곡이 현저한 지반이고 홍적 모래층인 지지층 상부에 퇴적한 충적 모래층을 지지층으로 잘못 보았기 때문에 지지층의 근입 유무에 따라 말뚝 지지력의 격차가 있었다. 또, 충적점성토의 중간층의 지반침하에 의해 NF가 작용했다. 대책은, 추가 말뚝과 지중보에 의한 언더피닝으로 상부구조를 지지하고 부재 등을 보수·보강하였다.

(5) 지진으로 현장타설말뚝기초를 가진 교각이 침하, 경사진 사례

교각의 기초말뚝은 올케이싱공법에 의한 현장타설콘크리트말뚝으로, 좌우 말뚝 위치에서 약간의 지지층 깊이와 N값의 차이가 있었다. 지진에 의한 진동으로 지지력이 작은 쪽 말뚝의 누적 침하량이 커지고 부등침하가 발생하였다. 기초폭에 비해 높이가 높은 교각이었기 때문에 교각이 경사짐에 따라 인접 교각 사이에 지승면(支承面)이 기울어 상부공(PC 거더)이 비틀림 변형으로 균열이 발생하였다. 대책은 교각 경사를 원상복구한 후에 추가 말뚝을 설치하고 거더도 균열 보수 등을 실시하였다.

참고문헌

1) 全国地質調査業協会連合会編 : ボーリンク野帳記人マニュアル(土質編), p.99, 1988.

2) 加倉井正昭・辻本勝彦・桑原文夫・真鍋雅夫 : 地盤調査と杭施工の関係(その1) 支持地盤の不陸に関する一考察, 日本建築学会大会学術講演便標集(東北), pp.595-596, 2009.

3) 加倉井正昭 : (総説) 杭の支持層判断の現状とあるべき姿を求めて, 基礎工, Vol.42, No.6, p.4, 2014.

4) 特集 基礎工におけるトラブル事例と対策, 基礎工, vol.27, No.9, 1999.9.

5) 特集 基礎工におけるトラブルとその防止策, 基礎工, vol.37, No.9, 2009.9.

6) コンクリートパイル建設技術協会, 既製コンクリート杭の施工トラブル事例集, 2007.

7) 冨永晃司 : 初級講座杭基礎のトラブレ事例に学ぶ(その1) (その2), 地盤工学会誌, 2009.1, 2009.2.

8) 公共建築協会 : 公共建築工事標準仕様書(建築工事編) 平成25年版, 2013.5.

9) 日本建築学会 : 建築工事標準仕様書・同解説 JASS3, 4 土工事, 地業工事, 2009.10.

10) 日本道路協会 : 杭基礎設計便覧平成 18年度改訂版, 2007.1.

11) 日本基礎建設協会 : 場所打ちコンクリート擴底杭の監理上の留意点, 平成 12 年 7 月.

12) 既設橋梁の架替えと予測を超えた変位, 基礎工, Vol.27, No.9, pp.56-59, 1999.9.

13) 軟弱地盤上の擁壁盛土工事における変状対策, 基礎工, Vol..27, No.9, pp.60-64, 1999.9.

제2장

현장타설콘크리트말뚝의 트러블과 대책

제2장 현장타설콘크리트말뚝의 트러블과 대책

2.1 개설

2.1.1 현장타설콘크리트말뚝공법의 개요와 특징

현장타설콘크리트말뚝은 지반을 굴착하여 토사를 지상으로 배토하고 굴착공 부분에 철근망을 세워 넣고 콘크리트를 소정의 위치까지 타설함으로써 축조되는 말뚝공법이다. 현장타설콘크리트말뚝을 시공방법에 따라 분류하면 **그림 2.1**과 같다.

그림 2.1 현장타설콘크리트말뚝의 분류

시공방법은 기계로 굴착하는 방법과 인력으로 굴착하는 방법으로 분류할 수 있다. 기계굴착공법에는 어스드릴공법, 올케이싱공법, RCD공법, BH공법, 지중벽공법이 있다. 또한 통상적인 철근콘크리트말뚝 외에 말뚝두부에 강관과 현장타설콘크리트말뚝을 합성한 현장타설강관콘크리트말뚝이 있다.

올케이싱공법에는 요동식과 전둘레회전식 굴착기가 있다. 현재 요동식 굴착기는 제조되고 있지 않기 때문에 가동 가능한 대수가 적고 전둘레회전식 굴착기가 주류를 이루고 있다.

인력굴착공법인 심초공법에는 중장비 등의 기계를 병용하여 굴착하는 방법과 뿜어붙임콘크리트와 록볼트 보강공에 의해 흙막이하는 대구경의 것도 있다.

또한 건축물과 토목구조물에 따라 채택되는 시공방법에는 차이가 있다. 건축물에서 가장 시공실적이 많은 공법은 어스드릴공법이다. 그중에서도 어스드릴식 확대선단말뚝공법이 많이 채택되고 있다. 도로교 하부공 등의 토목구조물에서 가장 많이 채택되는 공법은 올케이싱공법으로, 어스드릴공법이나 확대선단말뚝공법은 거의 채택되고 있지 않다.

현장타설콘크리트말뚝에 공통되는 특징은 대략 다음과 같이 정리된다.

장점 :

① 저소음·저진동이다.

② 대구경·대심도의 굴착이 가능하다.

③ 굴착토로부터 토질상황을 눈으로 확인할 수 있다.

④ 중간층에 단단한 층이 있어도 굴착은 가능하다.

단점 :

① 공벽이 무너지는 경우가 있다.

② 말뚝 주변이나 선단부의 지반이 느슨해지는 경우가 있다.

③ 공저의 처리가 필요하다.

④ 굴착 토사와 폐기 이수 처리가 필요하다.

2.1.2 각 공법의 개요와 특징

현장타설콘크리트말뚝의 주요 공법의 개요와 특징을 아래에 서술한다.

(1) 어스드릴공법

어스드릴공법의 굴착은 드릴링 버킷을 회전시켜 지반을 굴착하고, 버킷 내부에 들어온 토사를 지상에 배토하는 방법에 의해 실시한다. 공벽 보호는 표층부에서는 표층 케이싱을 이용하고 그보다 깊은 곳에서는 안정액을 이용해 실시한다. 굴착 완료 후 공저를 처리하고 소정의 형상으로 제작된 철근망을 공내에 세워 넣고 트레미관으로 콘크리트를 타설함으로써 말뚝을 축조한다.

이 공법은 굴착에서 콘크리트 타입까지 이어지는 일련의 작업이 1대의 어스드릴기에 의해 시공 가능하며, 올케이싱공법이나 RCD공법에 비해 기계설비의 규모가 작고 시공능률이 높으며 비교적 좁은 부지에서도 작업성이 좋다는 것을 특징으로 하고 있다. 또한 공벽의 붕괴나 인근 구조물에 대한 영향도 적다. 그러나 거석·암반 등의 굴착은 어렵기 때문에 공법을 선택할 때에는 충분한 조사·검토가 필요하다. 또한 시공 시에 공벽의 보호에 사용하는 안정액의 관리를 게을리하면 공벽의 붕괴나 말뚝두부 콘크리트의 강도 부족 등 이 공법 특유의 문제를 발생시키는 경우가 있다.

어스드릴식 확대선단말뚝공법은 건축물의 기초에 많이 채택되고 있다. 이 공법은 말뚝선단부를 확대함으로써 큰 지지력을 기대할 수 있으며, 축부분을 가늘게 함으로써 굴착 잔토나 콘크리트 양을 저감할 수 있다는 특징이 있다. 최근에는 축부분 지름과 확대선단부 지름의 지름비가 2배를 넘는 공법도 있다.

어스드릴공법의 시공순서 사례를 **그림 2.2**에, 어스드릴 굴착기를 **사진 2.1**에 그리고 특징을 이하에 설명한다.

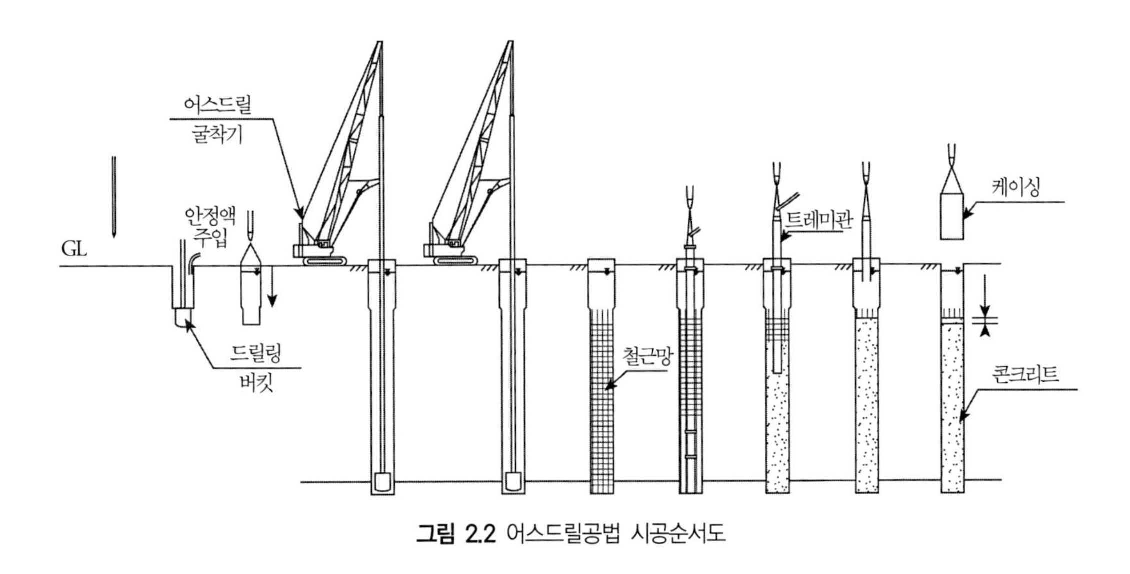

그림 2.2 어스드릴공법 시공순서도

장점 :

① 기계설비가 간편하다.

② 가설이 간편하고 시공 속도가 빠르며 공사비가 싸다.

③ 부지 경계에서 말뚝까지의 거리가 작아도 시행 가능하다.

사진 2.1 어스드릴 굴착기

단점 :

① 거석·암반의 굴착이 어렵다.

② 안정액 관리가 부적절한 경우 공벽 붕괴나 콘크리트의 강도 부족이 발생하는 경우가 있다.

③ 폐기 이수 처리가 다소 어렵다.

(2) 올케이싱공법

올케이싱공법의 굴착은 케이싱튜브를 굴착공 전길이에 걸쳐 회전(요동)·압입하면서 케이싱튜브 내의 토사를 해머그랩으로 굴착·배토하는 방법으로 실시한다. 굴착이 완료된 후 공저 처리를 하고 철근망을 세워 넣고 트레미관에 의해 콘크리트를 타설한다. 케이싱튜브는 콘크리트 타설에 따라 인발하여 회수한다.

이 공법은 굴착공 전길이에 걸쳐 케이싱튜브를 사용하므로 정해진 지름의 케이싱튜브를 사용하여 적절한 시공관리를 실시하는 것에 따라 소정의 말뚝지름·말뚝위치를 확보할 수 있다. 그렇지만 토질성상에 따라서는 케이싱튜브의 인발 곤란이나 케이싱의 인발에 따라 철근망이 따라 올라가는 등의 문제가 생기는 경우가 있다.

요동식 굴착기엔 굴착기에 장비된 유압 실린더를 신축시킴으로써 케이싱튜브를 시계방향과 반시계방향으로 약 13° 번갈아 회전시키는 기구가 있다.

올케이싱공법의 시공순서 사례를 **그림 2.3**에, 전둘레회전식 올케이싱 굴착기를 **사진 2.2**에 그리고 특징을 이하에 설명한다.

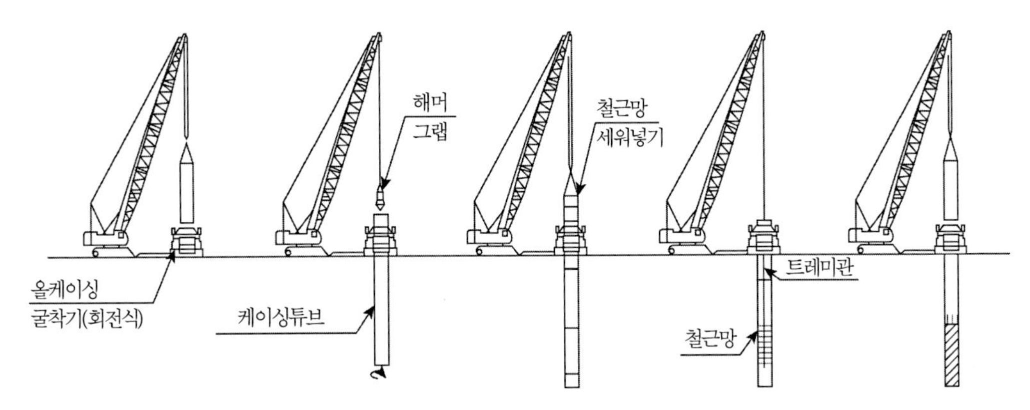

그림 2.3 올케이싱공법의 시공순서 예

장점 :

① 공벽의 붕괴가 없다.

② 옥석·암반의 굴착이 가능하다(전둘레회전식의 경우).

③ 굴착 잔토의 처리가 용이하다.

단점 :

① 케이싱튜브의 인발이 어려워지는 경우가 있다.

② 말뚝지름에 제한이 있다.

③ 연약한 점성토 지반에서는 말뚝머리의 지름이 가늘어지는 경우가 있다.

사진 2.2 올케이싱 굴착기(전둘레회전식)

(3) RCD공법

RCD공법의 굴착은 로드 선단에 장착한 3익 비트를 로터리테이블에 의해 회전시켜 지반을 절삭하고 토사를 공내수와 함께 석션펌프 또는 에어리프트 방식 등에 의해 지상으로 빨아올려 배출하는 방법으로 이루어진다. 이수가 일반 보링굴착과 역방향으로 순환하기 때문에 역순환굴착(RCD)공법이라고 한다. 굴착이 완료된 후, 석션펌프로 공저를 처리한 다음 철근망을 세워 넣고 트레미관으로 콘크리트를 타설한다. 스탠드파이프는 콘크리트 타설 완료 후에 인발하여 회수한다.

공벽의 보호는, 표층부에서는 스탠드파이프를 사용하고, 스탠드파이프 하단보다 더 깊은 곳은 이수가 공벽에 머드케익을 형성하는 것과 공내 수위를 지하수위보다 2 m 이상 높게 유지함으로써 행한다. 이 공법은 대구경, 대심도 굴착에 대응할 수 있는 것은 물론, 특수 비트 등을 사용해 회전 토크·절삭 하중을 늘림으로써 암반의 굴착도 가능해진다.

RCD공법의 시공순서 사례를 **그림 2.4**에, RCD 굴착기를 **사진 2.3**에 그리고 특징을 이하에 설명한다.

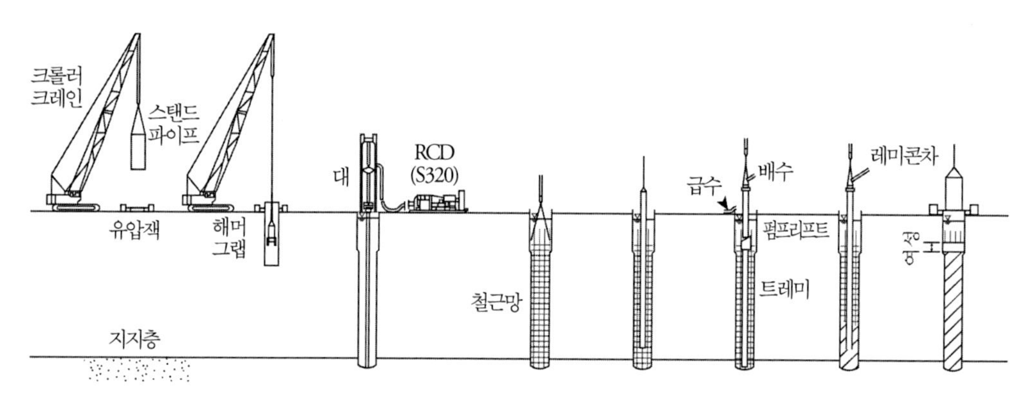

그림 2.4 RCD공법의 시공순서

장점 :

① 대구경, 대심도 굴착이 가능하다.

② 자연 이수로 공벽 보호가 가능하다.

③ 특수 비트·굴착기에 의해 암반의 굴착이 가능하다.

단점 :

① 드릴파이프 지름보다 큰 옥석의 굴착이 곤란하다.

② 이수 관리가 불충분하면 공벽 붕괴를 일으키는 경우가 있다.

③ 가설이 대규모여서 폐기 이수의 처리량이 많다.

사진 2.3 RCD 굴착기

2.1.3 발생하는 트러블 개요

(1) 발생하는 트러블 개요

현장타설콘크리트말뚝의 시공은 시공계획, 가설·준비, 굴착, 철근망 세워넣기, 콘크리트 타설의 순서로 행해진다. 각 시공단계에 대한 시공관리 항목은 명확하게 나타나 있지만 굴착하는 지반은 다종다양하며, 충분한 시공관리를 해도 지반조사 부족이나 그에 따른 공법 선정 오류로 인해 공벽의 붕괴나 굴착능력의 저하·시공 불능 등의 트러블이 발생하는 경우가 있다.

이 공법의 큰 특징은 땅속의 눈에 보이지 않는 곳에서 굴착공 내의 이수나 안정액 중에 콘크리트를 타설하는 것에 있다. 상부 구조에 대한 콘크리트 타설 작업과 크게 다르게 눈으로 보면서 관리할 수 없다는 어려운 시공관리가 필요하다. 이것에 따라 안정액의 성상이나 콘크리트의 유동성 등의 성상에 따라서는 콘크리트 중에 안정액이 혼입하여 말뚝두부 콘크리트의 강도 부족이라는 트러블이 발생하는 경우가 있다. 특히, 설계 및 지반조건에 따라서는 철근망의 배근이 과밀해지고 콘크리트가 충분히 철근망의 바깥쪽에 충전되지 않는 경우가 있으므로 2.3.2에서 기술하는 트러블 방지 대책에 유의할 필요가 있다.

(2) 최근 트러블의 특징

최근 비교적 많이 발생하고 있는 트러블 중 하나로 *N*값이 1 이하인 연약한 점성토 지반에서 올케이싱공법으로 시공한 경우, 말뚝두부 콘크리트의 말뚝지름이 부족한 경우가 있다. 이것은 올케이싱공법의 특유한 시공방법에 기인한 것으로, 케이싱튜브의 판 두께가 45 mm이므로 케이싱 인발 후 이 판 두께에 해당하는 공극 부분에 콘크리트가 충전되는 것보다 빨리 주위의 연약한 지반이 내측으로 다가옴에 따라 트러블이 발생하는 것으로 생각할 수 있다.

최근 건축물의 개축공사가 많아지고 있다. 그에 따라 기존 말뚝의 철거작업이 이루어지는데, 철거 후에 모래 등으로 되메우기를 하면 신설 말뚝의 시공 위치가 간섭받을 경우 굴착공이 붕괴되는 경우나 경사지는 경우가 있다. 또한 유동화재를 사용하여 되메우기할 때, 시공 불량으로 인하여 미고결 부분이 있는 경우에도 같은 트러블이 발생하는 경우가 있다.

또한 고층 건축물의 기초말뚝에 고강도콘크리트를 사용하는 사례가 늘고 있다. 이 콘크리트의 화학혼화제에는 고성능 AE 감수제를 사용하고 있다. 이 경우에는 지금까지의 콘크리트의 슬럼프 관리에 대하여 슬럼프 플로우(slump flow)로 관리할 정도로 유동성이 높다. 그러나 콘크리트 타설에 있어서는 점성이 있는 콘크리트이기 때문에 통상과 같이 트레미관으로 타설할 때에 유동성의 경시변화가 큰 경우에 타설이 곤란해지는 경우나 철근망의 바깥쪽에 충전되지 않는 경우가 있으므로 사용하는 경우에는 사전에 성상을 확인할 필요가 있다.

2.2 설문조사로 본 트러블 현황

2.2.1 트러블 발생 현황

현장타설콘크리트말뚝공법의 트러블의 종류와 요인의 설문조사 결과는 **표 2.1**과 같다.

표 2.1 현장타설콘크리트말뚝의 트러블의 종류와 그 요인

트러블의 요인 \ 트러블의 종류		① 항체형상 콘크리트 불량	② 공벽 붕괴	③ 굴착불능·능률저하	④ 철근 따라 오름·떠오름	⑤ 기구 매설	⑥ 지지력 부족·지반 이완	⑦ 경사·편심	⑧ 소음·진동	⑨ 굴착길이 변경	⑩ 기타	계 건수	계 %
1	설계상의 문제점	1										1	1.1
2	공법 선정의 부적격							1				1	1.1
3	기계 고장·정비 불량					1						1	1.1
4	지중 장애물	4	3			1		2			1	11	11.8
5	연약지반	2	1					1				4	4.3
6	조사결과와 지반의 차이		1									1	1.1
7	조사 부족			1								1	1.1
8	경사지반						1					1	1.1
9	근접시공											0	0
10	과잉 복류수의 존재											0	0
11	보일링 발생											0	0
12	누수		1									1	1.1
13	공내 액의 부적격	3										3	3.2
14	수두압의 부족										1	1	1.1
15	케이싱 길이의 부적격		1									1	1.1
16	굴착 조작의 부적격					1		1				2	2.2
17	과도한 2차 공저처리											0	0
18	철근망의 좌굴											0	0
19	철근의 순간격 부족	2										2	2.2
20	슬럼프 부적성	9										9	9.7
21	콘크리트 도착 지연	1										1	1.1
22	시공관리 불량	1	1		2			4			4	12	12.9
23	슬라임											0	0
24	기타	7	1		1	3		6			2	20	21.5
계	건수	30	9	1	3	6	1	15	0	0	8	73	
계	%	41.1	12.3	1.4	4.1	8.2	1.4	20.5	0	0	11.0		100
공법별	어스드릴공법	22	7	1	2	4	1	12			7	56	76.7
공법별	올케이싱공법	8			1	2		3			1	15	20.5
공법별	RCD공법		1									1	1.4
공법별	기타 공법		1									1	1.4

트러블의 종류별로 보면 '항체 형상, 콘크리트 불량'이 가장 많아서, 전체의 41%를 차지하고 있다. 다음으로 '경사·편심'의 20%, '공벽 붕괴'의 12%, 기타의 종류는 11%로 나타나 있다. 또한 트러블의 종류를 공법별로 보면, 어스드릴공법에서 트러블이 많은 것은 '항체 형상, 콘크리트 불량', '경사·편심', '공벽 붕괴'의 순서로 나타나 있다. 올케이싱공법에서는 '항체 형상, 콘크리트 불량', '경사·편심', '기구 매설' 순으로 나타나 있다. RCD공법에서는 시공실적이 적기 때문에 발생 트러블도 적다. 그중에서 '공벽 붕괴'가 보고되어 있다.

2.2.2 트러블 요인

트러블의 발생이 많은 사례에서 트러블의 요인은 다음과 같다.

i) 항체 형상, 콘크리트 불량에 대하여

공법별 발생 건수는 어스드릴공법이 22건으로 73%를 차지하고 있으며 올케이싱공법이 8건 보고되어 있다. 트러블의 요인은 '슬럼프 부적정' 9건으로 30%, '지중 장애물' 4건으로 13%, '공내 액의 부적격' 3건으로 10%의 순으로 나타나 있다. 그 외의 요인으로는 '철근의 순간격 부족', '연약지반' 등을 들 수 있다.

ii) 경사·편심에 대하여

공법별 발생 건수는 어스드릴공법이 12건으로 75%를 차지하고 있으며 다음으로 올케이싱공법이 3건 보고되어 있다. 트러블의 요인은 '시공관리 불량'이 4건으로 26%, '지중 장애물'이 2건으로 13%의 순으로 나타나 있다.

iii) 공벽 붕괴에 대하여

공법별 발생 건수는 어스드릴공법이 7건으로 77%를 차지하고 있으며 다음으로 RCD공법이 1건 보고되어 있다. 트러블의 요인은 '지중 장애물' 3건, '연약지반', '조사결과와 지반의 차이' 등으로서 1건으로 나타나 있다.

2.3 트러블 대처와 방지 대책

2.3.1 트러블 대처

주요 트러블 대처 방법에 대해 이하에 기술한다.

(1) 말뚝두부 형상 불량의 대처

말뚝두부에서의 콘크리트 형상 불량은 각 요인에 따라 트러블의 발생 상황에 차이가 있다. 이하에 트러블 발생 상황별로 그 대처 방법을 말한다.

i) 말뚝두부 콘크리트의 부분적인 결손과 토사의 혼입

더쌓기 부분의 깎아내기 작업에 따라 말뚝두부의 콘크리트 중 일부가 결손되는 경우가 있다. 또한 공벽의 토사가 말뚝두부의 표층 일부에 혼입되는 등의 형상 불량에 대한 대처 방법은 흙 등을 제거하고 충분히 털어내고 푸팅의 콘크리트와 일체로 타설하는 것이다.

ii) 말뚝머리 철근망의 바깥 콘크리트 일부 불량

말뚝머리 철근망의 바깥으로 콘크리트가 충전되지 않은 경우나 안정액이 혼입되어 콘크리트 강도가 부족할 경우가 있다. 이 경우 말뚝두부에서 수 미터의 깊이 이내에서 발생하는 경우가 많다. 대처 순서는 다음과 같다.

① 불량 부분을 깎아낸다.
② 충분히 털어낸다.
③ 거푸집을 설치한다.
④ 말뚝과 같은 콘크리트를 타설한다(항체의 표면으로부터 불량부의 두께가 얇은 경우 폴리머시멘트 등을 사용).
⑤ 거푸집을 떼어낸다.
⑥ 바깥둘레를 흙으로 되메우고 충분히 롤러다짐한다.

iii) 말뚝머리의 철근망 안쪽까지의 콘크리트가 불량

상기의 ii)와 같은 경향의 트러블이지만 철근망의 안쪽까지 콘크리트가 불량한 경우이다. 대처 순서는 다음과 같다.

① 주철근과 그 안쪽 콘크리트의 빈 곳이 골재의 2배 이상이 될 때까지 철근 안쪽의 콘크리트를 깎아낸다. 경우에 따라서는 철근망 안쪽의 콘크리트를 불량부의 깊이까지 모두 깎아낸다. 지반조건이나 불량부의 깊이에 따라서는 흙막이를 실시해 말뚝 둘레의 흙을 굴착한다.

이후의 순서는 상기한 ii) ②~⑥과 같다.

iv) 말뚝두부로부터 깊은 위치까지 콘크리트 강도가 부족

상기의 iii)보다도 더 깊은 깊이까지 콘크리트가 불량한 경우이다. 대처 순서는 다음과 같다.

① 건전한 콘크리트가 출현할 때까지 말뚝 주위의 흙을 심초공법으로 굴착한다.

이후의 순서는 ii) ②~⑥과 같다. 또한 한 번에 타설하지 못할 땐 ③~⑤를 반복한다.

(2) 말뚝 편심의 대처

말뚝의 편심량은 말뚝두부까지 굴착한 후 더 쌓은 부분을 깎아내고 나서 측량하여 계측한다. 이 단계에서 처음으로 편심량이 확인되므로 시공 중 대처는 할 수 없다.

말뚝 편심에의 대처 방법은 편심량의 허용값을 넘는 경우 편심에 의한 추가 휨모멘트를 산정하여 지중보의 단면을 산정하고 필요에 따라 철근량을 늘리거나 지중보 단면의 형상·치수를 크게 하는 등의 처치를 실시하는 것을 생각할 수 있다. 또한 말뚝중심의 측량 오류 등에 의해 말뚝 편심이 커진 경우 구조계산에 의해 단면을 산정해도 대처할 수 없는 경우가 있다. 이 경우에는 소정의 위치에 재시공한다. 또한 항체가 잘못 시공된 말뚝에 해당할 경우 그 말뚝을 제거한 후 재시공을 실시하는 것을 검토한다.

(3) 철근망 동반 상승의 대처

철근망의 동반 상승은 올케이싱공법 특유의 현상으로서 케이싱튜브를 인발할 때 철근망이 케이싱튜브와 함께 들어올려지는 현상이다. 동반 상승이 발생하는 시기에 따라 대처 방법이 다르다. 이하에 발생시기별 대처 방법을 제시한다.

i) 콘크리트 타설 초기에 발생한 경우

① 즉시 콘크리트 타설을 중단한다.

② 케이싱튜브의 상하 움직임·요동을 반복하여 철근망의 스페이서와 케이싱튜브와의 접촉부를 개방한다.

③ 케이싱튜브의 요동을 1방향으로 한정한다.

ii) 콘크리트 타설 중기에 발생한 경우

① 케이싱튜브의 인발에 따라 철근망만이 상승하는 경우는 철근망과 케이싱튜브의 접촉이 원인이므로 전항과 같은 대처를 실시한다.

② 콘크리트 천단의 상승과 함께 철근망이 상승하는 경우는 당장 콘크리트 타설을 중단하고 트레미관을 인발함으로써 철근망의 떠오름이 멈추는 경우가 있다.

철근의 동반 상승이 멈춘 경우에는 설계조건을 검토한다. 단, 설계조건을 만족하지 않는 경우에는 철근 및 콘크리트를 제거하고 재시공한다. 철근의 동반 상승이 멈추지 않은 경우는 철근과 콘크리트를 제거하고 재시공을 하든지 인접 개소에 보강용 말뚝을 축조하는 것도 검토한다.

2.3.2 트러블 방지 대책

(1) 항체 형상 불량

항체 형상 불량이라는 트러블 중에서 특히 대규모 대처가 필요한 트러블의 대표적인 것은 철근망의 바깥쪽으로 콘크리트가 충전되지 않은 경우이다. 대책으로는 다음과 같은 것을 들 수 있다.

i) 주근·후프 간격을 넓힘

설계단계에서 최소한 각 철근의 순간격으로 100 mm 이상의 치수를 확보하는 것이 바람직하다.

ii) 유동성 있는 콘크리트 사용

콘크리트의 유동성이 나쁜 경우 타설 중인 콘크리트 천단의 중앙과 가장자리에서는 고저차가 생긴다. 특히 철근이 조밀하면 철근이 장애가 되어 철근망의 바깥쪽에서 콘크리트의 천단이 낮아질 수 있다. 이런 상태에서 말뚝머리까지 콘크리트를 타설해 올라가면 말뚝 천단에서는 유동성에 장애가 되는 후프가 없어서 철근망의 바깥쪽의 안정액 속에 콘크리트가 흘러들어 안정액이 함유된 분리콘크리트가 되어 강도가 부족해진다.

이를 막기 위해서는 보통콘크리트의 경우 슬럼프는 21 cm가 바람직하다. 첫 콘크리트 타입 전에 슬럼프시험 등을 하여 콘크리트의 유동성을 확인해도 특히 더운 시기에는 콘크리트의 경화가 빨라지는 경향이 있으므로 콘크리트 타설 중에 유동성이 저하하는 경우가 있다. 이런 경우에는 슬럼프의 경시변화가 적은 콘크리트를 사용하거나 현장에 있어 지연제를 직접 레미콘 차에 첨가하여 유동성을 확보한다. 고강도콘크리트를 사용하는 경우에는 사전에 유동성 등을 확인해야 한다.

iii) 트레미관 조합 검토

말뚝두부 부근에서 콘크리트 타설 최종 단계에서 트레미관의 플랜지가 말뚝두부 부근에 없도록 조합한다. 또한 콘크리트 중의 트레미관의 삽입길이가 9 m 이상이 되지 않도록 트레미관을 자주 분리한다. 또한 트레미관을 인발할 때는 최소한 2 m 이상의 삽입길이가 되도록 트레미관의 길이와 콘크리트의 타설해 올라가는 높이를 확인한다. 트레미관의 선단이 콘크리트 안에서 빠지면 트레미관 내에 공내수가 들어가기 때문에 타설작업을 계속하면 콘크리트가 분리되어 타설 불능이 되는 것과 동시에 콘크리트 강도가 부족하기 때문에 특히 주의한다.

iv) 트레미관 이음부 조임

트레미관 이음부는 콘크리트 타설 중에 트레미관 이음부의 플랜지 부분으로부터 공내수가 누수하지 않도록 조인다. 또한 열화한 패킹을 사용하면 누수의 원인이 되므로 사용할 때 확인한다.

v) 안정액의 성상을 확보

안정액의 비중이 높고 모래분이 많아지면 콘크리트와의 치환성이 나빠지고 콘크리트 안에 안정액이 말려들어 콘크리트 강도가 부족할 수 있으므로 안정액의 모래분은 가능한 한 낮게 억제한다.

(2) 굴착공의 붕괴

굴착 중에 공벽이 붕괴되면 굴착 능력이 저하되고 사용하는 콘크리트량이 증대한다. 또한 콘크리트 타설 중에 붕괴되면 항체의 품질상 문제가 되고 대처도 곤란한 경우가 있다. 특히 표층부까지 붕괴의 영향이 미치면 굴착기 전도라는 중대 사고로 이어질 우려가 있다. 대책으로는 다음과 같은 것을 들 수 있다.

i) 공내액의 수위를 지하수위보다 높게 유지

RCD공법에서는 공내수의 수위는 공벽 붕괴를 방지하기 위해서 지하수위보다도 2 m 이상 높게 유지하도록 하고 있다. 어스드릴공법에서는 공내액의 수위는 굴착에 의한 수위의 변동을 고려해 지하수위보다도 1 m 이상 높게 한다. 또한 부지가 연속벽에 둘러싸여 있는 경우, 마치 수영장 안에 빗물 등이 고이는 것처럼 부지 내의 지하수위가 상승한다. 이런 경우에는 지하수위를 낮출 필요가 있다.

ii) 누수 방지

누수에 의한 공내수위의 저하에 따라 공벽이 붕괴되는 경우가 있다. 이와 같은 우려가 있는 경우에는 안정액의 점성을 높이거나 누수방지제를 안정액 안에 첨가하여 누수를 방지한다.

iii) 장척 케이싱의 사용

표층 케이싱의 하단 부근에 느슨한 모래층이 있으면 공벽이 붕괴되는 경우가 있다. 이 경우의 대책으로는 안정액의 비중·점성을 높이는 것이 효과적이지만 너무 높이면 굴착 중의 안정액에 굴착토사가 섞여 비중이 높아진다. 그 상태에서 콘크리트를 타설하면 콘크리트 안에 안정액이 섞일 우려가 있다. 지나치게 비중·점성을 높이면 이러한 문제가 있으므로 비교적 안정된 지반까지 표층 케이싱을 길게 할 필요가 있다. 또한 표층 케이싱을 길게 하는 경우에는 표층 케이싱을 세워넣기 위해 유압잭을 사용할 필요가 생기기 때문에 부지의 넓이에 따라 시공이 곤란한 경우도 있다. 또한 시공 시간이 길어지기 때문에 전체 공기에 영향을 끼치므로 공벽 붕괴를 방지하려면 상기의 내용을 검토하여 대책을 강구할 필요가 있다.

(3) 굴착공의 경사·편심

굴착공의 경사는 지중 장애물에 의한 영향이나 경사진 경질의 지층을 강인하게 굴착하는 경우에 발생한다. 대책으로는 시공하는 부지 내의 지층단면도에 의해 지층의 경사 상황을 확인하는 것과 동시에 지층이 경사지지 않은 경우에도 연약지반에서 경질지반으로 변화하는 부분에서 굴착공이 휘기 쉬우므로 굴착 시 지나치게 빨리 파지 않도록 주의하는 것이다.

말뚝의 편심 대책에 대해서는 설계단계에서는 편심량에 따라 지중보에 발생하는 응력을 산정하여 지중보의 단면 검토 결과 필요한 철근량과 단면형상을 결정하여 도면에 편심량과 그에 따른 대책을 표기한다. 시공단계에서는 지하층 등에 의해 말뚝 위치가 깊은 경우에는 굴착공의 경사에 의한 편심의 영향이 커지므로 경사가 없도록 굴착한다. 또한 사전에 지중 장애물을 철거한 지반에서는 일반적으로 되메우기 상태가 나빠서 되메움재가 미고결인 경우가 있다. 이러한 경우, 굴착 중에 붕괴해 표층 케이싱의 인발 후에 표층 케이싱의 바깥쪽 공동 부분에 콘크리트가 유동하고 그 유동과 함께 철근망이 이동하여 편심하는 경우가 있다. 이 대책으로는 붕괴되지 않도록 긴 케이싱을 사용하는 것을 검토한다. 케이싱 길이는 사전에 제거한 장애물의 하단보다 깊이 도달하는 것을 사용하는 것이 바람직하다.

(4) 지지력 부족

말뚝의 지지력 부족에 의해 구조물의 구축 중 또는 완성 후 침하가 발생하는 경우가 있다. 이하 다음에서 지지력 부족이 되는 요인과 대책을 나타낸다.

i) 슬라임을 제거함

말뚝의 시공단계에서 콘크리트를 타설하기 전에 슬라임을 제거하는 것은 중요한 시공관리 항목이다. 슬라임이 퇴적된 상태에서 콘크리트를 타설하면 슬라임이 말뚝선단에 잔류하여 하중이 작용할 때에 슬라임이 압축되어 말뚝이 침하한다.

ii) 지지층에 확실히 근입함

지지층에 근입되어 있지 않은 말뚝은 예정된 선단지지력을 발휘할 수 없기 때문에 침하하는 경우가 있다. 지지층의 고저차가 크면 설계단계에서 결정한 길이로 굴착하면 지지층에 미치지 않는 경우가 있다. 현장타설콘크리트말뚝공법은 굴착한 토사는 교란되어 있지만 육안에 의해 토질을 판정할 수 있다. 또한 사전에 행해져 있는 토질조사의 채취 시료와 대비해서 지지층을 확인할 수 있으므로 예정했던 굴착길이에서 지지층이 출현하지 않는 경우에는 출현할 때까지 굴착하여 말뚝길이를 길게 할 필요가 있다. 또한 굴착된 시료에서는 지반의 조밀 정도나 N값 등을 정확하게 파악할 수 없다. 특히 지지층 상부의 지층이 같은 토질로서 띠다 N값이 점점 커지는 지반에서는 지지층의 판정이 불가능하므로 부지 내의 지지층의 고저차를 사전에 파악하는 것이 중요하다.

iii) 안정액의 성상을 양호하게 유지함

안정액은 콘크리트 안의 칼슘이나 해수 중의 염분이 섞이면 안정액의 성상이 열화한다. 이와 같은 상태의 안정액을 사용하여 콘크리트를 타설하면 공벽면에 두꺼운 머드케익이 잔류하고 그 때문에 말뚝의 주면저항이 작아져, 하중이 작용했을 때 말뚝이 침하하는 경우가 있다. 안정액의 비중·점성 등이 관리값 안에 들어가도록 안정액의 성상을 양호한 상태로 유지할 필요가 있다.

2.4 현장타설콘크리트말뚝의 트러블 사례

1	말뚝두부의 콘크리트 강도 부족	종류	현장타설콘크리트말뚝
		공법	어스드릴공법

1. 개요

신설 말뚝의 굴착 범위 내에 기존 PC말뚝이 남아 있는 위치에서 어스드릴공법에 의한 현장타설콘크리트말뚝을 축조하는 것으로서 기존 PC말뚝의 철거와 굴착을 동시에 행함으로써 안정액이 열화하고 말뚝머리의 콘크리트가 불량해진 사례이다.

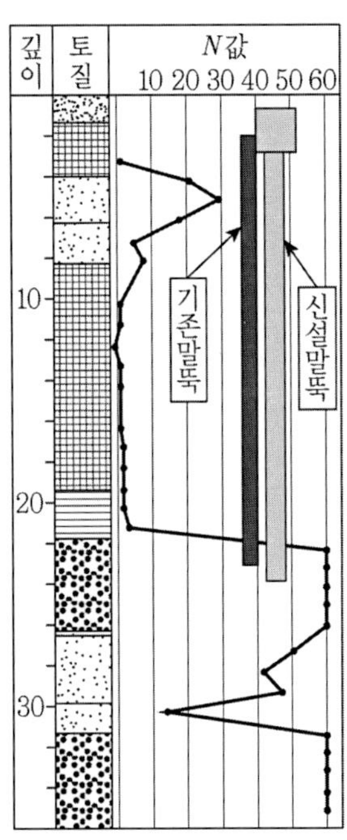

그림 1 토질주상도

(1) **트러블이 발생한 말뚝**: 말뚝지름 ϕ1,000 mm, 굴착깊이 GL-24.0 m(기존 PC말뚝의 철거 깊이는 GL-22.0 m)

(2) **지반 개요**: **그림 1**과 같이 말뚝 전 길이에 걸쳐 실트를 주체로 한 지반으로서 표층부는 모래층으로 구성되어 있으며 말뚝 선단은 사력층이다. 또한 기존 PC말뚝은 직경 ϕ350 mm로서, 신설 말뚝 주변에 많이 밀집하고 있다.

(3) **철거 방법**: 기존 PC말뚝의 철거는 말뚝의 굴착과 동시에 행해지므로 표층 케이싱을 세워 넣고 축 지름과 같은 지름의 특수 버킷(버킷 내면에 파쇄용 비트가 달려 있음)으로 파쇄하고 드릴링버킷으로 배출하는 방법을 채택했다.

2. 트러블 발생 상황

해당 공사의 신설 말뚝은 합계 24본이며 말뚝지름은 ϕ1.0 m, ϕ1.2 m, ϕ 1.4 m의 3종류로 계획되어 있다. 기존 PC말뚝은 신설 말뚝의 위치나 그 주변에 있으며 말뚝두부 불량을 일으킨 말뚝은 해당 현장에서는 마지막으로 시공할 계획이었다. 본래 PC말뚝 등의 기존 말뚝의 철거방법은 주변을 착공하여 단독으로 인발하는 방법이 일반적이다. 이번 말뚝 축조와 동시에 철거를 실시하는 방법에서는 굴착에는 벤토나이트계 안정액을 사용하므로 시공이 진행되면서 안정액 비중이 점차 높아진다.

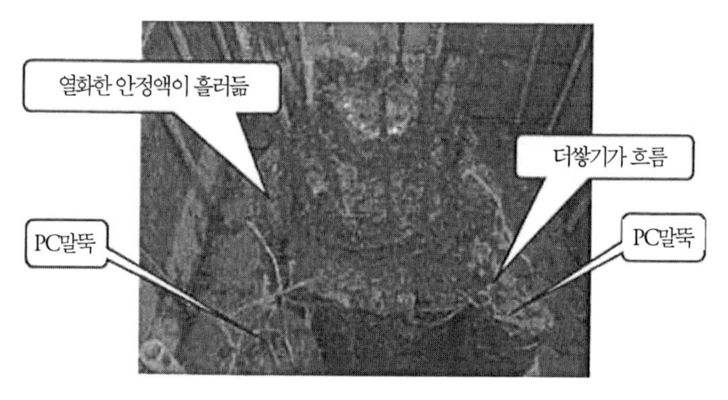

사진 1 말뚝머리 불량 사진

굴착 후의 결과, 말뚝머리의 결손 부분은 $\phi 1.0$ m의 말뚝에서 많이 발생하며 **사진 1**과 같이 기존 말뚝이 근접하고 있기 때문에 더쌓기 콘크리트가 기존 말뚝 쪽으로 유동하며 또한 열화한 안정액이 콘크리트에 혼입했기 때문에 말뚝머리 콘크리트의 강도가 부족한 상태였다.

3. 트러블의 원인

트러블의 원인은 시공이 진행됨에 따라 열화한 안정액을 계속 사용했다는 점에 있으며 안정액의 관리가 불충분했다. 안정액이 열화된 이유는 굴착 중에 PC말뚝의 파쇄에 의해 시멘트 등에 포함된 칼슘이 안정액과 반응하여 겔화된 것으로 추측된다. 또한 **그림 2**와 같이 케이싱을 끌어올렸을 때 말뚝머리 부근에 접해 있는 기존 PC말뚝의 중공부에 말뚝두부의 콘크리트가 유입되어 열화상태의 안정액이 흘러들어갔다고 생각할 수 있다.

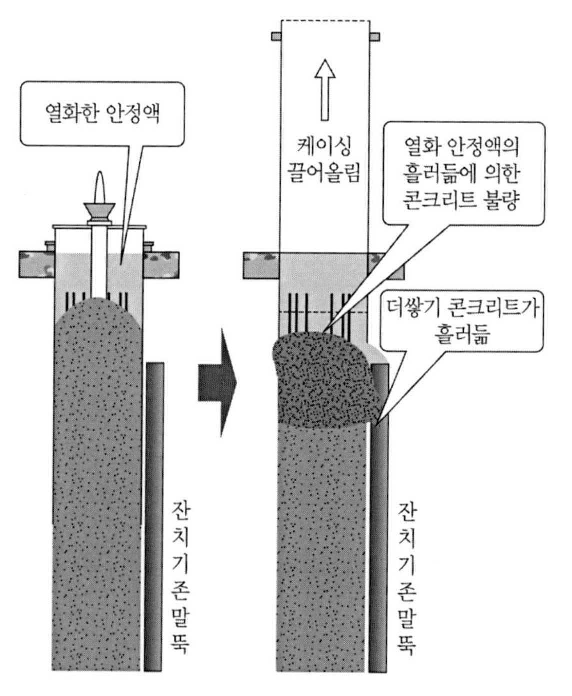

그림 2 말뚝머리 불량 요인도

4. 트러블의 대처·대책

본 사례의 대처로서 말뚝두부에 결손이 있던 말뚝은 다음과 같은 방법으로 건전성을 확인했다.

① 콘크리트 불량 부분의 깎아내기와 건전 부분의 세정
② IT시험(비파괴검사)에 의해 말뚝의 연속성 확인
③ 코어보링으로 채취한 공시체의 압축강도시험

위의 3가지 항목을 확인한 뒤 **그림 3**과 같이 거푸집을 마련하여 동일 배합의 콘크리트를 타설하였다. 대책으로는 다음 2가지 사항에 대해 실시했다.

(1) 안정액의 품질관리를 강화한다. 부지의 넓이에 따라 다르지만, 현장에 진동체나 사이클론식에 의한 모래 분리 장치를 설치하고 안정액의 고비중화를 억제한다. 그래도 품질 유지가 곤란한 경우에는 안정액을 처분하고 새로운 액을 만들어 사용한다.

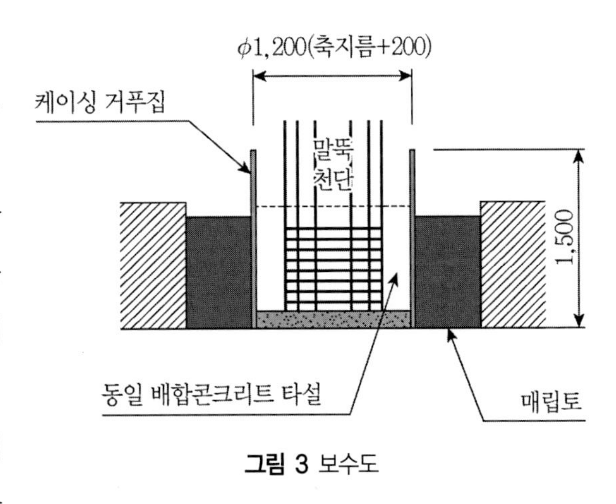

그림 3 보수도

(2) 말뚝머리에 근접하여 장애물이 존재하고 콘크리트가 흘러들어올 우려가 있는 경우는 사전에 기존 말뚝을 인발하고 되메우든가 신설 말뚝의 말뚝중심을 겹치지 않도록 하는 등의 사전 검토를 실시하는 것이 중요하다.

5. 트러블에서 얻은 교훈

말뚝 축조에서 굴착과 장애물 철거를 동시에 실시하는 경우 어스드릴공법에서는 안정액의 품질 저하가 불가피하다. 본 사례와 같이 신설 말뚝과 기존 말뚝이 근접해 있는 경우에는 사전 단계에서는 기존 말뚝 처리의 필요성에 대한 판단, 시공단계에서는 안정액의 품질에 대한 철저한 관리 그리고 이수 치환이나 모래 분리 장치 등을 설치하는 것이 긴요할 것이다.

2	연약한 점성토 지반에서 말뚝두부의 말뚝지름 부족	종류	현장타설콘크리트말뚝
		공법	올케이싱공법

1. 개요

올케이싱공법(회전식 굴착기)에 의해 말뚝을 시공한 후 말뚝머리까지 굴착하고 말뚝두부의 말뚝지름을 측정했을 때에 설계지름보다 부족한 것이 판명된 사례이다.

(1) **트러블이 발생한 말뚝**: 말뚝지름 ϕ2,500 mm, 굴착깊이 GL-11.6 m, 말뚝길이 6.2 m

(2) **지반 개요**: GL-1.2 m까지 매립토, GL-4.5 m까지 N값 1의 유기질 실트, GL-6.1 m까지 N값 1의 점토, GL-6.4 m까지 N값 2의 점토질 실트, 그 이상의 깊이는 N값 50 이상의 사력으로 이루어져 있다.

2. 트러블 발생 상황

말뚝머리 높이(GL-5.4 m)까지 굴착하고 바닥높이에서 말뚝머리의 말뚝지름을 계측한 바, 설계지름에 대해서 64 mm 부족함이 판명되었다.

말뚝지름의 측정방법은 말뚝의 둘레길이를 줄자로 측정하여 지름으로 환산했다(**사진 1**). 측정 결과, 설계지름 ϕ2,500 mm에 대해서 환산한 지름은 ϕ2,436 mm였다.

사진 1 말뚝두부의 말뚝지름 계측 상황

3. 트러블의 원인

트러블의 원인으로는 다음과 같은 요인을 들 수 있다.

① 케이싱튜브는 판두께 45 mm로서, 케이싱 외경보다 선단의 날끝이 10 mm 외측으로 돌출된 구조로 이루어져 있다(**그림 1**). 콘크리트 타설 후에 케이싱을 인발할 때, 케이싱의 판두께부에 상당하는 공극부에 콘크리트가 충전되는 것보다도 빨리 연약한 실트가 흘러들어가서 말뚝지름이 가늘어졌다.

② 말뚝머리 부근의 지반이 *N*값 1 이하의 유기질 실트와 같은 연약한 점성토에서는 콘크리트 타설 후에 케이싱을 인발할 때 지반의 토압에 더해 굴착기의 자중이 토압으로 콘크리트 측면에 작용하여 콘크리트의 자중에 의한 압력보다도 큰 토압이 발생하므로 말뚝지름이 가늘어졌다.

③ 철근망의 배근이 이중이었으므로 철근망의 바깥둘레부에 대한 콘크리트의 충전성이 나빠지고 말뚝지름이 가늘어졌다.

또한 시공 시에 말뚝머리가 가늘어지는 것이 염려되었기 때문에 콘크리트가 철근망 바깥에 충전되는 경우에 콘크리트 타설 완료 후, ϕ2.0 m의 콘크리트블록을 말뚝두부의 더 쌓은 부분에 압입하였지만 그것으로도 불충분했다.

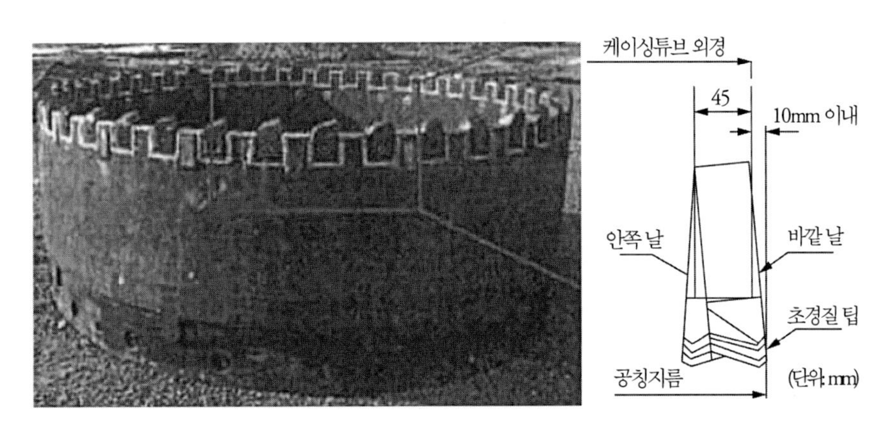

그림 1 케이싱튜브의 날끝(회전식 굴착기)

4. 트러블의 대처·대책

그림 2는 말뚝의 보수 개요를 나타낸다.

말뚝주면의 푸팅바닥 이상의 깊이를 지름 4.5 m의 라이너플레이트를 거푸집으로 이용하여 말뚝머리에서 2 m 깊이까지 손굴착으로 파내려갔다. 또한 그 이상의 깊이는 말뚝지름이 확보되어 있다는 것을 확인하였다.

다행히 말뚝두부에서 2 m 이상의 깊이는 지지층이 사력으로 이루어져 있어서 사력지반에서는 말뚝지름 가늘어짐은 발생하지 않았다.

말뚝의 보수방법은 말뚝 바깥둘레의 불량 부분을 깎아 내고 부족한 부분을 말뚝과 같은 콘크리트로 추가 타설하여 보수를 실시하였다.

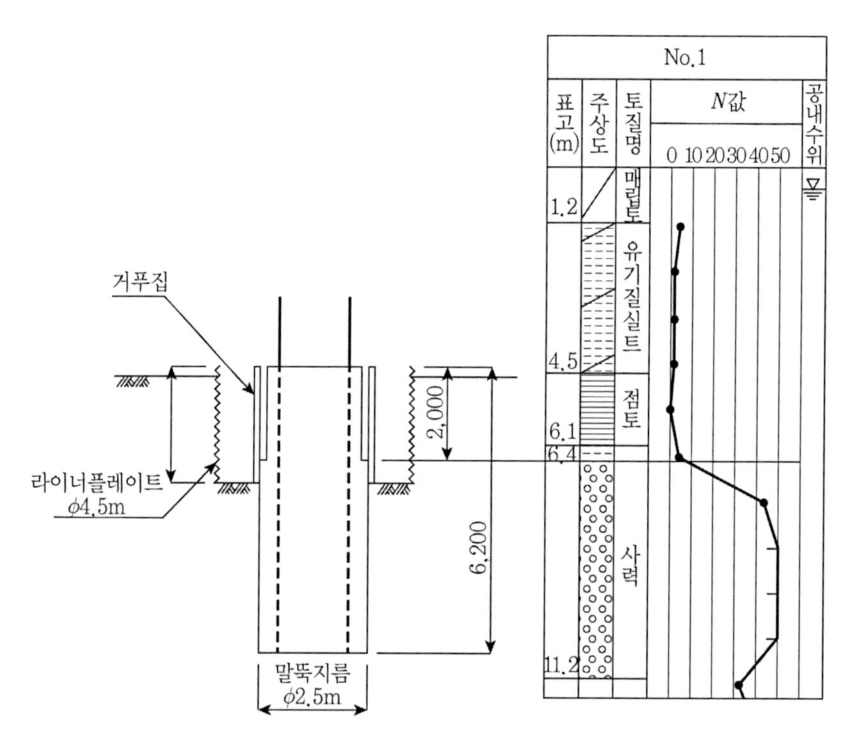

그림 2 말뚝의 보수 개요

5. 트러블에서 얻은 교훈

말뚝머리 부근이 연약한 점성토인 지반을 올케이싱공법에 따라 굴착하는 경우 말뚝머리의 완성형은 지반의 강도나 성상에 따라 설계지름보다 작아지거나 형상이 달라진다는 점에 주의할 필요가 있다.

N값 2 정도 이상의 다소 자립성 있는 점성토 지반의 경우, 미리 말뚝두부의 단면 검토 시에 설계지름 -30 mm 정도로 검토함으로써 말뚝지름 가늘어짐이 발생해도 말뚝지름 가늘어짐이 30 mm 정도인 경우가 많으므로 말뚝 보수를 하지 않아도 되는 경우가 있다.

본 사례는 말뚝머리 위치가 비교적 깊었기 때문에 말뚝지름 가늘어짐은 30 mm 정도였지만 말뚝머리 위치가 N값 1 이하의 유기질 실트에 있는 경우 말뚝지름 가늘어짐은 100~200 mm 정도가 될 우려가 있으므로 시공 계획 시에는 설계지름보다도 200 mm 정도 큰 케이싱을 사용하여 시공하는 것을 검토할 필요가 있다.

3	말뚝두부 주위의 단면 결손	종류	현장타설콘크리트말뚝
		공법	어스드릴공법

1. 개요

상업빌딩의 신축공사에서 어스드릴공법에 의해 말뚝을 시공한 후, 푸팅 결합 시 말뚝머리의 깎아내기를 했을 때, 8본 중 5본의 말뚝에서 말뚝머리로부터 약 50 cm의 깊이까지 피복부분의 콘크리트에 결손이 보인 사례이다.

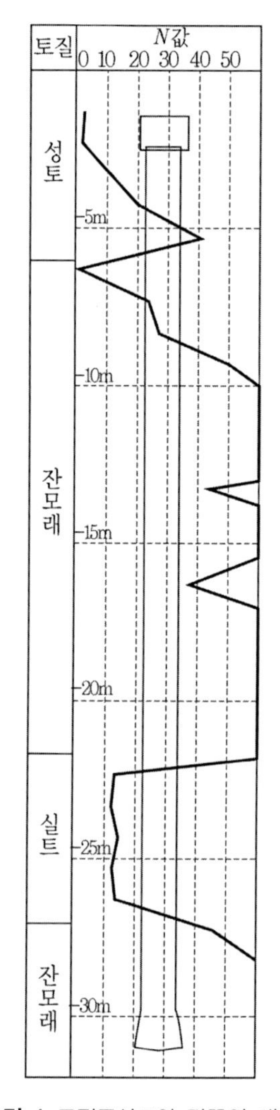

그림 1 토질주상도와 말뚝의 개요

(1) **트러블이 발생한 말뚝** : 평균 축지름 ϕ1,800 mm, 평균 확대선단부 지름 ϕ2,500 mm. 말뚝선단 깊이 GL-30.3 m, 말뚝본수 8본, 콘크리트의 설계기준강도 27 N/mm^2(고로시멘트 B종), 슬럼프 21cm

(2) **지반 개요** : 지층은 GL-6 m까지 사질토가 주체인 성토, GL-22 m까지 N값 10~50의 세사층이다. 지지층은 N값 50 이상의 세사층이다(**그림 1**).

2. 트러블 발생 상황

타설한 말뚝 8본 중 말뚝머리 주위가 결여된 말뚝이 5본이었다(**사진 1**).

건전하다고 생각되는 콘크리트가 출현할 때까지 주위를 깎아냈는데, 그 깊이는 최대 50 cm였다. 그 이상의 깊이에서는 주근의 피복도 충분히 확보되어 있다.

건전하다고 생각되는 콘크리트면(중앙, 주위)에서 슈미트해머로 콘크리트 강도를 추정했다. 그 결과 깎아낸 면 이상의 깊이는 설계기준강도를 상회하는 강도를 가지고 있음을 확인했다.

사진 1 말뚝머리 불량의 상황

3. 트러블의 원인

시공관리 기록을 바탕으로 다음과 같은 요인 분석을 실시했다.

① 콘크리트의 유동성 : 수납 시의 슬럼프는 20~22 cm이며, 타설 직전의 유동성은 확보되어 있었다. 또한 말뚝머리 부근의 콘크리트 타설 시간은 약 30분이며, 콘크리트 자체의 슬럼프 로스의 가능성은 낮다.

② 주철근의 순간격 : 가장 조밀한 주철근에서도 순간격은 133 mm이며 문제 없다.

③ 안정액의 관리 : 1차 슬라임 처리 후에 슬라임 제거 펌프를 이용해 신액 치환을 실시하고 있다. 그 결과 콘크리트 타설 전의 안정액은 비중 1.03~1.05, 점성 23~27초, 모래분 2.0~2.5%였다. 콘크리트 타설 직전의 안정액은 양호하게 관리되고 있었다고 판단된다.

④ 지질조건 : GL-6 ~ 22m까지는 잔모래층이 이어지고 있다. 안정액 속에 모래분이 부유하기 쉬운 지층이었다.

⑤ 트레미관의 길이 : 말뚝머리 콘크리트 타설 시 트레미관의 콘크리트 삽입길이는 3.5 m였다.

⑥ 더쌓기 높이 : 800 mm를 확보한다는 전제였지만 현장직원의 말로는 케이싱 인발 시에 콘크리트 천단이 수십 센티미터 내려갔다고 한다.

소거법으로 양호한 관리항목을 삭제한 결과, ④~⑥이 트러블 요인으로 남았다. 비교적 두꺼운 모래층이 퇴적된 지질에서 더쌓기 부족과 트레미관의 삽입길이가 너무 길었던 것이 요인으로 추측되었다.

4. 트러블의 대처·대책

설계감리자와 협의하여 기초를 최대 50 cm 낮추어 시공하였다.

5. 트러블에서 얻은 교훈

콘크리트 타설 시의 천단을 측정하면, 말뚝의 중앙, 즉 트레미관 주위에 대하여 피복 부근의 천단이 50 cm 정도 낮아져 있는 경우가 있다. 콘크리트 타설 전의 안정액 중의 모래분율을 3% 이하로 하여 관리해도 모래층이 탁월한 경우, 말뚝머리 부근에서는 부유한 모래분이 다량 콘크리트 천단에 퇴적하므로 콘크리트의 유동성 저하 가능성이 있다.

이번 말뚝공사에서는 말뚝머리 주위의 프레쉬 콘크리트의 천단을 부지런히 측정해 더 쌓을 높이를 결정했어야 했다. 더 쌓을 높이를 수십 센티미터 높이면 이러한 트러블은 막을 수 있었다고 생각되었다. 게다가, 말뚝머리 부근에서는 트레미관을 세세하게 절단하여 콘크리트로의 삽입 길이를 짧게 유지하는 계획도 필요하다고 생각한다.

4	말뚝두부에서의 콘크리트 결손*	종류	현장타설콘크리트말뚝
		공법	올케이싱공법

1. 개요

건축구조물의 기초로 채택된 올케이싱공법에 있어서, 말뚝머리 부근에서 콘크리트의 결손이 발생한 사례이다.

(1) **트러블이 발생한 말뚝**: 말뚝지름 ϕ1,000 mm, ϕ1,600 mm, ϕ 1,800 mm, 굴착 깊이 GL-17.0 m

(2) **지반 개요**: GL-0.5~-7.5 m까지 점토질 실트층, GL-7.5~-10.0 m까지 사력층. GL-10.0~-13.0m까지 점토질 실트층, GL-13.0 m부터 사력층으로 이루어져 있으며 자연수위는 GL-1.8m이다(**그림 1**).

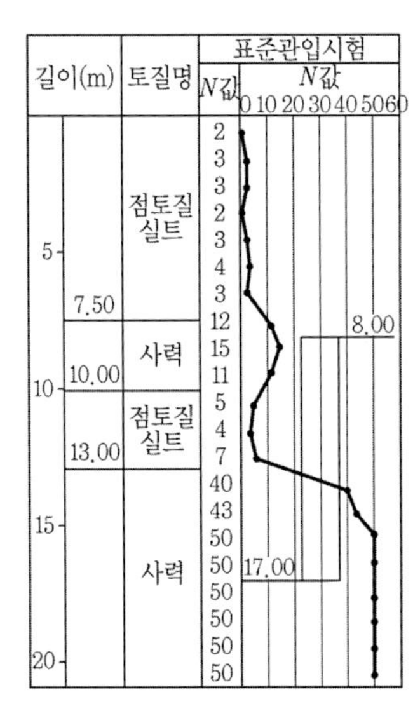

그림 1 토질주상도

2. 트러블 발생 상황

말뚝머리 부근의 상태를 보면, **그림 2**와 같이 콘크리트의 결손 및 강도 저하 부분은 말뚝 천단부 철근망의 바깥둘레부 케이싱튜브 선단 부근에 집중해서 발생하고 있다. 결손 부분은 말뚝 중앙 방향으로 약 15 cm(주철근 위치까지), 깊이는 말뚝머리에서 약 40 cm, 원주방향으로

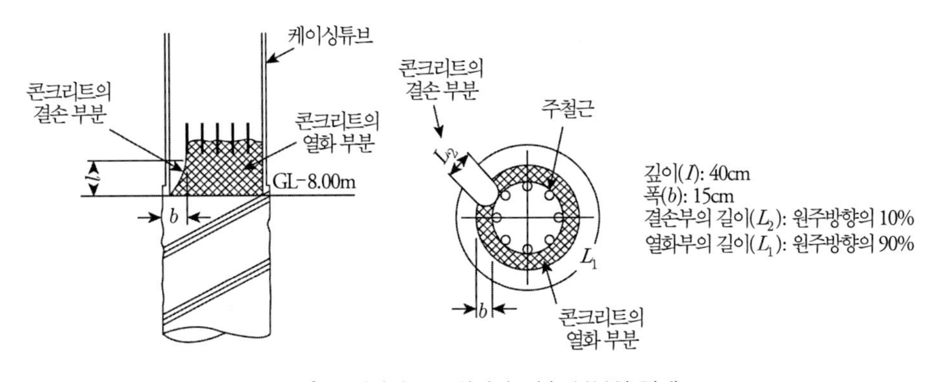

그림 2 케이싱튜브 하단과 결손 부분의 관계

말뚝지름의 약 10%였다. 또한 강도가 저하한 부분은 깊이 방향으로 결손 부분과 마찬가지이며, 원주방향으로는 말뚝지름의 약 90%였다.

시공말뚝 총 본수와 트러블이 발생한 말뚝의 수량 관계는 **표 1**과 같다.

표 1 트러블이 발생한 말뚝 수량

말뚝지름(mm)	트러블말뚝/시공본수	발생비율(%)
1,800	14/18	77.8
1,600	52/68	76.5
1,000	7/13	53.8
계	73/99	73.7

3. 트러블의 원인

트러블의 원인은 콘크리트 타설 완료 후의 케이싱튜브 취급에 대한 관리 불량이다. 이 과정과 인과관계를 정리하면 다음과 같다.

① 콘크리트 타설 완료 후에 최종 케이싱튜브를 GL-8 m 부근에 남겨두고 다음 말뚝을 설치하였다.

② 케이싱튜브의 선단은 거의 말뚝머리에서 40 cm에 위치하고 있다.

③ 다음 말뚝의 설치 후, 케이싱튜브의 인발작업을 하는 사이에 20~30분 방치 시간이 있었다.

④ 말뚝두부의 콘크리트는 시간경과와 함께 초기 경화가 발생하고 있으며 케이싱튜브 내면에 부착되어 있는 경향이 있었다. 이 때문에, 케이싱튜브의 인발에는 요동을 행해야만 하며 말뚝머리 주면의 강도 저하가 생겼다.

⑤ 말뚝머리부에서는 주철근의 순간격이 7 cm 이하로 좁고 콘크리트 타설압이 작아서 주철근 바깥쪽으로 유출이 저해되는 것도 강도 저하의 한 요인이다.

⑥ 케이싱튜브에 콘크리트의 부착이 특히 큰 부분에서는 튜브의 인발에 따라 지상에 배출되어 결손 부분이 생겼다.

⑦ 콘크리트의 결손 부분에는 인발 시의 진공현상에 따라 주위의 토사 등에 의해 충전되었다.
⑧ 콘크리트플랜트가 원거리인 점, 교통체증이 심한 점 등에 의해 운반차의 현장 도착에 시간이 걸리기 때문에 콘크리트 유동성을 잃기 쉬웠다.

4. 트러블의 대처·대책

① 콘크리트의 유동성을 확보하기 위하여 플랜트와 밀접한 연락을 행하여 대기시간의 단축을 도모하는 동시에 시간대에 따라서는 경화지연제를 사용했다.
② 철근 바깥쪽으로의 콘크리트 유출을 촉진하고 말뚝두부가 평면이 되도록 하였다.
③ 가장 큰 원인인 콘크리트 타설 완료 후의 케이싱튜브 하단을 더쌓기면보다 약간 올리도록 관리했다.

5. 트러블에서 얻은 교훈

이번 발생한 트러블의 가장 큰 원인은 콘크리트 유동성 저하와 케이싱튜브 하단 위치의 관리 부족이었다. 또한 결손이 나 있는 경우에는 케이싱튜브 내면에 콘크리트의 부착이 있을 것이며, 이를 못 보고 놓치지 않도록 향후 주의해야 한다.

5	느슨한 모래지반에서 말뚝두부의 말뚝지름 부족	종류	현장타설콘크리트말뚝
		공법	올케이싱공법

1. 개요

교대의 기초말뚝으로 채택된 올케이싱공법으로의 시공에서 말뚝두부의 단면에 결손이 발생한 사례이다.

(1) **트러블이 발생한 말뚝** : 말뚝지름 ϕ1,000 mm, 굴착깊이 GL-14.5 m

(2) **지반 개요** : **그림 1**에 나타낸 것처럼 말뚝이 축조된 범위는 거의 전체가 잔모래층으로 이루어져 있다.

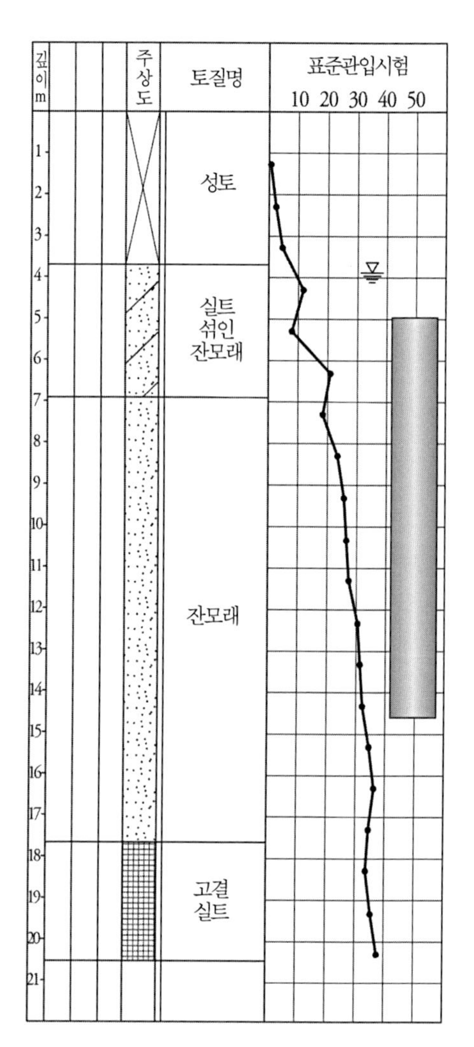

그림 1 토질주상도

2. 트러블 발생 상황

축부 굴착 완료 후 트레미관을 사용하여 콘크리트 타설을 실시했다. 타설량은 대형 레미콘차 2대분으로서, 콘크리트 1대는 현장 도착 후에 현장시험을 실시하여 슬럼프시험의 결과는 설계 슬럼프 15 cm에 대해서 실측값은 15.5 cm였다. 두 번째 콘크리트는 현장시험관리의 지정이 없고 더욱이 도착도 소정 시간 내에 이루어졌기 때문에 그대로 타설했다. 그러나 슈트를 흐르는 상태를 보면 분명히 첫 번째 콘크리트에 비해 유동성이 좋지 않음을 알 수 있다. 따라서 타설은 말뚝두부의 콘크리트가 충분히 충전할 수 있도록 더쌓기를 많이 하였지만 **사진 1**에 보이는 것처럼 굴착 후의 말뚝두부에는 말뚝지름이 900 mm인 부분이 나타나 단면 결손을 일으키고 있었다.

3. 트러블의 원인

트러블의 원인은 콘크리트의 유동성이 나쁘다고 판단했음에도 불구하고 타설을 계속한 것에 있다. 또한 케이싱을 빼낼 때 케이싱 주위의 느슨한 모래의 붕괴로 말뚝 단면이 감소한 것도 원인으로 꼽힌다.

그림 2는 이번 원인이 된 케이싱 인발 후의 상황도를 나타낸 것이다. 일반적으로 콘크리트 유동성이 양호하면 말뚝 주위로의 콘크리트 충전성도 향상되어 단면 결손은 되지 않겠지만 올케이싱공법에서는 타설하는 콘크리트의 유동성 양부에 따라 말뚝두부 콘크리트의 충전이 영향을 받는다.

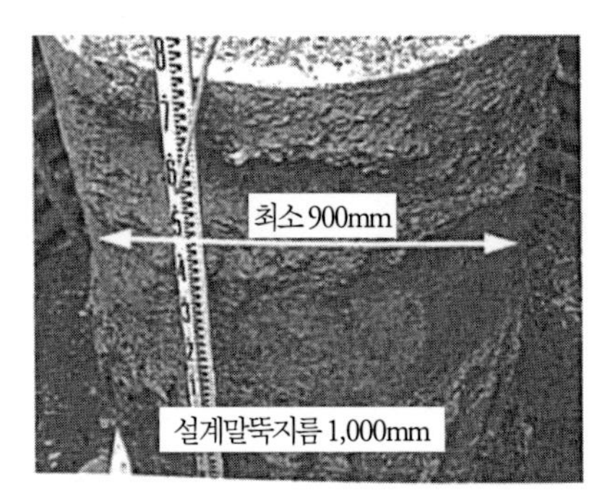

사진 1 굴착 후의 말뚝두부

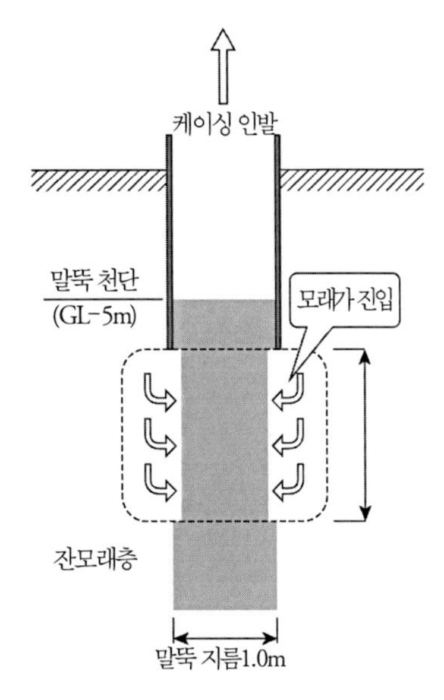

그림 2 케이싱 인발 후의 상황도

4. 트러블의 대처·대책

해당 말뚝은 마찰말뚝으로 계획되어 큰 지지력은 기대하고 있지 않다. 따라서 현재 상태에서 안전성 조사를 실시했다. 그 결과 단면결손부의 마찰을 무시해도 구조상의 문제는 없다고 여겨졌다. 단, 말뚝지름 결손부의 피복두께 부족은 내구성의 측면에서 문제가 남아 있으므로 **그림 3**과 같이 보수하였다. 해당 부분은 말뚝두부의 단면이 확보되어 있는 위치까지 파내고 표면의 불순물을 제거한 후 거푸집을 설치한다. 거푸집은 주변 지반과의 부착성이나 시공성을 고려하여 설계말뚝 지름보다 10 cm 큰 원형 강제 거푸집을 사용했다. 또한 충전재로는 폴리머시멘트를 사용했다. 본 사례에서 사용한 폴리머시멘트는 건조수축의 저감과 강도발현에 뛰어나며, 콘크리트나 몰탈은 물론 각종

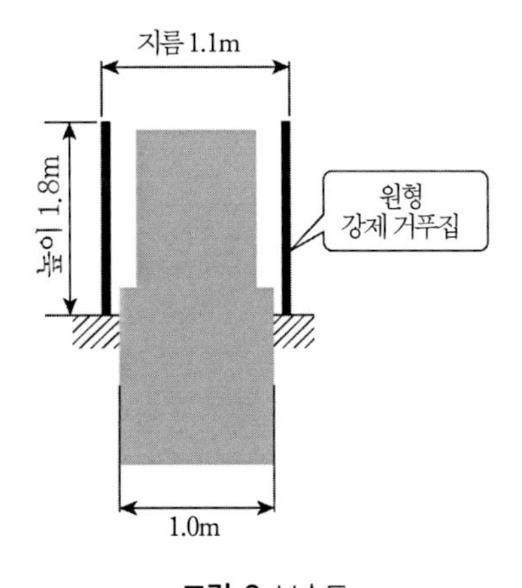

그림 3 보수도

재료에 잘 접착한다는 점에서 선정했다. 덧붙여 충전한 폴리머시멘트는 샘플을 채취해 압축 강도시험에 의해 강도를 확인하였다.

5. 트러블에서 얻은 교훈

본 사례에서는 다행히도 말뚝두부의 단면 결손이 부분적이었기 때문에 보수로 대응이 가능했다. 만약 결손이 말뚝 전 길이에 걸쳐 있었다면 말뚝 증가나 인발 재시공까지 이를 가능성도 있었다. 본 사례를 통하여 콘크리트의 불량을 깨달은 시점에서 슬럼프시험을 실시하는 등 콘크리트의 유동성을 확인할 필요가 있다. 또한 올케이싱공법의 경우, 트레미관 조합은 케이싱튜브 인발작업에 대응하는 구성으로 해둘 필요가 있다.

6	말뚝두부의 콘크리트 충전 부족	종류	현장타설콘크리트말뚝
		공법	어스드릴공법

1. 개요

초고층 사무소 건물 신축 공사에서 현장타설 콘크리트말뚝공사 완료 후, 말뚝머리까지 굴착했는데, 말뚝두부에서 약 1.0 m의 범위에 말뚝 철근의 외측으로의 콘크리트 충전이 부족한 상황이 확인된 사례이다.

(1) **트러블이 발생한 말뚝** : 말뚝머리 지름 ϕ2,600 mm, 축 부분 지름 ϕ2,200 mm, 확대선단부 지름 ϕ 2,800 mm의 확대두부 확대선단 말뚝, 착공 깊이 약 45 m.

(2) **지반 개요** : 지표에서 약 7 m가 느슨한 사질토, 7~21 m가 연약한 점성토층으로서, 그 아래에 홍적층이 퇴적되어 있다. 지지층은 GL-4.5 m 부근의 사력층이다(**그림 1**).

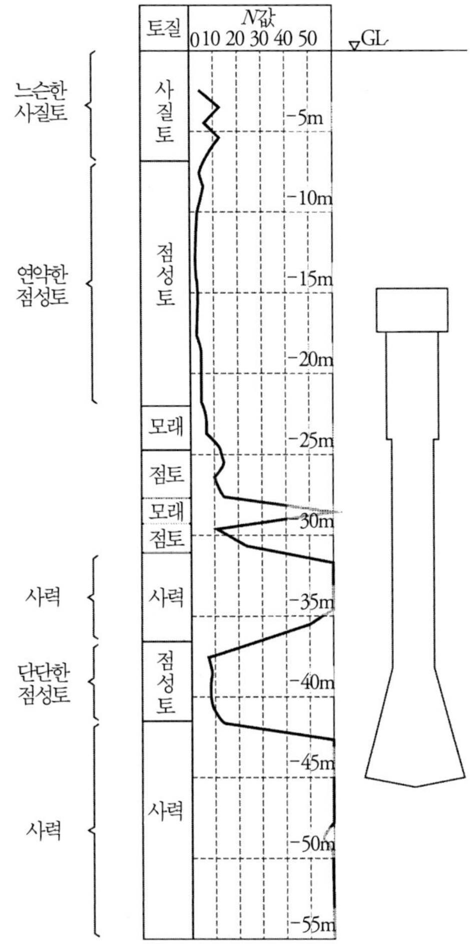

그림 1 지반 개요

2. 트러블 발생 상황

해당 말뚝은 말뚝두부가 ϕ2.6 m의 확대두부 말뚝으로서 이 부분의 배근은 주철근이 D41 약 150 mm 피치, 띠철근이 D16@150 mm였다. 또한 콘크리트는 $F_c = 27\ \mathrm{N/mm^2}$, 슬럼프 21 cm, 굵은골재 지름 20 mm, 고로시멘트 B종이었다. 보통이라면 트레미관을 통해 타설된 콘크리트는 철근 사이로부터 외측까지 충전되는데, 해당 말뚝에서는 말뚝두부에서 약 1.0 m의 범위에서 철근의 외측에 콘크리트가 충전되지 않았다(**그림 2**, **사진 1**).

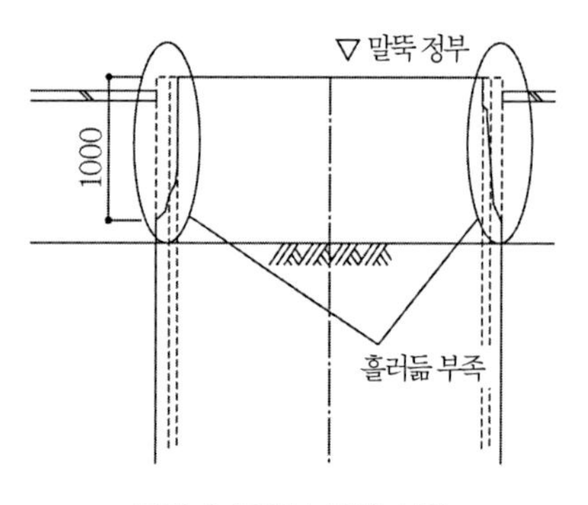

그림 2 트러블 발생 상황

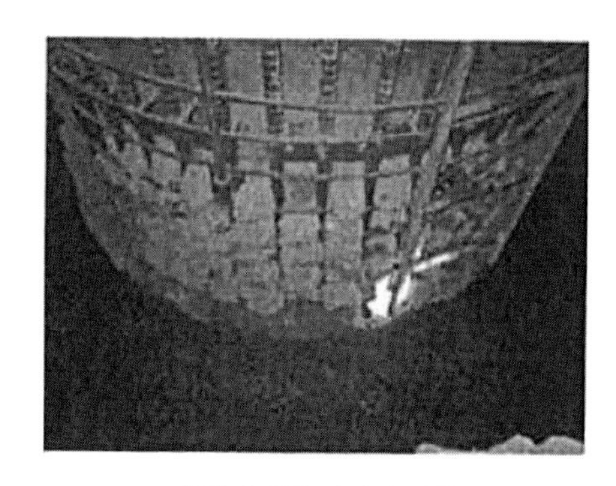

사진 1 말뚝머리의 상황

3. 트러블의 원인

충전 부족이 생긴 요인은 다음과 같다.

(1) 콘크리트의 성상 불량

타설한 콘크리트의 슬럼프시험 결과는 전부 21±2 cm이며, 육안확인에 대해서도 양호하였다. 그러나 타설 당일은 최고기온이 30℃를 넘는 한여름날로서, 타설 종료 직전인 17시쯤의 시험기록에서는 바깥기온 34℃, 콘크리트 온도 31℃였다. 이 온도조건의 영향으로 트레미관으로부터 유출한 후의 콘크리트가 경시변화에 의해 성상이 악화되고 있었다고 생각할 수 있다. 또한 말뚝머리 지름이 2.6 m로 커서 콘크리트 천단의 상승속도가 늦어서 콘크리트의 성상이 보다 악화되기 쉬운 상황에 있었다. 또한 트레미관의 선단 부근에서는 콘크리트가 움직이고 있어서 천천히 응결하는 것에 비해 콘크리트 타설 완료 전 트레미관 삽입은 비교적 깊기 때문에 콘크리트 천단 부근에서는 움직임이 적어서 응결되기 쉬운 상황에 있었던 것도 콘크리트의 성상을 악화시켰다고 생각한다.

(2) 말뚝철근 사이로부터 콘크리트를 밀어내기 위한 압력 부족

말뚝 정부 부근에서는 더쌓기를 적정하게 관리하고 있어도 깊은 부분에 비해서 상재압이 작아서 철근 사이로 콘크리트를 밀어내는 압력이 약해진다. 상기의 콘크리트의 성상 악화와 맞물려, 콘크리트가 말뚝 철근의 외측으로 충전되지 않았다고 생각할 수 있다.

4. 트러블의 대처·대책

해당 부분의 조치로서, 취약 부분을 제거하고 적정한 피복두께를 확보해 거푸집을 설치하고 콘크리트를 타설했다. 재타설하는 두께가 너무 작거나 복잡한 모양이 되거나 하여 충전불량이 되지 않도록 깎아내는 범위는 유의해서 결정했다.

또, 말뚝시공 시 같은 트러블 대책으로, 악조건하에서의 시공이 예상되는 경우, 다음과 같은 사항에 주의해서 계획할 것을 권장한다.

(1) 트레미관의 선단이 극단적으로 깊게 콘크리트에 들어가 있으면 신선한 콘크리트가 말뚝두부에 올라가지 않을 가능성이 있으므로 트레미관의 관입깊이는 적정한 길이로 계획한다.
(2) 트레미관의 마지막 분리로부터 콘크리트 타설 완료까지의 시간을 예상하고 콘크리트의 신선도의 경시변화의 정도를 파악한 후, 트레미관 분리 계획을 수립한다.
(3) 고성능 AE 감수제의 지연형을 사용한다. 경우에 따라서는 콘크리트용 초지연제의 채택을 제안하며, 콘크리트의 신선도의 악화를 저감하는 조합(배합)으로 한다.

5. 트러블에서 얻은 교훈

말뚝두부의 지름이 크고 한여름날의 콘크리트 타설이 될 경우에는 통상적으로는 트러블이 되지 않도록 관리하고 있어도 본 사례와 같은 트러블이 발생하는 경우가 있다. 콘크리트 타설 계획은 말뚝지름 등의 설계조건, 기상조건, 기타 시공조건을 고려하여 수립해야 한다.

7	말뚝두부의 형상 불량	종류	현장타설콘크리트말뚝
		공법	어스드릴공법

1. 개요

어스드릴 확대선단말뚝공법에 의하여 말뚝을 시공한 후 푸팅 결합 시에 말뚝머리 깎기를 했을 때 주철근의 외측으로 콘크리트가 충전되지 않은 것을 알았던 사례이다.

(1) **트러블이 발생한 말뚝**: 축 부분 지름은 ϕ1,100～1,800 mm, 확대선단부 지름은 ϕ2,100～2,700 mm, 말뚝선단 깊이 GL-33.3 m, 말뚝 본 수 34본, 콘크리트의 설계기준강도 F_c=27 N/mm^2(고로시멘트 B종), 슬럼프 18±2.5 cm

(2) **지반 개요**: GL-6 m까지 칸토(關東)롬(loam)과 응회질 점토층, 그 이상의 깊이가 *N*값 11～50의 잔모래층이다. *N*값 50 이상의 지지층은 GL-31 m에서 출현한다(**그림 1**).

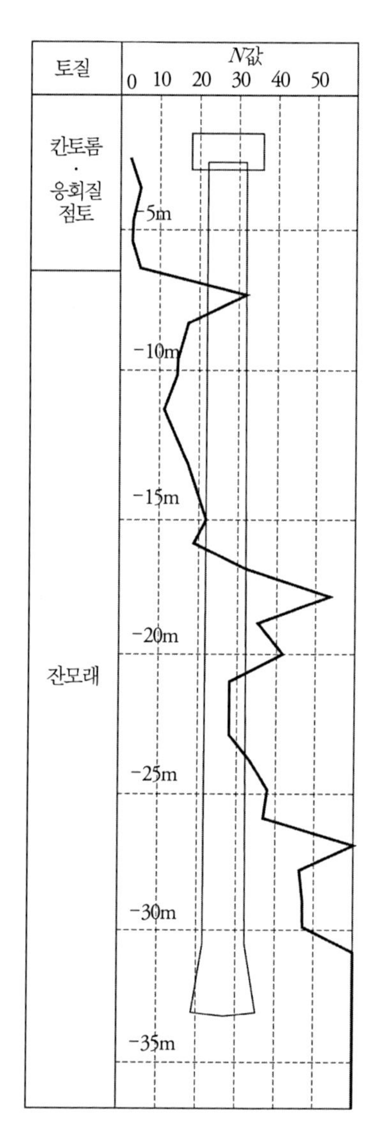

그림 1 토질주상도와 말뚝의 개요

2. 트러블 발생 상황

타설한 말뚝 34본 중 말뚝머리 주위에 결함이 있거나 피복이 부족한 말뚝이 여러 본이 있었다. 건전한 콘크리트가 나타날 때까지 말뚝머리 주위를 굴진했더니 그중 2본의 말뚝이 최대깊이 3.6 m까지 주철근의 외측으로 콘크리트가 전혀 충전되지 않은, 이른바 '옥수수 상태'였다(**사진 1**).

표층지반은 양질의 칸토롬의 원지반이며, 말뚝머리 주변이 붕괴한 흔적은 보이지 않았다.

No.15 말뚝머리 -2.3m까지 말뚝머리 불량

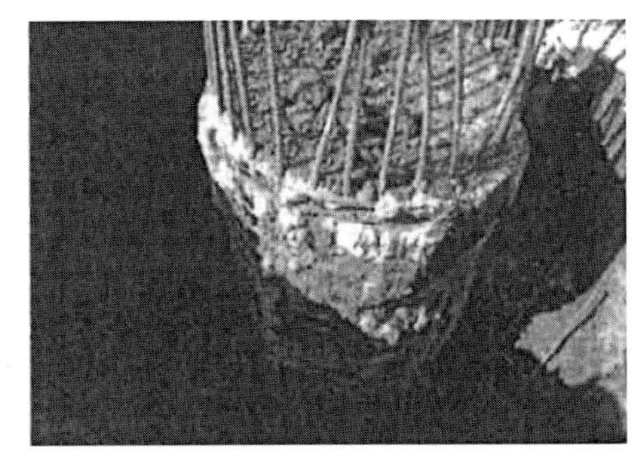
No.29 말뚝머리 -3.6m까지 말뚝머리 불량

사진 1 말뚝머리 불량의 상황

3. 트러블의 원인

말뚝머리 불량이 발생한 원인은 다음과 같다.

① 콘크리트의 유동성 : 말뚝공사를 행한 9월은 아직 기온이 높아서 표층 부근에서 콘크리트의 유동성이 나빠져 주철근의 외측으로 도달할 수 없었다. 설계도서의 슬럼프는 18 cm였지만 타설 중에 슬럼프 로스가 생겼을 가능성이 있다.

② 안정액의 관리 : 안정액의 관리 기록을 보면, 말뚝머리 불량이 생긴 말뚝에 한하여 안정액의 비중이 1.1을 넘었다. 모래분 함유율을 측정하지 않았지만 상당량의 모래분이 타설된 콘크리트 윗부분에 남아 있어서 콘크리트의 주철근 주위로의 유출을 억제하였다.

③ 지반 조건 : GL-6 m 이상의 깊이는 끝모를 잔모래층이 계속되고 있어서 안정액 속에 모래분이 남기 쉬운 상황이었다. 주상도의 토질 설명은 '미세모래를 포함함'으로써, 침강시간이 긴 미세모래가 안정액 속에 다량 부유하고 있었다.

4. 트러블의 대처 · 대책

모든 말뚝에 대해서 피복 콘크리트가 건전한 깊이까지 주위를 파냈다. 철근의 간격과 콘크리트의 골재 고르기를 시행한 후, 정팔각형의 거푸집을 주위에 세워 넣고 콘크리트를 타설했다.

5. 트러블에서 얻은 교훈

안정액 속에서 콘크리트를 타설해 올라갈 때에 타설 천단을 부지런히 측정하면 트레미관 주위에서 콘크리트가 쌓여 오르고 주철근 밖으로 흘러나오는 모습을 확인할 수 있다(**그림 2**). 그때 콘크리트의 유동성이 나쁘면 피복 부분에 도달할 수 없다. 또한 콘크리트 천단의 안정액 속에 모래분이 다량 함유되어 있으면 주위로의 유출에 방해가 된다.

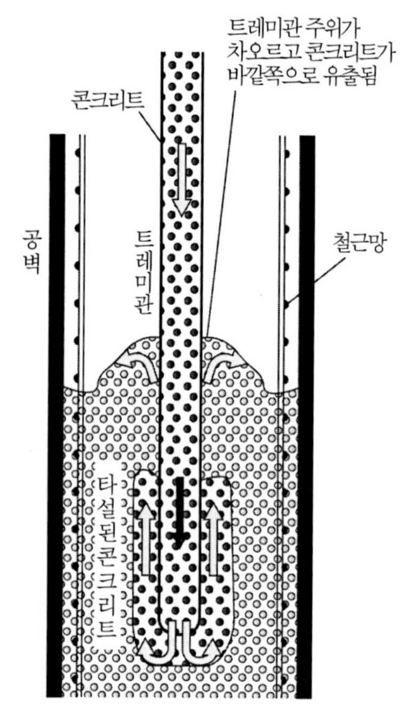

그림 2 콘크리트를 타설해 올라가는 상황

당해 지반과 같이 모래층이 탁월한 지반에서는 이와 같은 요인을 미리 배제하는 시공계획을 세우는 것이 필수적이다. 구체적으로는 ① 콘크리트의 슬럼프를 21 cm로 함, ② 바닥 준설 버킷으로 1차 슬라임 처리를 한 후, 공저에 슬라임 제거 펌프를 설치하고, 신액 치환을 충분히 행하고 안정액 속의 부유 모래분을 제거해둠 등이다.

또한 말뚝머리 부근에서는 천단 측정을 트레미관 주위와 주철근 부근에서 행하고, 콘크리트가 쌓여 오르는 양의 차이에서 유동성의 좋고 나쁨을 확인해야 한다.

8	콘크리트의 강도 부족*	종류	현장타설콘크리트말뚝
		공법	RCD공법

1. 개요

RCD공법에 의한 현장타설콘크리트말뚝의 콘크리트 강도가 깊이가 깊어짐에 따라 저하된 사례이다.

(1) **트러블이 발생한 말뚝**: 말뚝지름 ϕ1,500 mm, 굴착깊이 GL-68.0 m

(2) **지반 개요**: 현장은 깊은 연약층상의 매립지로서, **그림 1**과 같이 지표에서 50 m까지는 충적층으로 이루어져 있다.

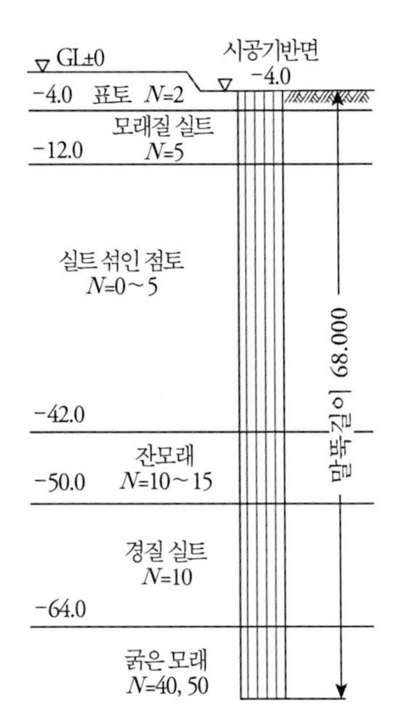

그림 1 말뚝길이와 지반 개요

2. 트러블 발생 상황

항만의 매립지를 잇는 교량의 기초로서, 12본의 현장타설콘크리트말뚝이 시공되었으며, 설계에 이용한 지반반력계수를 확인하기 위해 수평재하시험이 행해졌다. 시험 결과 **그림 2**와 같이 시험말뚝과 반력말뚝의 변위에 상당한 차이가 확인되었다. 수평재하는 시험말뚝과 반력말뚝 사이에 가력장치를 설치해 수행하였기 때문에 본래라면 변위가 같을 것이다. 말뚝의 간격은 5 m로서, 그만큼 토질 변화가 있다고는 생각할 수 없다. 또한 사용한 레미콘도 똑같아 콘크리트의 품질이 달랐다고도 생각할 수 없다.

그러나 일단 품질을 조사해보기로 해, 변위가 컸던 반력말뚝의 코어를 채취해 압축강도시험 등을 실시했다. 공시체의 정형이 불충분한 점도 있지만, **그림 3**과 같이 데

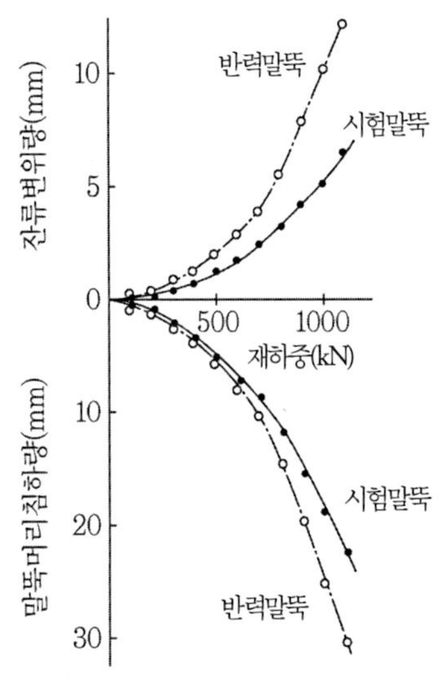

그림 2 말뚝의 수평재하시험 결과

이터의 분산은 여느 시험결과보다도 훨씬 컸다. 특히 이번 결과에서는 10 m보다 얕은 깊이에서는 압축강도가 배합강도 34 N/mm^{2}보다 작은 경우도 있다. 또한 단위체적중량에 대해서도 10 m보다 얕은 깊이의 값이 상당히 작다. 수평재하시험 결과에 차이가 생긴 것은 이 얕은 부분 말뚝의 품질이 달랐기 때문으로 판단됐다.

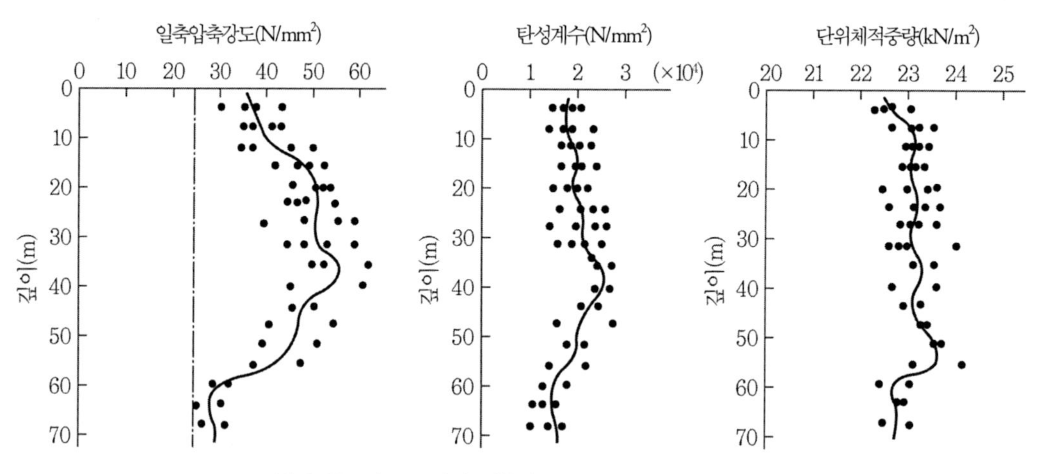

그림 3 콘크리트 코어의 압축강도, 탄성계수, 단위체적중량

한편 35 m보다 깊은 깊이의 압축강도와 탄성계수의 저하는 통상적으로 생각하지 못한 새로운 문제점으로 지적되었다.

3. 트러블의 원인

통상, 트레미에 의한 수중콘크리트의 압축강도는 15 m까지는 증가하고 그 이상의 깊이에서는 거의 일정해진다. 이번 35 m 이상의 깊이의 압축강도가 저하한 이유는 다음과 같다.

① **그림 4**에 보인 바와 같이 콘크리트 타설 중에 트레미관 이음에서의 누수가 트레미관 내에 고이고 그곳에 콘크리트가 떨어졌다.

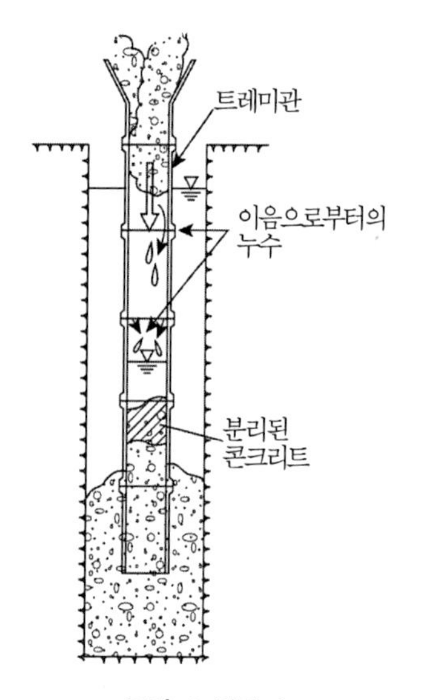

그림 4 원인 1

② **그림 5**에 보인 바와 같이 긴 말뚝이기 때문에 트레미관 내의 콘크리트가 흘러내리는 속도가 크고 또한 트레미관의 근입길이가 짧아서 트레미관의 선단부에서 콘크리트가 뿜어 올랐다.

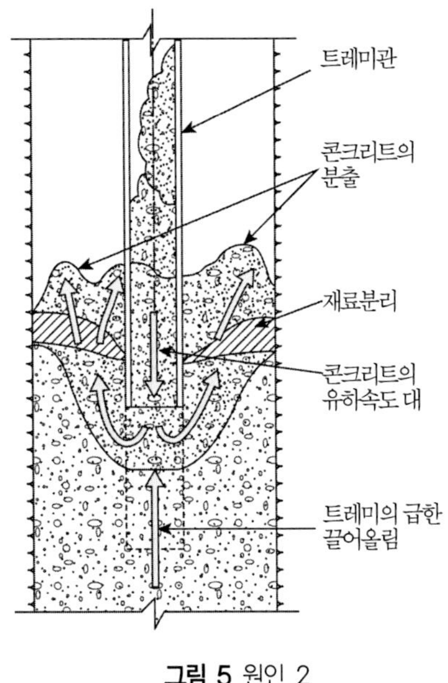

그림 5 원인 2

이상의 이유에 의해 말뚝의 하부일수록 콘크리트 분리에 의해 강도가 저하되고, 말뚝의 상부에서는 말뚝 하부에서 생긴 레이턴스와 열화된 콘크리트가 흘러들어 강도가 낮아진 것으로 생각한다. 시험말뚝에 대해서 반력말뚝의 변위가 큰 이유는, 시험말뚝은 계기가 많이 설치되어 있기 때문에 콘크리트의 타설 속도가 늦어지고 또한 시공도 철저히 했기 때문이 아닌가라고 생각한다.

4. 트러블의 대처·대책

콘크리트 강도시험값의 모두가 다행히도 설계기준강도 24 N/mm^{2}를 만족하고 또한 연직·수평지지력에도 문제가 없다고 판단되었기 때문에 말뚝 증가 등의 대책을 실시하지 않고 끝난 상태 그대로 공사를 했다.

5. 트러블에서 얻은 교훈

현장타설콘크리트말뚝의 콘크리트는 타설 중에 분리 상태를 눈으로 확인할 수 없고, 또한 분리의 제어도 직접적으로는 할 수 없다. 이 때문에 시공방법, 타설기기를 사전에 충분히 점검하고 타설 중에는 트레미의 위치 관리와 타설속도 관리를 확실하게 할 필요가 있다.

9	트레미관의 절단으로 인한 콘크리트 불량*	종류	현장타설콘크리트말뚝
		공법	지중벽말뚝공법

1. 개요

현장타설콘크리트말뚝의 콘크리트 타설 중에 트레미관이 도중에 떨어져나가고 그 때문에 콘크리트에 이수가 섞여들어가서 항체 불량을 일으킨 사례이다. 또한 굴뚝을 지지하는 이 말뚝은 커다란 수평력에 대처하기 위해 연속지중벽말뚝이 채택되어 있다.

(1) **트러블이 발생한 말뚝**: 연속지중벽말뚝 800×1,800 mm(소판형), 굴착길이 GL-35 m, 말뚝길이 34 m

(2) **지반 개요**: 현장은 수도권 근교 충적저지에 위치하고 있으며 상부에 하천의 범람에 의해 퇴적된 점성토, 그 하위에 층두께 3~5 m의 중위의 잔모래층, 게다가 그 하위에는 해진(海進) 시의 퇴적물로 생각되는 연약한 점성토가 두껍게 퇴적되어 있다. 지지층으로 되는 *N*값 50 이상의 사력층은 대체로 GL-32 m 이상의 깊이에서 확인된다(**그림 1**).

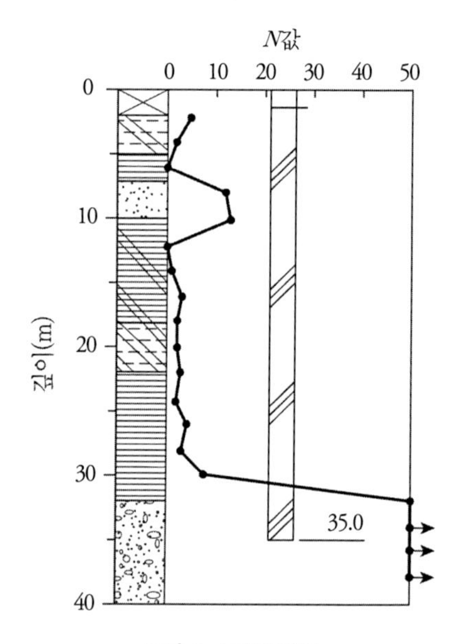

그림 1 토질주상도

2. 트러블 발생 상황

트러블은 **그림 2** 중의 No.9 말뚝에서 발생했다. 트레미관(소켓이음방식)을 이용해 콘크리트를 타설 중 공저로부터 약 8 m까지 콘크리트를 타설한 시점에서 레미콘의 도착이 30~40분 늦었다. 해당 직원이 콘크리트를 수배하고 있는 동안 작업원이 트레미관을 끌어올리도록 했더니 상당한 저항이 있었기 때문에 트레미관을 회전시키며 끌어올렸다. 레미콘 차 도착 후, 콘크리

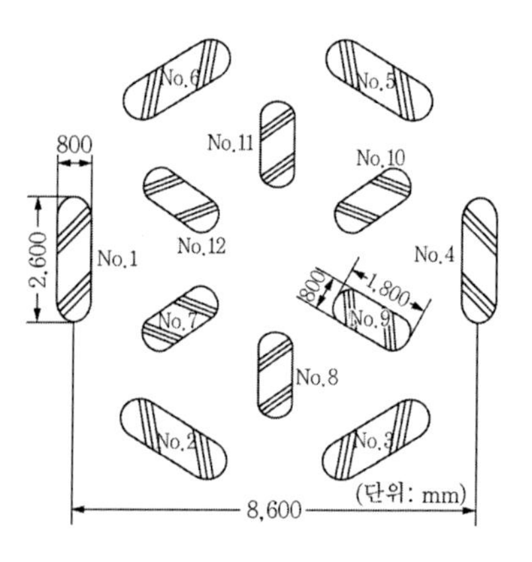

그림 2 연속지중벽말뚝의 배치

트 타설을 재개하려던 때, 트레미관 내부에 이수가 올라오고 있는 것이 발견되었다. 트레미관 내부의 이수는 거의 공내 이수수위와 동일하며, 트레미관 접속부의 누수나 트레미관의 절단이 원인으로 추측되었다. 즉시 트레미관을 끌어올렸더니 트레미관의 길이가 소정의 길이보다도 짧고, 트레미관이 중간부터 떨어져나간 것이 판명되었다. 트레미관 길이와 콘크리트 천단 깊이의 측정 결과로부터 트레미관 절단 위치는 약 GL-25 m, 콘크리트 천단은 GL-27 m로 추정되었다. 재차 밑뚜껑을 붙인 트레미관을 삽입한 바, 다행히도 대응이 빨랐어서 트레미관을 콘크리트 중에 약 2 m 정도 밀어넣는 것이 가능하였기 때문에 그대로 타설을 계속하여 일단 콘크리트 타설을 완료했다.

나중에 체크를 위해 코어를 채취했더니 콘크리트의 타설 이음면에 이수가 흘러든 흔적이 확인되었다.

3. 트러블의 원인

본 사례의 트러블 원인으로는 다음과 같은 부주의와 실수가 겹친 것을 들 수 있다.

① 트레미관의 접속이 충분하지 않았음에도 불구하고 그 검토를 게을리했다.
② 레미콘 수배에 준비가 안 되어 여름 현장에서 콘크리트 타설이 30~40분 중단되었다.
③ 직원의 지시를 기다리지 않고 트레미관을 회전시키면서 뽑았다.

또한 대처가 빨라서 콘크리트의 타설을 계속할 수 있었던 반면 서둘러 트레미관을 콘크리트 속에 삽입함으로써 이수를 끌어들였을 가능성도 부정할 수 없다.

4. 트러블의 대처·대책

아래에서 제시하는 검토 결과, 본 사례에서는 약간의 기초보의 보강에 의해 기초의 안전성이 확보될 수 있다는 사실이 확인되었으므로 말뚝을 증가하지 않고 무사히 공사를 완료할 수 있었다.

(1) 연직지지력 검토

말뚝의 개수·치수 등을 수평력으로부터 결정하고 있어서 연직지지력에는 상당한 여유가 있었기 때문에 트러블이 생긴 말뚝의 연직지지력을 무시하고 다른 말뚝만으로 구조물을 지지하는 것으로 기초보를 검토하였다. 그 결과 현 설계 그대로는 기초보에 균열이 발생할 위험성이 있으나 약간의 철근을 추가하면 대처할 수 있음이 밝혀졌다.

(2) 수평지지력 검토

트러블이 생긴 말뚝의 수평저항을 검토한 결과 GL-25 m 이상 깊이의 말뚝이 없는 것으로 하여도 $\beta L = 3.73$(강축방향), 5.48(약축방향)로 나타나 긴말뚝의 조건을 충분히 만족하고 있으며, 또한 GL-25 m 부근에서는 항체에는 거의 휨모멘트가 발생하지 않는 것으로부터 말뚝의 수평저항에 관해서는 트러블의 영향을 무시할 수 있다는 것이 확인되었다.

5. 트러블에서 얻은 교훈

지중벽말뚝의 시공에서는 자칫 '공벽의 붕괴' 혹은 '굴착 정밀도' 같은 항목에 관리의 중점을 둔다. 그렇지만 본 예와 같이 트레미관의 접속 불량 혹은 콘크리트의 수배 사고라고 하는 초보적인 실수로 인해 중대한 트러블을 일으키는 경우가 있다는 것을 명심해두는 것과 동시에 트러블의 발생 시 신속하게 대처할 수 있는 체제를 항상 정비해두는 것이 필요할 것이다.

10	누수로 인한 공벽 붕괴*	종류	현장타설콘크리트말뚝
		공법	어스드릴공법

1. 개요

건축물의 기초로서 채택된 어스드릴공법에서 누수에 의해 케이싱 하단부에서의 공벽 붕괴가 발생한 사례이다.

(1) **트러블이 발생한 말뚝**: 말뚝지름 ϕ1,200 mm, 굴착깊이 GL-37.3 m

(2) **지반 개요 : 그림 1**과 같이 전체적으로 모래분이 많은 지반으로서 케이싱 선단은 실트질 모래인 곳에 위치하고 있다. 자연수위는 GL-4.6 m이다.

2. 트러블 발생 상황

전날 어스드릴기로 GL-37.3 m까지 굴착하고 다음 날 콘크리트를 타설할 예정이었다. 굴착 완료 후 벤토나이트 안정액의 누수량을 측정한 결과 시간당 1 m^3의 누수량이 있어서 다음 날까지 수돗물을 보급하였다. 다음 날 검측을 행하여 굴착 길이에 이상이 없음을 확인한 후 바닥 준설 버킷에 의한 바닥 준설을 행하고 버킷을 지상까지 끌어올렸을 때에 케이싱 내의 벤토나이트 안정액이 GL-1.0 m에서 GL-4.0 m까지 순식간에 떨어졌다. 다시 굴착길이를 확인했더니 굴착깊이가 10 m 정도 얕아지고 공벽의 붕괴가 확인되었다.

붕괴부의 토질은 되메워진 흙을 퍼올려 보았더니 케이싱 하단부(GL-10～-11 m)의 작은 자갈 섞인 모래층으로 판명되었다.

후일 재굴착을 실시했을 때 말뚝 바닥 부근에서 작은 자갈 섞인 모래와 함께 PC말뚝의 남은 조각이 드릴링버킷으로 끌어올려져서 붕괴부에 지중 장애물로서 PC말뚝이 남아 있던 것이 판명되었다.

3. 트러블의 원인

① 이 말뚝 주변은 옛 건물 지하부의 철거부에 되메우기를 행해 두었지만 상당히 느슨한 상태였다. 게다가 굴착 중 가장 무너져 내리기 쉬운 되메움 부에 지중 장애물로서 PC말뚝의 남은 조각이 존재하고 있었기 때문에 케이싱 하단에 있어 드릴링버킷이 오르내릴 때 남아 있는 PC말뚝이 접촉하여 지반을 불안정하게 했다.

② 굴착 중의 안정액의 성상(비중 1.04, 점성 30초)은 만족할 수 있는 값이었지만 야간의 벤토나이트 안정액을 보급하는 급수 플랜트의 보유량이 부족했다. 이 때문에 수돗물에 의한 급수법으로 대체함으로써 굴착공 상부로부터 점점 비중·점성이 저하되어 안정성이 저하되었다.

③ ①, ②에 따라 지반이 느슨해져서 붕괴되기 쉬운 상태에 있던 것을 이튿날의 바닥 준설 공정에서 바닥 준설 버킷을 감아올릴 때에 이 버킷이 PC말뚝의 남은 조각에 접촉했기 때문에 PC말뚝의 남은 조각이 무너져 내리면서 작은 자갈 섞인 모래층의 붕괴를 유발시켰다.

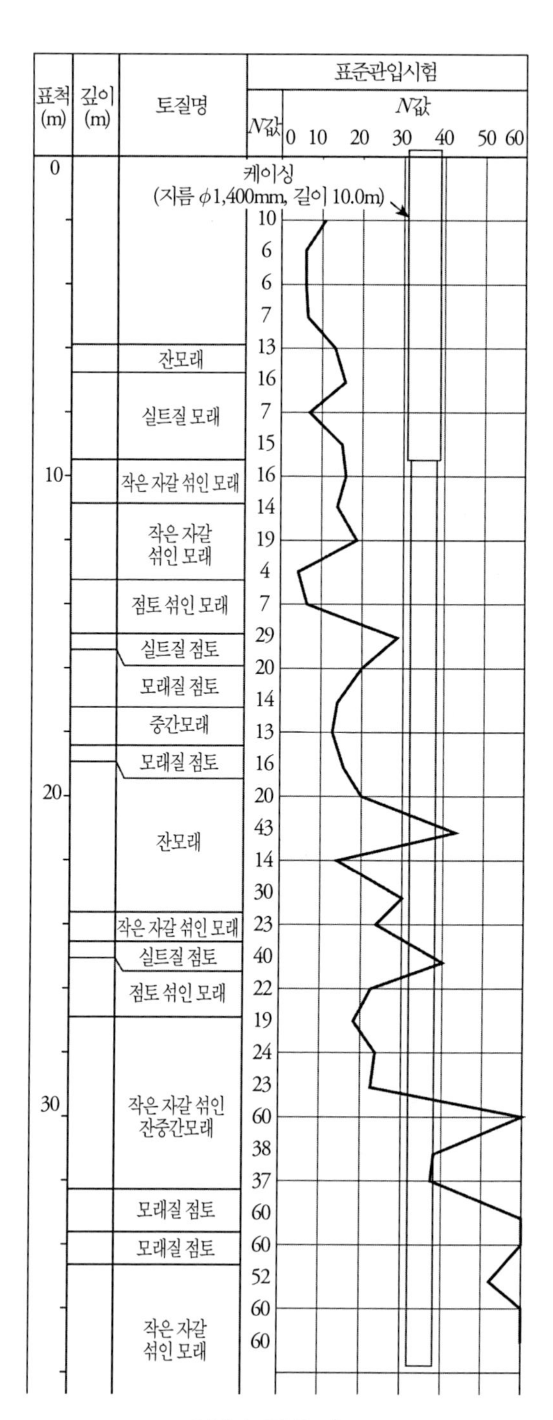

그림 1 토질주상도

4. 트러블의 대책

① 붕괴 위험성이 작은 지반이 있으면 그 위치까지 케이싱을 세워 넣는다.

② 벤토나이트 안정액의 점성을 30~35초 사이에서 관리함과 동시에 누수 방지제를 첨가한다.

③ 굴착토량이 큰 말뚝의 경우 하루에 굴착에서 콘크리트 타설까지 할 수 없어서 굴착한 말뚝 공을 야간 방치하기 때문에 급수 플랜트 능력을 많게 함과 동시에 자동 급수 제어 장치를 부착함으로써 공내수의 수두를 유지한다.

④ 플랜트로의 급수가 수도물만으로는 너무 적기 때문에 다른 방법으로 공급량을 확보한다.

5. 트러블에서 얻은 교훈

① 이번 사례의 경우, 사전 탐문조사를 통해 지중 장애물이 개재되어 있었던 것을 알 수 없었기 때문에 사전 대책이 가능하지 않았다. 앞으로는 세세한 점까지 탐문하여 시공 시 충분히 대처할 수 있는 준비를 할 필요가 있었다.

② 보링도로부터 모래분이 많은 지반이고 누수가 있을 가능성을 생각할 수 있었으므로 굴착 중에 굴착을 중단하고 누수량을 확인할 필요가 있었다.

<table>
<tr><td rowspan="2">11</td><td rowspan="2">콘크리트 타설 중의
원지반 파괴로 인한 돌출*</td><td>종류</td><td>현장타설콘크리트말뚝</td></tr>
<tr><td>공법</td><td>RCD공법</td></tr>
</table>

1. 개요

초연약지반에서의 RCD말뚝 공사에서 트레미관에 의한 콘크리트 타설 중에 콘크리트 천단이 상승하지 않게 된 사례이다.

(1) **트러블이 발생한 말뚝**:

말뚝지름 ϕ2,000 mm, 말뚝길이 30～60 m

(2) **지반 개요**: 본 지반은 지구대(地溝帶)의 저지부에 해당하며 최근까지 개펄로 이루어져 있었던 곳을 간척한 것으로써 약 20 m 두께의 매우 연약한 실트층으로 이루어졌다(**그림 1**). 실트층의 일축압축강도 q_u는 **그림 2**에 보이는 것처럼 20～50 kN/m^2, 변형계수는 0.9～2 MN/m^{2}의 범위에 분포한다.

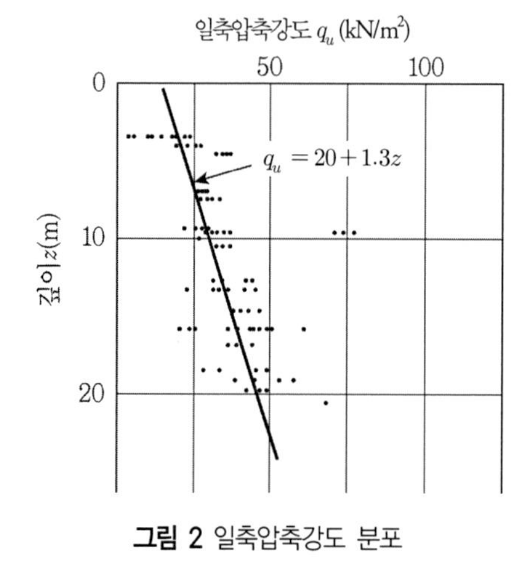

그림 2 일축압축강도 분포

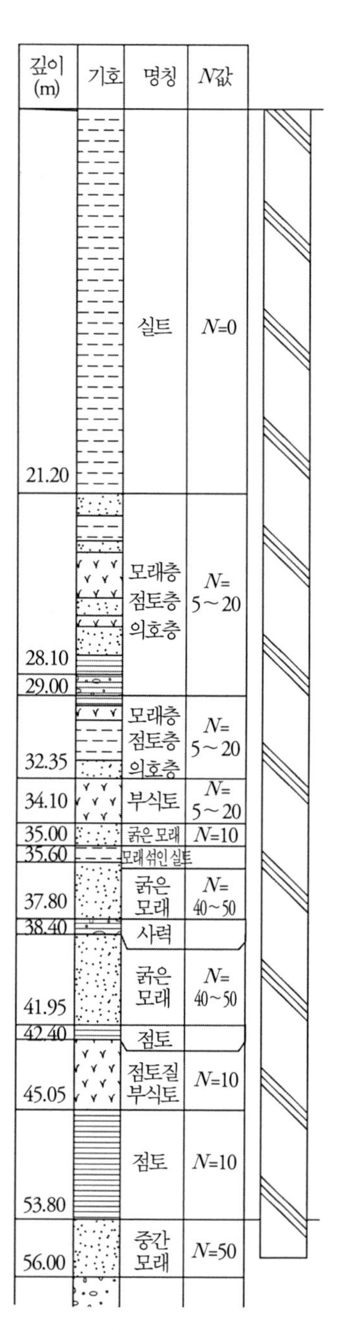

그림 1 토질주상도

2. 트러블 발생 상황

트러블 발생 말뚝은 콘크리트 천단이 GL-21.2 m까지는 레미콘차 1대분(5.5 m^3)의 타설에 따라 천단 상승 높이가 1.35~1.6 m였다. 그러나 콘크리트 천단이 스탠드 파이프(이하 SP라 칭함)의 하단 8 m 주위에서 **그림 3**과 같이 천단 상승량이 약 1.1 m로 감소하고 심지어 0.3~0.5 m로 격감하였다. 결국 GL-6.1 m의 위치에서 전혀 오르지 않게 되었다.

따라서 SP를 묻어 없애기로 하고 콘크리트 응결 개시 시간을 고려 약 1시간 반 기다린 후 실트층 중의 타설을 신중하게 개시하고 소정의 위치까지 타설 종료하였다. 각 층의 콘크리트 결손율의 평균값은 다음과 같다.

- 전층 25%
- 하층부 17%
- 중간부 32%
- 연약층 245%

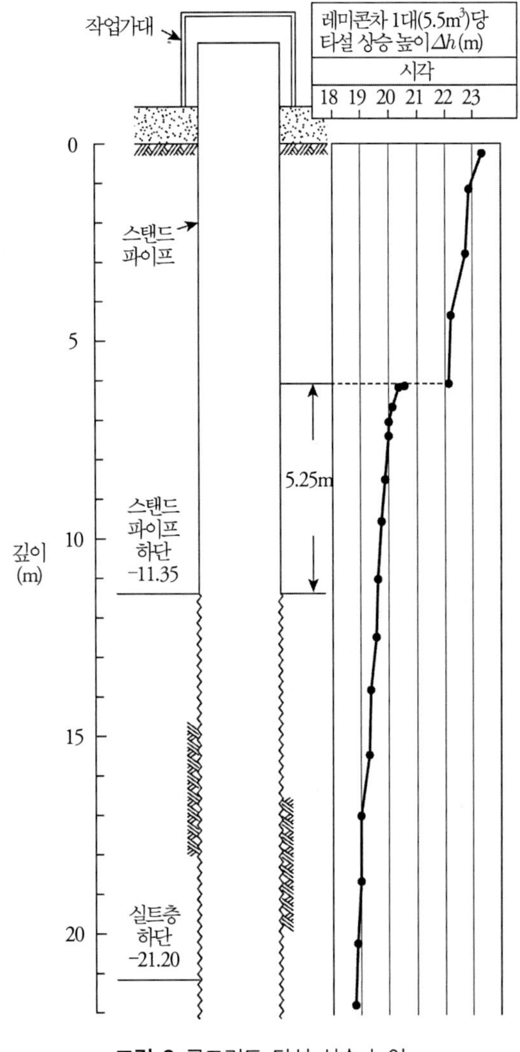

그림 3 콘크리트 타설 상승 높이

3. 트러블의 원인

트러블의 원인은 콘크리트의 압력으로 원지반이 항복했던 것으로 예상되었다. 따라서 돌출의 정도, 범위 등을 알기 위해 말뚝 주변에서 30~60 cm 떨어진 5개 지점에서 조사보링을 하였다.

그 결과 항체는 SP 하단 이하 깊이로부터 콘크리트가 돌출하였고, 말뚝 반경의 증가량은 $\Delta r=45\sim50$ cm로서 거의 동심원이며 코어채취율로부터 생각하면 다소 위쪽의 돌출이 커져 있었다.

4. 트러블의 대처·대책

올케이싱공법, 이중관공법(박벽강관, 시트) 등의 대책을 검토하였으나 공사기간, 공사비 확보가 어렵기 때문에 다음 시험시공을 해서 결론을 내기로 하였다.

문제가 되는 부분은 SP 하단 부근이므로 콘크리트 타설 후 약 50분의 경화시간(대기시간)을 취하고 콘크리트 천단의 하강을 확인하면서 35분에 걸쳐서 SP를 뽑아보았다. 이 결과, 결손량은 SP 1 m 인발당 천단침하 8 cm(결손율 8%)였다.

이상과 같은 시험시공 결과를 토대로 하여 타설 관리 방법을 정하고 나머지 공사를 완료시켰다.

① SP 하단 위치의 콘크리트 타설 완료 후 2시간 이상 경과 및 전체 콘크리트 타설 완료 후 1시간 이상 경과의 두 가지 조건을 만족하는 시간 경과 후 바이브로로 SP를 2 m 인발하고 천단 하강의 유무를 검사한다.

② 침하가 없을 때는 서서히 나머지 부분을 인발한다. 침하가 발생했을 때는 거기에 30분 경과 후 마찬가지 검사를 한다.

5. 트러블에서 얻은 교훈

$q_u=20\sim30$ kN/m^{2}의 매우 연약한 실트지반에 있는 현장타설콘크리트말뚝에서는 콘크리트의 압력을 받아 원지반이 파괴될 위험이 있기 때문에 사전에 이것들을 예상하여 충분히 검토함과 동시에, 특별히 대책을 실시하지 않는 경우에는 시공 중의 관리를 보다 신중하게 행할 필요가 있다.

12	굴착 중의 공벽 붕괴 발생*	종류	현장타설콘크리트말뚝
		공법	어스드릴공법

1. 개요

건축물의 기초로 채택된 어스드릴 확대선단말뚝 공법에서 굴착 중에 공벽 붕괴가 발생했던 사례이다. 또한 이 현장에서는 붕괴 원인을 찾기 위해 여러 가지 실험을 수행하였다.

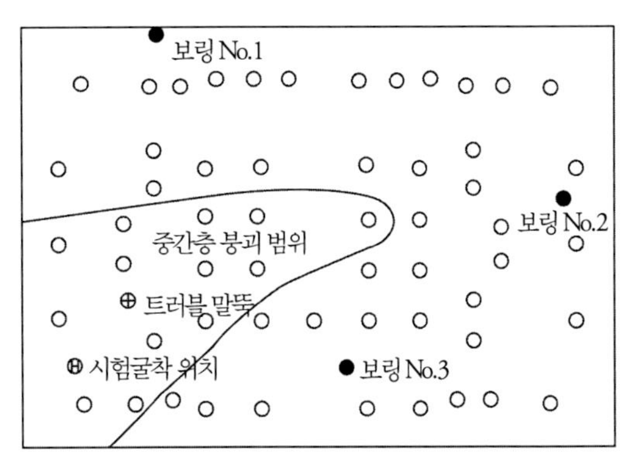

그림 1 말뚝 위치 및 보링 위치도

(1) **트러블이 발생한 말뚝**: 축 부분 지름 ϕ1,300 mm, 확대선단부 지름 ϕ1,900 mm, 굴착 깊이 GL-33.5 m

(2) **지반 개요**: 지반조사는 3개소에서 행해졌는데 거의 균일한 지층구성이었다. 그러나 붕괴가 집중된 부지 서측의 범위(**그림 1**)에서는 지반조사가 이뤄지지 않았다. 이 범위는 나중에 조사해 보았더니 전에 굴착으로 파고 들어갔던 위치에 해당하며 붕괴가 발생했던 중간자갈층은 세립토를 전혀 함유하지 않은 자갈로 구성된 것으로 나타났다(**그림 2**).

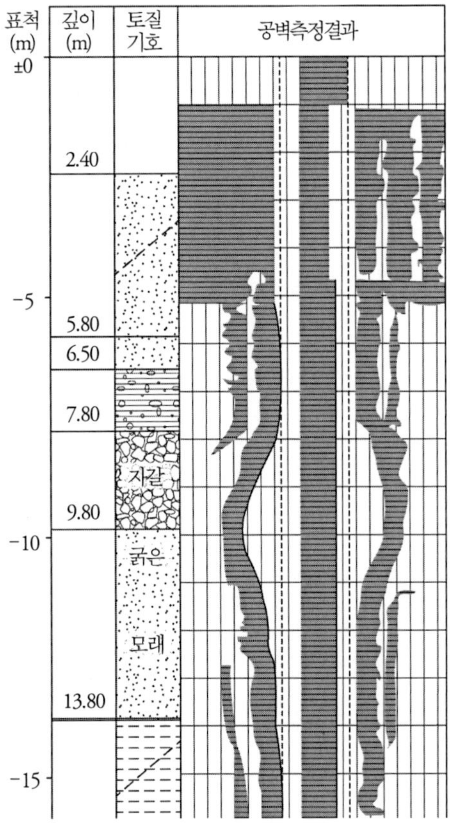

그림 2 토질주상도와 공벽 측정 결과

2. 트러블 발생 상황

트러블은 굴착이 GL-11 m 부근에 달했을 때 붕괴가 발생했다. 붕괴의 원인이 된 층은 지반조사에 따르면 자갈 섞인 중간 모래층으로 이루어져 있으며 *N*값은 약 30 정도였다. 실제로 굴착한 토사는 전혀 세립분을 포함하지 않고, 작업자의 굴착 감각으로는 상당히 느슨하며, 붕괴성이 매우 높은 층이라고 한다.

자갈층을 관통하여 하부의 굵은 모래층에 굴착이 진행되었을 때 가벼운 정도의 붕괴 발생(붕락)이 예상되었다. 즉시 굴착을 중단하고 초음파에 의해 공벽을 측정한 결과 **그림 2**와 같이 GL-8.10~-12.50 m 사이에서 붕괴가 확인되었다. 이 붕괴의 원인으로서 지하수에 의한 안정액의 희석을 염려해 공내의 안정액을 깊이마다 채취해 각종 시험을 치른 결과 그런 현상은 확인되지 않았다. 또한 그 외의 원인으로 예상되는 피압수의 유무를 찾기 위해 굴착공을 2일간 방치했지만 그 사이 공벽은 안정되어 있고 공내수위도 안정되었다. 이 때문에 굴착을 완료시킨 후 콘크리트를 타설했지만 그때 붕괴가 다시 발생했다.

3. 트러블의 원인

붕괴 발생의 원인을 찾기 위하여 GL-20 m까지 시험굴착을 실시해보았다. 사용한 안정액은 **표 1**에 나타낸 것처럼 시험굴착 시에는 깔때기형 점도계(500/500 cc)에 의한 점성이 25초인데 대해 이번에는 벤토나이트와 증점제의 증량 및 이수 누출 방지제의 첨가에 의해서 이 점성은 37초였다.

표 1 안정액의 배합과 제반 성질

배합		표준배합	시험배합
벤토나이트		5.0%	8.0%
증점제		0.03%	0.05%
분산해교제		0.20%	0.20%
누수방지제		-	1.0%
항목		시험결과	시험결과
판넬점성	s	25.0	38.1
겉보기점도	Pa·s	0.09	0.25
소성점도	〃	0.09	0.21
항복값	Pa	0.72	3.83
초기겔	〃	0.36	0.48
이수비중		1.03	1.08
전도율	mS/cm	1.30	1.46

굴착 완료 시점에서는 전 회 정도는 아니지만 가벼운 정도의 붕괴가 발생했다. 이대로 3일간 굴착공을 방치해보았지만 붕괴의 진행은 확인되지 않았다. 따라서 콘크리트 타설 시의 진동이 어느 정도까지 영향을 주는지를 조사하기 위해 케이싱 머리 부분에 바이브레이터로 진동을 주었다. 이 결과, 전 회와 같은 깊이로 붕괴했다. 이 실험에서 문제의 중간 자갈층은 안정액으로 굴착 시의 공벽을 유지할 수 있었어도 콘크리트 타설 등의 외부 진동에는 견딜 수 없는 것을 알았다.

이번 사태의 가장 큰 원인은 지반조사 위치가 부적합하고 수량도 부족해서 이 특수한 층을 확인하지 못했기 때문이다. 만약 이 층의 존재가 사전 탐문조사 등을 통해 파악되었다면 조사 위치 적정화나 다른 공법 또는 보조 공법을 채택하는 것도 가능했다고 생각한다.

4. 트러블의 대처·대책

안정액을 부배합으로 변경하고 게다가 이수 누출 방지제도 사용하여 시험굴착을 했더니 콘크리트 타설 중에 붕괴의 염려가 있는 것을 알았다. 이러한 이유로부터 붕괴 가능성이 있는 자갈층의 위치를 예상하여 그 시공 범위에서는 표층부에서 14 m까지 케이싱을 삽입하여 붕괴 대책으로 하기로 했다. 덧붙여 케이싱의 삽입이 깊어지기 때문에 RCD공법에서 행해지는 스탠드파이프의 세워넣기 방법에 준하여 파워잭과 해머그랩의 조합으로 세워넣기를 행하고 시공을 완료했다.

5. 트러블에서 얻은 교훈

① 본 건의 경우는 지층에 다소 특수한 배경을 가지고 있었다고 할 수 있지만, 결국에는 사전 탐문조사의 미비가 가장 큰 원인이라 할 수 있다. 조사에 즈음해서는 시공하는 부지의 지역적인 배경도 충분히 고려해서 적절한 위치와 본 수를 고려해야 할 것이다.

② 공법의 선정에 있어서는 전문업자와도 상담하여 보다 적절한 공법을 선정하는 것이 바람직하다.

13	굴착 중의 공벽 붕괴*	종류	현장타설콘크리트말뚝
		공법	RCD공법

1. 개요

펌프장의 축조 시 지중연속벽 공사에 이어 시공한 RCD말뚝 공사에서 굴착 중 공벽 붕괴가 발생한 사례이다.

(1) **트러블이 발생한 말뚝**: ϕ1,900~2,200 mm, 굴착 깊이 41.5 m

(2) **지반 개요**: RCD말뚝의 대상으로 하는 토층은 상부로부터 층후 8 m 정도의 충적층과 그 하부의 홍적층(점성토와 사질토의 호층)으로 구성되어 있다. GL-25 m 부근의 홍적층 중에는 층후 1~2 m의 부식토층이 협재하고 있다(**그림 1**).

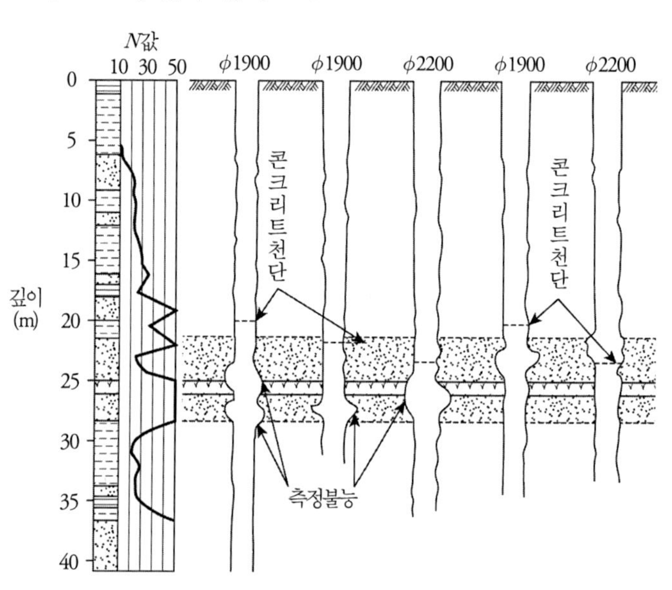

그림 1 공벽 붕괴 상황

2. 트러블 발생 상황

GL-20~-30 m의 잔모래층에서 공벽의 붕괴가 발생했다. 그 시점의 공내수위는 계획 시의 지하수위 GL-2.0 m에 대하여 GL+0.5 m로 설정되어 있었다. 붕괴 발생 후, 시공방법 등에 대해서 검토한 결과, ① 공내수위를 GL+1.5 m로 한다. ② 순환수로서 6%의 벤토나이트 안정액을 사용한다. ③ 굴착 속도를 시간당 2 m까지 떨어뜨린다. 이상의 개선책을 강구하여 시공했지만 붕괴를 방지할 수 없었다. 따라서 시공을 중단하고 근본적인 대책을 세우기로 하였다. **그림 1**에 초음파 측정에 의한 공벽의 붕괴 상황을 나타낸다.

3. 트러블의 원인

붕괴 발생의 원인을 규명하기 위해 원지반의 토질 및 지하수에 대하여 재조사를 실시함과 동시에 미리 연속벽 내에 설치한 간극수압계의 계측값과 RCD말뚝 시공 시의 공내수위와의 대비를 실시했다. 입도시험 결과, 붕괴가 발생한 홍적 잔모래층은 *N*값 50 이상의 단단하게 다져진 토층이기는 하지만 모래분이 95% 이상, 균등계수 3 이하로서 부식토층을 굴착하는 시점에서 발생한 굴착기의 진동 혹은 지하수의 미소한 움직임으로 인하여도 쉽게 느슨해져 붕괴되기 쉬운 지층이라는 것으로 나타났다. 원지반 투수시험 결과로부터는 붕괴의 중심이 된 부식토층은 $3{\sim}5\times10^{-2}$cm/s의 높은 투수계수를 갖는 것으로 나타났다. **그림 2**에 깊은 우물과 수위관측공의 조합으로 행한

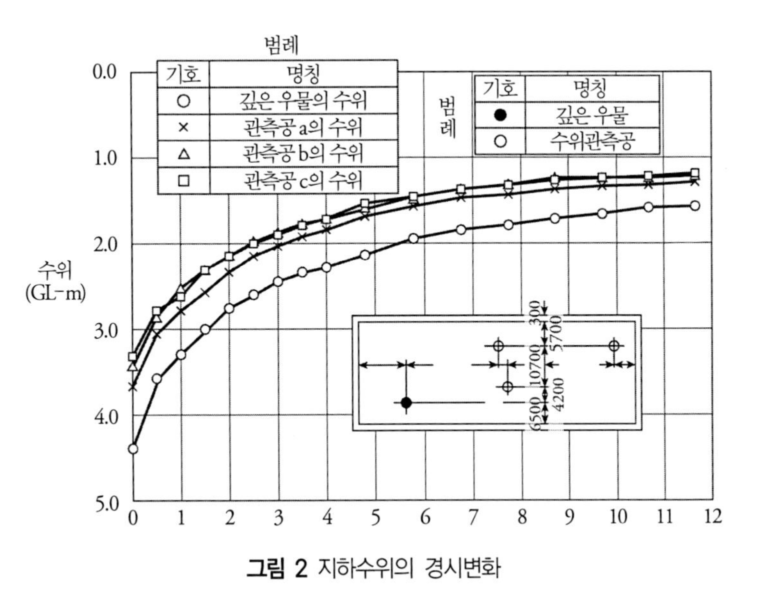

그림 2 지하수위의 경시변화

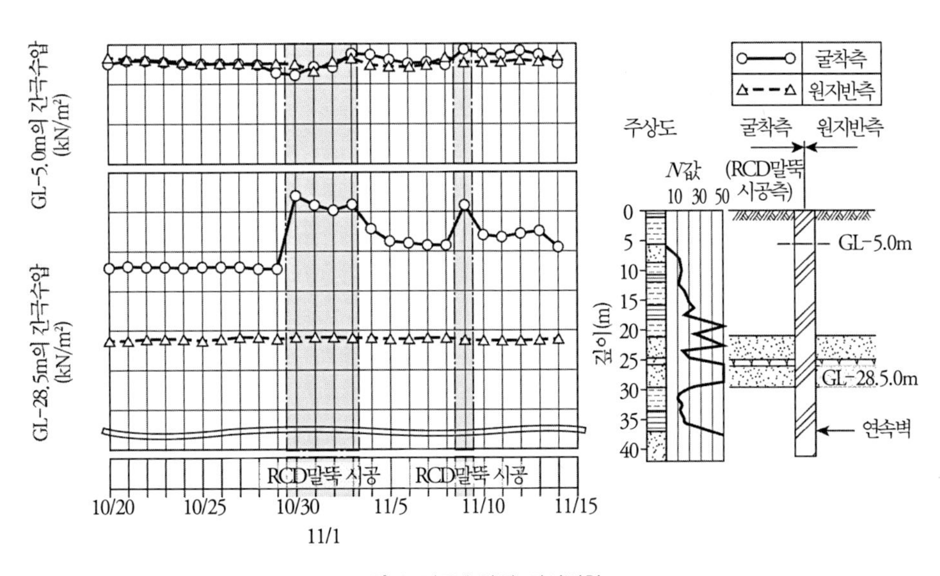

그림 3 간극수압의 경시변화

원지반 투수시험 시 수위의 자연 회복 상황을 나타내는데, 부식토층의 투수계수가 높아서 관측공 사이의 수위차는 거의 확인되지 않는다. **그림 3**에 간극수압 계측값의 경시변화를 나타내는데, 사방을 연속벽으로 둘러싼 RCD말뚝 시공 측의 잔모래층 내의 간극수압은 말뚝 시공 시의 공내 수압과 일치하며 원지반 측의 수압은 변동하지 않았다.

이상에서 RCD의 대상이 되는 지반이 차수성이 높은 연속벽으로 둘러싸여 있기 때문에 굴착용 이수가 투수성이 높은 부식토층을 매개로 잔모래층 내로 압력을 받아 흘러들어가 축적되어 수두차를 확보할 수 없는데다가 잔모래층의 붕괴성이 높은 것도 맞물려 붕괴했다고 추정했다.

4. 트러블의 대처·대책

공벽 안팎의 수위차를 확보하기 위하여 깊은우물(깊이 30 m)을 연속벽 내에 3군데 설치한 지하수위저하공법을 병용함과 동시에 잔모래층의 안정을 높이기 위해 굴착용 이수에는 6% 벤토나이트 안정액을 사용하기로 했다.

그 후의 시공에서는 붕괴현상이 발생하지 않고 시공을 완료시킬 수 있었다.

5. 트러블에서 얻은 교훈

본 건의 경우는 잔모래층에 투수성이 높은 부식토층이 개재한다는 특수조건이었지만, 연속벽으로 둘러싸인 가운데에 RCD말뚝을 시공하는 경우 공내의 수두 확보는 곤란해질 가능성이 높아서 RCD말뚝을 먼저 시공했어야 한다고 생각한다.

14	전석으로 인한 굴착 불능 *	종류	현장타설콘크리트말뚝
		공법	올케이싱공법

1. 개요

산악지대의 건축물에 대해 채택된 요동식 올케이싱공법의 굴착 중 토질주상도에 나타나 있지 않은 전석이 다량으로 존재해서 굴착 불능이 된 사례이다.

(1) **트러블이 발생한 말뚝** : 말뚝지름 ϕ1,200～1,600 mm, 굴착길이 GL-10.0 m, 총 본 수 52본

(2) **지반 개요** : 토질조사는 3군데 진행됐고 그 결과를 **그림 1 (a)~(c)**에 나타냈다. 특히 문제가 되는 역질토의 크기에 대해서는, **그림 1 (a)**에만 전석에 대한 기술이 있으며 **그림 1 (b)**에서는 10～15 cm의 옥석, **그림 1 (c)**에서는 최대지름 10 cm의 자갈 혼입이 있으며 전석에 대한 기술은 눈에 띄지 않는다. 또한 주상도의 그림 표시도 자갈 섞인 모래층의 이미지이다. 그러나 실제로 굴착을 하다 보니 전 지역에 걸쳐서 1 m를 넘는 전석이 연속해서 퇴적되어 있고 각 주상도의 좌측에 나타낸 바와 같은 인상이었다.

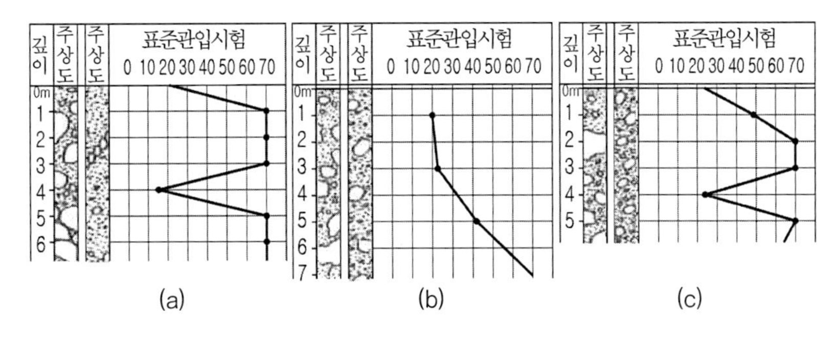

그림 1 토질조사 시의 주상도와 실제와의 대비

2. 트러블 발생 상황

시험 굴착에 사용한 기종은 일본에서 최대 능력을 가진(당시) 올케이싱 굴착기(MT-200형)로서 이 기종의 케이싱 압입 방식은 요동 타입이다.

시험 굴착을 실시하자 표층토 이상의 깊이로부터 1 m 전후의 전석이 드러났다. 이것을 백호우로 제거했더니 더 깊은 깊이에도 1 m를 넘는 전석이 연속하여 퇴적하고 있었다. 이 전석은 풍화되지 않은 안산암으로서 일축압축강도가 100 N/mm^2 정도이고 요동 타입으로의 절삭은 불가능하였다.

3. 트러블의 원인

지반조사의 내용과 실제가 다르다. 즉, 지반조사에서 나타나고 있는 자갈이 실은 거대한 전석이었고 이것이 연속으로 퇴적하고 있었던 것이 주원인이다.

4. 트러블의 대처·대책

트러블의 원인이 전석이며, 이것을 커팅하는 것은 통상의 요동 타입으로는 불가능하다. 이 때문에 케이싱을 회전시키는 타입의 회전식 올케이싱 굴착기로 기종을 변경함과 동시에 케이싱 선단에 암반 굴착용 특수 커터비트를 장착하고 사용하기로 하였다(**그림 2**). 이 결과 3.0 m에 달하는 전석도 있었지만 모든 말뚝을 무사히 시공 완료하였다.

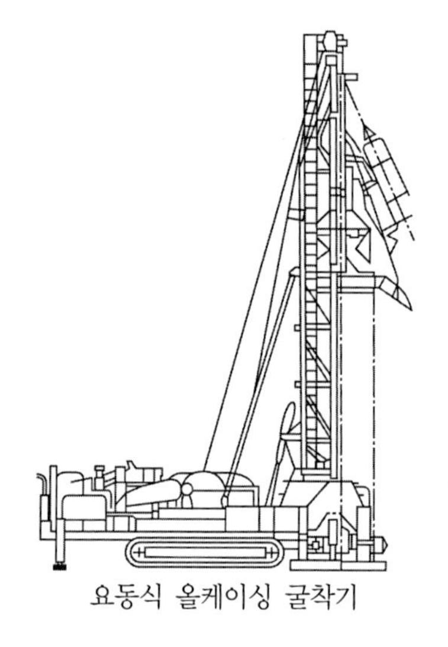

요동식 올케이싱 굴착기

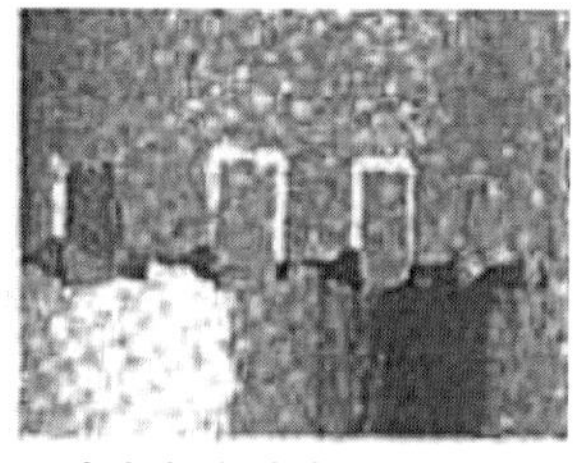

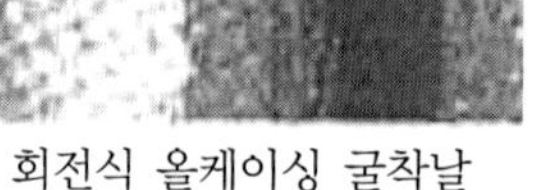

회전식 올케이싱 굴착날

회전식 올케이싱 굴착기

그림 2

5. 트러블에서 얻은 교훈

말뚝공법의 선정에 있어서는 토질주상도에 근거해 행해지는 것이 일반적이다. 이 경우 점성토, 모래층, 해성사력층에서는 큰 문제가 없지만 산악지나 토사류 등에 의해 형성된 지반에서는 큰 자갈이나 전석이 많고, 또한 그 크기의 판단이 매우 어려워서 다음과 같은 문제점이 있다.

① 표준관입시험에 사용되는 로드는 지름이 작고 길이가 길다. 이 때문에 지름이 크고 원형인 것을 만나면 선단이 미끄러져 활처럼 되어 전석의 사이 혹은 전석의 바깥쪽으로 빗나가거나 한다. 또한 연약한 점성토 중에 전석이 있는 경우는 미끄러진다. 따라서 *N*값은 물론 전석의 지름에 신뢰성이 없다.

② 지반을 평가하는 관찰사항인 토질설명에는 자갈지름이 실제보다 상당히 작게 기재되어 있다. 이번의 경우는 토질설명에서는 최대자갈지름 15 cm이지만 실제로는 1 m 이상인 것이 있었다.

③ 옥석과 전석의 경우에 표준관입시험값에 신뢰성이 없다. 이번 경우 실제 시공에서 1 m 이상의 전석이 있는 깊이에서의 *N*값은 20으로 되어 있었다.

이상과 같은 문제가 있기 때문에 공법 선정에서는 전석의 유무나 크기와 함께 그 비율 등을 정확하게 파악할 필요가 있다. 그러기 위해서는 ① 현장 근처 산의 표면의 상황, ② 산의 형상과 골짜기의 위치 관계, ③ 수원으로부터의 거리, 하천의 규모나 경사, ④ 옛날에 물이 흐른 지역으로부터의 위치 등을 고려해 종합적으로 판단할 필요가 있다.

또한 암반 등 균일한 지반과 달리 전석의 경우는 여러 가지 성질의 것이 혼재되어 있는 경우가 많다. 특히 전석은 풍화되어 있지 않은 경우가 많고, 이번 경우 일축압축강도가 100 N/mm^{2}가 넘었다. 이 때문에 전둘레회전식 올케이싱공법으로 시공이 가능해도 절삭에 상당한 시간이 걸리고 시공기계의 손료와 소모비를 포함하면 시공비가 상당히 증가하게 된다.

이러한 배경 때문에, 특히 전석층과 옥석이 섞여 있는 지반의 지질조사는 현지답사를 포함하여 RQD, 일축압축강도시험 등을 실시하여 지반 전체로서의 자료로 할 필요가 있다.

주 : 본 사례는 초판 사례를 다시 게재한 것이다. 초판 발행 시에는 요동식 굴착기가 주류였지만 현재는 전둘레회전식이 주류이며, 해당 지반에서도 전둘레회전식 굴착기로 문제없이 시공할 수 있다.

15	말뚝두부 강관의 동반 상승·낙하	종류	현장타설콘크리트말뚝
		공법	어스드릴공법

1. 개요

건축물의 기초로 채택된 어스드릴공법에 의한 현장타설강관콘크리트확대선단말뚝의 콘크리트타설 중 강관의 동반 상승 및 낙하가 발생한 사례이다.

(1) **트러블이 발생한 말뚝**: 축부지름 ϕ1,500 mm, 확대선단지름 ϕ3,100 mm, 굴착깊이 GL-18.5m

(2) **지반 개요**: **그림 1**과 같이 표층부에 자갈 섞인 잔모래로 매립된 층이 무려 9 m 계속되고 그 이상의 깊이는 롬층으로서 GL-17 m 정도에서 *N*값이 큰 사력층으로 이루어지며 그 층을 지지층으로 하고 있다.

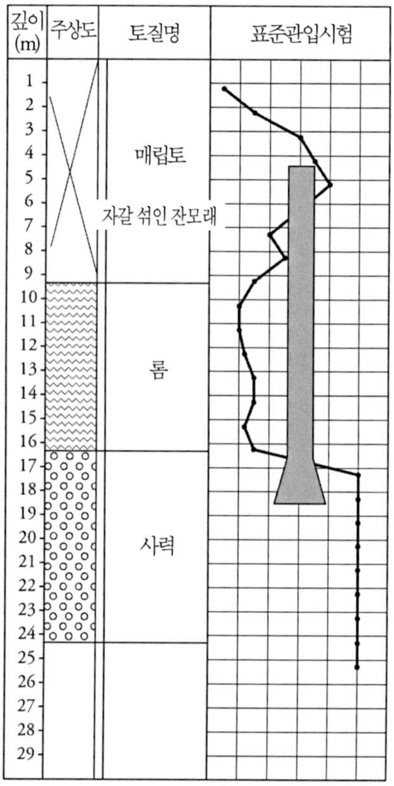

그림 1 토질주상도

2. 트러블 발생 상황

매립토층의 상황으로부터 자갈 섞인 잔모래의 붕괴를 우려하여 GL-10 m까지 ϕ1,800 mm의 표층 케이싱을 잭으로 압입하고 그 후 축부 및 확대선단부를 굴착했다. 굴착 완료 후 철근망과 길이 7.5 m의 강관을 차례로 세워넣고 콘크리트를 타설했는데, 트러블은 타설 중에 일어났다.

그림 2와 같이 강관 내부의 말뚝머리 위치까지 콘크리트를 타설한 후, 강관 삽입부의 강관과 공벽의 공극에 콘크리트의 오버플로우에 의한 강관의 외주 충전을 시작했다. 강관외주부의 콘크리트 천단은 강관 하단부로부터 2 m 정도 타설되어 올라오고 있었으므로 강관의 걸쇠를 개방하고 케이싱의 인발을 개시했다. 그때 케이싱의 인발과 동시에 강관 천단이 25 cm 정도 동반상승하였다. 그 후의 작업에서 집게로 강관 천단을 가볍게 쳐서 케이싱과의 간섭을 해제

하였으므로 케이싱 인발 시의 동반상승 현상은 수습되었지만 강관과 철근을 접속한 고정철물이 빗나간 것으로 추측되어 말뚝머리의 설계 천단보다 강관이 1 m 내려갔다.

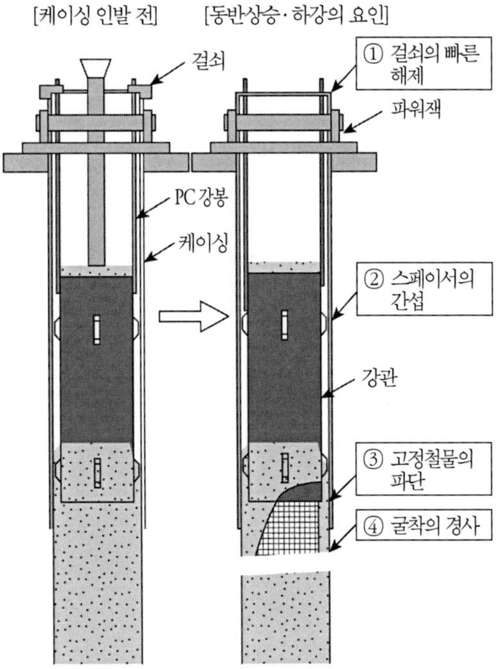

3. 트러블의 원인

트러블의 원인은 **그림 2**에서 보이는 바와 같이 다음과 같은 요인을 들 수 있다.

① 강관을 유지하는 고정봉(PC 강봉)을 해제하는 타이밍이 빨랐다.

② 케이싱 하단부에서 굴착공이 편심되어 있었다.

③ 그 때문에 강관이 기울어져 스페이서와 케이싱이 접촉하고(스페이서도 변형) 케이싱 인발 시에 강관이 동반상승하였다.

④ 강관을 집게로 경타하였으므로 강관과 철근을 접속한 고정철물이 벗겨져 강관이 떨어져 들어갔다.

그림 2 트러블의 요인

4. 트러블의 대처·대책

트러블이 발생한 말뚝은 다음과 같이 대처하고 보수하였다.

① 건전도시험에 의해 해당 말뚝의 건전성을 확인했다.

② 더쌓기를 제거한 후에 강관의 변형과 경사가 허용된 범위 안에 있는 것을 확인하고, 동 규격의 필요 길이의 강관을 용접 접합하였다. 또한 용접부분은 방사선투과시험으로 검사했다.

③ 소정 강도의 콘크리트를 이어붙인 강관 내부에 타설하고 말뚝두부를 마무리했다.

4가지 원인에 대한 대책을 다음과 같이 실시하고 그 후의 시공은 트러블 없이 무사히 완료했다(**그림 3**).

① 케이싱을 빼낼 때 크레인 사양의 보조 권양기를 사용해 강관의 걸쇠가 풀린 고정봉(PC 강봉)에 긴장을 걸어 강관이 기울어지지 않도록 한다.

② 굴착 후의 공벽 측정에 의해 굴착공의 경사를 확인한다. 특히 케이싱 하단부에서의 굴착공의 편심이 없도록 관리하며 편심이 허용범위 밖이면 수정 재굴착한다.

③ 케이싱 내부에 위치하는 스페이서는 평강재에서 이형 또는 원형 강으로 사양을 변경한다.

④ 강관과 철근을 접속한 고정철물의 용접은 반드시 확인을 실시함과 동시에 부착 개소를 증가시킨다.

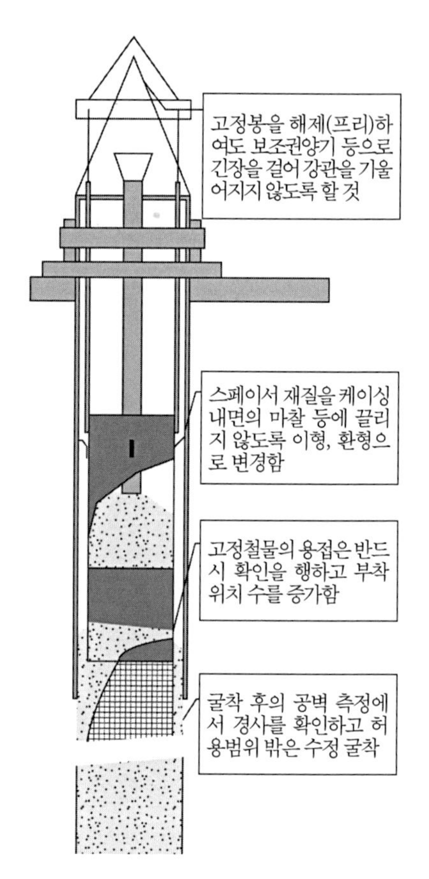

그림 3 차후의 시공대처 방법

5. 트러블에서 얻은 교훈

본 사례는 어스드릴공법에 의한 현장타설강관콘크리트확대선단말뚝을 조성함에 있어서 매립토층의 영향에 의해 표층 케이싱을 긴 길이로 한 결과, 그 케이싱을 뽑을 때에 생긴 트러블이다. 향후 시가지에서는 이와 같은 경우의 시공이 많아지므로 본 사례와 같은 숙고가 필요하다.

16	지지층의 굴곡·경사의 조사와 굴착공법의 변경	종류	현장타설콘크리트말뚝
		공법	올케이싱 병용 어스드릴공법

1. 개요

초고층건물을 지지하는 말뚝기초의 설계에서 확인된 굴곡·경사가 큰 지지층(풍화화강암)으로서 추가조사에 의해 트러블을 회피한 사례이다.

(1) **대상이 된 말뚝**: 축부지름 ϕ2,000 mm, 확대선단지름 ϕ2,900~3,300 mm, 굴착깊이 GL-16~29 m

(2) **지반 개요**: **그림 1** 참조

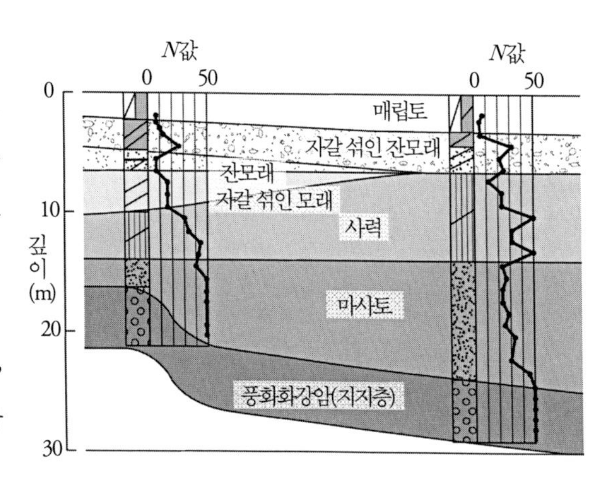

그림 1 추정 토층단면도

2. 예상되는 트러블

설계의 초기단계에서 5점의 보링조사(1차 조사)를 실시했는데, 지지층이 되는 풍화화강암의 상면에 큰 경사가 있는 것(**그림 2**) 및 풍화화강암의 상부에 풍화가 상당히 진행한 마사토가 퇴적되어 있어서(**그림 1**) 말뚝의 시공과정에서 지지층 확인(교란된 굴착토의 육안에 의한 판정)이 어려운 지반조건임이 확인됐다.

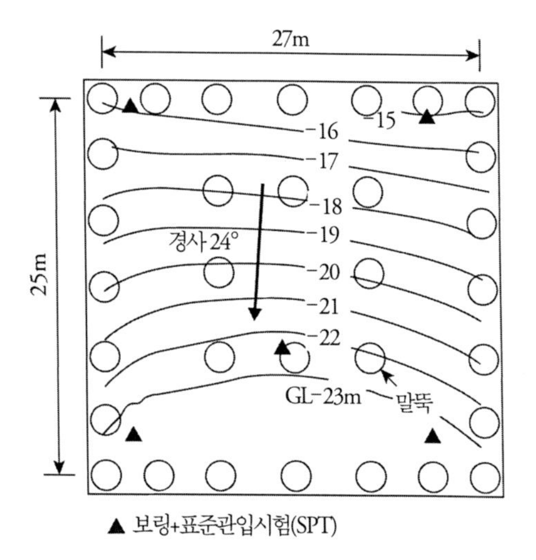

그림 2 지지층 상면 등고선(1차 조사)

지지층에 말뚝을 확실히 근입시키는 데에 있어서 사전에 지지층 깊이를 정확하게 파악해두는 것이 열쇠가 되는 지반조건이라는 점 및 일반적으로 풍화화강암의 상면은 불규칙적인 기복을 보이는 사례가 많은 점을 감안하면 5점의 1차 조사만으로는 지지층 확인이 부족하며 말뚝이 지지층에 도달하지 않는 등 심각한 트러블을 일으킬 우려가 있었다.

3. 트러블의 원인

일반적으로 지지층의 굴곡·경사가 큰 지반이나 지지층의 연속성이 낮은 지반에서 지반조사가 부족하면 지지층 깊이의 오인으로 연결되어 지지층 미도달 등 말뚝의 품질을 크게 손상시키는 중대 트러블을 초래할 위험이 높아진다. 본 사례에서는 설계 단계에서 이 위험을 알고 대책을 강구함으로써 미연에 트러블을 방지할 수 있었다.

4. 트러블의 대처·대책

말뚝의 품질을 확실히 하기 위해서 모든 말뚝위치 32점에서 지지층 확인을 위한 추가조사(2차 조사)를 벌이기로 했다. 조사방법으로는 공기·예산의 제약을 감안하여 회전 타격 드릴을 이용한 착공 검층(MWD 검층)을 채택하였다. **그림 3**과 같이 MWD 검층에서 구한 경도지표 N_p값은 표준관입시험(SPT)의 N값과 잘 대응하고 있고, 풍화화강암 상면 깊이를 정확히 파악할 수 있는 것으로 분석되었다. 2차 조사 결과, 풍화화강암 상면은 높낮이 차이가 13 m, 최대 경사각이 60°에 이르는 것 등 복잡한 지지층의 분포 상황을 상세히 파악할 수 있었다(**그림 4**).

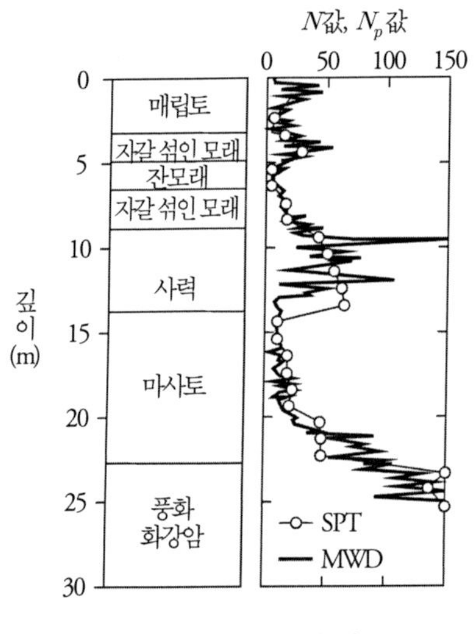

그림 3 N값과 N_p값의 비교

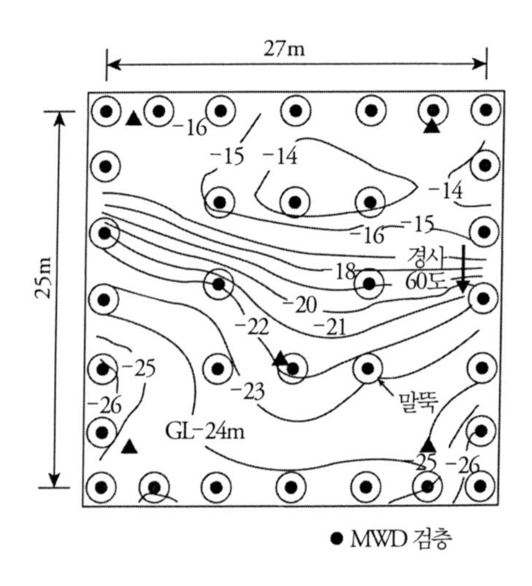

그림 4 지지층 상면 등고선(2차 조사)

이 결과를 토대로 하여 축부 굴착 공법을 당초 예정하고 있었던 어스드릴공법에서 전둘레 회전식 올케이싱공법으로 변경하였다. 어스드릴공법으로는 경사가 큰 지지층 상면에서 드릴링버킷이 미끄러져 굴착공이 구부러질 것이 염려됐기 때문이다(**그림 5**).

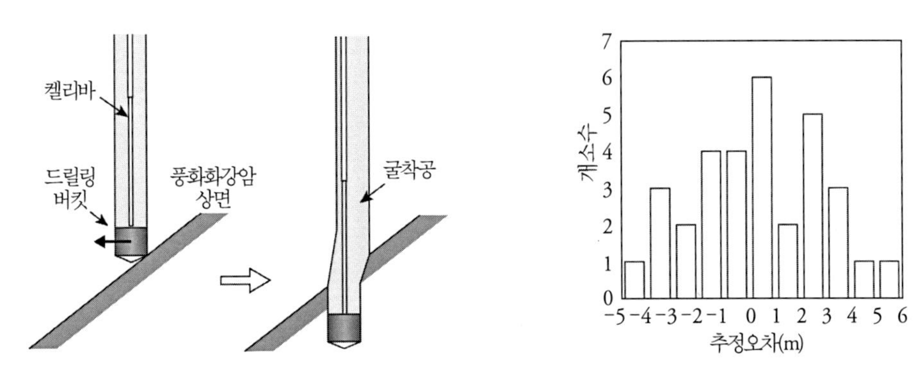

그림 5 지지층 상면의 경사에 의한 굴착공의 휨(어스드릴공법) **그림 6** 1차 조사에 근거한 말뚝위치의 지지층 깊이 추정오차

1차 조사 결과에 근거하여 각 말뚝 위치에서의 지지층 깊이 추정오차의 도수분포를 그림 6에 나타내었다. 추정오차는 전체 말뚝 위치의 절반에 해당하는 16군데에서 2 m를 넘어서 2차 조사가 트러블 위험의 회피에 매우 유효하였다는 것을 확인할 수 있었다.

5. 트러블에서 얻은 교훈

본 사례에서 얻은 교훈을 정리하면 다음과 같다.

① 지지층의 굴곡·경사가 큰 지반과 지지층의 연속성이 낮은 지반에서는 말뚝공사에 앞서 설계 단계에서 지반조사를 충분히 행하여 각 말뚝 위치의 지지층 깊이를 정확하게 파악해두는 것이 중요하다. 말뚝 시공 과정에서 굴착토 관찰에 의한 지지층 확인이 어려운 지반에서는 이러한 점이 특히 중요하다.

② 지지층의 특성을 과부족 없이 정확하게 파악하기 위해서는 지반의 변화에 따라 유연한 대응을 취할 수 있도록 조사를 단계적으로 추진하는 것이 효과적이다. 다점 조사를 효율적으로 진행하기 위해서는 조사속도와 경제성에 뛰어난 사운딩 조사법을 활용하는 것이 효과적이다.

17	슬라임 퇴적으로 인한 지지력 부족 *	종류	현장타설콘크리트말뚝
		공법	어스드릴공법

1. 개요

가설 크레인 기초 말뚝(말뚝지름 ϕ800 mm)의 재하시험에서, 계획 하중의 약 1/2 재하에서 비정상적인 침하가 발생한 사례이다. 원인을 알아보기 위해서 시험말뚝 근방의 말뚝에서 코어보링을 실시한 결과, 슬라임의 퇴적에 의한 것이 확인되어 모든 말뚝(4개)의 조사를 실시했다. 또한 그 후에 시공하는 기초 말뚝(말뚝지름 ϕ1,000 mm, 44개)의 슬라임 처리방법을 결정하고, 그 방법에 따라서 시공한 말뚝에 대해서도 재하시험을 하였다. 아울러, 매설해 둔 염화비닐관을 통해서 말뚝 모두 코어보링을 실시하여 선단 상태를 조사했다. 또 필요에 따라서 선단 그라우트로써 보강했다.

지반은 지표에서 11 m까지가 잔모래를 주체로 한 *N*값 15 정도의 매립 모래층이며, 이하의 깊이는 깊이 18 m 부근에 두께 2 m 정도의 모래층을 협재한 경질 점성토(토단)층으로 이루어져 있다. 지하수위는 지표에서 약 1 m로 얕고, 수위·수질 모두 바닷물에 의한 영향이 보였다.

말뚝은 길이 20 m로서 중간 모래층의 아래에 존재하는 *N*값 50 이상의 토단층에 지지되어 있었다.

2. 트러블 발생 상황

재하시험 결과를 **그림 1**(실선)에 나타냈는데, 계획 최대 하중 4,500 kN(설계하중 1,500 kN)에 대하여 약 1,500 kN에서 침하가 커지고 2,400 kN에서 그 양은 급증, 3,600 kN에서 침하 약 190 mm, 그 후는 하중에 대한 침하량이 다소 작아지고 최종적(5,000 kN까지 재하)으로는 230 mm의 침하가 발생하였다.

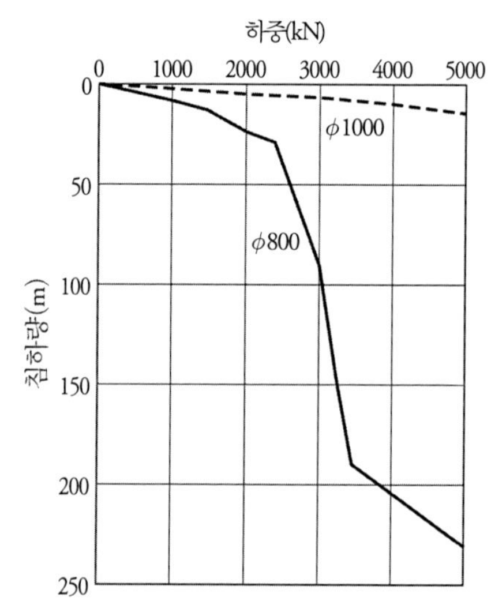

그림 1 하중-침하량 곡선

이러한 하중-침하 거동은 슬라임의 퇴적에 의한 것으로 추측되었다. 근접한 말뚝의 코어 채취 결과로부터 약 40~60 cm의 슬라임이 확인되었는데, 시험말뚝에서는 최종침하량으로부터 추정(두께의 23%에 해당한다고 가정)하여 약 1 m 정도의 슬라임이 있었다고 생각한다.

3. 트러블의 원인과 대책

원인은 슬라임 처리가 불충분했기 때문에 에어리프트에 의한 처리 시간을 약 1시간, 계획 때의 2배로 하고 안정액의 조합을 내염성인 것으로 변경함과 동시에 재생 플랜트를 마련해 처리 시의 안정액을 양질의 것으로 치환하기로 했다. 또한 철근망 설치 후에 2차 슬라임 처리를 약 30분 하는 것도 추가했다.

이렇게 설치한 말뚝(말뚝지름 ϕ1,000 mm, 길이 20 m)에 대해서 재하시험을 실시하고 전체 말뚝에 대해 선단의 상황을 조사했다. 재하시험 결과를 **그림 1** 중에 파선으로 나타냈다. 5,000 kN의 재하에서도 침하 약 11.4 mm로 작고, 설계지지력에 대해 안전한 것을 확인할 수 있었다.

그러나 시험말뚝은 다수의 말뚝 중의 1본에 대해서 행한 것이므로 이 결과를 말뚝 전체에 적용하기에는 다소 불안하다는 것이 제의되었다. 시공 균일성의 보증이 없을 경우 통상은 안전율로 보완하게 되지만 여기에서는 확실한 시공방법의 파악과 불안을 해소하기 위해 말뚝 모두에 대해 선단 상태 조사를 벌이기로 했다. 말뚝의 시공 완료 후 선단의 코어를 채취한 결과, 충분한 슬라임 처리를 했음에도 불구하고 44본 중 8본의 말뚝(전체의 18%)에서 두께 100~200 mm의 슬라임 퇴적이 확인되었다. 슬라임이 없는 말뚝과 시공방법을 비교해보면 명확히 슬라임 처리 시간의 잘못이 확인되며, 양호한 말뚝의 슬라임 처리 시간은 2~2.5시간이었다.

슬라임의 퇴적이 확인된 말뚝과 선단이 모래층에 남아 있는 말뚝은 코어를 채취한 공을 이용하여 제트노즐을 삽입 회전시키면서 고압분사수로 세척한 후, 시멘트밀크를 주입했다. 주입압력은 말뚝의 떠오름에 주의하여 약 2 N/mm^{2}를 최대로 했다.

4. 트러블에서 얻은 교훈

현장타설콘크리트말뚝에서는 그 시공관리가 중요하다는 것 예를 들면, 해수의 영향이 있는 장소에서의 안정액의 조합이나 슬라임의 신중한 처리를 빠뜨리지 않아야 한다는 등을 재인식시키는 예이다.

이 사례는 다소 오래되어 현장타설콘크리트말뚝의 시공에 관한 문제점이 주지되어 있지 않은 시기여서 상기와 같은 결과가 나타났지만, 현재의 기술적 판단에 의하면 매립 모래층에서 N값이 작고 지하수위가 높아 바닷물의 영향을 받는 등 문제점이 많아서 현장타설콘크리트말뚝의 시공에서는 공법의 선정이나 시공법의 결정 단계에서부터 상당히 충분한 검토가 필요하다고 생각되는 예이다.

또한, 일반적으로 말할 수 있는 것이지만, 양호한 현장타설콘크리트말뚝을 시공하려면 슬라임 발생 방지를 위한 안정액의 충분한 보유나 처리시설의 설치, 슬라임 처리 시간의 확보 등 계획 시에 공기나 비용상으로 고려해두는 것이 바람직할 것이다.

18	기존 말뚝 철거 후의 되메우기 불량으로 인한 굴착공의 경사·붕괴와 강관의 경사	종류	현장타설콘크리트말뚝
		공법	어스드릴공법

1. 개요

어스드릴공법에 의해 현장타설강관콘크리트확대선단말뚝을 시공한 후 말뚝머리까지 굴착했더니 말뚝두부 강관의 경사가 판명된 사례이다.

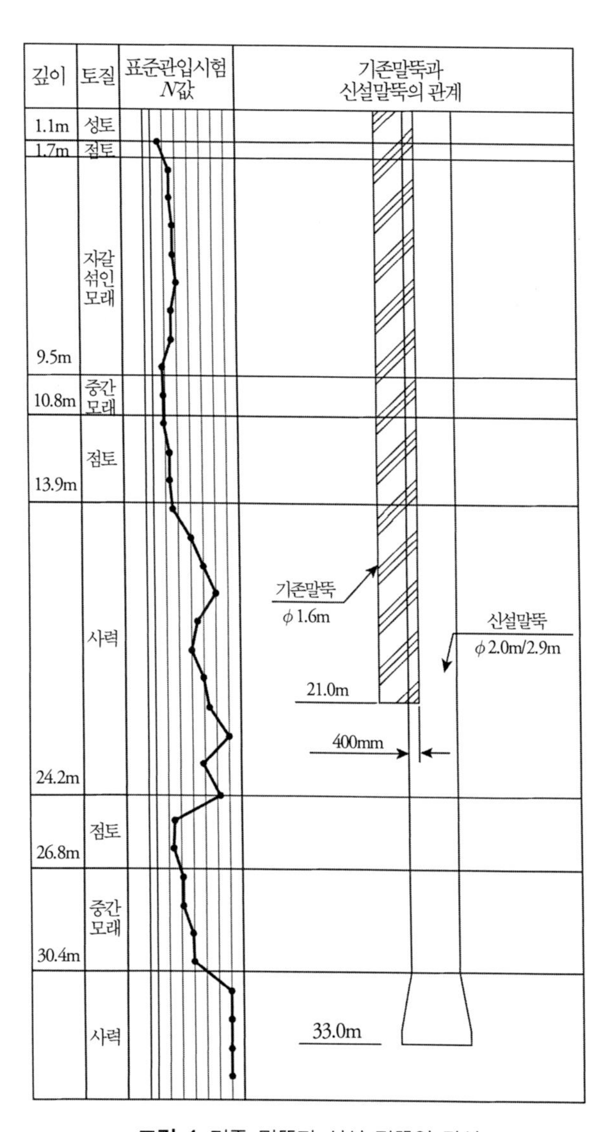

그림 1 기존 말뚝과 신설 말뚝의 간섭

(1) **트러블이 발생한 말뚝**: 축부지름 ϕ2,000 mm, 확대선단지름 ϕ2,900 mm, 굴착깊이 GL-33.0m

(2) **지반 개요**: 지층의 구성은 GL-10.8 m까지 *N*값 7~19의 자갈 섞인 모래~중간 모래, GL-13.9 m까지 *N*값 8~13의 점토, GL-24.2 m까지 *N*값 13~60의 사력, GL-30.4 m까지 점토와 중간 모래, 그 이상의 깊이는 *N*값 60 이상의 사력이다(**그림 1**).

(3) **기존 말뚝**: 현장타설콘크리트말뚝, 말뚝지름 ϕ1,600 mm, 말뚝길이 21 m

2. 트러블 발생 상황

어스드릴공법에 의한 굴착 중에 이전에 철거한 기존 말뚝 철거공의 방향으로 버킷이 유도되어 공이 휘어버렸다. 이 때문에 2일간에 걸쳐 수정 굴착했다.

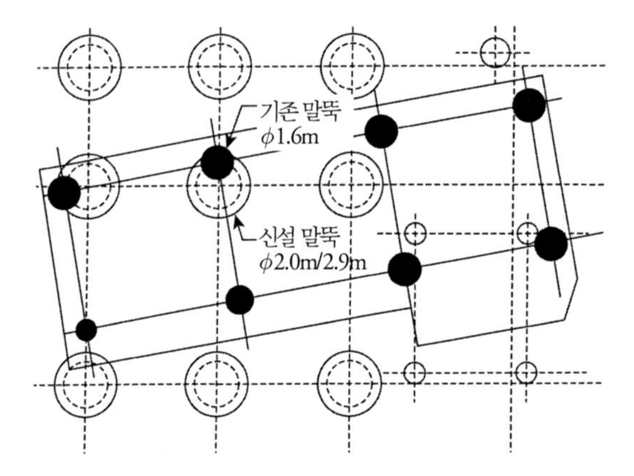

그림 2 기존 말뚝과 신설 말뚝의 평면 위치 관계

강관두부는 케이싱 내에 1 m 정도 들어가 있어서 케이싱 내경에 맞는 스페이서를 4개 달고 있다. 콘크리트 타설 후 강관 고정봉(PC 강봉)이나 검척 테이프에서 이상은 감지되지 않았다. 그러나 굴착 후에 두부의 강관이 경사져 있는 것이 확인되었다.

3. 트러블의 원인

기존 말뚝과 신설 말뚝의 간섭으로 인한 신설 말뚝 굴착공의 붕괴가 염려되었으므로 기존 말뚝을 철거한 후에는 발생토에 개량재를 섞어 되메우기를 행하고 있다. 또한 신설 말뚝의 시공에 있어 길이가 11 m인 표층 케이싱을 사용하도록 계획하고, 말뚝 편심이 발생하지 않도록 케이싱 내측에 접하도록 강관두부에 스페이서를 장착하고 있다.

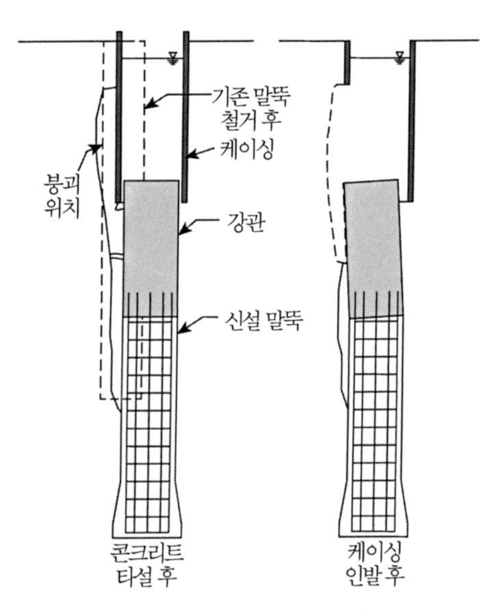

그림 3 강관 경사 발생 상황

그러나 기존 말뚝의 되메우기 부분이 시공 중에 붕괴되는 바람에 수정 굴착을 진행하면서 굴착을 완료하였다. 이어서 철근과 강관을 세워 넣고 콘크리트를 타설한 후, 케이싱을 인발하였는데, 케이싱 주위의 공동 부분에 타설한 콘크리트가 유입하여 그 유동에 따라 강관의 두부가 움직여 기울어진 것이다(**그림 3**).

4. 트러블의 대책

건물 재건축 공사가 많아져 기존 말뚝을 철거하는 케이스가 증가하고 있다. 기존 말뚝의 되메우기가 충분해도 되메우기의 유동화재가 지나치게 딱딱하여 굴착공이 휘어지는 경우나 개량재를 섞어 되메우기하여도 고결되어 있지 않은 부분이 붕괴되는 경우가 있으므로 주의가 필요하다.

기존 말뚝 철거 후 말뚝 시공에 관한 향후 대책은 다음과 같다.

① 기존 말뚝 인발 후의 시공은 기본적으로 철거 하단 위치까지 케이싱을 사용하는 것으로 한다.

② 기존 말뚝 철거 후의 되메움재는 *N*값 5 정도의 강도가 필요하다(유동화 처리토 등이 유효).

③ 강관을 유지하기 위해 동반 크레인은 대형이 필요하고 제3 드럼까지 있는 것이 바람직하다.

5. 트러블에서 얻은 교훈

기존 말뚝 철거 후에 신설 말뚝을 시공하는 경우 굴착공이 붕괴되는 트러블이 발생하기 쉬우므로 대책으로서 케이싱을 기존 말뚝 철거 깊이까지 사용하여 붕괴를 방지하는 방법이 있다. 긴 길이의 케이싱을 사용하면 비경제적이지만 통상 길이의 케이싱을 사용해서 막대한 손실이 생기는 위험을 감안할 필요가 있다. 따라서 다소 비용 증가가 되더라도 긴 케이싱을 사용하는 것이 중요한 트러블 대책이 된다.

19	잘못된 위치에 시공함으로 인한 말뚝 편심	종류	현장타설콘크리트말뚝
		공법	어스드릴공법

1. 개요

어스드릴공법에 의한 현장타설콘크리트말뚝의 평면 위치가 정규의 위치에서 어긋나서 시공된 사례이다.

(1) **트러블이 발생한 말뚝** : 축부지름 ϕ1,000 mm, 확대선단지름 ϕ2,000 mm, 말뚝길이 약 22.0 m

(2) **지반 개요** : 상부에서 층두께 8.5 m의 충적층과 그 하부의 홍적층으로 구성되어 있다. 지지층은 GL-27 m 이상 깊이의 잔모래층이다(**그림 1**).

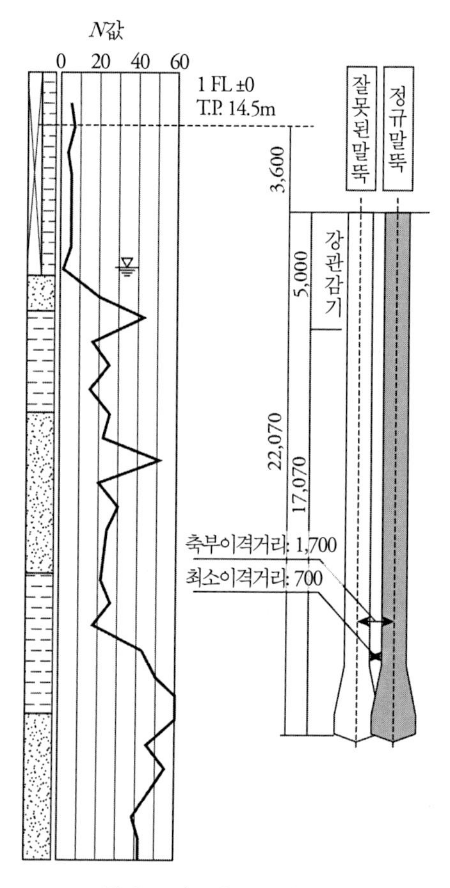

그림 1 토질주상도와 말뚝 단면

2. 트러블 발생 상황

말뚝 시공 후, 철골기둥의 앵커프레임 위치를 확인한 결과, 대상이 되는 말뚝이 Y 방향으로 1,700 mm 편심되어 있는 것으로 나타났다(**그림 1**). 그 때문에 건축주, 설계자에게 신속히 보고한 다음 말뚝을 다시 타설할 대책을 강구했다.

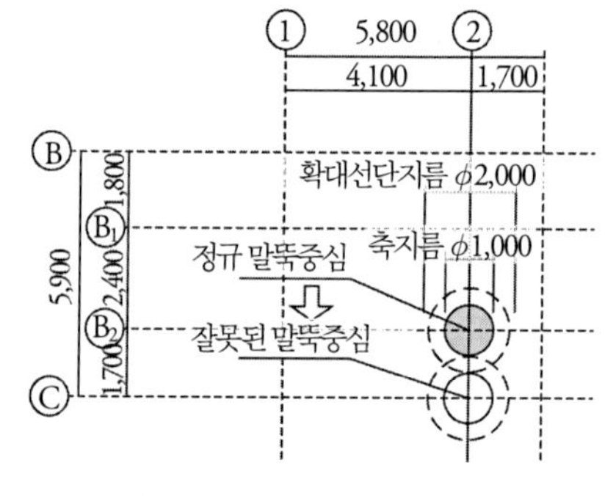

그림 2 말뚝 편심 상황

3. 트러블의 원인

말뚝중심을 나타내는 벤치마크를 설치하고 그 벤치마크에 말뚝중심을 맞추어 어스드릴기로 시공을 행하였다. 위치가 잘못된 말뚝의 말뚝중심이 옆줄의 위치와 거의 맞았기에 말뚝의 벤치마크를 낼 때 방향을 잘못 잡았기 때문이라고 생각되었다. 이것은 벤치마크 설치 시 잘못된 옆줄 위치의 좌표를 투입하였기 때문이라고 예상된다(**그림 2**).

4. 트러블의 대처·대책

잘못된 말뚝을 해체 철거하면 다시 타설하는 말뚝 주변부의 지반을 교란시키기 때문에 잘못된 말뚝을 남겨둔 뒤 정규의 평면 위치에 다시 타설하였다(**그림 3**).

정규 평면위치에서 정규 길이에 말뚝을 다시 타설하면 선단의 확대선단부가 잘못된 말뚝의 확대선단부와 간섭해 버린다. 그래서 다시 타설한 말뚝 길이는 정규 길이보다도 3 m 늘렸다. 말뚝길이를 3 m 길게 해도 지지층은 정규말뚝과 동일한 토층으로서 선단의 평균 *N*값도 같은 정도로 되므로 다시 타설한 말뚝의 지지력은 정규말뚝의 지지력을 밑돌지는 않는다는 것을 확인했다.

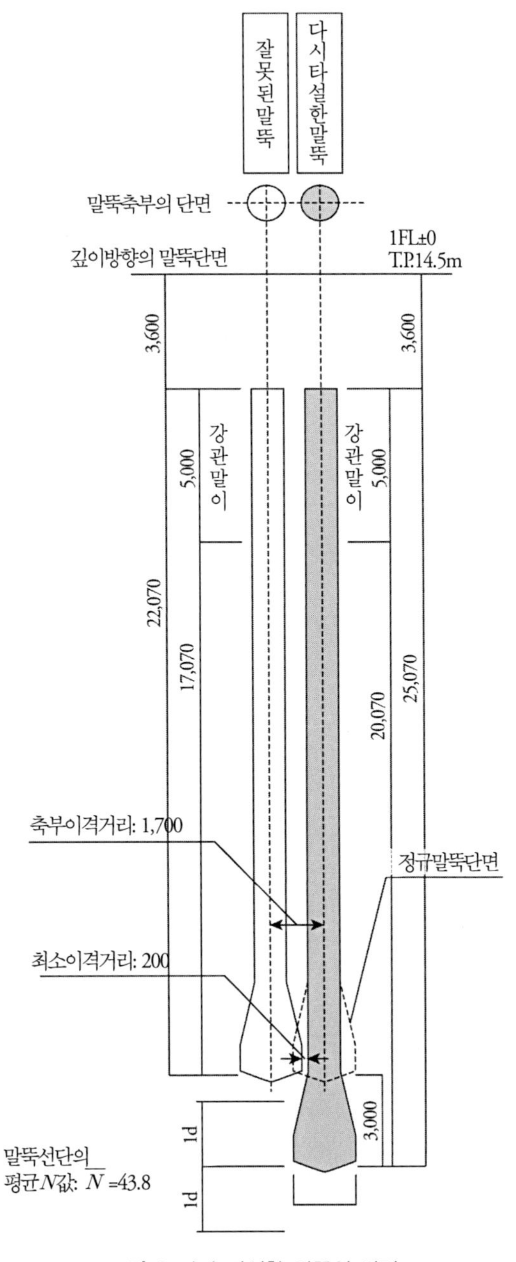

그림 3 다시 타설한 말뚝의 단면

5. 트러블에서 얻은 교훈

본 사례와 같은 트러블은 기준이 되는 건물의 통과 중심으로부터 편심되어 있는 말뚝에 대해서 일어날 수 있는 것이다. 통과 중심으로부터 편심하고 있는 말뚝에 대해서는 말뚝의 벤치마크를 설치할 때에 사용하는 도면 등에 편심하는 말뚝을 한눈에 알 수 있도록 표시하는 등의 숙고를 행하는 것이나 벤치마크를 설치한 후에 도면과 대조하여 현지 확인을 실시하는 것이 중요하다. 또한 좌표축으로부터 벤치마크를 설치할 뿐만 아니라 임시 둘레 등의 건물 외주부에 통과 중심 표시를 하고 그것을 바탕으로 현지 확인을 하여 더블 체크하는 것, 인접한 말뚝 위치로부터의 거리를 계측하여 말뚝 위치를 확인하는 것 등 통과 중심으로부터 편심된 말뚝의 위치를 틀리지 않도록 시공하는 숙고가 필요하다.

20	말뚝두부로부터의 용수	종류	현장타설콘크리트말뚝
		공법	어스드릴공법

1. 개요

어스드릴식 확대선단말뚝공법에 의해 현장타설강관콘크리트말뚝을 시공한 후 말뚝머리까지 굴착하고 말뚝두부의 상황을 관찰했더니 말뚝두부의 강관 내의 철근 주변 등으로부터 용수가 발생하고 있는 것이 판명된 사례이다.

(1) **트러블이 발생한 말뚝** : 축부지름 ϕ1,900 mm, 확대선단지름 ϕ2,500 mm, 굴착깊이 GL-55.0 m, 말뚝길이 52.45 m, 콘크리트의 압축강도 24 N/mm^2, 슬럼프 18 cm, 굵은골재 최대 치수 20 mm, 단위시멘트량 360 kg/m^3, 물시멘트비 60% 이하, 고로시멘트 B종 사용

(2) **지반 개요** : 지층의 구성은 GL-3.6 m까지 점성토, GL-5.9 m까지 사질토, GL-14.5 m까지 점성토, GL-29.8 m까지 사질토로 이루어져 있다.

2. 트러블 발생 상황

말뚝의 시공 완료 후 일정한 양생기간을 둔 후 말뚝머리 레벨(GL-2.55 m)까지 굴착하고 푸팅바닥 접속 레벨에 대해서 말뚝두부의 상황을 관찰했더니 말뚝두부의 강관의 내측의 철근 주변에서 지하수의 용수가 발생하고 있는 것으로 드러났다(**사진 1**). 용수량은 손바닥 크기 정도의 웅덩이에 고인 물을 스펀지로 빨아들인 후 1분 정도 경과하여 물이 고이는 정도이다.

사진 1 말뚝두부의 상황

3. 트러블의 원인

용수는 강관 내에서 발생하고 있기 때문에 강관 하단 이상 깊이의 사질지반의 지하수에 의한 것이라고 생각한다. 지하수위는 GL-2.0 m 정도이고 말뚝두부보다 높은 위치에 있다(**그림 1**).

그림 2와 같이 강관 하단 이상 깊이에 있는 사질토 속의 지하수가 철근망의 스페이서 주변을 따라서 강관 내의 콘크리트를 통해 말뚝두부로부터 용수하고 있는 것이라고 생각한다. 지하수는 콘크리트가 응결하기까지의 사이에 피압된 지하수가 콘크리트의 블리딩이 지나는 길이나 콘크리트의 간극을 지나 말뚝두부에서 용수한 것으로 생각한다.

또한 고로시멘트의 특징으로서 보통시멘트와 비교해 응결시간이 긴 것, 시멘트 단체(單體)의 비중이 가벼운 것을 들 수 있지만, 용수의 원인과의 관련은 불명확하여 향후 조사가 필요하다고 생각한다.

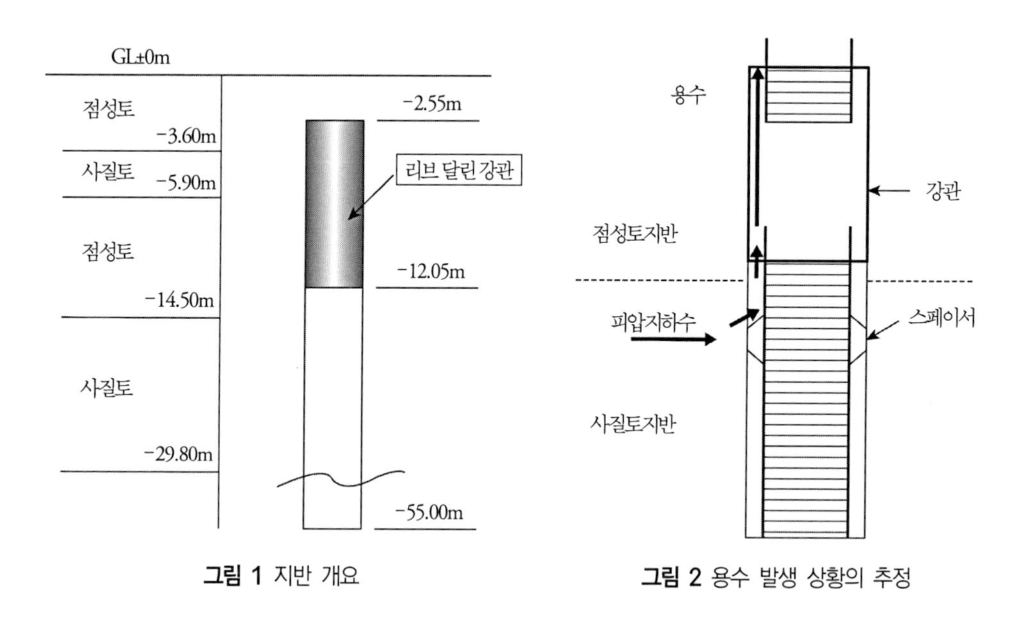

그림 1 지반 개요

그림 2 용수 발생 상황의 추정

4. 트러블의 대처·대책

말뚝두부에 고인 용수를 스펀지로 빨아들인 후 물이 고이지 않는 부분에 대해서는 푸팅 콘크리트를 타설하기 전에 충분히 빨아들이고 콘크리트를 타설하기로 하였다. 한편 용수가 멈추지 않는 경우의 차수 방법은 다음과 같다(**사진 2**).

① 물을 뽑을 호스를 매립해두고 그 주변의 공동부에 지수용 급결 시멘트(분말)를 압입한다.

② 지수제(액체)를 수동펌프로 호스 안에 주입하고 호스를 묶어 지수한다.

사진 2 차수의 상황

5. 트러블에서 얻은 교훈

콘크리트 타설 완료 후 케이싱을 인발하는 경우, 일반적으로 공내수를 빨아올리고 되메우기를 행하지만 말뚝머리 위치가 케이싱 하단 깊이보다 깊은 경우 콘크리트의 응결이 끝날 때까지 공내수를 빨아올리지 말고 공내수위를 지하수의 피압수위보다 높게 유지할 필요가 있다.

21	내측 철근망의 낙하 *	종류	현장타설콘크리트말뚝
		공법	올케이싱공법

1. 개요

토목구조물의 기초말뚝으로 채택된 올케이싱공법에서 이중망 구조의 철근망 중 내측 망을 낙하시킨 사례이다.

(1) **트러블이 발생한 말뚝**: 말뚝지름 ϕ2,000 mm, 굴착길이 GL-32.0 m

(2) **지반 개요**: 이번 트러블과 직접 관계는 없지만, 지반조건은 **그림 1**과 같다.

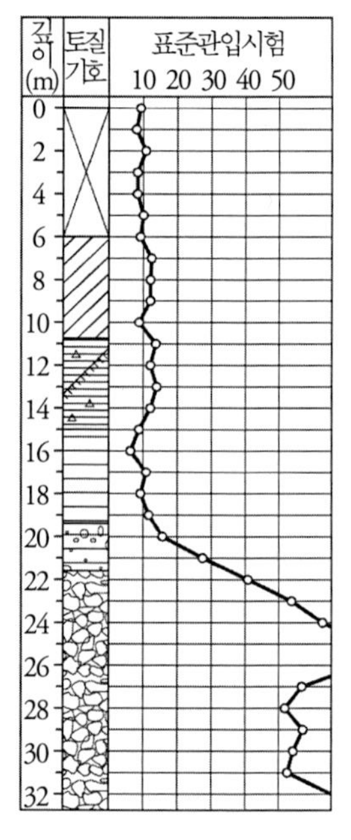

그림 1 토질주상도

2. 트러블 발생 상황

본 말뚝에 사용한 철근망은 **그림 2**와 같이 바깥 망 철근과 안쪽 망 철근의 조합에 의한 이중망 구조로 이루어져 있다.

말뚝 공사 완료 후에 굴착했더니 말뚝 1개만 말뚝두부의 철근망의 안쪽 망이 없는 것이 파악되었다. 시공기록과 공사 사진을 조사한 결과 이중망으로 세워 넣어져 있는 것이 증명되고 있다.

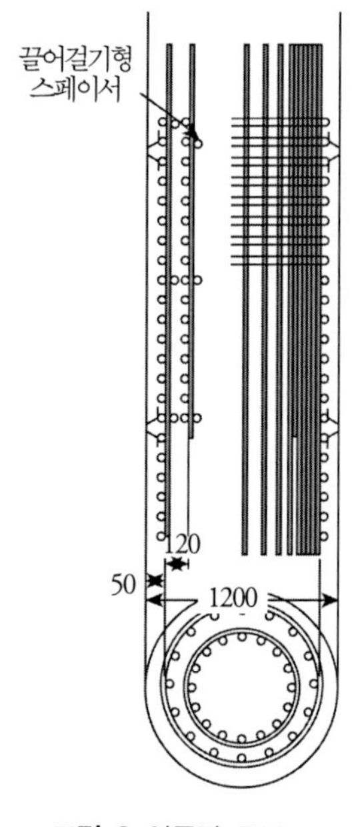

그림 2 이중망 구조

3. 트러블의 원인

공사기록에 의하면 당 공사에서는 철근망의 조립을 외측 망과 내측 망을 따로 조립하고 있다.

세워넣을 때에는 외측 망을 선행시켜 공 내에 삽입하고 임시 설치 후에 내측 망을 삽입하고 있다. 내외의 망의 고정은 끌어걸기형 스페이서를 사용하여 바깥 망에 떠맡기고 소정의 위치에 매달아 내리는 방법으로 하고 있다.

내측 철근망 낙하의 원인은 내외 망의 고정방법의 미비와 트레미관이 상하 움직임 시에 철근망과 접촉한 것으로 추정된다. 또한 트레미관의 상하 움직임을 실시한 이유는 콘크리트의 슬럼프가 14 cm로 굳었기 때문이다.

4. 트러블의 대처·대책

트러블이 발생한 말뚝은 다행히 1개였지만 보강방법이 없어 해당 말뚝의 양쪽으로 말뚝을 증가시켰다.

이번과 같은 트러블을 방지하는 방법을 정리하면 다음과 같다.

① 철근망의 조립에 있어서는 내외 망을 지상에서 견고하게 일체화하도록 제작한다.
② 철근망의 매달아올림에 즈음해서는 무게가 크므로 2점 또는 3점 매달기 하고 능력에 여유가 있는 크레인을 사용한다.
③ 철근망의 세워 넣기도 일체로 된 것을 주의 깊게 실시한다. 또한 임시 수용 부재의 강도에 유의한다.

이러한 안도 있지만 이 방법은 특별히 숙련된 철근공이 필요하다. 그러나 현 상태에서는 이와 같은 숙련공은 많지 않아서 다음과 같은 대안도 있다.

④ 이중망 구조를 **그림 3**과 같이 겹친 철근구조로 변경한다.
⑤ 주철근에 큰 지름(예를 들면, D51)을 사용한다.

④ 및 ⑤의 경우 철근망 외측으로의 콘크리트 유출이 용이해지는 이점도 있다.

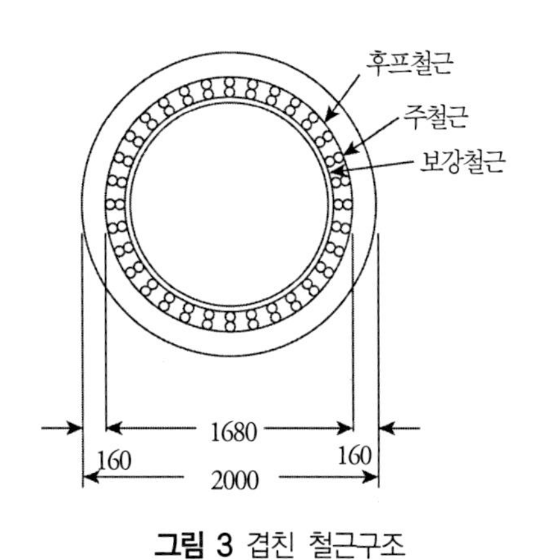

그림 3 겹친 철근구조

5. 트러블에서 얻은 교훈

전체적으로 공통되는 문제로서 콘크리트의 유동성을 제기하고 싶다.

본 사례 당시에는 토목학회 「콘크리트표준시방서」에서 트레미 타설 슬럼프는 15 cm 이상으로 하고 있었다. 한편 일본건축학회 「현장타설콘크리트말뚝의 콘크리트에 관련한 시공 지침·동 해설」에서는 20 cm 이하로 하고 있다. 이 때문에 운반차의 지연이나 긴 말뚝의 경우는 타설 마지막 즈음에는 슬럼프로스에 의해 슬럼프의 하한값 또는 약간 하회하는 콘크리트가 되어 트레미관을 상하로 움직이지 않으면 콘크리트가 유출하지 않는 경우가 많다. 이번 철근망의 낙하까지는 되지 않더라도 트레미관의 상하 움직임은 슬라임의 흘러듦 등 항체 콘크리트의 품질에서 바람직한 행위는 아니므로 피해야 한다.

현재 대부분의 기준이 슬럼프 18~21 cm이다. 그러나 최근에는 내진설계로부터 주철근, 후프철근 모두 늘고 있어서 콘크리트의 유동성에는 충분한 배려가 필요하다.

주 : 본 사례는 초판 사례의 재게이다. 현재는 이중망의 시공은 토목 분야에서는 이루어지지 않는다. 그러나 건축 분야에서는 현재도 행해지고 있기 때문에 개정판에서도 게재하기로 하였다.

22	다량의 슬라임 발생*	종류	현장타설콘크리트말뚝
		공법	올케이싱공법

1. 개요

해안에 가까운 매립지에 건설된 건축물의 기초말뚝으로 채택된 올케이싱공법에서 다량의 침전물이 발생한 사례이다. 이 현상에 대해서 응집제를 사용하여 공내 굴착 쓰레기를 침강시킨 후 침설 펌프로 탁수 순환을 실시하여 해결하였다.

(1) **트러블이 발생한 말뚝**: 말뚝지름 ϕ1,600 mm, 굴착깊이 GL-40.0 m, 본수 3본

(2) **지반 개요**: **그림 1**에 나타내듯이 지표면에서 10 m 부근까지가 인공적 매립토로서 이상의 깊이에 느슨한 미세모래가 지지층으로 한 모래층까지 연속하고 있다.

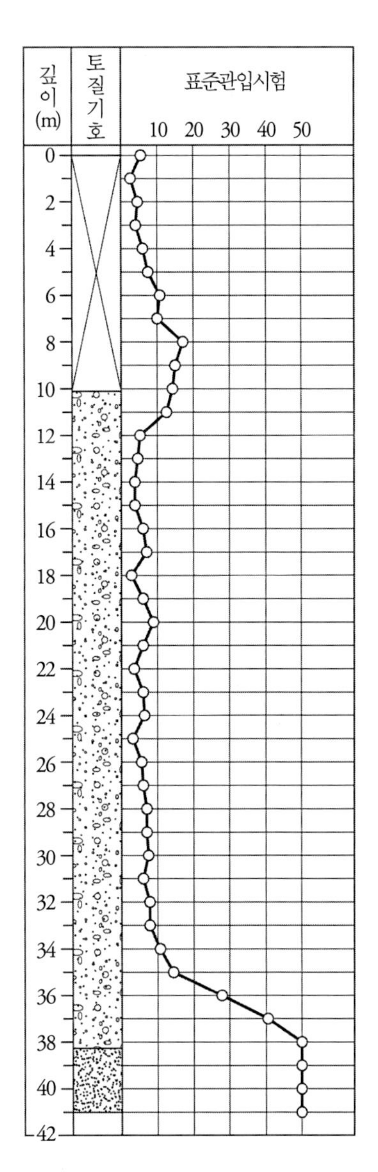

그림 1 토질주상도

2. 트러블 발생 상황

본 공법의 1차 공저 처리 방법은 굴착 완료 후에 슬라임버킷을 공저에 설치하고 공 속 굴착 쓰레기의 침적을 기다려 지상으로 배출하는 방법이 채택되고 있다. 이번에도 슬라임버킷(높이 80 cm)을 사용했지만 1회에 처리할 수 없을 정도로 다량의 슬라임이 있었다. 이 때문에 슬라임버킷을 끌어올리고 30분의 침전 대기를 행했다. 결과적으로 2~3 m의 침전이 확인되었다.

3. 트러블의 원인

다량의 슬라임이 발생한 이유는 굴착의 대상으로 하는 토질이 입자가 작고 비중이 가벼운 미세모래라는 것과 자연수위가 높기 때문에 굴착 초기부터 수중 타설을 행한 데에 있다. 즉, 수중에서 해머그랩을 끌어올리면 날끝으로부터 굴착토의 미세모래가 넘치고 이 모래가 잘은 데다가 비중이 작기 때문에 부유해버려 시간의 경과와 함께 침전하는 것이다. 이런 상태로 콘크리트를 타설하면 침전물이 콘크리트 위에 실려오기 때문에 부유물을 다량 함유한 공내수와의 경계가 확실하지 않아 말뚝머리의 성상이 불안하였다.

4. 트러블의 대처·대책

부유하는 미세모래는 응집제를 이용하여 급속히 침강시키기로 했다. **그림 2**에 따라 시공순서를 설명하면, ① 굴착 완료 후에, ② 고분자 응집제 수용액을 제조하여 공내수에 대해서 약 0.07%를 투입하고, ③ 해머그랩을 오르내려서 응집제를 분산시키고, ④ 부유물을 응집 침강시키고 ⑤ 수중 샌드펌프를 공저에 설치하여 이수와 함께 침전물을 공외로 배출한다. 이때 공입구에서 깨끗한 물을 보급하여 수위를 유지하고 보일링을 방지했다. 이 공정의 모든 처리시간은 응집제의 투입부터 탁수 교환 완료까지 약 40분이 걸렸다.

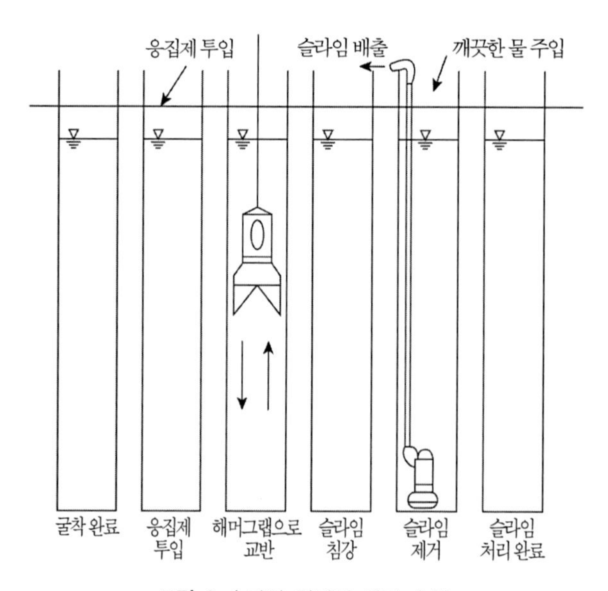

그림 2 슬라임 처리의 시공 순서

5. 트러블에서 얻은 교훈

말뚝의 모든 축조가 완료된 뒤, 굴착에 의해서 말뚝두부가 노출되었다. 모든 말뚝두부의 상태를 조사한 결과, 2가지 경향이 있음을 알았다. 즉, 슬라임버킷만으로 1차 공저 처리를 행한 말뚝머리는 다음과 같은 현상을 보였다.

① 양질의 콘크리트에 슬라임이 흘러들어간 부분의 경계가 밝혀지지 않았다.
② 불순물을 포함한 상부의 콘크리트 부분은 전술과 같이 타설 시에 경계가 확실하지 않았던 것도 있어서 말뚝머리가 극단적으로 높아져 있었다.
③ 상부 콘크리트는 부유물을 끌어들였기 때문인지 강도가 저하되어 있었다.

한편 탁수교환을 실시한 말뚝은 모두 양질의 콘크리트만으로 높이도 일정 위치에 있었다. 물론 불순물을 포함한 부분은 전혀 확인되지 않았다.

비중이 작은 미세모래층을 수중굴착하는 경우는 침전 완료까지 장시간이 필요하며, 게다가 미세모래층에 함유된 세립토는 거의 침강하지 않는다. 이러한 경우에 슬라임버킷만으로 공저를 처리하면 이번과 같은 현상이 발생하는 경우가 많다.

침강한 슬라임 대부분은 콘크리트 초기 타설압 때문에 위쪽으로 밀어올려졌다. 그러나 타설 중기부터 부유하고 있던 슬라임이 타설 진동에 의해서 급속히 침강하여 유동성을 저하시킨다. 거기에 더해, 타설 후기에는 콘크리트의 타설압이 작아지기 때문에 슬라임을 끌어들이는 경우가 많다.

이번에 실시한 응집제를 이용한 탁수순환방식은 공정이나 공비는 증가하지만 순조롭게 콘크리트의 치환을 할 수 있어서 말뚝머리를 소정의 높이로 관리할 수 있다. 이 때문에 확실한 항체를 만들 수 있다고 하는 큰 이점을 갖게 된다.

23	말뚝의 시공에 따른 주변 지반의 이동*	종류	현장타설콘크리트말뚝
		공법	어스드릴 병용 올케이싱공법

1. 개요

흙막이를 소일시멘트 연속주열로 시공한 후, 현장타설콘크리트말뚝을 시공했더니 굴착공사 착수 전에 주변 지반이 이동 및 침하한 사례이다.

(1) **트러블이 발생한 말뚝** : 말뚝지름 ϕ1,500 mm, 굴착길이 GL-33.0 m. 말뚝 실제 길이 19.0 m

(2) **지반 개요** : 현장은 하구 근처이며, GL-12.0 m까지가 충적 모래층, 이상의 깊이가 실트층으로 이루어진 층두께 약 30 m의 연약지반으로서 그 하부의 홍적층은 사력, 점토의 호층이다(**그림 1**).

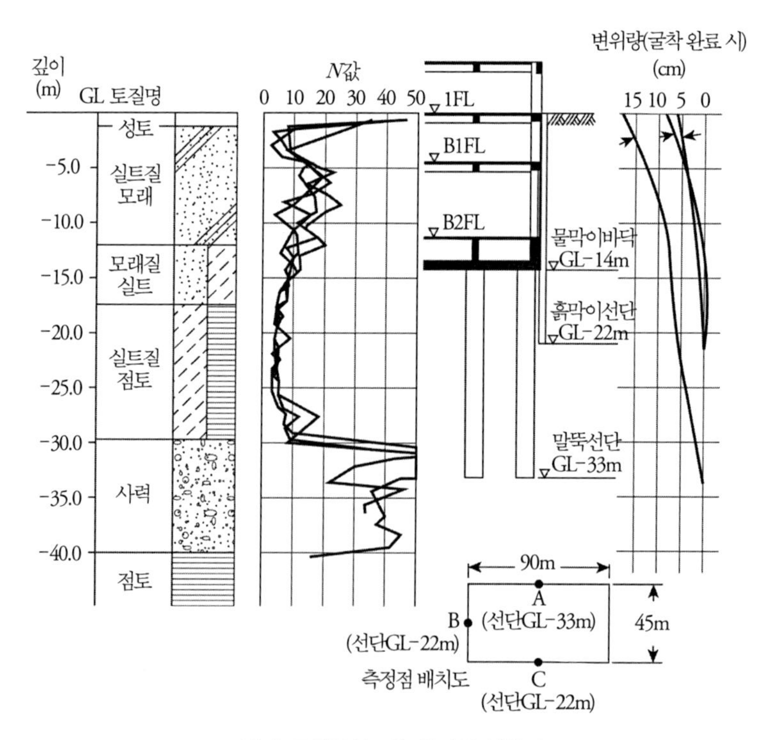

그림 1 토질주상도와 흙막이 변형량

2. 트러블 발생 상황

소일시멘트 연속흙막이벽의 축조에 이어서 말뚝의 시공이 이루어졌다. 말뚝공사에서는 공벽 보호를 위하여 올케이싱공법이 채택되고 근린의 소음·진동 장애 방지 등의 조건 때문에 굴착에는 어스드릴기를 이용했다. 말뚝의 배치는 건물 평면 형상 때문에 말뚝지름 ϕ1,500 mm로 제한되는 데다가 너무 큰 지지력을 기대할 수 없으므로 약 400본이 필요하고 시공에 약 4개월이 필요하였다. 이 사이에 인접지에서의 표면 균열을 다소 볼 수 있었지만 부지가 비교적 넓고 인접지까지 떨어져 있어서 그 정도 큰 표면 균열은 관측되지 않았기 때문에 주로 진동에 수반하는 현상일 거라고 판단하고 있었다. 말뚝공사가 마지막 지반에 가까워졌을 무렵 흙막이에 설치했던 경사계 및 변형률계의 유지보수를 목적으로 계측을 실시했는데 굴착 착수 전임에도 불구하고 의외로 큰 변형과 응력이 관측되었다. 처음에는 계측기기가 불량한 것이 아닐까 생각했지만 만약을 위해 실시한 주변 지반의 면밀한 조사와 측량의 결과 말뚝공사에 따른 지반의 변형이 생긴 것을 알았다.

흙막이의 변형량은 말뚝공사 종료 직전에 지표부에서 수 센티미터에 달하며, 흙막이 선단에서도 작지만 변형이 관측되었고 굴착 착수 직후에는 아직 굴착이 조금밖에 행해지지 않았음에도 불구하고 최대로 상기의 배 정도까지 변형이 진행되어 주변 지반도 다소 침하하였다.

3. 트러블의 원인

본 예의 경우, 흙막이의 변형을 인식한 시점에서 그 직접적인 원인으로 생각되는 말뚝공사의 대부분을 끝마쳤기 때문에 조사 공사 등은 실시할 수 없었다. 따라서 추정의 영역을 벗어나지 않지만 다음의 요인이 겹친 것이 원인이 아닌가 생각한다.

① 올케이싱법이기 때문에 케이싱 압입 시에 프릭션커터 부분의 주변지반이 케이싱 측에 접근했기 때문은 아닌가?

② 콘크리트 타설 직후에 아직 굳지 않은 콘크리트와 주변 연약 실트와의 압력 밸런스의 관계에서 약간 실트지반이 공 쪽으로 압출되었기 때문은 아닌가?

③ 공 굴착 부분은 쇄석을 중심으로 굴착토의 양질토를 혼입하여 되메우기하였지만 충분

히 다져지지 않았던가 또는 이것이 일종의 드레인의 역할을 해버려서 실트 부분의 압밀을 촉진하였기 때문은 아닌가?

④ 케이싱 선단보다 굴착이 선행되지 않도록 충분히 주의하여 시공이 이루어졌지만 이를 합리적으로 관리하는 방법이나 장치가 없고, 부분적으로는 선행굴착이 행해져 굴착 선단에서의 지반 붕괴가 일어났을지도 모른다. 또한 어스드릴 버킷 인양 시의 석션에 의한 지반의 이동도 의심스럽다.

4. 트러블의 대처·대책

지반의 이동은 시간의 경과에 따라 느리지만 증가하는 경향을 보였다. 따라서 버팀대 공법을 집중 버팀대로 하여 강도와 강성을 충분한 것으로 한 것 외에 통상은 설계토압으로부터 예상되는 버팀대의 축방향력의 30~80% 정도로 되는 프리로드를 100% 걸기로 했다. 버팀대는 3단 가설되는데, 각 단마다 흙막이벽에 설치한 계측기기의 관측 결과를 바탕으로 거의 100%의 프리로드를 재하하는 등 신중하게 시공됐다. 또한 최하층은 일시에 굴착을 행하는 것이 아니라 중앙부분만 파내려가서 15 cm 정도의 두꺼운 버림콘크리트를 타설하고 그 후 몇 개의 블록으로 나누어 주변 부분을 재빨리 굴착하고 즉시 버림콘크리트를 타설했다. 이러한 공사상의 숙고에 따라 변형의 진행을 최소한으로 그쳐서 사후의 트러블 발생을 방지할 수 있었다.

5. 트러블에서 얻은 교훈

연약지반에서 현장타설콘크리트말뚝을 축조하는 경우 신중하게 시공했더라도 말뚝공의 굴착, 콘크리트의 타설, 케이싱의 인발, 빈 굴착 부분의 되메우기 상황 등이 복잡하고 미묘하게 관련되어 생각지도 않은 측면의 지반침하가 발생하는 경우가 있다는 것을 다시 한번 인식했다. 본 공사와 같은 지반조건의 경우 공벽의 보호를 우선으로 하여 올케이싱공법을 채택하는 것은 타당한 선택이라고 생각되지만 동시에 약간의 지반 수축을 수반할 수 있다는 데에도 유의해야 한다. 또한 굴착기계에 있어서도 선단의 상황을 정확히 파악할 수 있도록 장비의 개발 등을 포함한 시공기계의 개량이 요망된다.

제3장

기성콘크리트말뚝의 트러블과 대책

제3장 기성콘크리트말뚝의 트러블과 대책

3.1 개설

3.1.1 기성콘크리트말뚝의 공법 개요와 특징

기성콘크리트말뚝의 시공법은 **그림 3.1**에서 보는 바와 같이 타입공법과 매입공법으로 대별된다. 매입공법은 나아가 프리보링공법, 속파기공법으로 나뉜다.

그림 3.1 기성콘크리트말뚝의 공법 분류

그림 3.2에 나타낸 (사)콘크리트파일건설기술협회 발행 공법별 출하실적(1989년과 2012년)에 따르면 타격공법의 시공실적은 1989년에는 전체의 37.6%로 거의 1/3을 차지하고 있었지만 2012년에는 1.8%로 거의 없다. 또한 회전근고(根固)공법도 실적이 없다. 한편 매입공법의 시공실적은 1989년 59.5%에서 2012년에는 97.3%로 크게 늘고 있다. 이러한 것들로부터 이 장에서는 프리보링공법과 속파기공법의 트러블에 대해 기재하기로 하였다.

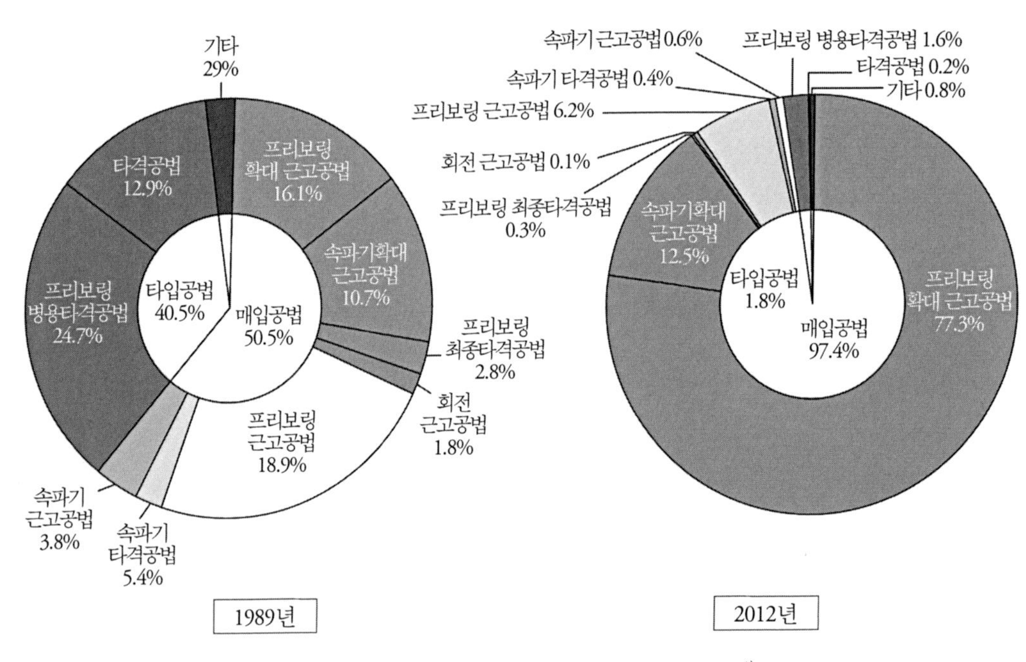

그림 3.2 1989년도와 2012년도의 시공법별 출하량[1)]

3.1.2 프리보링공법의 개요와 특징

프리보링공법은 각종 굴착·교반 장치를 사용하여 적정 굴착액(일반적으로 물)을 주입하면서 소정 깊이까지 굴착하여 굴착공을 조성한다. 설계에서 설정한 깊이에 도달하여 시공관리장치 등에 의해 지지층 도달을 확인한 후 근고부의 지반을 굴착하고 근고액을 주입하여 굴착토와 근고액을 교반·혼합한다. 그 후 굴착·교반 장치를 끌어올리면서 말뚝 둘레 고정액을 주입·교반하여 말뚝 둘레부의 소일시멘트를 조성한 후, 말뚝의 세워넣기 및 침설을 행하여 소정 깊이에 정착시키는 공법이다.

그림 3.3에 일반적인 프리보링공법의 시공순서 예를 나타냈다.

프리보링공법의 트러블에 관한 특징은 다음과 같다.

① 프리보링에서 말뚝 지름보다 큰 지름의 굴착공을 축조하므로 말뚝의 수평면 편차가 발생하는 경우가 있다.

② 지반상황에 따라서는 굴착 속도가 너무 빠르면 굴착공이 휘는 경우가 있다.

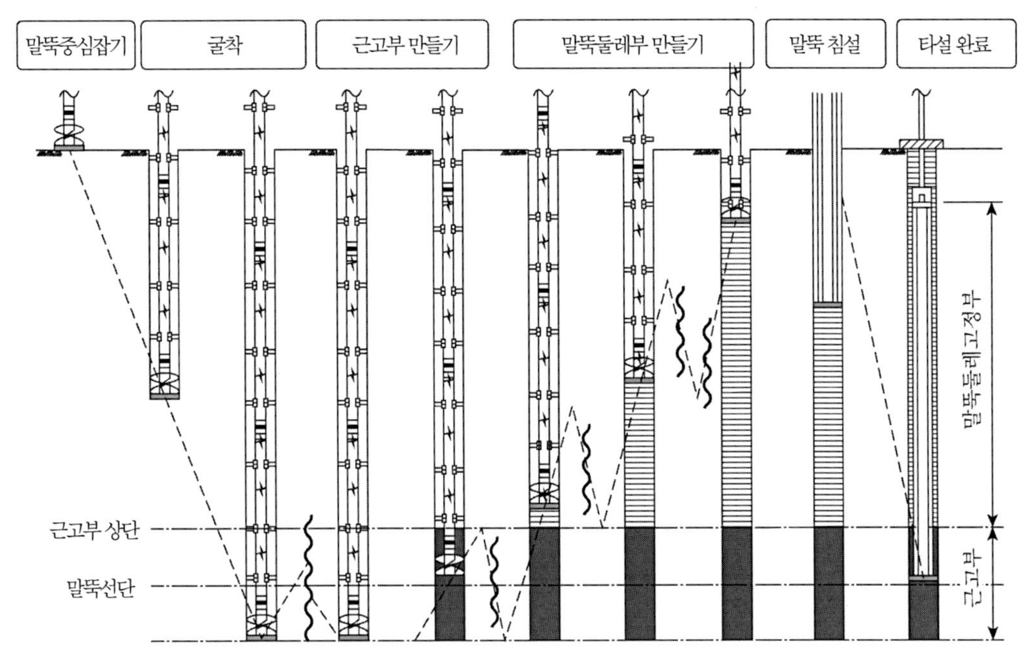

그림 3.3 프리보링공법의 시공순서 예

③ 지중 장애의 유무가 굴착 시점에서 판명되므로 비교적 용이하게 그것에 대처할 수 있는 경우가 많다.

④ 근고액 등의 시멘트밀크를 굴착 시에 주입하므로 시공 시간의 관리가 중요하다.

⑤ 굴착공의 완성 상태(연직도나 공내 이토화 등)에 따라서는 말뚝의 침설이 곤란해지는 경우가 있다.

이상의 트러블은 프리보링공법에 특유한 것이고 굴착 시, 말뚝 침설 시 발생하는 경우가 많으므로 그 발생 원인을 충분히 이해하여 회피해야 한다.

3.1.3 속파기공법의 개요와 특징

속파기공법은 말뚝 중공부에 삽입한 스파이럴오거에 의해 말뚝선단지반을 굴착하고, 굴착한 토사는 말뚝 중공부를 통해 말뚝두부에서 배출하면서 말뚝의 자중 및 압입에 의해 말뚝을 소정 깊이(지지층 부근)까지 침설한다. 설계에서 설정한 깊이에 도달하여 시공 관리 장치 등에 의해 지지층 도달을 확인한 후, 오거헤드 선단에서 근고액을 주입하고 굴착토와 교반·혼합하여 근고부를 축조하면서 기성콘크리트말뚝(선단부에 프릭션커터를 부착한 선단 개방 말뚝)을 정착시키는 공법이다. 또한 근고부의 축조방법은 저압력으로 분출된 시멘트밀크를 날개 확대한 오거헤드를 사용해 기계적으로 교반·혼합하는 방식과 시멘트밀크를 고압력(15 MPa 이상)으로 분사하고 교반·혼합하는 고압분사방식의 2종류가 있다. **그림 3.4**에 속파기공법의 시공순서 예를 나타냈다.

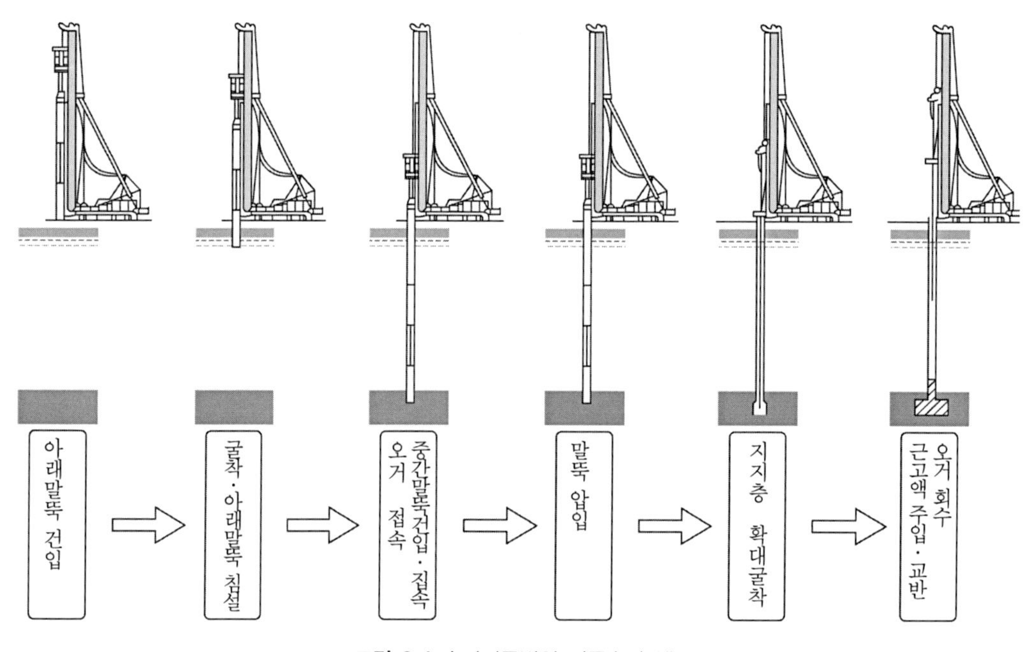

그림 3.4 속파기공법의 시공순서 예

속파기공법의 트러블에 관한 특징은 다음과 같다.

① 말뚝 내부로 굴착토를 배출하기 때문에 자갈이 물려서 말뚝을 파손하는 경우가 있다.
② 지반상황에 따라서는 굴착 속도가 너무 빠르면 배토 불량으로 말뚝이 파손되거나 주변 지반에 변상을 초래하거나 하는 경우가 있다.
③ 지중 장애가 있는 경우 말뚝이 파손되거나 말뚝을 인발하고 장애물을 철거해야 하는 등 그 트러블의 대처가 곤란한 경우가 많다.

④ 지하수 및 지반의 상황에 따라서는 보일링이 발생하고 지지 지반이 느슨해지는 경우가 있다.

⑤ 말뚝 타설 후 말뚝을 소정 시간 유지하지 않으면 말뚝이 내려가는 경우가 있다.

속파기공법에서는 트러블 발생 시에는 말뚝은 어느 정도 지반 내에 침설되어 있는 경우가 많아서 항체 자체의 손상이 발생하고 말뚝의 인발 등 대처가 대규모가 되는 경우가 많다.

3.1.4 최근 시공관리의 특징

최근 기성콘크리트말뚝의 매입공법에서는 프리보링공법, 속파기공법 모두 선단지지력이 큰 말뚝공법이 전국적으로 보급되어 있고 이번 설문조사에서는 이 공법에 관한 사례가 많이 보고되고 있다. 이 공법은 공 선단의 근고부를 종래보다도 크게 축조하여 큰 선단지지력을 발현시키는 공법이지만 지지층에 큰 근고 구근을 시공하므로 시공관리가 중요함과 동시에 트러블이 발생한 경우에는 지지력에 큰 영향을 미치게 된다. 그 때문에 시공, 시공관리 및 트러블에 대해서는 신중한 대응이 필요하다.

매입공법의 시공관리 포인트로는 굴착공과 말뚝의 연직성, 지지층의 확인, 근고 지름·길이의 관리 및 근고부의 품질이다. 특히 근고부의 관리가 중요하다.

지지층의 확인은 굴착 모터의 부하전류값이나 적분전류값으로 실시하는 것이 일반적이지만 트러블 사례에도 있는 것처럼 사전 보링 결과와 지지층 깊이가 다르거나 계획보다도 얕은 깊이에서 지지층이 출현하거나 하여 말뚝의 근입깊이 미달의 원인이 되는 케이스도 많다.

근고부의 시공 지름 관리는 유압기구를 이용해 유량과 압력으로 관리하는 것과 확대기구부의 움직임에 맞춰 확인 부분(쉬어핀 등)에 변화를 일으키는 것이 있다. 근고부 길이의 관리 및 확인은 관리장치의 심도계로 실시하는 것이 일반적이지만 계측 와이어 등의 오차나 기계적 고장이 일어나는 경우도 있으므로 원칙적으로는 굴착로드 길이를 레벨로 측량하여 확인하는 것이 좋다.

근고부의 품질관리에 있어서는, 최근에는 근고부 소일시멘트의 미고결 시료를 채취해 외관이나 고화강도를 조사하는 방법이 이용되는 경우가 증가하고 있다. 시공 시에 근고부의 완성도를 직접 확인할 수 있으므로 근고부나 지지력에 관한 트러블 발생을 방지할 수 있는 메리트가 있지만 특수한 채취장치를 사용하므로 사전 협의가 필요하다.

그 외, 종래부터의 시공관리상 중요한 포인트는 다음과 같다.

① 시공 지반면의 지내력 부족과 굴곡으로 인한 시공기계의 전도나 말뚝중심의 오차
② 지반 구성을 고려한 시공방법의 선정(예를 들면, 모래층이 연속하는 지반에서의 프리보링공법이나 중간층과 지지층에 자갈이 개재하는 지반에서의 속파기공법 등)

이것들도 기성콘크리트말뚝을 시공하는 경우에는 트러블의 원인이 되므로 공법 선정 및 시공 시에는 충분한 검토가 필요하다.

3.2 설문조사로 본 트러블 현황

3.2.1 트러블 발생 현황

설문조사에 의해 모인 트러블 사례는 프리보링공법 56건, 속파기공법 19건이었다. 사례별로는 두 공법이 모두 '말뚝의 근입깊이 미달'이 많으며 프리보링공법에서 17건, 속파기공법에서 8건이었다. 특징적인 것은 프리보링공법의 '말뚝의 경사·편심'에 17건의 사례가 보고되어 있는 것이다. 그 요인으로는 기존 말뚝의 영향에 의한 것이 많고 구조물 재건축 때 기설 건물의 기초와 말뚝이 그대로 남아 있어서 그것이 지중 장애가 되어 말뚝의 시공에 지장을 초래한 경우가 많았다. 또한 '지지력 부족'과 '진동·소음'과 관련된 트러블 사례에 대한 보고는 이번에는 찾아볼 수 없었다.

3.2.2 트러블 종류와 요인

(1) 프리보링공법

프리보링공법의 트러블 종류와 요인의 설문조사 결과는 **표 3.1**과 같다. 트러블의 요인으로는 불충분한 공벽 안정 관리, 기존 말뚝의 영향, 지중 장애물의 존재가 66%를 차지하고 있으며, 그 결과 트러블의 종류로는 말뚝의 근입깊이 미달과 말뚝의 경사·편심이 많이(66%) 발생하고 있다고 하는 인과관계가 엿보인다. 또한 이번 설문조사에서는 트러블의 종류 중 지반·구조물의 변상, 지지력 부족, 소음·진동에 관한 보고 사례는 없었다.

표 3.1 프리보링공법 트러블의 종류와 그 요인

트러블의 종류 트러블의 요인		①	②	③	④	⑤	⑥	⑦	⑧	⑨	⑩	계	
		항체 손상	말뚝의 근입깊이 미달	말뚝의 근입깊이 초과	지반·구조물 변상	근고부의 불량	말뚝 둘레부의 불량	지지력 부족	경사·편심	진동·소음	기타	건수	%
1	시공기계의 불량	1										1	1.9
2	지중 장애물·전석	2	1						3		2	8	15.1
3	기존 말뚝의 영향								11		1	12	22.6
4	불충분한 공벽 안정 처리	1	12								2	15	28.3
5	불충분한 지지층 조사		3	1								4	7.5
6	불충분한 말뚝 건입 시의 시공관리			1					1			2	3.8
7	불충분한 근고부의 시공관리					2						2	3.8
8	불충분한 말뚝 둘레부의 시공관리						3					3	5.7
9	기타	2	1				1		2		3	9	17.0
계		6	17	2	0	2	4	0	17	0	8	56	100

(2) 속파기공법

속파기공법의 트러블 요인과 종류의 설문조사 결과는 **표 3.2**와 같다. 트러블의 요인으로는 배토 불량이 26%로 가장 많은 것으로 나타났지만 전체적으로는 모든 요인이 2~5건으로써 두드러지는 것은 보이지 않았다. 한편 트러블의 종류로는 말뚝의 근입깊이 미달(42%)과 항체의 손상(26%)이 68% 차지하고 있으며, 근고부의 불량, 지지력 부족, 소음·진동에 관한 보고 사례는 없었다.

표 3.2 속파기공법 트러블의 종류와 그 요인

트러블의 종류 트러블의 요인		①	②	③	④	⑤	⑥	⑦	⑧	⑨	계	
		항체 손상	말뚝의 근입깊이 미달	말뚝의 근입깊이 초과	지반·구조물 변상	근고부의 불량	지지력 부족	경사·편심	진동·소음	기타	건수	%
1	시공기계의 불량		3								3	15.8
2	지중 장애물·전석	3									3	15.8
3	기존 말뚝의 영향										0	0
4	배토 불량	1	2		1			1			5	26.3
5	불충분한 지지층 조사	1	1								2	10.5
6	불충분한 말뚝 건입 시의 시공관리		1	3							4	21.1
7	불충분한 근고부의 시공관리										0	0
8	기 타		1							1	2	10.5
계		5	8	3	1	0	0	1	0	1	19	100

3.3 트러블 방지와 대책

3.3.1 시공 전의 대책

(1) 시공 현장의 제 조건

i) 시공 지반면과 넓이

시공 지반면은 전면 수평인 것이 전제이다. 그러나 전체가 경사져 있거나 부분적으로 경사나 구덩이·융기가 있거나 하면 안전 측면뿐만 아니라 시공품질상으로도 말뚝을 연직으로 시공할 수 없고 굴착 깊이가 어긋나버리는 등의 트러블이 생길 우려가 있다. 시공 지반면에 기인하는 트러블을 방지하려면 사전에 전면을 평평하게 하는 것으로 방지할 수 있는 경우가 많으므로 시공 전에 대책을 실시한다.

또한 부지 면적에 기인하는 트러블도 있다. 부지가 좁아서 대형 시공기계를 반입할 수 없는 조건에도 불구하고 말뚝이 큰 경우나 길 경우에는 시공 불능의 우려가 있다.

시공 사이트와 말뚝 사양에 관해서는 시공방법도 포함해 설계단계부터 검토할 필요가 있다.

ii) 지반조건

지반조건에 기인하는 트러블 방지에 관해서는 다음의 3가지 점에서 시공 전의 검토가 필요하다.

a) 지표면의 상태

지표면의 상태에 관련된 대책으로는 지내력의 크기를 파악하는 것이 중요하다. 기성콘크리트말뚝의 시공에서는 대형 시공기계를 이용하기 때문에 지표면이 불안정하면 안전상으로도 위험하지만, 시공품질상으로도 말뚝 편심이 생기기도 하고 시공기계의 연직성이 유지되지 않아서 말뚝이 기울어지거나 하는 등의 트러블이 발생할 우려가 있다. 이 때문에 시공기계에 걸맞은 지내력을 확보하고 있는가를 조사하여 트러블 방지에 노력한다.

또한 지표면이 개량되어 있어서 충분한 지내력을 가지는 경우에도 그 단단함이나 다짐 정도가 불균일하면 굴착 개시 시에 굴착오거가 이동하기도 하고 공곡(孔曲)이 생기기도 하므로 굴착의 초기단계는 말뚝 편심을 신중하게 관리한다.

b) 지반 구성

시공현장의 지반 구성은 일반적으로 보링데이터에 의해 사전 정보로서 파악하고 있다. 보링데이터에는 중간층의 유무나 그 상태, 지지층 깊이와 구성하고 있는 토질이나 입경 등 시공의 난이도를 나타내는 요인이 많이 들어 있다. 그 정보와 시공기계 능력, 말뚝 사양 등에서 발생할 것으로 생각되는 트러블을 예상하고 대책을 준비해 둔다.

c) 매설물의 유무

시공현장에는 보링데이터로부터는 추찰(推察)할 수 없는 지중 매설물이 있는 경우도 생각할 수 있다. 이번 설문조사에서도 기존 말뚝 등의 지중 장애에 기인하는 트러블이 매우 많이 보고되었다. 기존 말뚝은 이전 건물의 말뚝평면도 등이 있으면 그 위치를 파악할 수 있기 때문에 대응할 수 있는 경우가 많지만 기존물을 해체 철거했을 때의 콘크리트 찌꺼기나 나무조각 쓰레기 등 잔치(殘置)를 확인·파악할 수 없는 것도 있기 때문에 그와 같은 현장에서의 공사 때에는 찾아서 파내는 등의 대책이 필요하다.

iii) 주변 환경의 영향

도시지역에서의 시공에서는 부지 주변에 근린시설이 들어서 있는 경우가 많다. 말뚝 시공 중에 근린시설에 구조적인 변형이 생기거나 시멘트나 토사의 분진이 비산하거나 하는 등의 문제가 발생할 우려가 있다. 이러한 경우에는 주변 환경의 상태에 따라 시공방법을 변경하거나 방진막을 설치하는 등의 대책을 시행한다. 또한 온천지나 사용 중인 우물이 있는 지구에서 시멘트밀크를 사용하는 공법으로 시공하는 경우는 수질에 악영향을 줄 우려가 있기 때문에 사전에 널말뚝을 타설하거나 시공 중에 수질 모니터링을 하는 등의 대책이 필요하다.

(2) 시공기계의 선정

시공기계와 오거 구동장치는 말뚝지름, 말뚝길이 및 굴착지반의 토질성상을 고려하여 충분히 시공할 수 있는 사양·용량의 것을 사용함으로써 시공기계에 기인하는 트러블의 대부분을 막는 것이 가능하다.

3.3.2 시공 중에 발생하는 트러블과 대책

(1) 프리보링공법의 시공 중에 발생하는 트러블과 대책

프리보링공법의 시공 공정별로 발생이 예상되는 트러블과 그 주요 대책의 예를 **표 3.3**에 나타냈다. 프리보링공법에서는 굴착 시의 위치 편차나 경사, 지지층·소정 깊이까지의 굴착, 근고액 등의 주입, 말뚝의 세워 넣기, 소정 깊이의 설치 등 공정별로 관리해야 할 항목이 많이 있으며 그 공정별로 발생하는 트러블은 어느 정도 예상할 수 있다. 시공 중에 발생이 예상되는 트러블에서 그 원인이 명확한 경우에는 사전 또는 시공 중에 그 트러블을 회피할 수 있는 대책을 시행하는 경우가 많다. **표 3.3**에 나타낸 것은 일반적인 트러블과 대책의 예이며, 실제 대책에서는 지반상황과 현장상황을 고려한 시공 전 및 시공 시의 대책이 필요하다.

표 3.3 프리보링공법의 시공 중에 발생하는 트러블과 대책

공정 및 관리항목	예상되는 트러블	대책
말뚝 중심 세트	말뚝 편심	장애 철거, 진동방지 사용
굴착의 연직성	굴착공 경사, 말뚝의 근입깊이 미달	장애 철거, 시공관리 강화
지지층 도달의 확인	출현 깊이의 얕음·깊음	지반의 재조사, 말뚝길이 변경
최종 굴착깊이의 확인	굴착 불능	기계 변경(대형화)
근고액의 배합·주입량 말뚝 둘레 고정액의 배합·주입량	배합 불량, 주입량 부족 교반 불량, 강도 부족	관리 강화, 자동플랜트 시공법 개선
말뚝의 연직도	말뚝의 경사	유지장치 사용, 스페이서
말뚝머리 깊이	근입깊이 미달, 근입깊이 초과	시공법 개선
말뚝의 유지 시간	근입깊이 초과	유지장치 사용
누수 확인(공내액면수위 확인)	말뚝 둘레부에 간극 가능성	증점제, 추가 주입
미고결 시료의 압축강도 확인	강도 부족, 성과 불량	시공법 개선

(2) 속파기공법 시공 중에 발생하는 트러블과 대책

속파기공법의 시공 공정별로 발생이 예상되는 트러블과 그 주요 대책의 예를 **표 3.4**에 나타냈다. 속파기공법에서는 말뚝을 말뚝 중심에 설치하고부터 시공을 개시하기 때문에 말뚝 위치의 편차가 발생하는 케이스는 적지만 말뚝의 중공부를 통한 스파이럴로드로 배토하기 때문에 시공 중의 트러블로는 항체의 손상에 관한 것이 많다. 또한 지중 장애물에 의해 말뚝이 경사지는 것이나 지지층·소정 깊이까지 굴착하기 곤란한 경우에는 원인이 분명한 경우라도 대책으로는 말뚝을 인발하고 나서 처치하기 때문에 프리보링공법과 같은 대책으로 회피할 수 있는 케이스는 드물다.

표 3.4 속파기공법의 시공 중에 발생하는 트러블과 대책

공정 및 관리항목	예상되는 트러블	대책
말뚝의 연직성	말뚝의 경사, 말뚝의 근입깊이 미달	장애 철거, 시공관리 강화
말뚝 침설	내압에 의한 말뚝의 파손	배토 관리, 침설속도 관리
지지층 도달의 확인	출현 깊이의 얕음·깊음	지반의 재조사, 말뚝길이 변경
최종 굴착깊이의 확인	굴착 불능, 말뚝 관입 불능	기계 변경(대형화)
근고액의 배합·주입량	배합 불량, 주입량 부족, 강도 부족	관리 강화, 자동플랜트, 시공법 개선
말뚝의 유지 시간	근입깊이 초과	유지장치 사용
미고결시료의 압축강도 확인	강도 부족, 성과 불량	시공법 개선

3.3.3 말뚝공사 완료 후에 나타난 트러블 대책

(1) 굴착 후에 나타나는 트러블

말뚝의 시공이 완료되고 굴착공사 단계에서 말뚝머리 부분이 노출되었을 때 나타나는 트러블로는 항체(말뚝머리 부분)의 파손, 경사, 근입깊이 미달·근입깊이 초과 등이 있다. 이러한 트러블이 발생한 경우에는 현재 상태에서의 지지력(연직·수평·인발 등)을 재검토하고 확인하는 것이 중요하다. 재확인 후 지지력 부족 등이 판명되었을 때에는 대책으로서 푸팅 등에서의 보강으로 대응을 검토하고, 다음으로 재시공을 검토한다. 재시공할 경우에는 굴착 부분을 되메우고 기계가 시공할 수 있는 상태까지 복구한 후 대상 말뚝을 인발하고 다시 시공하게 되어 공사기간에도 막대한 영향을 미치게 되므로 충분한 검토가 필요하다.

(2) 시공데이터 체크 단계에서 나타나는 트러블

말뚝공사 완료 후, 시공데이터를 체크하는 단계에서 나타나는 트러블 사례도 있다. 말뚝공사 보고서가 발주자·감리자에게 제출되는 것은 말뚝 시공 후 2주에서 1개월 경과 후에 이루어지는 경우가 많다. 그런 단계에서, 예를 들어 근고부의 시공 길이가 계획값과 다른 것으로 판명되는 등 시공된 기초체의 사양에 문제가 있는 경우는 기초체 상부의 구조체를 철거하고 시공 말뚝 내부의 보링조사를 실시하여 실제 근고부의 길이, 코어 강도 외에 보어홀 소나에서의 출력형 조사 등으로 지지력을 재검토한다. 경우에 따라서는 재하시험으로 지지력을 확인할 필요가 발생하는 경우도 있다.

참고문헌

1) コンクリートパイル建設技術協會 : 技術講習會資料, 2013.

3.4 기성콘크리트말뚝의 트러블 사례

<table>
<tr><td rowspan="2">1</td><td rowspan="2">기존 말뚝 철거 공의
되메우기 불량으로 인한 말뚝 편심</td><td>종류</td><td>기성콘크리트말뚝</td></tr>
<tr><td>공법</td><td>프리보링 근고공법</td></tr>
</table>

1. 개요

소규모 사무소 빌딩의 신축공사에서 이전 건물의 기성콘크리트말뚝을 인발했을 때 되메우기 불량으로 인해 신설 프리보링근고공법에 의한 말뚝을 소정의 위치에 시공할 수 없었던 사례이다.

(1) 트러블이 발생한 말뚝

- 인발한 말뚝 : 기성콘크리트말뚝, 말뚝지름 ϕ350 mm, 말뚝길이 15 m
- 신설한 말뚝 : 프리보링근고공법, 말뚝지름 ϕ600 mm, 말뚝길이 22 m(윗말뚝 10 m + 아래 말뚝 12 m)

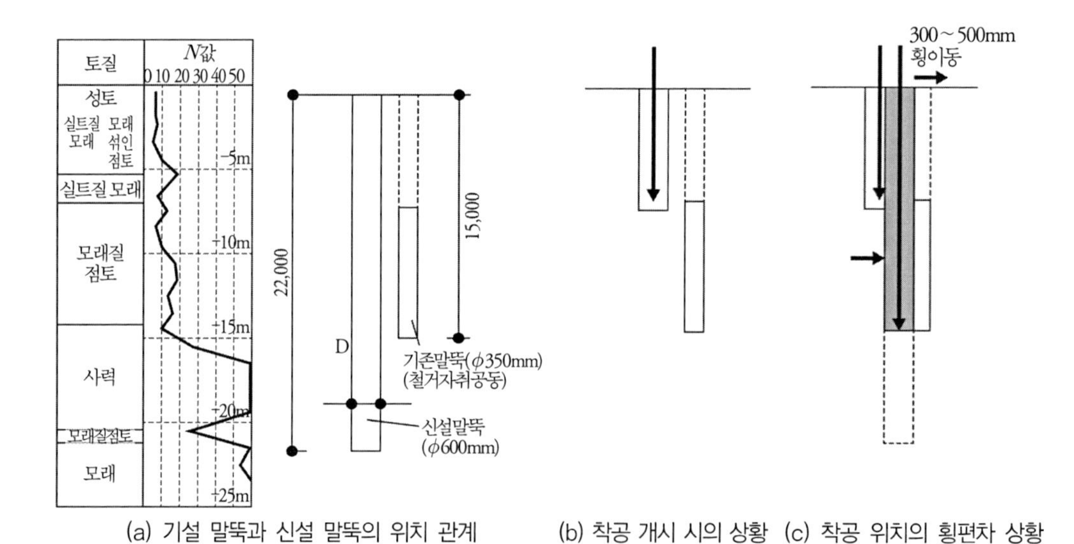

(a) 기설 말뚝과 신설 말뚝의 위치 관계 (b) 착공 개시 시의 상황 (c) 착공 위치의 횡편차 상황

그림 1 트러블 발생 상황

(2) **지반 개요** : GL-5 m 정도까지는 *N*값 5~7의 실트질 모래와 모래 섞인 점성토가 번갈아 퇴적되어 있으며 GL-5~7 m 부근에 실트질 모래, 그 아래 GL-14 m 정도까지 *N*값 8을 넘는 경질 점성토층, 더 아래에 *N*값 50 이상의 사력층이 분포하고 있다(**그림 1**).

2. 트러블 발생 상황

해당 건물의 신축공사에서, 계획부지 내에 기설 건물의 말뚝이 남아 있어, 그것을 철거한 후에 신설 말뚝을 시공할 계획이었다. 기존 말뚝을 인발하고 현장 내의 잔토 등으로 되메우고 난 후 신축건물의 말뚝공사로서 착공을 개시했지만, 어스오거의 로드가 안정되지 않고 300~500 mm 횡이동하는 현상이 발생했다(**그림 1**). 그대로 시공을 진행하면 소정의 위치에 말뚝을 설치할 수 없으므로 빈배합의 시멘트밀크를 주입하고 현 지반 토사와 혼합 교반하여 개량체를 작성하고 그 개량체가 어느 정도 강도 발현하는 2~3일 후에 다시 시공하기로 했다. 이때 시멘트밀크 주입량은 굴착지름과 굴착길이로부터 산출하였다. 그러나 소정의 양을 주입하여도 지표까지 넘치지 않았기 때문에 시멘트밀크의 주입량을 예상보다도 많이 주입하게 되었다. 이것으로 미루어 앞서 실시한 기존 말뚝 인발 시의 되메우기 불량으로 인해 땅속에 공동이 있는 것으로 추측하였다.

3. 트러블의 원인

기존 말뚝의 인발 후, 특별한 처리를 하지 않은 채 부지 내의 실트분이 많은 모래나 점성토를 지상으로부터 투입해서 되메우고 있었기 때문에 인발 흔적에 공동으로 되어 있는 부분이 있었다고 생각할 수 있다. 그 후 착공을 했을 때에 공동 부분에 어스오거의 로드가 끌려들었기 때문에 착공 위치가 300~500 mm 크게 옆으로 어긋난 것으로 여겨진다.

4. 트러블의 대처·대책

기존 말뚝을 인발한 부분에 착공하고 그 공에 빈배합의 시멘트밀크를 주입·교반했다(**그림 2**). 주입 후에 신설 말뚝의 소정의 위치에 착공하여 정해진 위치에 말뚝을 침설할 수 있었다.

기존 말뚝의 인발 후에는 적절한 재료·방법으로 되메우기를 행할 필요가 있다. 되메우기에서 양호한 흙을 입수하기 어려운 경우 또는 양호한 흙인지 어떤지 판단하기 어려운 경우에는 유동화처리토로 되메우거나 시멘트밀크를 주입하거나 하여 원지반 토사와 혼합 교반하여 개량체를 작성하고 며칠 뒤에 신설 말뚝의 시공을 행함으로써 이와 같은 트러블 우려는 없어진다.

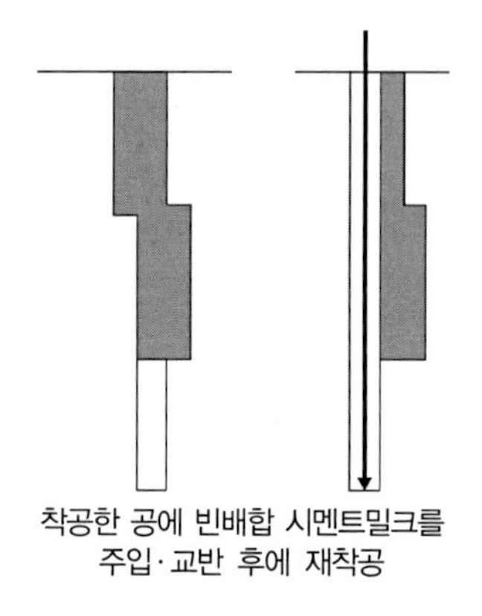
착공한 공에 빈배합 시멘트밀크를
주입·교반 후에 재착공

그림 2 트러블의 조치

5. 트러블에서 얻은 교훈

기존 말뚝의 인발공사는 신설 공사보다도 안이하게 계획·실시를 해버리는 경향이 있다. 그러나 인발 후의 되메우기는 완료 시의 상황을 눈으로 확인할 수 없다는 것, 되메움토의 품질이 적절한가의 판단이 곤란하다는 것 때문에 신설 말뚝이나 지지 지반의 품질 저하를 초래할 수도 있는 중요한 작업이라는 것을 다시 한번 깨달았다. 기존 말뚝의 인발시공 시에는 꼼꼼한 계획과 실시가 필요하다.

2	모래다짐말뚝과의 간섭으로 인한 말뚝 편심의 방지 대책 예	종류	기성콘크리트말뚝
		공법	프리보링 확대근고공법

1. 개요

모래다짐말뚝 시공 후에 기성콘크리트말뚝을 시공하는 현장에서 시험말뚝에 앞서 본설(本設)말뚝 중심 이외의 장소에 대해서 시험굴착을 몇 군데 실시한 결과를 토대로 하여 굴착 불량, 시공 불량 등이 예상되는 트러블에 대해서 선행 대책을 강구하여 트러블을 미연에 방지한 사례이다.

2. 예상되는 트러블

해당 현장은 기존 구조물 해체 및 기존 기초 철거 후 되메우기하여 정지(整地)된 현장이다. 되메우기 및 정지 후의 날짜가 적으므로 말뚝 시공 지반의 연약지반 대책으로서 모래다짐공법에 의한 깊이 GL-7 m까지 지반개량한 뒤 기성콘크리트말뚝을 시공하는 계획으로 협의하고 있었다.

시험말뚝에 앞서 시험굴착을 몇 군데 실시했는데, 연약지반 대책으로서 시행한 모래다짐의 모래말뚝이 간섭하는 곳에서는 시험굴착공이 정규 위치에서 불규칙하게 경사 또는 편심하는 상황으로서 연직성을 유지하기가 어려웠다(**그림 1**).

3. 트러블의 원인

연약지반 대책으로 시행한 모래다짐말뚝이 오거헤드나 굴착로드를 간섭하고 그 결과, 강도가 낮은 모래말뚝 주변 지반에 굴착장치 전체가 경사 또는 편심된 것이 원인으로 추측된다.

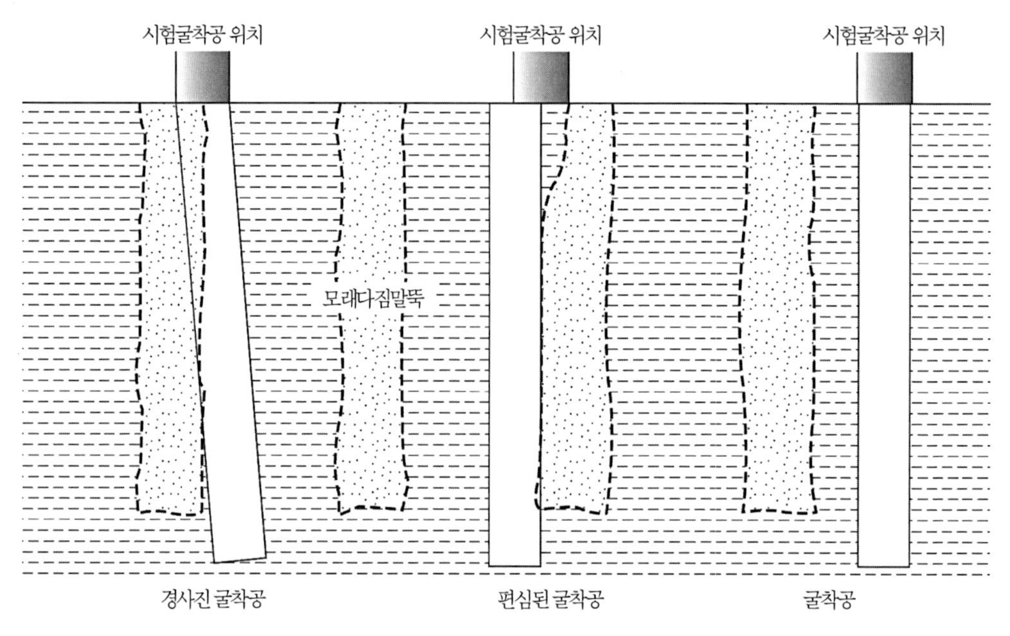

그림 1 시험굴착 상황

4. 트러블의 대책

시험굴착의 결과를 토대로 하여, 굴착공 및 말뚝의 연직성을 확보하고 과도한 경사와 큰 말뚝 편심을 방지하기 위해 사전 대책으로서 시공기 외에 케이싱을 장착한 선행굴착기를 배치하고 말뚝중심이 위치하는 모든 지점에 모래다짐말뚝의 선단깊이 GL-7 m 부근까지 케이싱으로 선행굴착한 후, 산모래로 되메우고 다시 말뚝중심을 드러내서 시공하였다(**그림 2**).

5. 트러블에서 얻은 교훈

상기의 대책을 본시공 전에 강구한 결과 말뚝 경사 및 말뚝 편심을 관리값 안에 두고 시공할 수 있었다. 모래다짐 타설 후의 현장이나 기존 말뚝 인발 후의 현장은 미리 사전에 관계자와 협의하여 시공관리기준을 만족시키기 위해 케이싱을 병용하는 등의 선행적인 대책을 강구할 필요가 있다고 느꼈다.

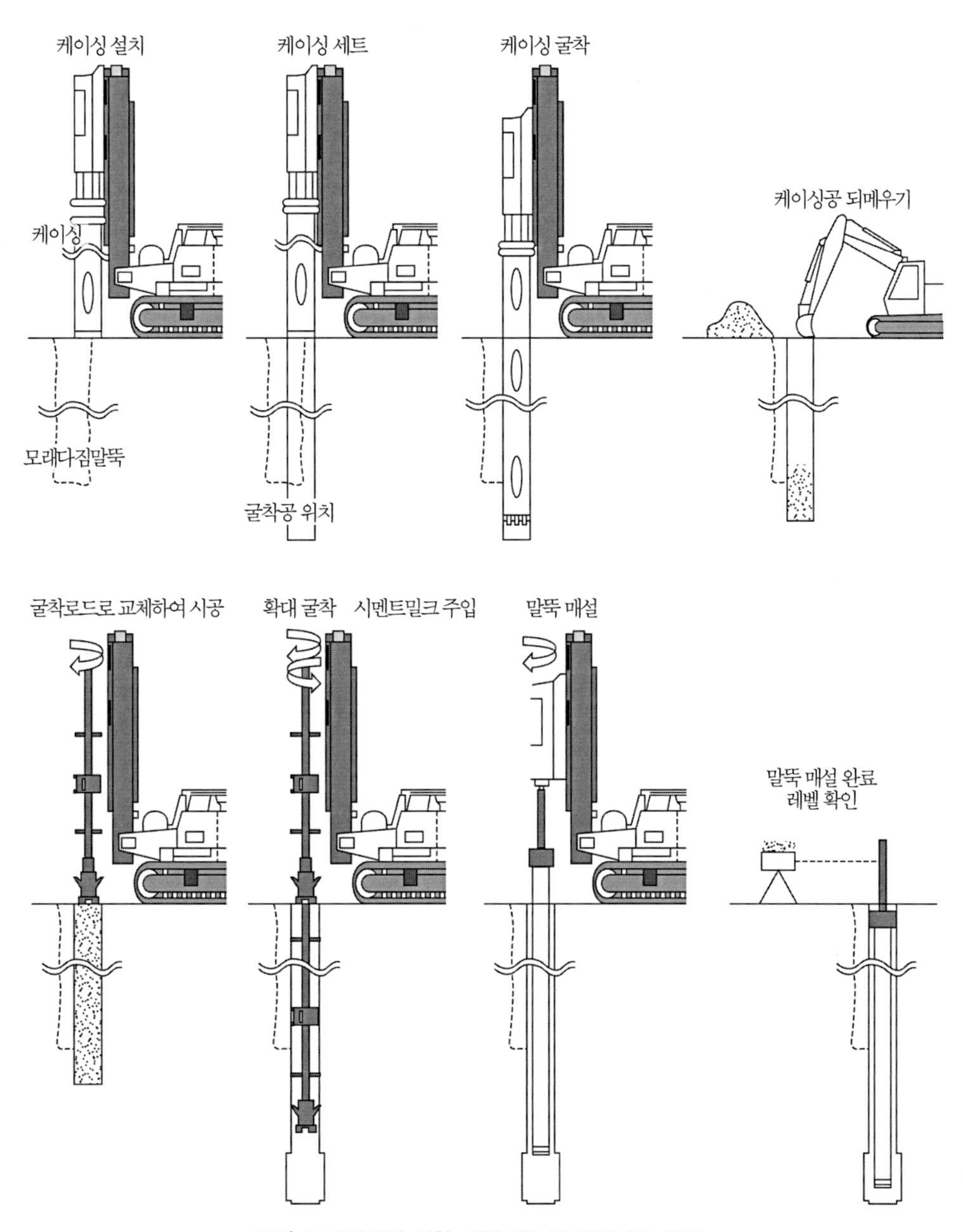

그림 2 케이싱에 의한 선행굴착 및 말뚝시공 흐름

3	오염토양 개량 지반에서의 말뚝 편심	종류	기성콘크리트말뚝
		공법	프리보링 확대근고공법

1. 개요

표층 부근에 오염토양이 존재하는 것이 분명했기 때문에 미리 오염토양 정화를 위한 지반 개량이 실시되었다. 그러나 개량된 지반의 강도가 장소에 따라 크게 다르기 때문에 소정의 말뚝중심 위치를 정밀하게 굴착할 수 없어서 굴착방법 등의 숙고가 요구된 사례이다.

(1) **트러블이 발생한 말뚝** : 말뚝지름 ϕ600 mm, 말뚝 길이 61 m, 선단부에 마디말뚝(마디부 지름 ϕ650 mm)을 사용한 프리보링확대근고공법

(2) **지반 개요** : **그림 1**과 같이 GL-5 m 부근까지 성토, GL-5~25 m 부근까지 N값이 0인 연약한 실트층이 이어진다. 지지층은 GL-60 m 부근의 잔모래층이다.

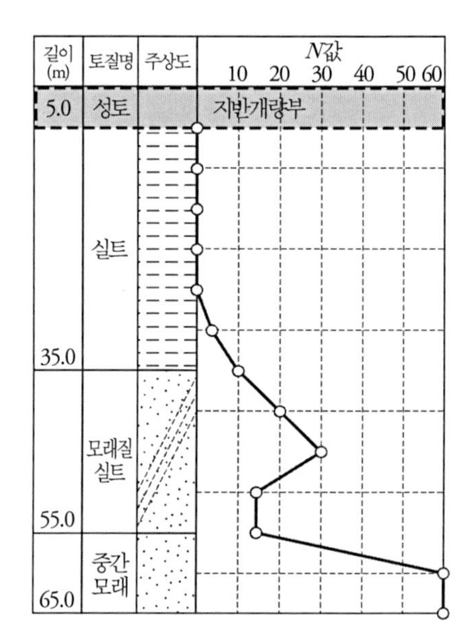

그림 1 토질주상도

2. 트러블 발생 상황

표층 부근을 굴착 중에 깊이 3 m 부근에서 대폭적인 굴착 편심이 발생했다. 굴착 오거를 일단 지표면까지 끌어올려 주변 흙으로 되메우고 다시 신중히 굴착을 시도했더니 분명히 오거의 선단이 강고한 장애물과 같은 것에 맞닥뜨려서 주변 지반으로 이탈하고 있는 상황이었다.

다른 곳들을 여러 군데 굴착한 결과, 깊이는 다르지만 비슷한 굴착 중의 편차가 생기고 그 편차는 150~300 mm 정도였으므로 이 문제를 해결하기 위한 대책이 필요했다.

3. 트러블의 원인

본 사례에서는 사전 지반조사에 의해 6가 크롬에 의한 오염토가 존재하는 것이 분명했기 때문에 오염토의 교체와 그것에 따른 지반개량이 행해져 있었다. 지반개량한 깊이는 표층에서 GL-3~5 m 정도였다. 이 범위에서 행해진 지반개량부의 강도에 불균형이 있으므로 굴착 오거가 약한 쪽으로 이탈하고 있었던 것이 트러블의 원인이라고 생각한다.

4. 트러블의 대처·대책

대처·대책으로 다음 2가지 사항을 검토했다(**그림 2**).

① 굴착 도중에 편차가 나타난 말뚝을 정확하게 재시공하기 위한 대처
② 새로 굴착하는 말뚝을 정밀하게 시공하기 위한 대책

【①의 대응】

ϕ830 mm의 케이싱을 사용하여 지반개량 구간을 선행굴착하였다. 이때 케이싱과 거의 같은 지름의 구멍을 낸 철판을 준비하고 그 철판을 항타기에 고정하여 케이싱의 편차를 방지하였다.

케이싱을 뺀 후, 케이싱 지름과 거의 같은 지름의 오거헤드를 이용해 굴착을 실시했다. 그 후의 공정은 통상적인 방법으로 시공했는데, 굴착지름을 당초의 지름과 다른 큰 지름으로 굴착하고 있으므로 설계자와 협의 후, 말뚝둘레 고정액의 양을 케이싱 지름에 알맞은 양으로 주입하고 말뚝을 삽입했다. 이 결과 말뚝의 평면적인 편차가 100 mm 이내에 들 수 있었다.

【②의 대응】

개량한 층을 굴착헤드보다 짧은 5 m의 굴착로드와 진동 방지 부재를 이용하여 신중하게 선행굴착을 하는 것으로 표층부 부근의 편차를 극력 억제한 후, 통상의 굴착헤드로 전환하여 시공을 실시했다. 이 결과 말뚝 편심이 허용값 이내에 들 수 있었다.

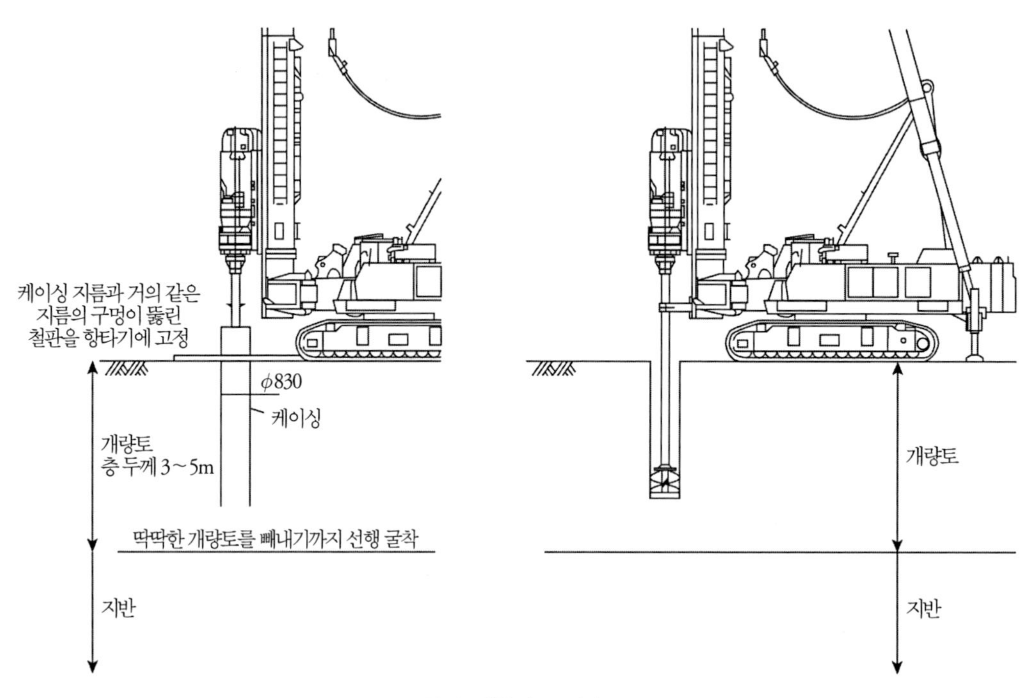

그림 2 대책시공 개략도

5. 트러블에서 얻은 교훈

말뚝을 인발한 후에 재시공을 하는 경우, 혹은 기존의 말뚝을 인발한 후 되메우기를 행한 곳에 말뚝을 시공하는 경우 등에는 본 사례와 같이 케이싱을 이용해 굴착을 하는 등의 대책을 취해야 하는 경우가 있다. 그때에는 케이싱 지름에 알맞은 부피에 상당하는 시멘트밀크량을 주입하는 등의 대처가 필요하다.

4	신설말뚝이 기존말뚝 철거 공에 간섭	종류	기성콘크리트말뚝
		공법	프리보링 확대근고공법

1. 개요

기존말뚝 철거 후의 되메우기공과 기성콘크리트말뚝의 확대근고부가 간섭하는 영역이 있으므로 근고부 형상을 표준 형상보다 길게 하고 사전 배합시험의 실시 및 미고결시료를 채취하여 근고부 강도를 확인하는 등의 대책에 의해 트러블을 회피한 사례이다.

(1) **대상으로 한 말뚝**: 말뚝지름 ϕ800 mm, 말뚝길이 10 m, 말뚝선단 위치 GL-12 m, 근고부 지름 1,200 mm

(2) **지반 개요**: **그림 1**에서 보는 바와 같이 GL-10 m 정도까지는 점성토층이며, 그 이상의 깊이는 *N*값 40 정도의 모래층이다.

2. 예상되는 트러블

구조물의 기초로서 프리보링 확대근고공법에 의한 말뚝의 시공이 계획되었다. 말뚝중심 부근에 기존말뚝이 있었기 때문에 ϕ1,000 mm의 케이싱을 사용하여 기존말뚝을 철거 후 되메우기 흙을 충전하였다. 말뚝중심과 되메우기공과의 거리는 1 m, 굴착 지름과 되메우기공의 간격은 75 mm였지만, **그림 2**와 같이 GL-11~12 m에서 되메우기공과 확대근고부의 일부가 간섭하여 소정의 근고부 축조를 할 수 없는 것으로 판명되었다.

3. 트러블의 원인

말뚝두부의 말뚝중심 위치와 되메우기공의 거리 및 굴착 지름과 되메우기공의 틈새에 대해서는 충분한 주의를 기울이고 있었지만, 확대근고부와 되메우기공의 위치 관계에 대해 고려하지 않았기 때문에 간섭하는 영역이 발생하여 근고부 시공 불량 등의 트러블을 유발하는 것이 염려되었다.

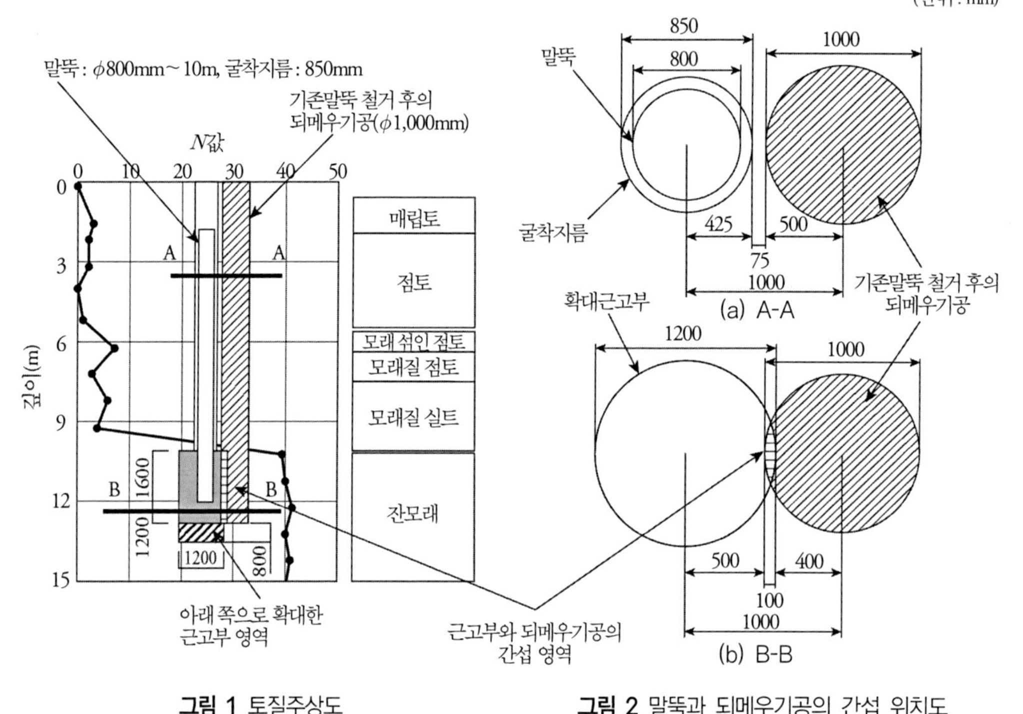

그림 1 토질주상도

그림 2 말뚝과 되메우기공의 간섭 위치도

4. 트러블의 대처·대책

되메우기 흙이 근고부에 혼입되므로 **그림 3**에 나타낸 되메우기 흙과 같은 입도분포의 흙을 이용하여 사전에 배합시험을 실시했다. 되메우기 흙에 물을 넣어 밀도가 1.5 g/cm^{3}가 되는 이수를 제작했다. 그때 이수혼입률(이수/(이수+시멘트밀크))을 10~50%로 변화시키고 압축강도시험을 실시했다. 채택한 공법에서 설정하고 있는 이수혼입률(30%) 시의 강도시험 결과(약 25 N/mm^2)는 근고부의 필요 강도(15 N/mm^2)를 만족하는 것을 확인했다. 또한 축조된 근고부의 강도를 확인하기 위해서 미고결시료를 채취했다. 그 강도는 약 30 N/mm^{2}로서 근고부의 필요 강도(15 N/mm^2) 및 원지반의 지지층의 강도(8 N/mm^2, 근고 저면부의 지지력계수(α = 200 kN/m^{2}으로 설정)×N값(40))을 각각 만족하는 것을 확인했다. 또한 확대근고부의 단면적(1.13 m^2)에 대한 간섭하는 면적(0.03 m^2)의 비율은 약 3%로 작고 지지력에 주는 영향은 적다고 생각할 수 있었지만, 보다 안전성을 높이기 위해 **그림 1**에서 보는 바와 같이 말뚝선단에서 확대근고 저부까지의 거리를 기존말뚝 철거로 인해 영향을 받지 않은 신규 지반에 말뚝지름 정도 길게 축조하기로 했다. 또한 근고량은 말뚝지름 정도 길게 한 근고길이를 고려하여 표준 주입량의 약 30%를 증량하였다.

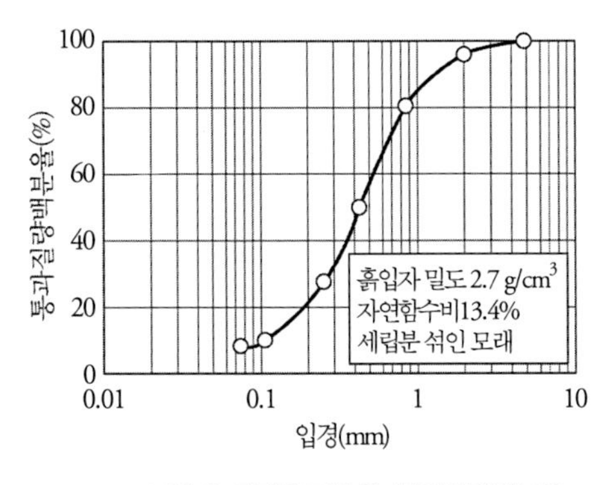

그림 3 되메우기흙의 통과질량백분율

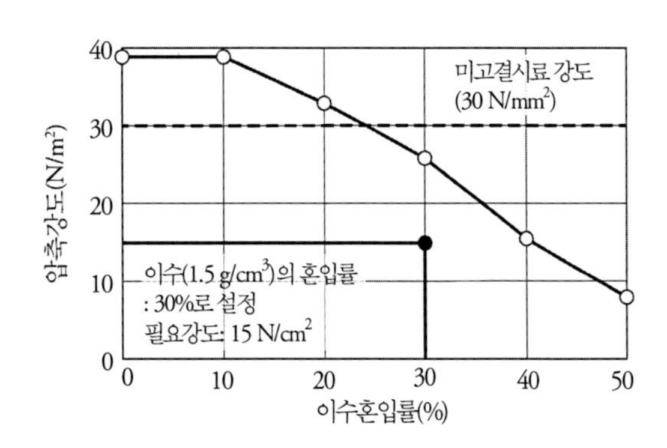

그림 4 배합시험 및 미고결시료 강도 결과

5. 트러블에서 얻은 교훈

기존말뚝 철거 후의 되메우기공과 확대근고부가 간섭하는 영역이 있기 때문에 근고부 형상을 표준형상보다 아래쪽으로 길게 하고, 사전 배합시험의 실시 및 미고결시료 채취에 따른 근고부 강도 확인 등의 대책을 실시함으로써 트러블을 미연에 방지했다. 본 사례처럼 말뚝중심위치 부근에 기존말뚝 철거 후의 되메우기공이 있는 경우에는 말뚝중심 위치와 되메우기공 중심 위치의 거리, 확대근고부와 되메우기공 간격 및 되메우기 재료 등을 고려하여 시공방법을 검토할 필요가 있다.

5	굴착수 과다로 인한 말뚝둘레부의 시공 불량	종류	기성콘크리트말뚝
		공법	프리보링 확대근고공법

1. 개요

공장 건축 공사에서 프리보링 확대근고공법으로 말뚝을 시공한 후, 기초슬래브 구축을 위해 말뚝머리까지 굴착했는데, 말뚝둘레부의 소일시멘트가 형성되어 있지 않았던 사례이다.

(1) **트러블이 발생한 말뚝**: 말뚝지름 ϕ400~800 mm, 말뚝길이 34 m, 전체 62본 중 54본에서 발생

(2) **지반 개요**: 상부 GL-8 m까지는 연약한 점성토층, 그 이하의 깊이는 느슨한 미세모래층~모래질 실트층이 이어지며, GL-33 m에 출현하는 자갈 섞인 잔모래층이 지지층이다(**그림 1**).

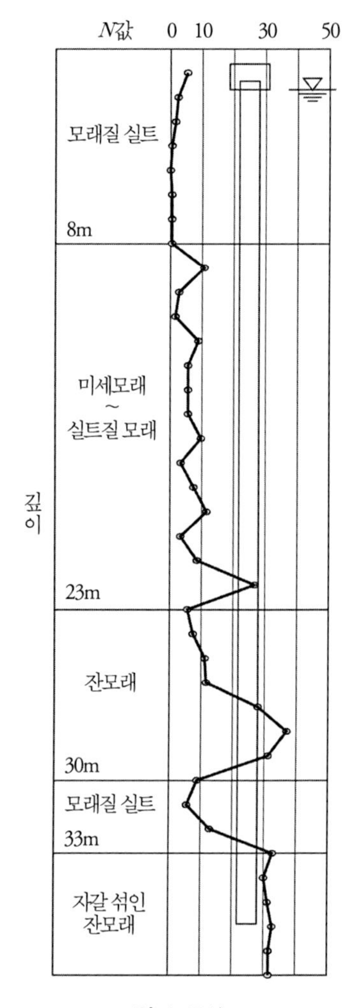

그림 1 주상도

2. 트러블 발생 상황

채택한 공법은 프리보링 확대근고공법으로서 굴착수를 이용하여 소정 깊이까지 지반을 교반하면서 굴착하고 아래쪽에 근고부를 축조 후, 오거를 인발하면서 말뚝둘레 고정액을 이토와 교반 혼합하여 소일시멘트상의 말뚝둘레 고정부를 축조하고, 그 후 항체를 3본 이어서 세워 넣었다. 근고액과 말뚝둘레 고정액의 배합 및 주입량은 본 공법의 규정량으로서 시공지침에 규정되어 있는 사이클타임에 따라서 시공했다.

해당 지반은 느슨한 모래층이 두껍게 퇴적되어 있기 때문에 말뚝공의 붕괴나 모래입자 침강으로 인한 항체의 근입깊이 미달이 염려되었다. 그 때문에 항체를 세워 넣기까지 공저에 모래의 슬라임이 퇴적하여 근입깊이 미달이 생기지 않도록 착공 시에 굴착수에서 흙입자의

대부분을 배토하고 있었다.

우려했던 근입깊이 미달은 없고, 시공 후는 말뚝 천단까지 소일시멘트가 채워져 있는 것을 확인할 수 있었기 때문에 직후에 표층을 되메우기하고 철판을 깔았다.

그러나 말뚝공사가 끝난 후 말뚝머리 레벨까지 굴착했더니 말뚝둘레부에 물이 괴어 있었다. 5.0 m의 철근봉을 꽂았더니 말뚝 천단에서 0.5~4.2 m에서 경화부에 닿았다(**사진 1**).

사진 1 철근봉에 의한 말뚝둘레부 조사

3. 트러블의 원인

① 모래입자를 다량 배토하였으므로 이토가 물 과다인 상태가 되어 시공지침에 규정되어 있는 말뚝둘레 고정액의 배합과 양으로는 말뚝둘레부의 이토가 경화하지 않는다.

② 모래입자의 침강과 더불어 시멘트 부분도 블리딩하였으므로 말뚝머리부 주변에 물이 고이게 되었다.

또한 시공 완료 후 즉시 말뚝공을 되메우고 철판을 깔았으므로 불량말뚝의 발견이 늦어지고, 거의 모든 말뚝에 피해가 미쳤다.

4. 트러블의 대처·대책

트러블이 발생한 54본의 말뚝 중에서 블리딩이 많은 말뚝을 골라 말뚝둘레부 및 말뚝 중앙에서 코어보링조사를 행하고 시료의 강도시험을 실시하여 적정 강도 이상(1.0 N/mm^2)으로 경화되어 있는 깊이를 확인했다(**그림 2**). 블리딩 물보다 깊은 부분의 상태는 위에서부터 슬래그(slag)상태부~미고결부~약강도부~경화부 순으로 퇴적하고 있으며, 적정 강도까지를 불량 깊이로 설정하여 보수를 실시했다. 불량 깊이는 최대 14 m이다. 분사교반공법으로 시멘트 밀크를 주입해 말뚝둘레 고정부를 구축했다. 불량 깊이가 1 m 이하인 말뚝에 대해서는 불량부를 제거하고 말뚝둘레 고정액을 흘려넣었다.

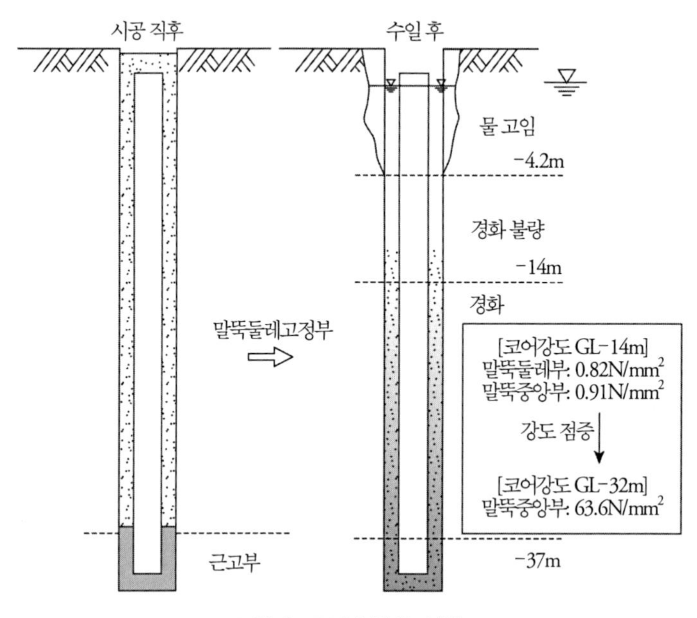

그림 2 트러블 발생 상황

5. 트러블에서 얻은 교훈

이 트러블은 굴착수를 너무 많이 사용함으로써 말뚝공 속이 수량 과다 상태가 되어 이토가 경화할 수 없었던 것이 원인이라고 생각하고 있다. 원래 모래입자는 말뚝공 속을 침강하기 쉬운데, 게다가 굴착수 과다 때문에 많은 토사를 배출해 버려 블리딩을 조장한 것으로 생각한다.

일반적으로 말뚝공 속의 물이 많아지기 쉬운 지반으로서 중간층과 지지층이 딱딱하여 시공시간이 길어지는 지반, 함수량이 많고 부드러운 점성토층이 두껍게 퇴적되어 있는 지반, 지하수가 높아 굴착 중에 유입의 염려가 있는 지반 등을 생각할 수 있다. 또한 굴착 능력이 작은 기계로 시공하는 경우도 굴착 보조를 위해 굴착수가 과다해질 가능성을 생각할 수 있다.

그러한 지반이나 시공조건의 경우 굴착수의 적절한 사용량과 시멘트밀크 주입량 설정을 위하여 본말뚝 시공에 앞서 다른 구멍에서의 시험시공을 실시하는 것이 바람직하다. 본말뚝 시공에서는 시험시공에 입각한 굴착수량의 관리, 벤토나이트의 필요·불필요, 이토의 비중 측정에 의한 수분 관리, 시공 직후의 블리딩 확인 등이 필요하다고 생각한다.

6	누수로 인한 말뚝둘레부의 시공 불량	종류	기성콘크리트말뚝
		공법	프리보링 확대근고공법

1. 개요

프리보링 확대근고공법에 의해 말뚝을 시공하고 굴착 후에 누수에 의한 말뚝둘레 고정액의 침강 및 강도 부족이 표면화된 사례이다.

(1) **트러블이 발생한 말뚝**: 말뚝지름 ϕ450 mm, ϕ500 mm, ϕ600 mm, 말뚝길이 12m

(2) **지반 개요**: 표층은 롬이 주체인 점성토이고, 그것 이하 깊이 11 m 부근까지는 롬·점토질 롬·응회질 점토가 퇴적하고, 11 m 이하 깊이에 자갈지름 5~30 mm의 덜 각진 자갈을 주체로 한 홍적점토 섞인 사력층이 퇴적되어 있다. 설계지지층은 이 층이다(**그림 1**).

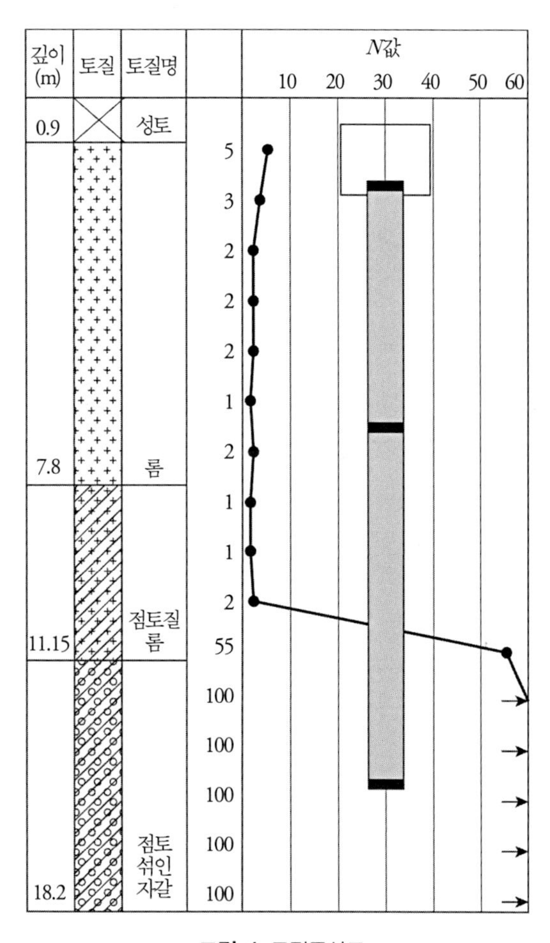

그림 1 토질주상도

2. 트러블 발생 상황

동시 진행으로 시공 완료 부분의 굴착을 실시했더니 말뚝 천단보다 0.2~5.0 m의 말뚝둘레 고정액의 저하가 확인됐다.

3. 트러블의 원인

사력층에서의 누수 가능성이 있는 지역이며, 시험말뚝 시에 말뚝시공자 측에서 누수를 인식하고 있었지만, 시멘트밀크를 증량하는 처리를 해 문제없다고 오판해 버렸다. 또한 말뚝머리 위치가 시공면보다 1.8 m 아래여서 시공관리상 누수 확인을 하지 못한 것이 원인이라 생각한다.

4. 트러블의 대처·대책

트러블의 대처로는 철근봉을 밀어넣어 전체 말뚝의 말뚝둘레부 불량구간 조사를 실시하고 말뚝지름별로 말뚝둘레 고정액의 침강이 가장 많은 것을 대상으로 급속재하시험으로 설계지지력을 확인했다. 또한 침강 구간 및 강도 부족으로 연약한 구간에는 말뚝시공 시와 같은 배합강도의 시멘트밀크를 주입했다. 연약한 구간에 대해서는 대상 구간의 불량부를 수동 소형 굴착기(지름 50 mm의 스파이럴로드)를 이용하여 액체상태로 해서 진공차(車)에 의해 배토하고 그 영역에 말뚝 시공 시와 같은 배합의 시멘트밀크를 주입했다(**그림 2**).

트러블 재발 방지 대책으로는 시멘트밀크의 주입량과 누수로 인한 액면 침강량의 관계를 파악하기 위해 시험굴착을 실시하기로 했다. 시험굴착은 말뚝중심과는 다른 곳에서 실시하고, 굴착 시에는 누수의 발생을 억제하기 위해 증점제를 사용했다. 굴착액에 배합하는 증점제는 사용하는 벤토나이트액의 중량에 대해서 0.05%로 하였다.

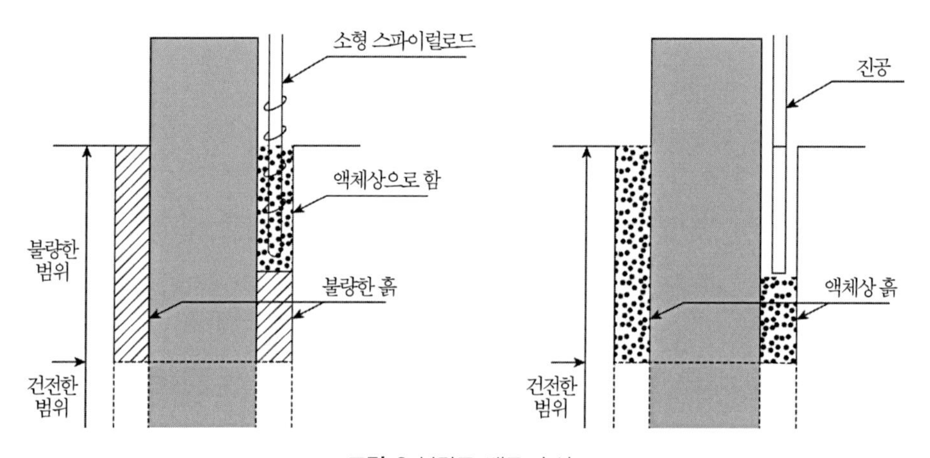

그림 2 불량토 배토 순서

먼저 증점제의 효과를 파악하기 위해 소정의 배합량(말뚝체적분은 증량)으로 시험굴착을 하고 누수에 의한 말뚝둘레 고정액 천단의 침하상태를 경과시간(5분, 10분, 15분, 30분, 1시간, 2시간, 4시간, 다음 날 아침)마다 확인하고, 수렴하는 시간과 침하량을 파악하였다(**그림 3**). 또한 1회의 시험굴착에서 말뚝둘레 고정액 천단의 침하량이 1.0 m를 초과한 경우에는 침하량분의 시멘트밀크를 증량하여 여러 번 실시하는 것으로 하였다.

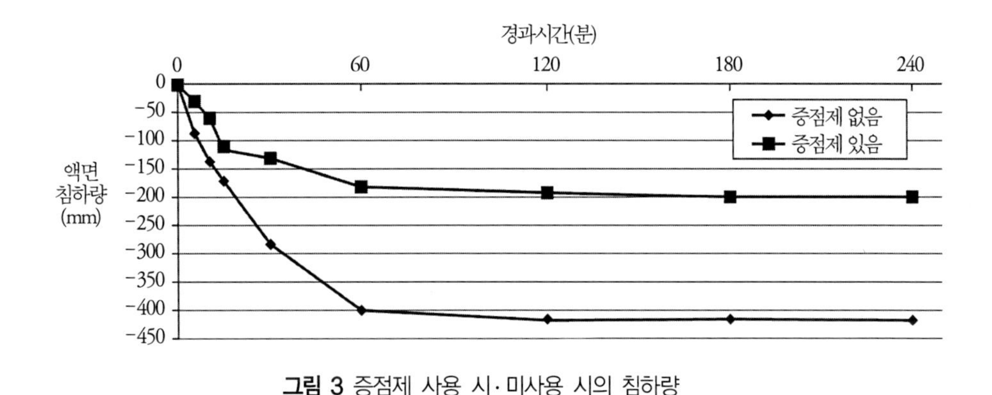

그림 3 증점제 사용 시·미사용 시의 침하량

본말뚝 시공 시의 시멘트밀크 배합량으로서 시험굴착에서 침하량이 1.0 m 이하인 것을 확인할 수 있었던 배합으로서 1.0 m량 분의 시멘트밀크의 양을 늘려서 본말뚝을 시공하였다. 다만 침하량이 0.3 m 정도이면 배합량은 변경하지 않는 것으로 하였다.

본말뚝 시공 시에는 말뚝두부의 공은 바로 되메우지 않고 매일 작업 종료 후 시멘트밀크의 침하 상황을 확인하여 말뚝머리가 노출되어 있는 경우에는 말뚝머리가 안 보일 때까지 시멘트밀크를 추가 주입하고 작업을 종료하였다. 매일 마지막 말뚝에는 낙하 방지 대책을 실시한 후 다음 날까지 되메우지 않고 남겨 두고 다음 날 아침에 필요에 따라서 추가 주입을 실시하기로 했다.

5. 트러블에서 얻은 교훈

특정 지역의 지반 특성에 의한 누수는 미연에 막을 수 있다고 생각되므로 향후 백데이터를 수집하여 누수 주의 지역을 파악하여 트러블 회피를 도모하기 바란다.

7	사력층에서 말뚝의 근입깊이 미달	종류	기성콘크리트말뚝
		공법	프리보링 확대근고공법

1. 개요

지상 14층짜리 공동주택 신축공사에서 지지층 및 중간층에 사력층이 있는 지반에서 프리보링 확대근고공법의 시공 중 말뚝의 근입깊이 미달(설계 천단에서 약 2 m)이 발생한 사례이다. 본 건의 경우, 말뚝의 제조공정상 말뚝 증가로 대처하는 것이 곤란하므로 인발·재시공을 선택했다. 트러블이 발생한 말뚝의 제원은 **표 1**과 같다.

표 1 트러블이 발생한 말뚝의 제원

- 말뚝사양 : 축부지름 ϕ1,000 mm, 마디부지름 ϕ1,100 mm
- 굴착깊이 : GL-37.0 m
- 착공지름 : 축부 ϕ1,130 mm, 근고부 ϕ1,500 mm
- 말뚝종류 - 말뚝길이 : SC-7 m+PHC(C)-14 m+PHC(A)-13 m

2. 트러블 발생 상황

말뚝의 근입깊이 미달 상황을 **그림 1**에 나타냈다. 말뚝천단은 설계천단레벨에서 약 2.0 m 높은 상태였다. 말뚝 침설 시에 근입깊이 미달 현상이 확인된 시점에서 3점식 항타기로 인발을 시도했지만 마디말뚝 부분이 공벽에 닿은 상태에서 인발 불능이었다.

3. 트러블의 원인

본 건의 근입깊이 미달의 원인은 다음의 3가지가 있다.

(1) 공벽의 붕괴

일반적으로 프리보링공법의 경우 균일한 입도를 가진 모래층이나 밀도가 작은 사력층에서는 어스오거의 굴착에 의해 그 지층을 교란시켜버려 공벽이 무너질 것으로 생각한다. 본 공사의 경우 **그림 1** 및 **2**에 나타내는 ①, ②, ③의 지층에서 붕괴했을 가능성이 추측되었다.

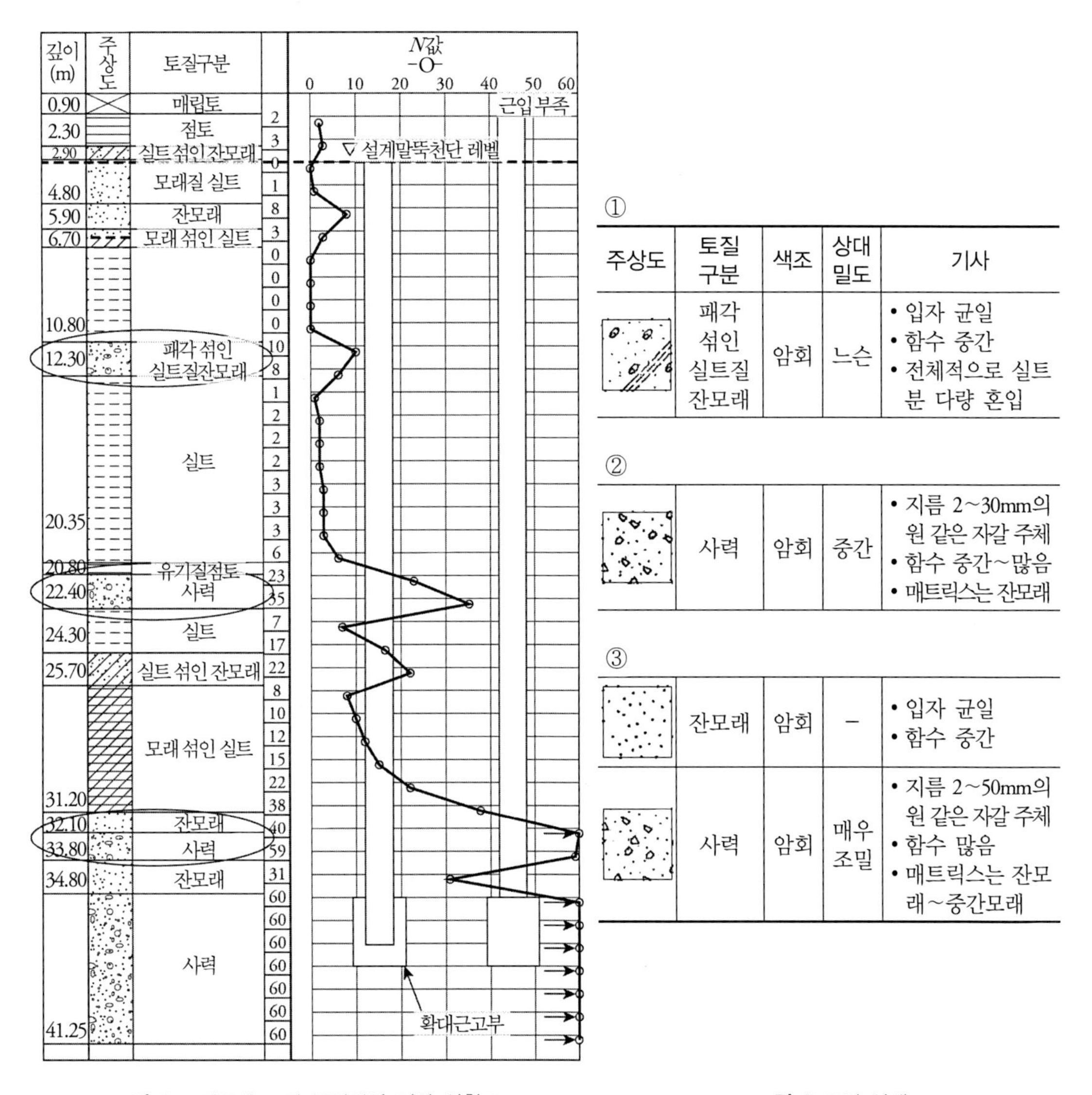

①

주상도	토질 구분	색조	상대 밀도	기사
	패각 섞인 실트질 잔모래	암회	느슨	• 입자 균일 • 함수 중간 • 전체적으로 실트분 다량 혼입

②

주상도	토질 구분	색조	상대 밀도	기사
	사력	암회	중간	• 지름 2~30mm의 원 같은 자갈 주체 • 함수 중간~많음 • 매트릭스는 잔모래

③

주상도	토질 구분	색조	상대 밀도	기사
	잔모래	암회	–	• 입자 균일 • 함수 중간
	사력	암회	매우 조밀	• 지름 2~50mm의 원 같은 자갈 주체 • 함수 많음 • 매트릭스는 잔모래~중간모래

그림 1 토질주상도 및 근입깊이 미달 상황도

그림 2 토질 상세

(2) 중간층에서의 공곡(孔曲)

중간사력층 굴착 시에 오거가 크게 날뛰는 현상을 볼 수 있었던 것으로부터 공곡의 가능성이 있다.

(3) 굴착액 주입 타이밍이 늦음

공벽의 붕괴 방지와 낙하한 자갈 등을 부유시킬 목적으로 축부 굴착 시부터 벤토나이트용액 등의 굴착액을 사용하는 경우가 있는데, 본 공사에서는 축부는 물을 이용해 굴착을 행하고 지지층의 사력층에서도 물에 의한 확대굴착을 행하고 나서 굴착액으로 바꾸고 있었다.

4. 트러블의 대처·대책

대처로서 생각할 수 있었던 것은 a. 재하시험에 의한 지지력 확인, b. 말뚝 증가, c. 말뚝 인발·재시공의 3안이다. 공사기간, 비용 및 근린에 대한 영향을 고려하여 비교 검토의 결과 c.안을 선정했다. 인발에서는 워터제트케이싱공법(굴착지름 1.8 m)에 의해 말뚝과 지반과의 연결을 끊은 후에 90 t 크레인을 이용하여 와이어로 말뚝을 당겨올리고 무용접 이음 볼트를 밖에서 잘라내고 중간말뚝과 아래말뚝은 폐기처분하고 윗말뚝은 재시공 시에 사용했다. 말뚝 인발 공은 말뚝 시공에서 발생한 잔토로 되메우기를 행한 후, 항타기로 빈배합의 시멘트 밀크를 주입하고 교반하여 지반개량을 실시하였다.

재시공에서는 근고부의 지지력을 고려하여 근고부 지름은 ϕ1.8 m, 근고길이는 원설계 길이에서 0.5 m 깊게 시공했다.

본 경우와 같은 지반에서의 트러블 대책으로는 이하의 2가지를 들 수 있다.

① 지층이 변하는 점에서는 공벽면의 안정을 확보하기 위해 굴착속도를 느리게 한다.
② 벤토나이트용액(5% 용액) 주입 시기를 근고부 굴착시기로부터 축부 굴착으로 변경한다.

이상의 대책을 강구함으로써 이후의 말뚝시공에서 근입깊이 미달은 발생하지 않았다.

5. 트러블에서 얻은 교훈

굴착 대상 지지 지반이 사력층인데다가 지지층보다 얕은 깊이에 N값이 높은 중간층이 개재하는 경우, 공벽면의 안정을 확보하기 어렵고 중간층의 붕괴, 지지층 사력의 조기 침강(공벽 보호 불량) 등을 생각할 수 있다. 특히 대구경 말뚝의 경우는 말뚝 침설 시 주면저항이 커서 근입깊이 미달의 위험이 커진다. 근입깊이 미달의 위험을 피하기 위해서는 ① 중간사력층 및 지지층 상단에서 공벽면의 안정을 확보하고, ② 벤토나이트용액 주입 시기를 축부굴착부터 하는 것이 좋다.

8	굴착 부재의 마모로 인한 말뚝의 근입깊이 미달	종류	기성콘크리트말뚝
		공법	프리보링 확대근고공법

1. 개요

프리보링 확대근고공법에서 중간층에 사력이 개재하는 지반에서의 시공 시 말뚝의 침설 도중에 침설 불능으로 된 사례이다.

(1) **트러블이 발생한 말뚝**: 말뚝지름 ϕ500~600 mm(지름확대 아래말뚝 14 m)+ϕ500 mm(PHC말뚝, 윗말뚝 13 m), 말뚝길이 27 m

(2) **지반 개요**: **그림 1**에서 보는 바와 같이 지지층은 GL-27 m 부근의 사력층이며 그것보다 얕게는 비교적 두꺼운 사력층과 얇은 실트질 점토의 호층으로 이루어져 있다.

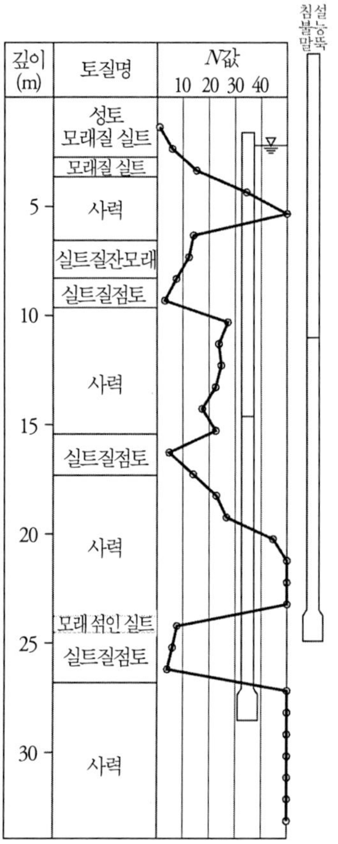

깊이 (m) | 토질명 | N값 10 20 30 40 | 침설불능말뚝
성토 모래질 실트 | 모래질 실트 | 사력 | 실트질잔모래 | 실트질점토 | 사력 | 실트질점토 | 사력 | 모래 섞인 실트 | 실트질점토 | 사력
5 10 15 20 25 30

그림 1 토질주상도

2. 트러블 발생 상황

굴착교반장치에 의해 굴착액(물+벤토나이트)을 사용하여 소정 굴착깊이까지 굴착하여 **그림 2**의 굴착기록에 나타낸 바와 같이 규정대로의 주입량과 시공법으로 근고액, 말뚝둘레 고정액의 주입을 행하고 말뚝을 세워넣었더니 GL-25 m 부근에서 침설이 불가능해졌다.

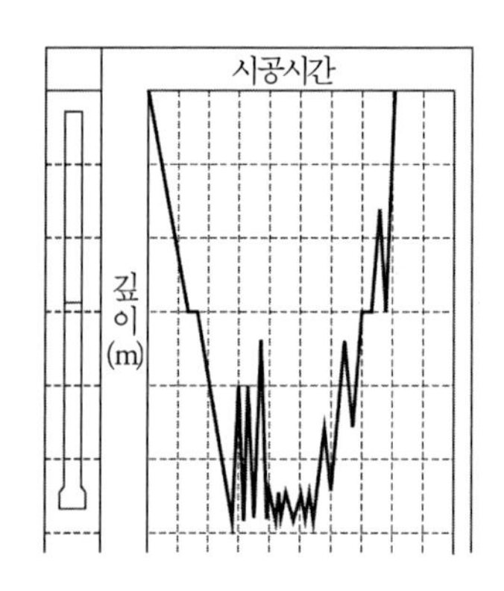

그림 2 굴착기록

3. 트러블의 원인

자갈질 지반을 굴착했을 때 오거비트 및 스파이럴오거의 바깥지름부의 마모를 눈치채지 못하여 굴착지름이 규정보다 작아진 것이 큰 요인으로 추측된다. 근입깊이 미달이 발생한 말뚝의 시공에 사용한 기자재의 바깥지름부를 측정했더니 규정된 바깥지름보다 20~30 mm 정도 마모되어 자갈지반에 의한 손상이 심한 것으로 여겨졌다.

4. 트러블의 대처·대책

근입깊이 미달 말뚝은 이하의 방법으로 인발·재시공을 실시했다(**그림 3**).

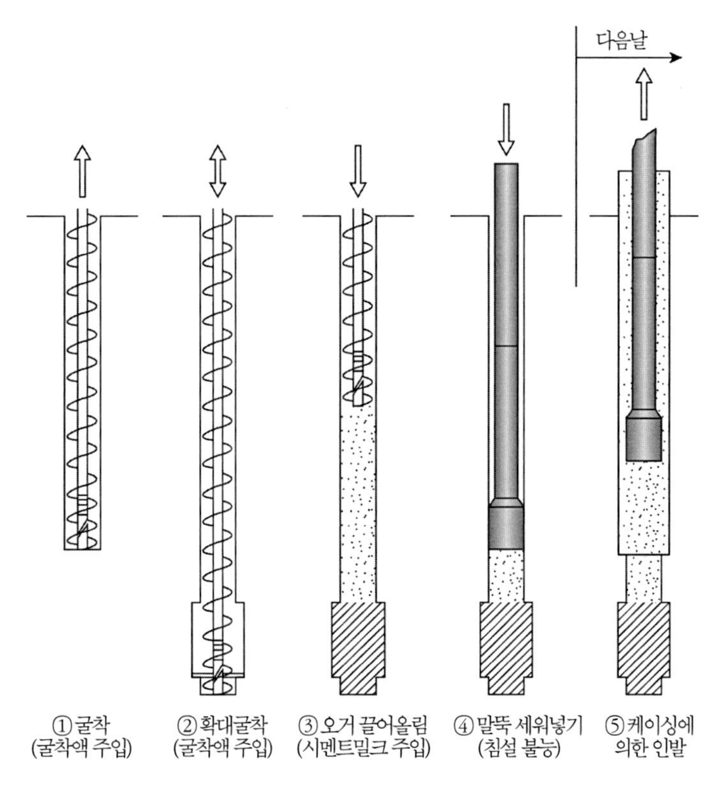

그림 3 근입깊이 미달 말뚝의 시공 흐름

먼저 트러블 당일에 말뚝 인발용 케이싱과 암반굴착용 특수비트를 준비해서 다음 날 모든 말뚝을 인발하였다. 계속해서 특수 비트로 근고부를 파헤쳐서 작업을 실시했다(**사진 1**). 트러블 다음 날에 근고부의 고화도 초기단계에 있었으므로 근고부 하단까지 파헤칠 수 있었다. 그 후 특수비트를 끌어올리고 정규 굴착비트로 바꾸어 재시공에 착수하였다. 이때 굴착 부재는 전부 규정된 종류의 지름을 확보하고 있는 것을 계측·확인하고 나서 시공을 실시했다. 또한 설계자와의 협의에 의해 지지층의 교란을 고려하여 굴착길이를 0.5 m 길게 시공해서 무사히 소정의 깊이까지 말뚝을 침설하였다.

사진 1 특수비트

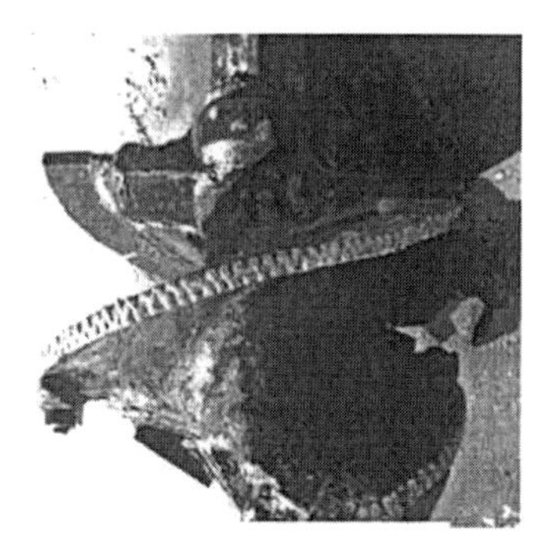

사진 2 덧붙임 보수

근입깊이 미달 후의 시공에 있어서는 매일 작업 전에 오거비트 및 스파이럴오거의 바깥지름을 계측하여 소정의 외경 범위에 있는지 확인하였다. 마모로 인한 외경의 감소 및 변형 등이 확인된 경우에는 현장에서 재료를 덧붙여 보수(**사진 2**)하든가 미리 준비한 예비기자재와 교환하여 대처하였다. 특히, 옥석을 포함한 *N*값이 큰 경질지반에서는 스크류 축부의 변형이나 손상도 고려해야 하므로 기자재의 선정에는 충분한 주의를 기울일 필요가 있다.

또한 함수량이 많은 사력지반에서의 굴착공벽의 붕괴 방지를 위하여 보다 입자가 잔 벤토나이트를 사용할 뿐만 아니라 CMC를 병용한다던가 고기능 특수 증점제 등을 사용하는 것도 사전에 검토해야 한다.

5. 트러블에서 얻은 교훈

항타공사의 주요 기자재의 선정에 있어서는 기자재의 형식과 능력 외에 지반상황에 맞춘 선정이 중요하다. 또한 *N*값이 큰 자갈질 지반을 굴착할 때에는 매일 작업 전에 오거비트 및 스파이럴오거의 외경부를 계측하여 기자재의 품질관리를 수행할 필요성을 절감했다.

9	세립분이 많은 지지층에서의 사전 배합시험과 지지력 확인	종류	기성콘크리트말뚝
		공법	프리보링 확대근고공법

1. 개요

프리보링 확대근고공법의 건축공사에서 지지층에 세립분이 포함되어 근고부 소일시멘트의 강도 저하가 염려되었기 때문에 사전에 대책을 실시하여 트러블을 회피한 사례이다.

(1) **대상이 된 말뚝**: 축부지름 ϕ1,200 mm, 마디부지름 ϕ1,300 mm, 말뚝길이 29 m의 PHC말뚝, 축부 굴착지름 ϕ1,450 mm, 확대 굴착지름 ϕ 1,800 mm

(2) **지반 개요**: 대상 토층은 상부에서 층두께 22 m의 충적층과 그 하부의 홍적층, GL-30 m 이하 깊이의 이질 사암층으로 구성되어 있다(**그림 1**).

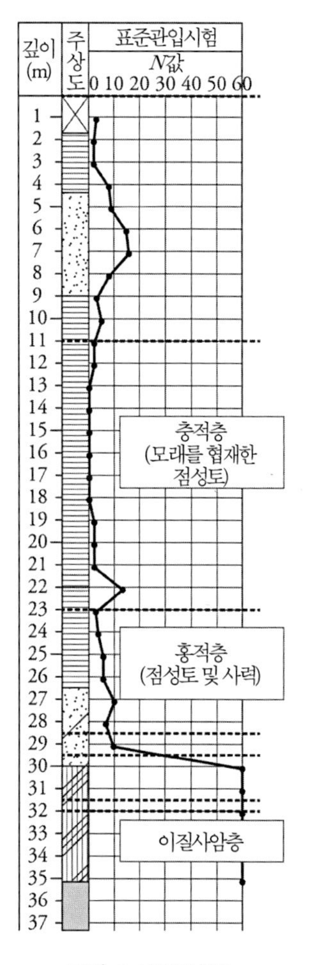

그림 1 토질주상도

2. 예상되는 트러블

지지층 부근의 점성토 및 이질 사암은 세립분 함유율이 높아 근고부의 소일시멘트 강도 저하가 염려됐다. 따라서 실대 시공 시험을 실시하여 코어시료의 강도조사를 실시했다. 4주의 일축 압축강도는 평균 7.9 N/mm^{2}이고 목표인 14 N/mm^{2}에 이르지 않았다. 그 때문에 원위치 흙의 실내 배합시험을 실시하여 시공법을 재검토하는 대책을 세우고 그 시공법의 타당성을 재하시험으로 확인했다.

3. 트러블의 원인

강도저하의 원인으로서 ① 지지층에 포함된 세립분이 영향을 미쳐 굴착 이토의 수분량을 포함한 근고부 내의 수분량이 많아져 소일시멘트 강도가 저하했다. ② 혼합 교반에 의한 근고부의 시공방법이 해당 지반에 대응하지 않았다. ③ 축부의 굴착속도가 빨라 흙덩어리가 되어 근고부에 혼입했다는 것이 고려되었다.

4. 트러블의 대처·대책

지지층 근방 지반에서 채취한 원위치 흙을 이용한 실내 배합시험을 실시했다. 결과는 **그림 2**와 같다. 표준적인 시멘트밀크 함유율 50%에서는 10 N/mm^{2}로 낮기 때문에 시공효율을 고려한 목표 20 N/mm^{2}의 강도에 대응하는 시멘트밀크 함유율 75%를 목표로 하는 시공법으로 변경했다(원인 ①의 대응).

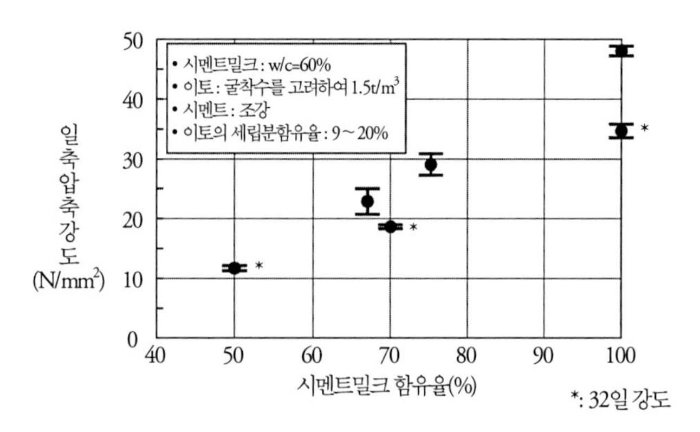

그림 2 실내 배합시험 결과(28일 강도)

그림 3에 보이는 것처럼 1번째에서 50%, 2번째에서 75%로 되도록 근고 공정을 2회 실시로 하였다(원인 ①, ②의 대응). 축부는 1 m/min의 저속으로 굴착하여 진흙을 세립화하고 약 15 m마다의 전환(로드의 상하)으로 배토를 촉진하는 방법으로 했다(원인 ③의 대응).

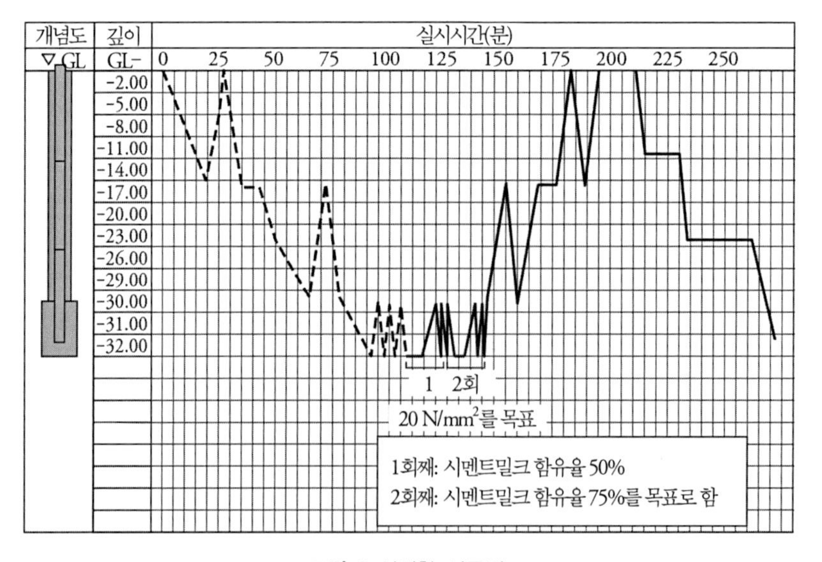

그림 3 설정한 시공법

시공법의 해당 지반에의 적용성을 확인하기 위하여 실대 시공 시험을 행하였다. 그 결과 코어시료에 의한 일축압축강도는 평균 36.5 N/mm^{2}이며, 목표 강도를 만족했다.

말뚝의 지지력을 확인하기 위해 말뚝의 연직재하시험을 실시했다. **그림 4**에 시험말뚝의 개요를, **그림 5**에 말뚝머리와 말뚝선단의 하중-침하량 관계를 나타냈다. 말뚝선단하중이 약 10 MN까지는 침하량은 약 10 mm로 거의 탄성적이며, 항복상태나 극한상태에 이르지 않았다. 설계 말뚝선단지지력(8.9 MN) 이상을 확인할 수 있었으며 해당 지반에 대한 선단지지력 확보를 위한 시공법이 타당하다는 것을 확인하고 본 말뚝을 시공하였다.

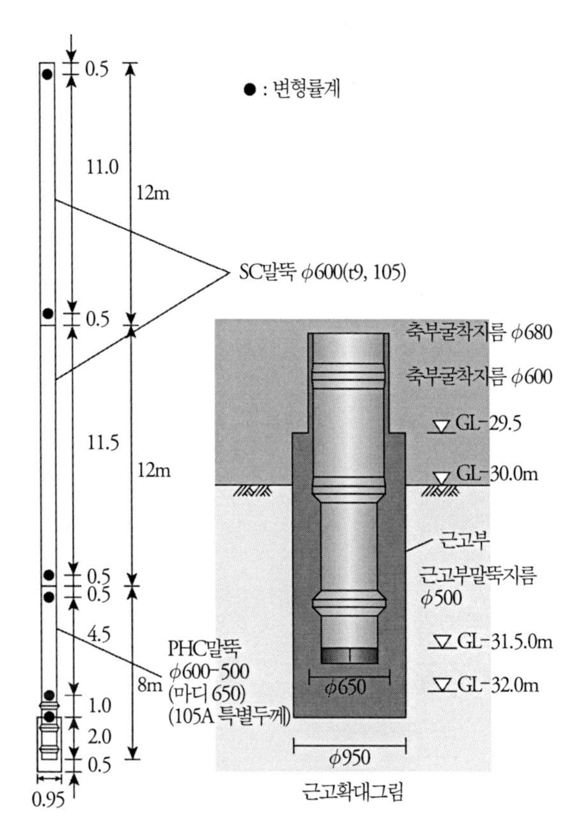

그림 4 재하시험말뚝 개요

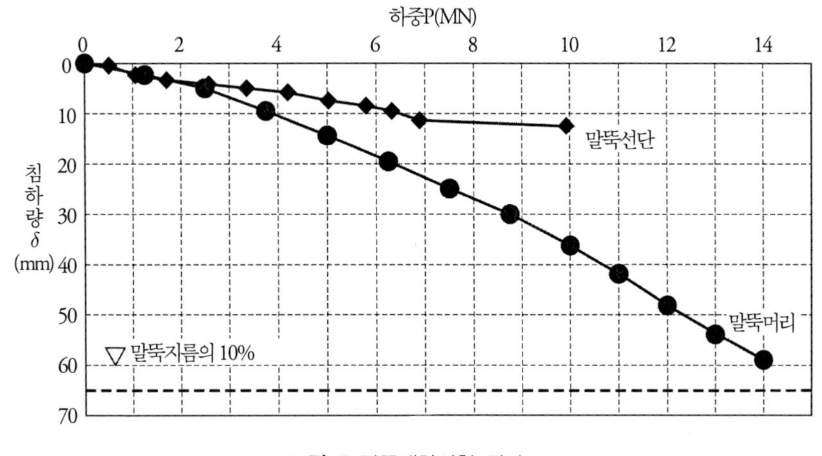

그림 5 말뚝재하시험 결과

5. 트러블에서 얻은 교훈

이 트러블은 매입공법에서는 선단지반의 세립분 함유율이 높은 경우나 축부의 점성토층이 두꺼운 경우 등 지반조건 및 시공상의 고려 여부에 따라서 공법에서 정해진 통상적인 시공법으로는 근고부의 소일시멘트의 강도를 확보할 수 없는 케이스가 있는 것을 나타낸다. 지반을 확인하고 지반의 난이도를 판단하여 강도 저하가 예상되는 경우에는 근고부의 시공방법을 지반에 맞추어 수정하는 등이 필요하다. 지반별 근고부의 완성도의 판단력을 기르려면 미고결 시료의 강도조사 등이 효과적이라고 생각할 수 있다.

10	세립분이 많은 지지층에서의 미고결 시료에 대한 근고부의 품질 확보	종류	기성콘크리트말뚝
		공법	프리보링 확대근고공법

1. 개요

세립분이 많은 모래층을 지지 지반으로 하는 프리보링 확대근고공법 현장에서 근고부의 강도 부족이 우려되어 사전에 대응을 실시해 트러블을 회피한 사례이다.

(1) **대상이 된 말뚝** : 말뚝지름 ϕ600 mm, 말뚝길이 30 m의 기성콘크리트말뚝

(2) **지반 개요** : 말뚝선단 부근의 지반은 실트층을 협재한 세립분이 많은 모래층으로서 그 위쪽은 유기질토를 함유한 실트층 및 화산회층으로 구성된 지반이다(**그림 1**).

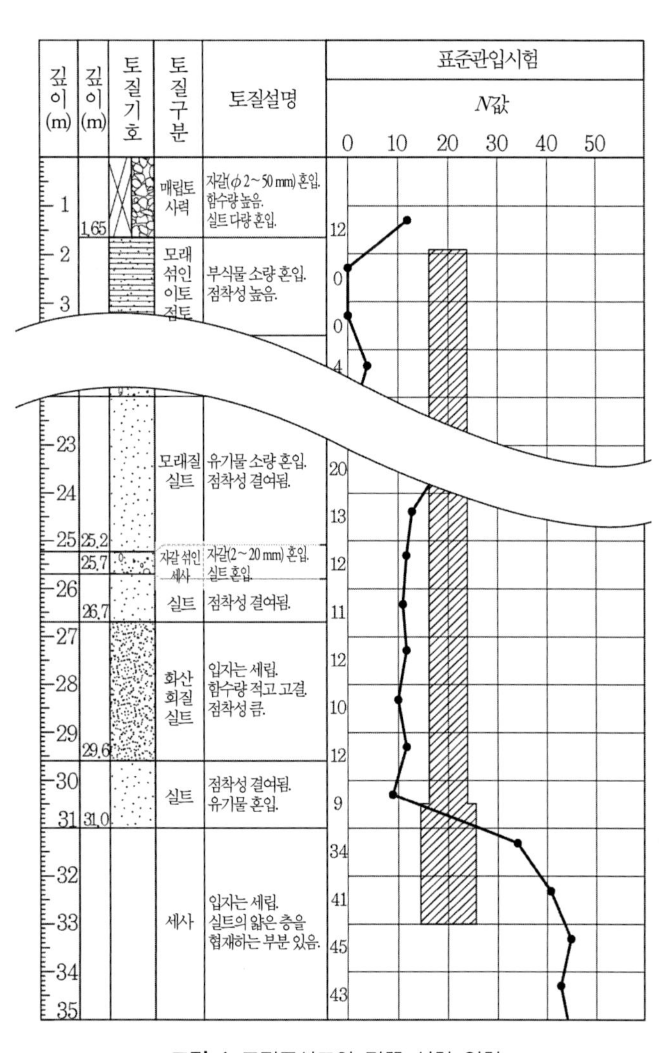

그림 1 토질주상도와 말뚝 설치 위치

2. 예상되는 트러블

기초말뚝이 큰 지지력을 발현하기 위해서는 근고부의 확실한 강도 발현이 필수적이다. 당해 공사는 시공실적이 적은 지역에서 프리보링 확대근고공법을 채용한 건인

데다가 말뚝의 근고부를 축조하는 부근의 지반은 세립분이 많은 지반으로 구성되어 있어서 근고부 소일시멘트의 강도 부족이 염려되었다.

3. 트러블의 원인

소일시멘트의 강도는 흙에 포함된 점토, 실트와 같은 세립분이나 유기물의 영향으로 보다 저하하는 경우가 있다. 당해 공사에서 말뚝의 근고부 부근의 지반구성은 실트층을 협재한 세립분이 많은 사질토층과 유기질토를 함유한 실트층 및 화산재층으로 구성된 지반이어서 근고부 소일시멘트의 강도 부족이 우려됐다.

그러한 경우에는 시공한 근고부에 대하여 사전 완성도 확인 조사를 실시해 강도 확인을 실시하는 경우가 있다. 조사에서는 근고부의 코어보링을 수행하여 고화된 근고부 시료를 채취하고 그 강도시험을 실시하는 방법이 있다. 그러나 시험시공으로부터 코어보링 그리고 압축시험에 이르기까지에는 긴 양생기간이 필요하기 때문에 공정 관계상 본 건에서는 채용할 수 없었다. 또한 지지층의 토질시료를 채취하여 사전에 실내배합시험을 실시하여 해당 지반에 적합한 근고부의 시공과 근고액의 주입량 등을 결정하는 방법도 있지만 이것도 공정의 문제 때문에 곤란했다.

4. 트러블의 대처·대책

따라서 본 건에서는 근고부의 완성도를 확인하는 방법으로서 본설 말뚝 시공에 앞서 별도의 공에서 시험시공을 행하여 시공 직후의 아직 굳지 않은 근고부 소일시멘트 시료(미고결 시료)를 전용 채취기로 채취하여 이 시료의 강도 확인을 실시하기로 했다. 시험시공은 본설 말뚝 시공과 같은 시공방법으로 하지만 말뚝 침설은 실시하지 않기로 했다. 또한 표준적인 시공에서의 근고액 주입률은 근고부 체적의 100% 양이지만 근고부에 주입하는 시멘트밀크가 많을수록 근고부 소일시멘트의 강도 증가가 기대된다고 예상되어 시험시공에서는 근고액의 주입률을 근고부 체적의 100%, 150%, 200%로 바꾼 사양의 3가지로 했다. 시험시공은 시공시간 관계상 1일 1가지로 하여 근고액 주입률이 많은 것부터 실시했다. 채취한 시료는 재령 3일에 압축시험을 실시해 그 강도에 따라 근고부 완성도를 평가하여 목표강도($\sigma_c = 14$

N/mm²)를 상회한 사양으로 본설 말뚝을 시공하는 것으로 결정하였다. 그 결과 **표 1**과 같이 3가지의 시험시공 완료 다음 날에 주입률 200% 사양의 미고결시료의 강도가 목표 강도를 넘어서 주입률 200%의 시공 사양으로 본설 말뚝을 시작했다.

그리고 다음 날에는 주입률 150%의 사양, 나아가 다음다음 날에는 주입률 100%의 사양인 미고결 시료의 강도가 목표 관리 강도를 넘어 본설 말뚝 시공 3일째부터 근고부 시공을 주입률 100%의 표준 시공 사양으로 행할 수 있었다.

표 1 시공 흐름

	1일	2일	3일	4일	5일	6일	7일
시험시공 사양 : 주입률 (근고부 시료 채취)	200% (시료 채취)	150% (시료 채취)	100% (시료 채취)				
근고부 시료 강도 시험 시험시공 사양 : 주입률 일축압축강도 σ (N/mm²) [*재령28일 압축강도]				200% $\sigma_{3(200)}=23.1$ [45.4]	150% $\sigma_{3(150)}=17.3$ [36.2]	100% $\sigma_{3(100)}=17.1$ [32.5]	
				↓ $\sigma_{200} > \sigma_c$ OK	↓ $\sigma_{150} > \sigma_c$ OK	↓ $\sigma_{100} > \sigma_c$ OK	
본설말뚝 시공 개시 : 주입률				200%	150%	100%	

* 근고부 목표 강도 : $\sigma_c = 14$ N/mm²

5. 트러블에서 얻은 교훈

이 사례에서는 사전의 모든 시험시공에서 근고부 미고결 시료가 조기 재령에서 목표 강도를 웃도는 결과가 되어 본시공 개시를 크게 늦추는 일 없이 계획대로 근고부 사양으로 시공이 가능했다. 지지 지반의 토질과 근고부 축조 방법의 관계는 근고부 소일시멘트 중의 시멘트밀크 함유율에 강하게 기여한다고 생각되므로 말뚝선단지반의 시공실적이 적은 지역이나 특이한 지반의 경우 근고부 축조에는 충분한 배려가 필요하다.

11	간이항타기에 의한 사전 지지층깊이 조사	종류	기성콘크리트말뚝
		공법	프리보링 확대근고공법

1. 개요

지지층이 명확하지 않은 부지에서 사전에 간단한 항타기(타이어식 항타기)에 의해 시굴조사를 실시함으로써 말뚝길이 변경 및 그것에 따른 공기연장 등의 트러블을 미연에 방지한 사례이다.

2. 예상되는 트러블

건물부지는 산자락을 절토·성토하여 조성된 것이었다. 보링조사는 건물의 대각선상 일방향(북동-남서)의 4개소에서 실시되었으며 강고한 지지층 레벨은 각각 GL-11 m, -15 m, -22 m, -28 m였다(**그림 1**).

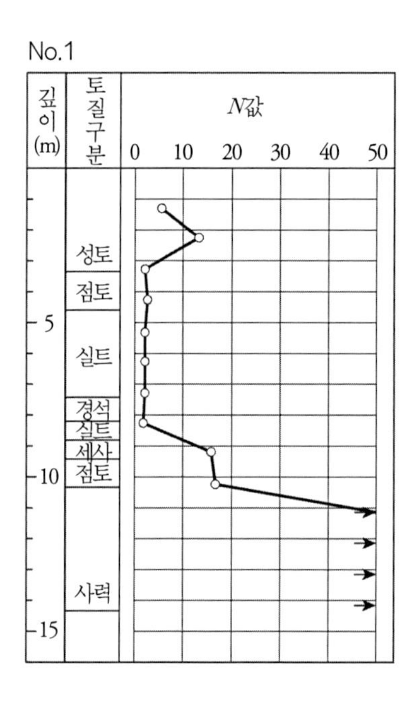

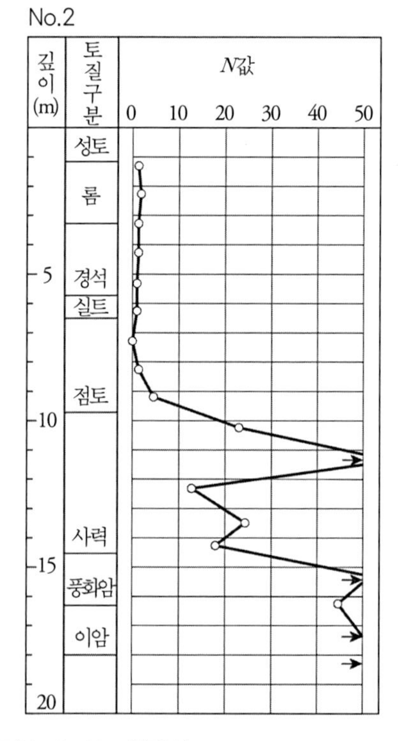

그림 1 말뚝배치도 및 토질주상도(No.1~No.4)(계속)

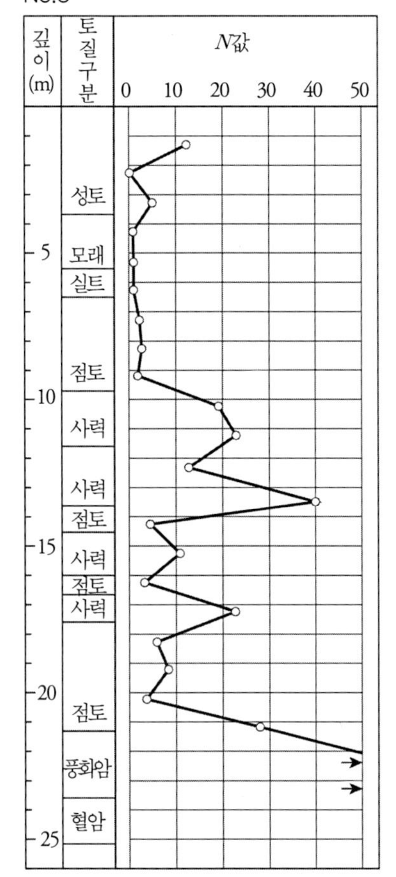

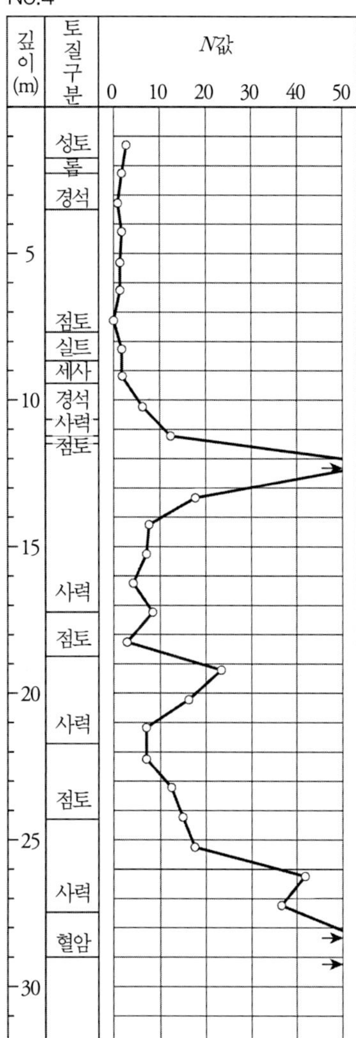

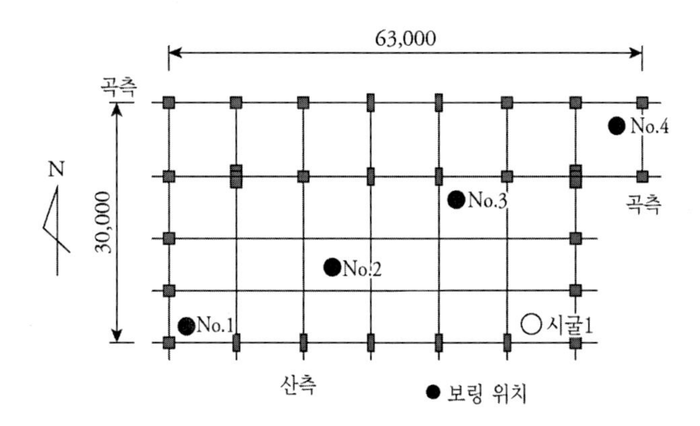

그림 1 말뚝배치도 및 토질주상도(No.1~No.4)

보링조사가 행해진 대각선 방향에 대해서는 예상된 말뚝길이의 타당성을 대략 검증할 수 있었지만 또 다른 일방향(남동- 북서)의 말뚝길이에 대해서는 조사자료로부터의 추정이 곤란하였다. 또한 착공 후의 시굴조사나 시험말뚝에 의해 정식 말뚝길이를 결정해서는 공정의 지연을 피할 수 없거나 사용할 수 없는 말뚝의 비용 부담의 문제가 생길 수 있었다.

부지 조성 전의 지형을 예상한 보링조사를 행하기는 했지만 실시된 조사만으로는 정확한 말뚝길이를 설정하기에는 충분하지 않으며, 말뚝길이의 예상 차이에 의한 트러블이 염려되었다.

3. 트러블의 대처·대책

말뚝공사 착공 약 1개월 전에 시굴조사(지지층 레벨 확인)를 실시할 것을 제안하였다. 일반적으로는 3점식 항타기와 시공관리장치를 이용하여 적분전류계에 의해 지지층 확인을 하지만 본 건에 대해서는 공사기간이나 비용의 면에서 실시할 수 없는 상황이었다. 따라서 그 조사방법으로서 조사개소 간 이동에 필요한 시간이나 조사기간 및 비용을 고려하여 간편한 타이어식 항타기로 필요한 개소를 굴착하고 그때의 굴착 저항을 펜레코더형 전류계를 사용하여 지지층 출현 깊이의 조사·확인을 실시했다.

시굴조사 1의 전류 기록을 **그림 2**에 나타냈다. 이 위치는 **그림 1**의 말뚝배치도에서 보는 것처럼 보링 No.3와 No.4의 중간의 남단 부근으로서, No.3에서는 GL-22 m에서 지지층이, No.4에서는 GL-28 m에서 지지층이 출현하고 있지만 시굴조사 1에서는 GL-24 m에서 견고한 지반이 나타났고 GL-25.5 m 이상의 깊이는 굴착이 불가능하게 되었다. 이것으로부터 시굴조사 1 부근의 굴착깊이는 GL-25.5 m, 말뚝선단 위치는 GL-25 m로 결정했다.

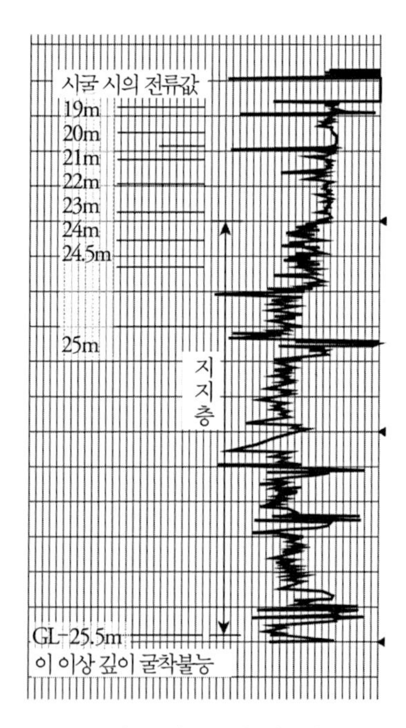

그림 2 시굴 1의 전류값

이런 시굴조사를 9개소에서 시한 결과 계획 말뚝길이는 당초의 예정대로 11~29 m였지만 그 내역은 계획 4종류에서 8종류로 변경해서 제조하고, 본말뚝의 시공에서는 지지층 확인, 말뚝타설도 거의 시굴조사 결과대로 시공할 수 있었다.

4. 트러블에서 얻은 교훈

시굴조사를 사전에 실시하여 제조하는 말뚝의 말뚝길이를 결정한 결과 예정대로의 공사기간으로 말뚝길이 변경도 없이 시공을 완료할 수 있었다. 간편한 타이어식 항타기와 펜레코더형 전류계를 사용한 조사로도 굴착상황이나 전류값 변화를 확인함으로써 지지층 레벨의 예상이 가능하며, 말뚝기초의 품질을 확보하기 위한 하나의 방법이라 생각한다.

12	지반조사 수 부족으로 인한 지지층 굴착 불능	종류	기성콘크리트말뚝
		공법	프리보링 근고공법

1. 개요

프리보링 근고공법에 의한 말뚝공사에서 지지층이 당초에 설정한 깊이보다도 얕았기 때문에 착공 불능 및 착공 시의 공 구부러짐에 의한 말뚝의 근입깊이 미달이 발생한 사례이다.

(1) **트러블이 발생한 말뚝**: 말뚝지름 ϕ500～800 mm, 말뚝길이 22～27 m(2본 이음)의 PRC 및 PHC말뚝

(2) **지반 개요**: 산악지이며 당초보다 지지층의 경사가 염려되었으므로 8지점의 지반조사가 실시되었다. 그러나 부지 동측의 조사는 BNo.1공처럼 역질토층이 경질이어서 16 m 부근에서 조사를 종료했다(**그림 1**).

(3) 설계에서는 깊이 22 m 이상 깊이의 역질토에 말뚝을 근입시키는 것을 원칙으로 하여, 설계 말뚝길이는 22～27 m였다. 도중에 굴착 불능이 발생하는 경우는 록오거로 선행 착공을 실시하고 그 후 본 공법을 시공하는 것으로 계획하였다.

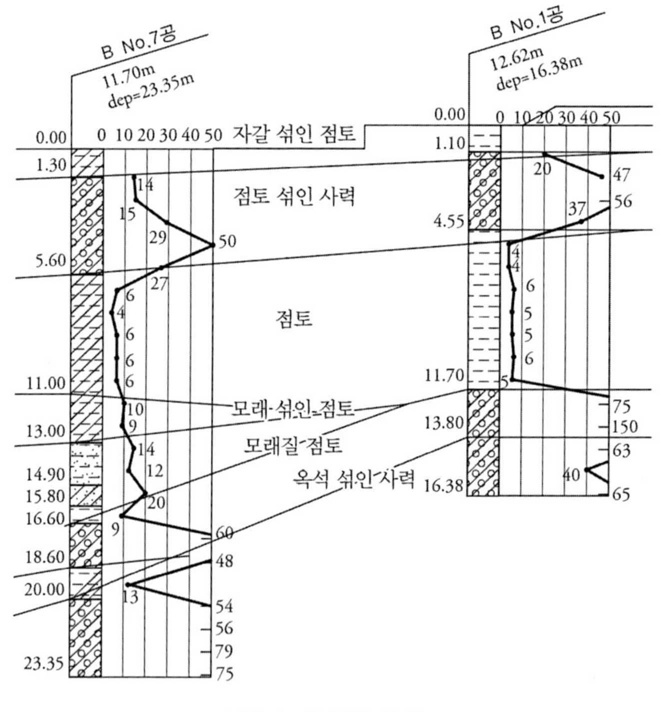

그림 1 지질단면 예상도

2. 트러블 발생 상황

부지 동측의 A 지점에서 16 m 이상 깊이의 토질 확인과 22 m 부근까지의 착공 여부를 확인하기 위해서 시굴을 실시하여 무사히 굴착을 완료했다. 다음으로 시험말뚝 B지점에서는 설계 말뚝길이인 22 m까지 착공하고 말뚝을 침설했다(**그림 2**).

그러나 본말뚝의 시공을 X11 라인에서 서측으로 향해 개시했더니 X9 라인에서는 **그림 1**과 같은 지지층이 깊어지는 경향은 보이지 않고 **그림 3**과 같이 굴착 시의 저항은 큰 상태가 계속되어 13~15 m에서 굴착 불능이 됐다. 또한 X8 라인에서는 13~15 m 부근에서 옥석에 의한 것으로 생각되는 착공 불능, 20~22 m 부근에서는 공 구부러짐에 의한 근입깊이 미달이 발생했다.

이 트러블의 대처로서 록오거용 헤드를 사용하여 선행 착공을 실시했지만 트러블을 개선하기까지 이르지 못했다. 따라서 시공을 중단하고 근본적인 대책을 세우기로 했다.

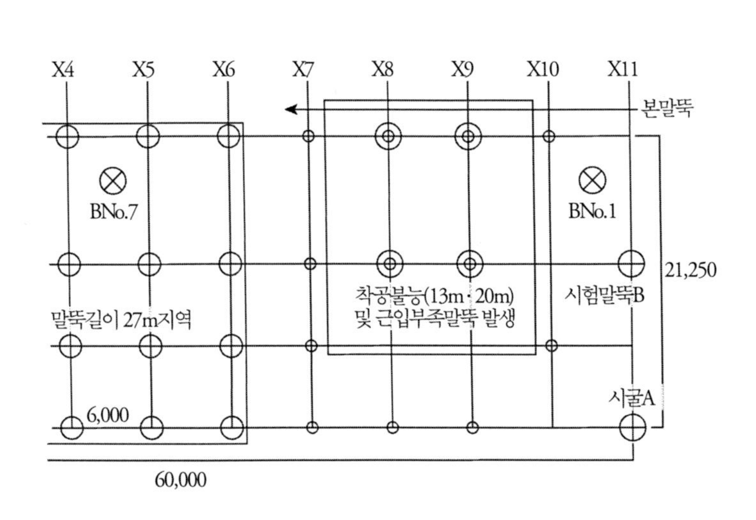

그림 2 말뚝배치도

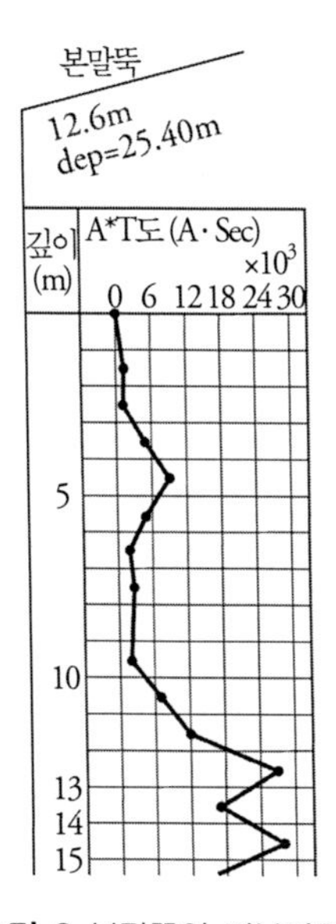

그림 3 본말뚝의 적분전류값

3. 트러블의 원인

① **그림 1**의 토질단면도(BNo.1~BNo.7 사이)에서 예상한 지지층 면의 경사가 없었다.

② 지지층인 역질토에 자갈지름 100 mm 이상의 옥석층이 퇴적되었다고 기록되어 있지만

실제로는 더 큰 옥석이 점재하여 착공 불능에 빠지거나 미끄러지거나 하는 것에 따라 공 구부러짐이 발생했다.

③ 시굴 및 시험말뚝에 의한 지지층 면 파악은 BNo.1 공 부근에서만 실시되었고 말뚝공사 구역의 넓이를 생각하면 부족했다.

4. 트러블의 대처·대책

우선, 다운더홀해머공법에 의한 선행 착공을 계획했지만 진동을 수반하기 때문에 채택되지 않았다. 다음으로, 록오거용 부재로 스크류와 케이싱을 역전시키면서 선행 착공을 계획했지만 공기와 공비의 면에서 불채택되었다. 따라서 굴착 헤드에 장착된 비트가 회전하는 유형의 3날개 구조의 암반 굴착용 헤드와 강성이 높은 큰 지름의 로드로서 굴착속도 1 m/min 미만으로의 선행 착공을 계획했는데, 이것으로 실시하게 되었다.

이것에 의해 시간은 걸리지만 착공 불능이었던 장소도 소정 깊이까지 착공할 수 있었다. 또한 공 구부러짐이 생긴 경우에는 시공을 중단하고 그 굴착공에 W/C=100%의 시멘트밀크를 공 체적의 20% 충전하고 충분히 반복·교반을 한 후, 3~4일 후에 재시공을 했다. 그때의 착공 속도는 0.5 mm/min 미만으로 하고 아울러 로드의 연직성 확보에도 중점을 두어 시공함에 따라 중간층의 착공 및 공 구부러짐도 해소되고 근입깊이 미달도 없어졌다.

5. 트러블에서 얻은 교훈

지지층이 경사진 지반에서는 추가 보링의 실시, 다수의 시험굴착을 실시하는 계획을 세워서 지지층 단면을 정확하게 확인하는 것이 중요하다. 또한 지반조사 결과에서 100 mm 이상의 옥석층이 있다고 기재된 역질지반에서는 한 단계 능력이 높은 시공기계를 선정하는 등의 대응도 필요하다. 그러한 시공현장에서의 말뚝 제조 발주는 지지층 단면을 확인한 후에 행하는 것이 바람직하지만 시공기계를 대기시키는 경우도 있으므로 신중한 시공계획을 수행해야 한다.

실시공이 시작되면 공기와 공비를 우선하는 경우가 많은데, 시험굴착 및 시험말뚝 시공시간을 많이 마련하는 것이 결과적으로 공기나 시공의 정밀도를 높이는 것이라 생각한다.

13	현저한 기복으로 인한 말뚝의 근입깊이 미달 *	종류	기성콘크리트말뚝
		공법	프리보링공법

1. 개요

입체 횡단 보도교의 기초로 채택한 프리보링공법에 의한 말뚝공사에서 지지층이 당초 추정한 깊이보다도 얕았기 때문에 말뚝의 근입깊이 미달이 발생한 사례이다.

(1) **트러블이 발생한 말뚝**: 말뚝지름 ϕ400 mm, 말뚝길이 8~10 m의 PHC말뚝

(2) **지반 개요**: 시공장소는 대지에 가까운 표고 +4.3 m 정도의 매립·충적 저지로서 이전에는 해안선이 그 부근에 있었다. 지반은 제3기 선신세 퇴적물의 이암(토단)과 이것을 부정합으로 피복하는 점성토 주체의 충적층 및 매립으로 구성되며 기반면은 기복이 심하다.

2. 트러블 발생 상황

트러블이 발생한 보도교의 기초 부분은 4기의 푸팅으로 구성되어 있고 설계 시에는 용지 매수 및 도로 정비가 되어 있지 않아서 기초 부분에서 벗어난 1지점에서의 보링조사밖에 실시할 수 없었다. 이 때문에 보도교 반대측 기초 부분의 보링조사 결과도 참고하여 지지층의 깊이를 추정하여 말뚝길이를 잠정 결정하고 공사 착수 전에 추가 보링을 실시하여 푸팅 위치의 말뚝 지지층의 깊이를 확인하기로 했다. 지지층은 상당히 경사가 예상되었으므로 공사 시작 전에 5지점에서 보링조사를 실시하고 **그림 1**과 같은 지지층 면의 추정 등고선도를 얻어 재차 말뚝길이의 변경을 실시했다.

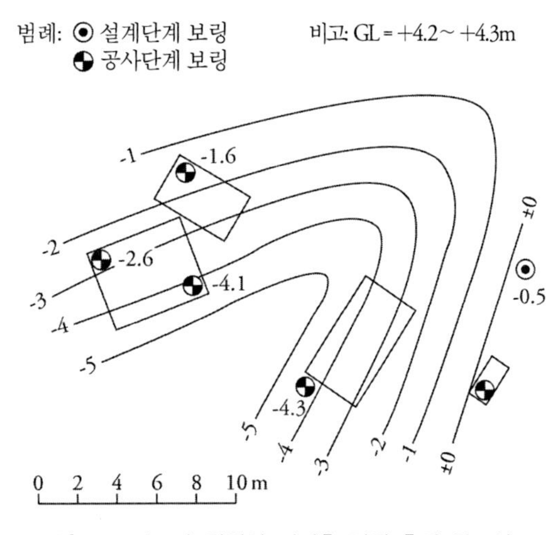

그림 1 보링조사 위치와 지지층 면의 추정 등고선도

시공을 시작한 후, 어스오거에 의한 착공 시의 상황으로부터 지지층 면은 **그림 1**에 나타낸 높이보다 2 m 이상 높은 부분도 있는 것으로 나타났다. 이 때문에 말뚝 시공을 중단하고 추가 보링을 실시할 필요가 있을지에 대한 판단을 포함해 바람직한 대책을 검토했다.

3. 트러블의 원인

설계 시에는 충분한 보링조사를 실시할 수 없었다는 사정이 있었지만 설계변경을 전제로 공사 시작 전에 몇 개의 보링조사를 실시하였다. 공사구역의 넓이를 감안하면 트러블의 원인이 보링지점 수 부족에 있었다고는 단언할 수 없다.

그림 2는 어스오거에 의한 착공 시의 상황을 감안한 지지층 면 등고선도이다. 지지층 면은 예상했던 것 같은 균일한 경사가 아니라 푸팅 부분에서 급경사를 이루며 떨어져 내려가고 있는 모습을 알 수 있다. 이 기복이 심하여 지지층 깊이를 예상하기가 어려웠지만 이에 대해서는 어느 정도 어쩔 수 없다고 말할 수 있다. 단, **그림 2**의 빗금 부분에서 어느 1점의 사전 조사 보링을 실시해두면 이번과 같은 트러블은 회피할 수 있었을 것이라고 생각한다.

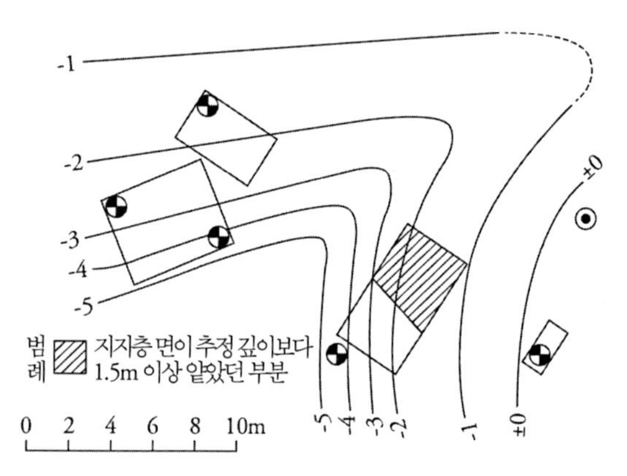

그림 2 말뚝 타설 결과로부터 추정한 지지층 면의 등고선도

4. 트러블의 대처·대책

말뚝 타설 공사는 **그림 2**에 나타낸 빗금 부분으로부터 시작되었는데 우연히도 이 시점에서 지지층 면의 깊이에 오류를 발견했다. 다른 구역에서는 보링조사 지점의 배치 상황 등을 고려하면 추정 깊이에 큰 오류가 있다고는 생각되지 않기 때문에 다시 보링조사를 실시할 필요는 없다고 판단하고 시공방법 면에서 대처하기로 했다.

지지층 면이 얕은 구역에 대한 부분에 대해서는 다음의 2가지 대책이 고려되었다.

① 지지층의 깊이에 맞추어 말뚝길이를 짧게 한다.

② 말뚝의 설계길이는 바꾸지 않고 말뚝을 지지층에 깊이 근입한다.

이 공사에서는 말뚝두부에 보강철근을 배근한 설계길이의 말뚝을 미리 준비하고 있었으므로 ②의 대책을 채택했다. 또한 당초부터 지지층 면의 급경사가 예측되어 있었기 때문에 착공 시에 케이싱을 사용하였다. 이로 인해 케이싱 인발 후의 공벽과 타설 말뚝 사이에 약간의 틈이 발생하였으므로 말뚝 타설 시에 이 틈을 시멘트밀크로 충전하였다.

5. 트러블에서 얻은 교훈

지지층 면이 급경사 또는 기복이 있는 장소에서는 지지층 면을 정확하게 예측하는 것이 곤란하므로 사전조사 보링 본 수는 통상의 본 수보다도 많이 하는 것이 바람직하다. 시공에 관해서는 지지층이 예상보다도 깊은 경우에 대처할 수 있도록 긴 말뚝을 준비해두는 것도 하나의 방법이다. 지지층 면의 경사나 기복의 정도는 토질조사 결과나 지형으로부터 어느 정도는 예상할 수 있다. 그러나 지지층 면을 정확하게 파악하기 위해서는 사전조사 보링 수를 많게 할 필요가 있다.

보링조사 비용을 아끼는 바람에 시공을 시작하고 나서 말뚝길이를 변경하게 되어 공기와 공비의 면에서 많은 희생을 지불하지 않도록 하기 바란다.

14	굴착공의 붕괴와 주변 지반의 침하 *	종류	기성콘크리트말뚝
		공법	프리보링 근고공법

1. 개요

프리보링 근고공법에 의한 말뚝의 시공 시 굴착공의 붕괴와 주변 지반의 침하가 발생한 2개의 사례이다.

(1) 트러블이 발생한 말뚝

사례 1 : 말뚝지름 ϕ500 mm, 말뚝길이 22 m의 PHC말뚝

사례 2 : 말뚝지름 ϕ500 mm, ϕ300 mm, 말뚝길이 25 m의 PHC말뚝

(2) 지반 개요 : 시공장소는 히가시오사카(東大阪)예민점토라 불리는 예민비가 큰 점토가 GL-10 m 이상의 깊이까지 퇴적되어 있다.

2. 트러블 발생 상황

- 사례 1 : 건축물을 위한 기초말뚝을 30본 시공하는 현장에서 시험말뚝을 시공한 결과 굴착공이 붕괴되어 약 2 m의 근입깊이 미달이 생겼다. 굴착공의 붕괴 방지를 위하여 시멘트 양을 늘려도 효과는 없었다. 다시 오거의 지름을 ϕ550 mm에서 ϕ600 mm로 바꿔서 시공했더니 근입깊이 미달은 없어졌지만 붕괴는 수그러들지 않았다. 또한 벤토나이트를 사용해 봤지만 효과가 없었다. 공사 개시 후 6일째에 인근 민가에서 지반이 침하한다는 불만이 나왔다. 즉시 지반의 침하량을 측정한 결과 5~10 cm 정도의 침하가 발생하고 있는 것이 확인되었다.
- 사례 2 : 건축물을 위한 기초말뚝을 60본 시공하는 현장에서 약 20본 시공한 시점에서 주변 지반에 침하가 생기고, 특히 부지에 접하는 보도가 일부 함몰(약 15 cm)하였다.

3. 트러블의 원인

사례 1, 2의 각 현장은 오사카시(大阪市) 조토구(城東區)에 있으며, 남북으로 약 2 km 떨어져 있다. **그림 1**에 말뚝 시공 지점의 토질 성상을 나타냈다. 사례 1의 GL-10.5 m까지의 토질 및 사례 2의 GL-16 m까지의 토질은 히가시오사카(東大阪)예민점토라고 불리는 것으로서 오사카성이 있는 우에마치대지(上町臺地) 동쪽의 히가시오사카평야에 넓게 분포하고 있다. 이 층은 염분의 용탈(溶脫)을 받아서 일축압축강도는 일반적인 충적점토와 큰 차이는 없지만 함수비는 액성한계와 거의 같고 예민비는 20 이상도 있다. 이 지역에서의 기초말뚝 시공에서는 종종 동종의 트러블이 발생하고 있으며 모두 이 점토층의 교란에 의한 강도 저하가 원인으로 되어 있다. 양 현장 모두 지반조사로서 표준관입시험만이 실시되고 있으며 사전에 이 층의 토질 성상에 관한 검토가 불충분하였다.

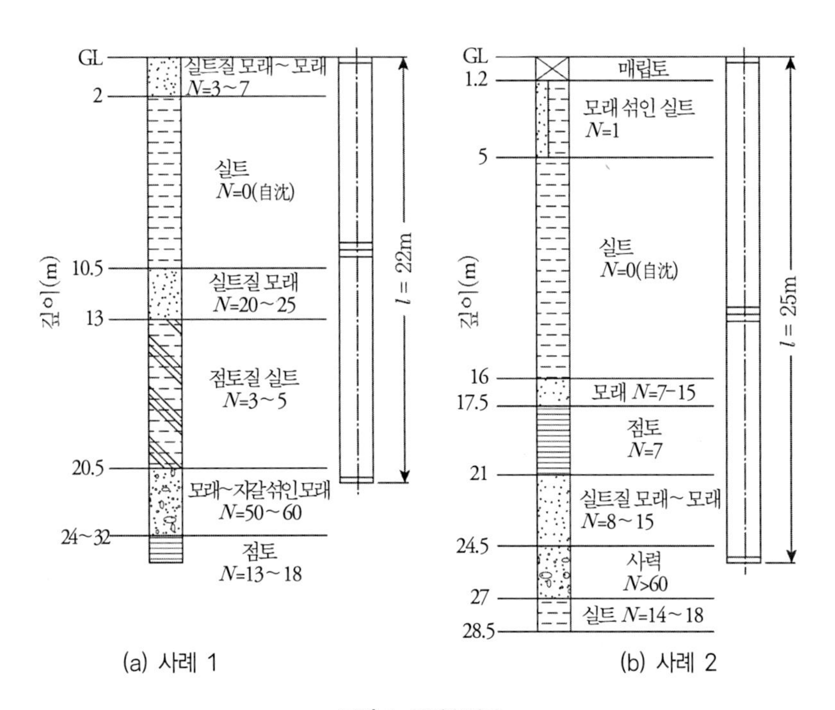

그림 1 토질주상도

4. 트러블의 대처·대책

- 사례 1 : 스파이럴스크류가 없는 무배토형 오거로 바꾸어 시공하였다. 오거를 끌어올릴 때 시멘트밀크가 함께 올라가기 때문에 트렌치를 파서 처리하였다.
- 사례 2 : 트러블이 발생한 시점에서 공사를 중단하고 협의한 결과, 공법은 그대로 하고 주위에 강널말뚝을 타설하여 시공하였다.

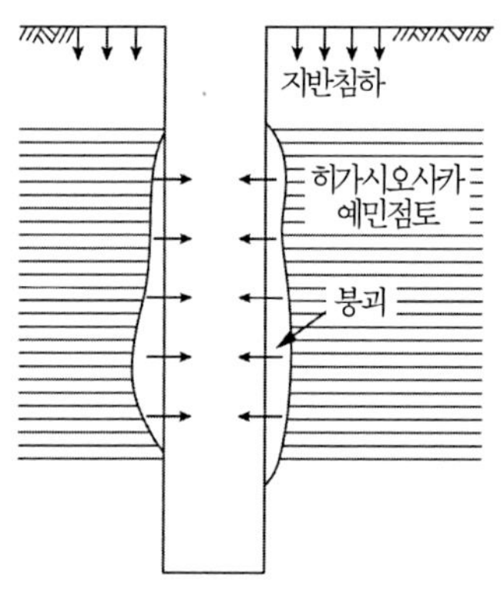

그림 2 트러블의 원인

5. 트러블에서 얻은 교훈

이 사례에서는 다행히도 공벽 붕괴에 의한 지반침하의 영향은 경미했지만 건물의 부등침하라고 하는 중대한 트러블에 이를 가능성도 있었다.

조사, 공법선정 및 설계 단계에서는 말뚝 지지층의 성상에 눈을 빼앗기기 십상이지만 중간층의 붕괴 가능성에 대해서도 충분히 검토하는 것이 중요하다.

참고문헌

1) 西垣好彦·衣斐隆志 : 大阪における鋭敏粘土の分布とその特性, 第 16 回土質工學研究發表會, pp.361～364, 1981.7.

2) 土質工學會關西支部·關西地質調査業會 : 新編大阪地盤図, コロナ社, pp.25～26, 1987.

15	지지층의 급경사로 인한 건물의 부등침하 *	종류	기성콘크리트말뚝
		공법	프리보링 근고공법

1. 개요

연약지반 지대이면서 크게 경사져 있는 지반상의 말뚝기초로 지지된 건물에 큰 장애가 발생한 사례이다.

(1) **트러블이 발생한 말뚝**: 말뚝지름 ϕ300 mm, 말뚝길이 2.5～11 m의 RC말뚝

(2) **지반 개요**: 현지는 익곡(溺谷)으로서 두께 10여 m의 퇴적층이 있고 곡부의 깊은 곳에는 피트층, 충적실트층이 약 30 m의 깊이에 이르고 있다.

2. 트러블 발생 상황

부근 일대는 피트층, 실트층의 압밀에 의해 광범위하게 침하가 발생하고 있다. 이 때문에 주변의 건물에는 어떠한 장애가 발생하고 있다.

건물의 부등침하와 그에 따른 장애의 개요는 **그림 1** 및 **2**와 같다. 현재 건물 양쪽의 지표면

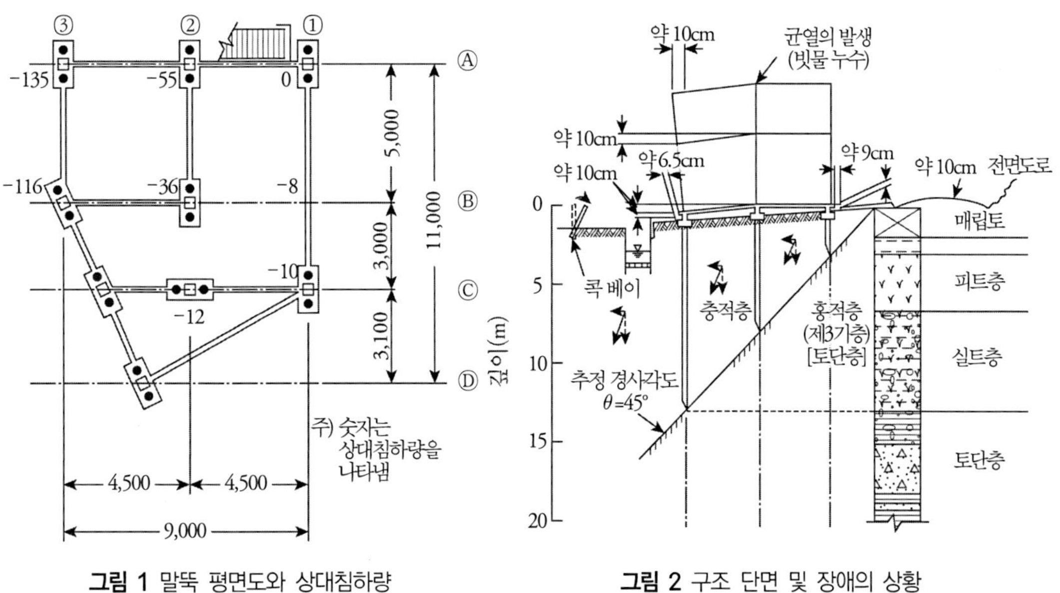

그림 1 말뚝 평면도와 상대침하량　　　**그림 2** 구조 단면 및 장애의 상황

에는 약 20 cm의 고저차가 있으며 부등침하량은 최대 13.5 cm(1/57＝약 1도), 건물의 경사는 1/75이다. 구체적인 문제는 지붕에 발생한 균열에 의한 누수, 외벽의 파형철판의 밀려나옴, 입구 문의 여닫힘 불량, 흙 사이 콘크리트의 단차(약 10 cm)와 이탈(약 9 cm) 등이다.

3. 트러블의 원인

이 건물 주변 충적층의 간극수압이 서서히 저하되고 있다는 점과 지표면 침하량과 토단층 천단의 침하량 측정 결과 등으로부터 충적층의 압밀침하가 트러블의 주된 원인인 것으로 나타났다.

또한 건물의 부등침하의 원인으로서 아래의 3가지를 생각할 수 있었다.

① 부주면마찰력에 의해 말뚝의 축력이 허용지지력을 상회하였다.
② 지반의 수평이동에 따라, 지지층이 경사져 있으므로 부등침하가 발생하였다.
③ 말뚝선단이 지지층에 도달하지 않았거나 근고가 불충분하여 지지력이 부족했다.

과거의 소구경 말뚝에 대한 재하시험 결과에 의하면 항복하중 시의 말뚝머리 침하량은 말뚝지름의 2～3%이지만 이 사례에서의 말뚝머리 침하량은 30%(10 cm) 이상도 있으며 그 원인으로서 말뚝의 축력이 하중 이상으로 되었던가 선단지지력이 불충분했던가의 2가지를 생각할 수 있었다.

건물하중(145 kN)과 부주면마찰력(90 kN)의 합계는 선단지지력(486 kN) 이하이며 말뚝이 소정의 지지층에 충분히 근입되어 있으면 말뚝의 침하는 발생하지 않는 것으로 판단되었다. 또한 **그림 3**과 같이 말뚝선단이 고정되어 회전한다면 10 cm의 부등침하가 발생하기 위해서는 1.5 m의 수평변위(지반의 수평이동)가 발생할 필요가 있으며 이것은 실상에 맞지 않기 때문에 **그림 4**와 같이 말뚝이 전체적으로 수평적으로 이동한 것으로 여겨졌다.

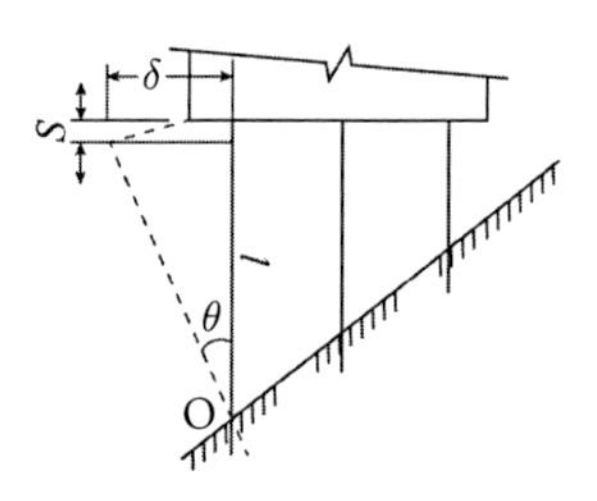

그림 3 회전이동

이상의 검토결과로부터 부등침하의 원인은 지지층에 말뚝선단이 충분히 근입되어 있지 않았다는 점, 선단의 슬라임 처리나 근고가 불충분했다는 점 등의 시공불량에 의한 것이라고 생각할 수 있었다.

4. 트러블의 대처·대책

피해 발생 후 이하의 조사를 진행하였다.

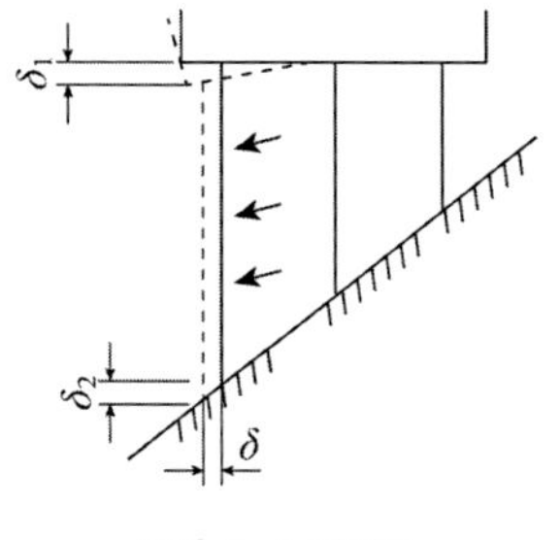

그림 4 수평이동

① 건물 경사, 지표면 침하량, 바닥콘크리트의 균열 등의 계측을 실시하는 것과 동시에 가스, 수도 등의 배관 관계 트러블 방지 대책을 수립했다.

② 말뚝 시공기록을 확인하고 지지층의 경사를 배려했는지를 검토했다. 또한 근접 위치에서 보링을 실시해 지지층의 깊이를 확인했다.

③ 말뚝머리나 지중보 부분의 파손을 조사했다.

이상의 조사결과에 의거하여 복구방법을 검토한 결과 복구방법으로는 주입에 의한 말뚝의 지지력 증강, 지중보 등의 조정·보강 등을 생각할 수 있었다.

5. 트러블에서 얻은 교훈

이 사례와 같이 지반침하가 예상되는데다가 지지층이 경사진 지반에 말뚝기초를 계획하는 경우에는 보링의 개수를 증가시키고 지지층 경사의 상황을 충분히 파악하는 동시에 말뚝 지지층으로의 확실한 근입 관리나 슬라임의 처리를 포함한 근고액의 품질관리 등에 대해서 통상의 조건하에서의 말뚝시공보다도 세심하게 실시할 필요가 있다.

16	타설 깊이의 차이로 인한 지지력 부족*	종류	기성콘크리트말뚝
		공법	프리보링 근고공법

1. 개요

대규모 저수조 및 펌프실 공사에서 프리보링 근고공법에 의해 말뚝을 시공한 후 말뚝의 설계 길이와 실제 설치 길이의 차이에 대해 조사했더니 지지력의 부족이 염려된 사례이다.

(1) **트러블이 발생한 말뚝**: 말뚝지름 ϕ450 mm, 말뚝길이 10~21 m인 PHC말뚝(A종)

(2) **지반 개요**: 산악지이기 때문에 당초보다 지층의 변화가 예상되었으므로 약 10~17 m 간격으로 18지점의 지반조사를 실시하였다. 조사결과 중 3지점의 조사결과를 **그림 1**에 나타냈다. 지표로부터 화산성 사력과 모래 및 점토가 퇴적되어 있는 복잡한 지층이다.

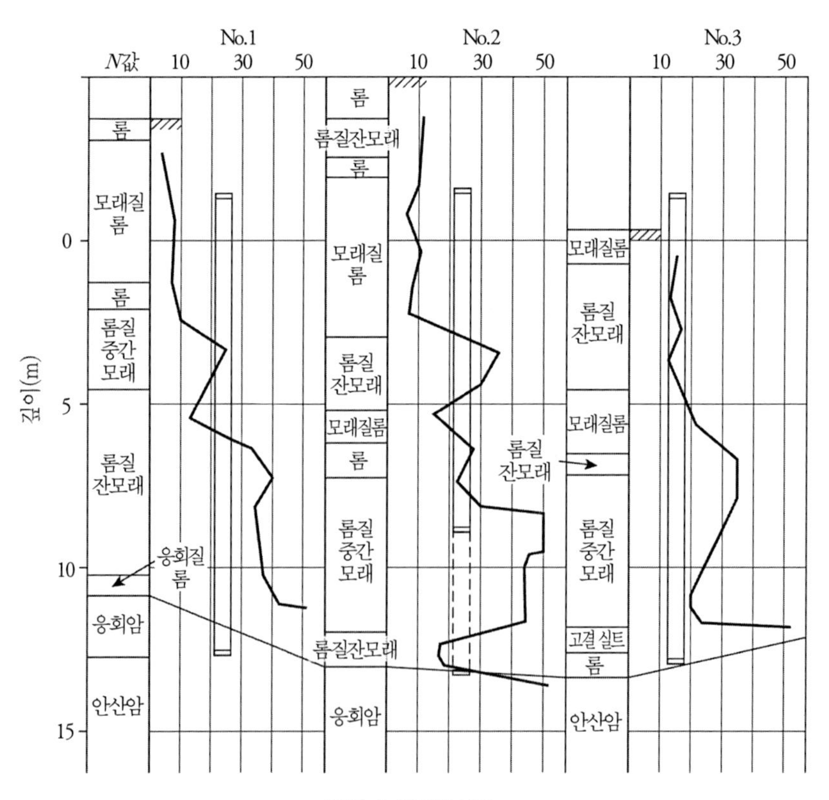

그림 1 토질주상도

2. 트러블 발생 상황

말뚝은 1.5~2 m 간격의 격자상으로 배치하고 시공순서와 선행 타설 말뚝의 양생을 고려하여 띄엄띄엄 시공했다. 말뚝의 선단은 지반조사 결과에 근거하여 깊이 15~20 m의 응회암 및 안산암층에 도달시키는 것을 원칙으로 했지만 그 상부에 화산성 중간모래층으로서 N값이 50 이상의 굳은 층이 존재하여 시공이 곤란해진 경우에는 타격을 그쳐도 좋다고 하였다.

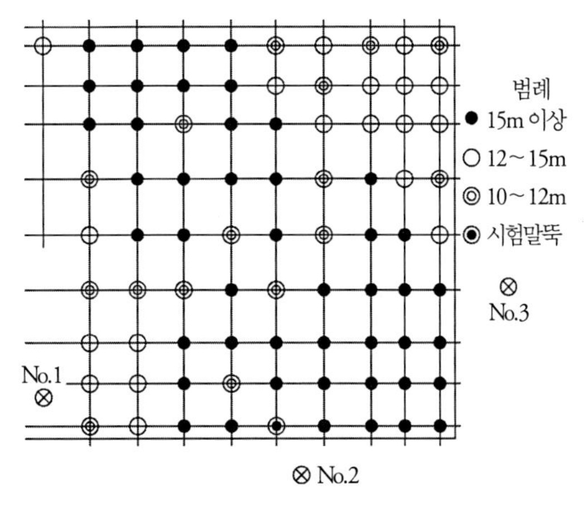

그림 2 말뚝길이별 분류

약 1/3의 시공이 종료된 시점에서 타격을 그친 깊이가 예정보다 크게 달라진 말뚝이 다수였다. 이 때문에 말뚝의 위치와 길이를 도시(**그림 2**)하고 지반조사에서 예정된 지층상태와 대비하여 보았다. 말뚝길이의 비율은 15 m 이상인 것이 60%, 12~15 m인 것이 20%, 10~12 m인 것이 20%이고 이 중 12~15 m의 말뚝은 2부분에 거의 모여서 분포하며, 이들은 깊이 11 m 부근의 부분적으로 존재하는 N값 40~50 이상, 층두께 2~3 m의 중간층에 머물고 있는 것이라고 판단되었다. 그러나 10~12 m의 말뚝은 불규칙하게 점재하며, 분명히 결함을 가진 말뚝으로 추정되어 지지력 부족이 우려되었다.

3. 트러블의 원인

시공이 어려워진 원인으로서 아래와 같은 것을 생각할 수 있었다(**그림 3**).

① 화산성 퇴적층 중에 큰 자갈(지반조사에서는 최대 자갈지름 150 mm)이 존재하고 있었다.
② 먼저 설치한 근접 말뚝의 시멘트밀크가 유출하여 자갈층을 굳혔다.

이후의 시공에서 주의깊게 살펴본 결과 ①의 원인에 의한 것이 많았지만 그중에는 ②의 원인에 의한 것이라고 생각되는 시멘트밀크의 작은 조각이 확인되는 경우도 있었다.

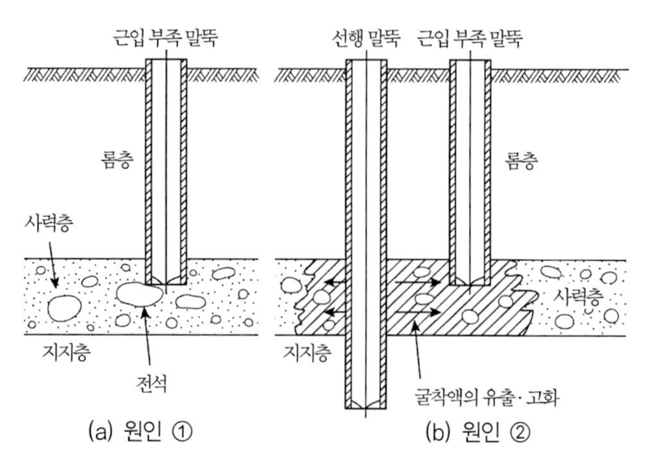

그림 3 트러블의 원인

4. 트러블의 대처·대책

말뚝길이 10 m, 11 m, 12 m의 것을 각 1본 무작위로 선택하여 연직재하시험을 실시했다. 시험은 지표면에서 4 m 굴착한 지반면에서 행하고 설계지지력(상시)의 3배(1,200 kN)까지 재하하였으나 어느 것도 극한지지력을 확인하기까지는 이르지 못했다. 다만 10 m 말뚝의 침하는 다른 말뚝의 침하보다도 훨씬 컸다.

이 결과 10 m(실제 길이 6 m)의 말뚝은 보강 타격하고 11 m(실제 길이 6 m)의 말뚝도 안전 때문에 보강 타격하는 것으로 하였다.

5. 트러블에서 얻은 교훈

이 트러블은 본질적으로는 불충분한 지반조사와 시공계획에서의 검토 부족으로 인하여 생겼다고 할 수 있다. 지층이 복잡했기 때문에 말뚝의 시공깊이에 여유를 뒀지만 자갈이나 전석으로 인해 착공이 곤란해졌을 경우의 대책으로서 시공기계의 변경이나 자갈을 파괴하기 위한 보조공법의 채용도 사전에 생각해둘 필요가 있었다.

또한 시공 시에 순서대로 말뚝을 보강하면 큰 규모의 가설 설비가 불필요했지만, 일반적으로 말뚝 보강이 필요한지 어떤지의 판단은 재하시험을 실시하지 않는 한 결정하기 어렵다. 길이가 다른 말뚝의 사전 재하시험에 의해 지지력 성상을 파악하고 시공 시에 길이나 개수의 변경이 용이할 수 있도록 배려해두는 것도 이러한 상태가 예상되는 경우에는 필요하다고 생각한다.

17	연약한 표층지반에서 배토 불량으로 인한 말뚝 편심	종류	기성콘크리트말뚝
		공법	속파기 확대근고공법

1. 개요

높이 9 m의 비교적 큰 역T형 옹벽의 기초에 채택된 기성콘크리트말뚝에서 속파기 확대근고공법에 의한 말뚝의 시공 후 굴착작업이 진행되면서 말뚝 편심과 말뚝의 경사가 발생하고 있는 것이 판명된 사례이다.

(1) **트러블이 발생한 말뚝**: 말뚝지름 ϕ700 mm, 말뚝길이 37 m의 PHC말뚝(아래말뚝 : A종 12 m+중간말뚝 : A종 12 m+윗말뚝 : C종 13 m)

(2) **지반 개요**: GL-18 m 정도까지 연약층, 18~35 m까지는 중위의 모래와 실트의 호층 상태이고 *N*값은 5~12, 지지층은 *N*값이 30~40 정도의 잔모래층이다(**그림 1**).

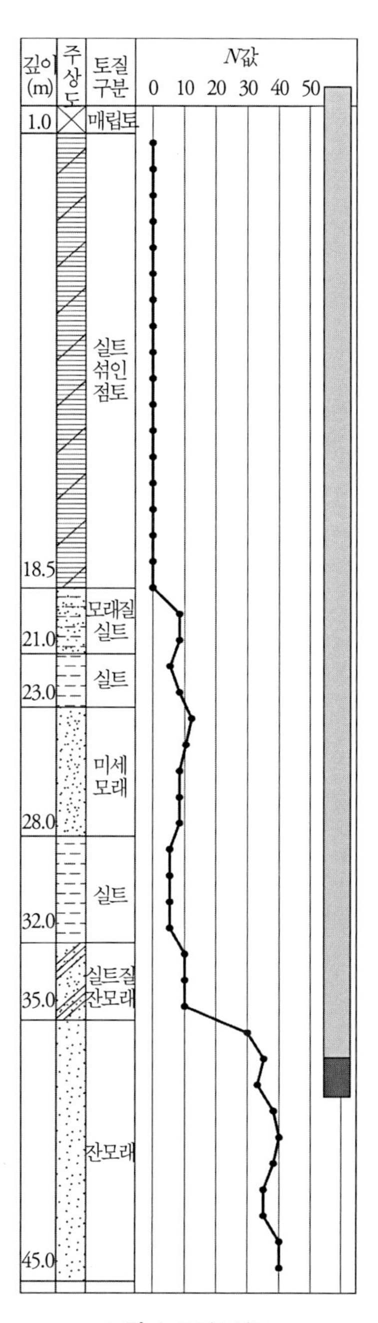

그림 1 토질주상도

말뚝 배치는 2열 배치이고 옹벽의 연장 방향은 약 20 m였다. 같은 단면 형상의 옹벽이 3군데(3공구) 있으며 다음은 제1기 공사(제1공구)에서 일어난 트러블이었다.

2. 트러블 발생 상황

지표면 아래 18 m 정도까지의 연약층은 *N*값 0(래머 독자적으로 침하)의 고예민점토였다. 이 때문에 항타기의 안정성이 위태롭게 되는 상태이기도 하고 항타기의 이동 및 시공 시의 안정성에는 지반강도가 불충분하다고 판단되어 연약토용 시멘트계 고화재에 의해 개량 깊이 1 m의 지반

개량이 실시되었다. 항타기는 장비 전체 질량이 약 100 t급이며 크롤러 폭과 접지압을 고려한 목표 강도의 설정을 통해 고화재의 첨가량은 150 kg/m^{3}이었다. 말뚝시공 중에는 트러블 발생을 전혀 염려하지 않은 채 공사가 진척되고 말뚝공사 완공 후의 굴착공사에서 말뚝머리 위치를 확인함에 따라 말뚝 편심이 판명된 것이다.

말뚝 편심의 관리값인 100 mm를 초과하는 말뚝은 전체 본수의 약 3할까지도 이르며 그 양은 105～170 mm였다. 말뚝 편심과 경사 방향은 어느 정도의 규칙성이 있으며 거의 동일 방향이었다. 말뚝의 경사에 있어서는 관리값인 1/100을 초과하고 있는 것(1/85～1/90)이 있었지만 그 수는 2본뿐이었다.

3. 트러블의 원인

표층부는 지반개량이 시행되기는 했지만 설계 말뚝머리 높이가 시공기면(표층)에서 1 m 정도 얕았기 때문에 항타기 자중이나 굴착 잔토의 임시 적치에 의해 측압(측방이동)이 발생하고 그 영향이 커서 말뚝 편심과 말뚝의 경사가 발생하게 된 것으로 생각됐다. 또한 항타기 설치 방향과 굴착 잔토의 임시 적치 상태의 방향도 한쪽으로 치우쳐서 압력을 가하는 상태였다.

게다가 관리 데이터에 의하면 그 시공 상황은 연약토에서의 굴착속도가 빨랐기 때문에 배토가 제대로 되지 않고 말뚝의 부피 분량 이하 정도의 연약토(고예민점토)가 측방으로 압출되어 흙이 말뚝의 주변으로 돌아들어오는 상태로 속파기 굴착 압입 작업을 실시하고 있던 것이라고 생각할 수 있었다. 또한 아래말뚝 시공 단계에 있어서 연약지반이기 때문에 독자적으로 침하한 말뚝도 있었다는 보고가 있었던 것으로부터 연약점성토의 측방으로의 압출을 더욱 유발하고 있었다고 추측되었다. 이 때문에 타설이 끝난 근접 말뚝의 영향도 있었던 것은 아닌가라고 추측되었다. 말뚝 편심의 방향이 위에 기술한 항타기 설치 방향이나 타설 순서에 따른다는 것으로부터 이러한 원인 추측이 신빙성이 있다는 것을 뒷받침한다.

또한 말뚝중심 위치를 표시하는 철근봉이 중장비 등의 이동 시에 움직였다는 추측도 생각할 수 있는 원인의 하나로서 들 수 있었다.

4. 트러블의 대처·대책

(1) 제1공구 공사의 시공정밀도 불량 트러블의 대처

① 시공된 완성품의 말뚝중심 위치와 경사각도로부터 구조계산을 대조, 검토해서 안전성을 확인했다. 또한 일부 푸팅 형상과 철근의 변경이 발생했다.

② 관리값을 초과한 경사말뚝에 대해서는 항체 그 자체의 건전성에 대해서 IT시험(인레그리티시험)을 실시하고 유해한 균열이 없다는 것을 확인했다.

(2) 제1공구 이후의 공구(제2~제3공구) 공사의 대책

① 지반개량 시방의 재검토를 실시하고 시멘트계 고화재의 첨가량과 개량 깊이를 증대했다.

② 말뚝두부에 낙하 방지 캡을 설치하고 연약층 시공 시 말뚝의 독자 침하를 억제했다.

③ GL-20 m까지는 0.5～1 m/분 정도 이하로의 굴착속도로 하여 배토를 촉진했다.

④ 고정 집게를 사용(몇 개 순서대로)하여 말뚝과 집게를 고정함으로써 말뚝의 타설 직후～수 시간 후까지의 말뚝중심을 추적 확인했다.

⑤ 말뚝중심 세트 작업 후 말뚝타설 개시 직전에 다시 한번 트랜싯·광파측량으로 말뚝중심 위치를 재확인했다.

5. 트러블에서 얻은 교훈

연약지반에 대한 기성콘크리트말뚝 속파기공법에서는 상기 4.(2)에 보인 대책 예처럼 세심한 주의를 기울일 필요가 있으며 사전의 상세한 검토·계획이 중요시된다.

18	연약지반에서 말뚝 편심과 근린 건물의 변형	종류	기성콘크리트말뚝
		공법	속파기 확대근고공법

1. 개요

창고 건설 공사에서 속파기 확대근고공법에 의한 시공에 있어서 시공 지반이 연약했다는 점 때문에 3점 지지식 항타기(전 장비 질량 120 t)의 자중에 의한 시공 기반의 침하에 따른 지반의 측방 이동 및 시공 중의 지반의 측방 이동이 원인이 되어 말뚝 편심, 말뚝의 경사, 근접물에 변형을 초래한 사례이다.

(1) **트러블이 발생한 말뚝**: 말뚝지름 ϕ800 mm, 말뚝길이 56 m(아래말뚝 12 m+중간말뚝 12 m+중간말뚝 12 m+중간말뚝 12 m+윗말뚝 8 m)의 PHC말뚝

(2) **지반 개요**: 연안부로서 연약한 충적층이 깊게 끼어 있으며 깊이 55 m 이상 깊이의 견고한 모래층에 말뚝을 정착하고 있다(**그림 1**).

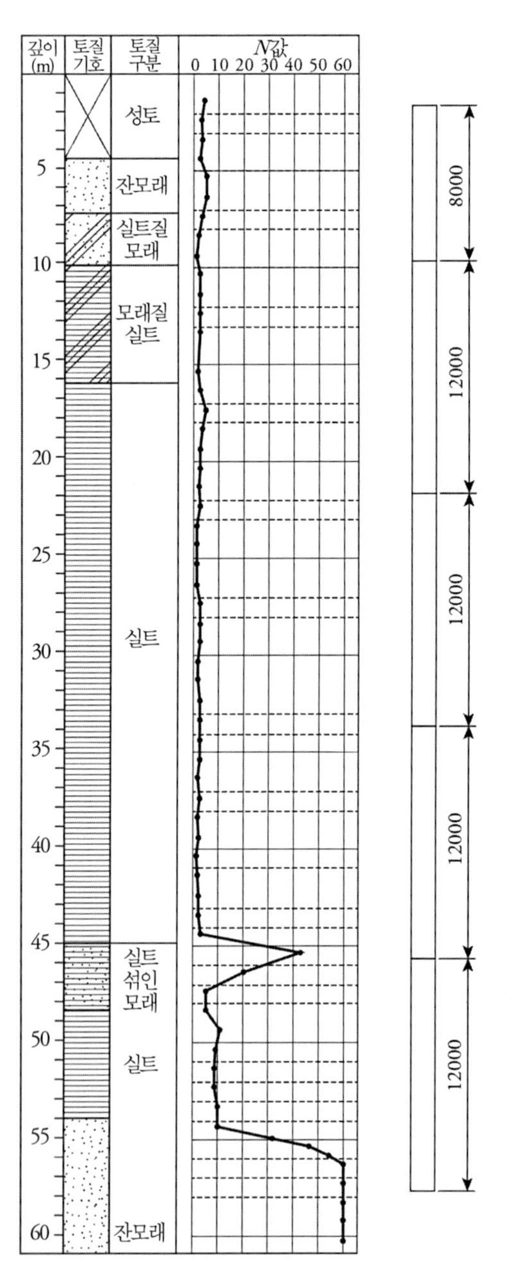

그림 1 토질주상도

2. 트러블 발생 상황

말뚝중심 위치는 시공기계 반입 전에 미리 설치되어 있었지만 연약지반이라 시공기계의 이동에 의한 말뚝 편심이 염려되었다. 이 때문에 시공마다 말뚝 편심을 측량에 의해 확인하고 시공 개시 후에도 말뚝의 세워넣기, 말뚝 편심, 말뚝의 연직도에 유의하여 시공하

였다. 그러나 인접지 경계선에서 12 m 위치의 말뚝을 시공함에 따라 인접지 경계선의 블록 담장이 현장 바깥쪽으로 1/50 정도 기울어지고 근접 구조물과 인접지 경계선에 끼인 아스팔트도로가 최대 20 mm 떠오르고 균열이 생겼다. 또한 굴착 후의 측량에서 말뚝이 크게 어긋남(**그림 2**의 ● 말뚝에서 인접지 쪽으로 X방향 185 mm, Y방향 152 mm)과 함께 말뚝이 경사(말뚝머리 끝단판에서 측정 ; X방향 1/150, Y방향 1/130)져 있는 것이 확인되었다.

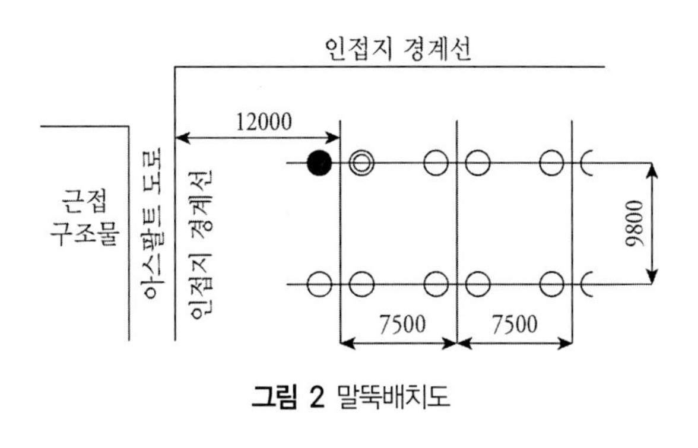

그림 2 말뚝배치도

3. 트러블의 원인

① 항타기의 자중에 의해 표층 지반이 측방 이동하였다.

② GL-23 m까지 말뚝을 무배토로 침설시킨(아래말뚝 12 m + 중간말뚝 12 m) 후 배토작업을 진행하였다. 이때의 굴착 속도는 약 5 m/min였다. 이것 때문에 **그림 3**과 같이 본래 지상으로 배출되어야 할 토사가 측방으로 압출되었다.

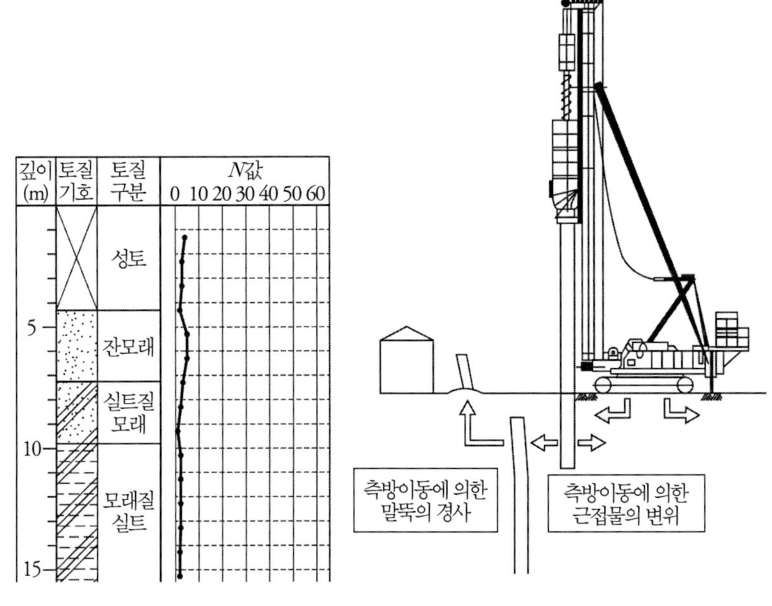

그림 3 측방이동 개념도

이 2가지 요인이 겹쳐 트러블을 일으켰다고 생각한다. 또한 가장 변위가 큰 말뚝은 **그림 2**에 나타낸 ●말뚝으로서, 나중에 타설한 ◎말뚝의 시공으로 인해 더욱 말뚝의 변위 및 측방 이동이 진행했다고 생각되었다.

4. 트러블의 대처·대책

말뚝 편심이 생긴 말뚝은 푸팅의 보강으로 대처했다.

향후의 시공을 위한 대책으로서, 시공 기반에 대해서는 유압 쇼벨에 의해 표층 개량(시멘트계 고화재; 첨가량 150 kg/m^3)을 1.5 m 깊이까지 행하였다. 이에 따라 지지력(300 kN/m^2)을 확보한 후, 재차 말뚝중심의 수정을 실시했다.

시공에 있어서는 굴착 토사의 지상으로의 배출을 촉진하기 위하여 말뚝이 스스로 침하하지 않도록 말뚝두부를 유지하며 굴착 속도를 2 m/min 이하로 하고 말뚝을 1본 침설할 때마다 스크류를 끌어올려 토사의 배토에 노력했다. 배토 후의 오거 구동장치의 부하전류값이 클 경우에는 다시 배토작업을 실시했다. 이 시공순서가 결정된 후에 타설된 말뚝에 대해서는 말뚝 편심이 50 mm 이내인 것을 확인할 수 있었다.

5. 트러블에서 얻은 교훈

시공 기반이 연약지반인 경우, 항타기의 전도 등 중대 재해를 초래하는 것이 염려되기도 하므로 사전에 시공 기반의 지내력이 시공기계의 접지압을 충분히 견딜 수 있는지 확인할 필요가 있다. 또한 시공 시 지반의 측방 이동에 대해서는 충분한 토사의 배출, 굴착침설속도의 억제를 실시하면 막을 수 있다. 이것으로부터 계획단계에서 그 시공장소 특유의 시공조건(시공 기반의 지내력, 시공방법·순서 등)을 밝혀내고 대책을 수립하는 것이 중요하다고 생각한다.

19	실트지반에서 말뚝의 종균열	종류	기성콘크리트말뚝
		공법	속파기 확대근고공법

1. 개요

상업시설의 건설공사에서 토질주상도로부터는 지중 장애도 없고 옥석층과 큰 자갈을 함유한 사력층도 볼 수 없는 지반이었지만 시공 시에 말뚝에 종균열이 발생한 사례이다.

(1) **트러블이 발생한 말뚝**: 말뚝지름 ϕ800 mm, 말뚝길이 50 m(아래말뚝 11 m+중간말뚝 11 m +중간말뚝 11 m +중간말뚝 11 m +윗말뚝 6 m)

(2) **지반 개요**: 연약한 충적층이 깊게 계속되고 48 m 이상의 깊이에 지지층이 되는 모래층이 존재하는 지반이며 4부분의 토질주상도로부터의 지지층 출현 깊이는 거의 일정하였다(**그림 1**).

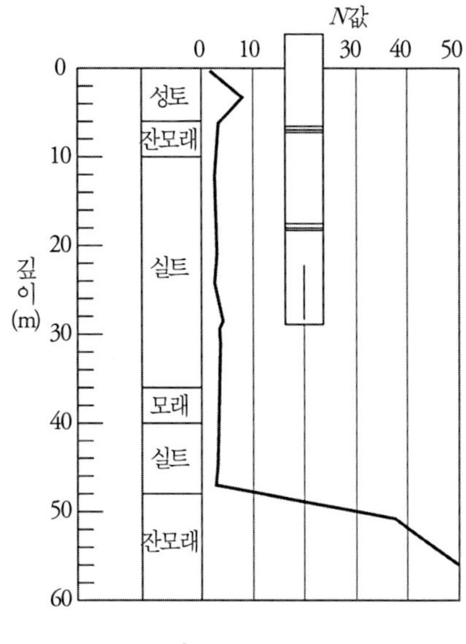

그림 1 토질주상도

2. 트러블 발생 상황

지지층으로 한 잔모래층보다 얕은 지반의 N값은 3 정도의 연약한 실트가 주체이며 굴착·침설은 쉽지만 스파이럴오거에 대한 토사의 부착으로 인한 배토 불량이 우려되어 배토작업에 유의하면서 시공을 진행하고 있었다.

그러나 3본째의 말뚝을 이어(아래말뚝 11 m+중간말뚝 11 m+중간말뚝 11 m) 지상에서 29 m 정도 침설했더니 항체 심부로부터 콘크리트가 파열하는 것 같은 소리가 지상에 울렸다. 이것으로부터 항체가 파손되고 있다고 판단하여 항체를 끌어올렸더니 아래말뚝에 길이 5 m 정도의 균열(최대균열폭 20 mm)이 세로방향으로 발생하고 있었다(**사진 1, 2**).

사진 1 말뚝의 균열 상황 (1)

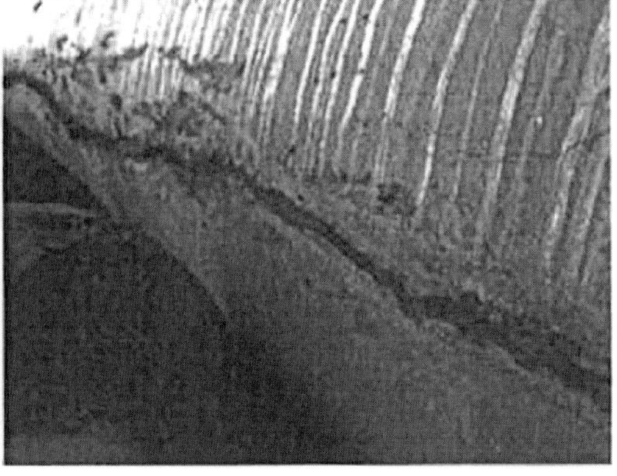

사진 2 말뚝의 균열 상황 (2)

3. 트러블의 원인

항체를 끌어올려 스파이럴오거를 항체에서 인발했더니 굴착 토사가 3 m 정도의 길이로 부착하여 눈막힘을 일으키고 있었다. 이것 때문에 굴착토사가 스파이럴오거에 서서히 부착함으로써 토사가 위쪽으로 밀려올라가지 못하고 눈막힌 상태로 침설하여 항체 내부에 내압이 발생해 균열이 생겼다고 생각되었다.

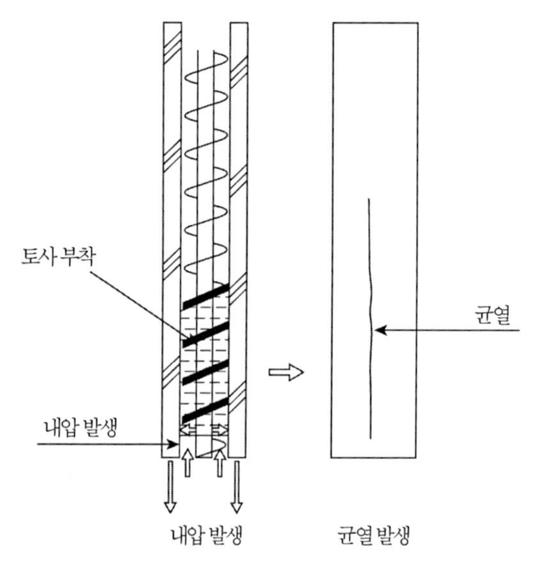

그림 2 트러블 발생과 균열 상황

오거 구동장치의 부하전류 기록을 보면 아래말뚝 11 m와 중간말뚝 11 m를 잇고 굴착·침설하기까지는 100 A 전후를 보이고 있었지만 3본째의 중간말뚝 11 m를 잇고 침설을 시작하자 연약층임에도 불구하고 서서히 부하전류값이 상승하기 시작하고 말뚝 파손 시에는 350 A 정도의 값을 나타낸 것으로부터 말뚝 안에 토사가 서서히 막히고 있었다고 생각되었다. 연약한 지반이기 때문에 굴착·침설이 용이하게 행해지고 있었기 때문에 충분한 배토를 행하지 않고 또한 굴착저항의 변화를 확인하지 않고 있었던 것이 첫 번째 요인이라고 생각되었다 (**그림 2**).

4. 트러블의 대처·대책

해당 말뚝의 인상(철거)은 굴착 비트가 유압 확대 방식이었기 때문에 말뚝지름 정도로 비트를 확대하고 말뚝을 아래로부터 들어올리는 상태로 행하였다. 또한 재시공과 그 후의 시공에 대해서도 이하의 대책방법으로 실시했다.

연약한 실트, 점토층의 굴착·침설 범위에 대해서는 굴착비트 선단에서 압축공기로 물(토출량 100 ℓ/min)을 혼합한 것을 토출하는 것으로 점성을 약화시키고 굴착·침설을 행하였다. 그 결과 균열이 간 깊이에서도 이전과 비교하여 오거 구동장치의 전류값이 상시 100 A 정도로 줄어 있는 것을 확인했다. 또한 굴착 토사가 진흙화됨으로써 스파이럴오거에 대한 토사의 부착이 저감되어 지상에 배출하기 쉬워져 배토를 확실히 할 수 있었다.

이 대책으로 말뚝 안에 토사가 부착되는 경향은 보이지 않게 되어 무사히 시공을 완료했다.

5. 트러블에서 얻은 교훈

토질주상도의 *N*값에만 얽매이지 말고 그중의 토질설명란 등도 주시해 지반특성을 파악하여 시공에 반영시키는 것이 중요하다. 또한 토질주상도는 어느 지점에서의 조사결과이며 특히 부지면적이 넓은 경우에는 토질설명란에 의존하지 말고 시공이 곤란해지는 경우에 대한 예상을 포함한 사전 시공 검토 및 대책이 중요하다.

20	사력지반에서 말뚝의 종균열	종류	기성콘크리트말뚝
		공법	속파기 확대근고공법

1. 개요

맨션 건설공사에서 토질주상도로부터 지지층은 사력층이며 층두께는 두껍지만 최대 자갈지름이 작으므로 속파기공법이 가능하다고 판단하였으나 시공 시에 아래말뚝에 종균열이 발생한 사례이다.

(1) **트러블이 발생한 말뚝**: 말뚝지름 ϕ700 mm, 말뚝길이 42 m(아래말뚝 12 m+중간말뚝 12 m+중간말뚝 11 m+윗말뚝 7 m)의 PHC말뚝

(2) **지반 개요**: 지반 구성은 연약한 모래, 실트의 호층으로서 40 m 이상의 깊이에 지지층으로 한 사력층이 퇴적되어 있지만 토질주상도 내의 토질설명란에는 옥석 등이 끼어 있다는 기재는 없었다(**그림 1**).

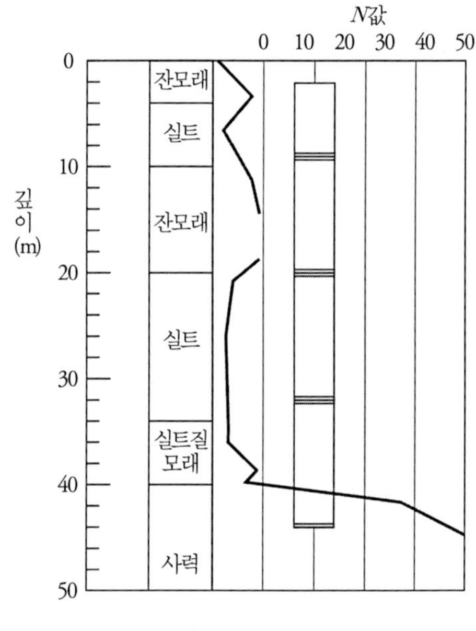

그림 1 토질주상도

2. 트러블 발생 상황

지지층으로 한 사력층보다 얕은 지반은 N값 10 미만인 연약층이었지만 실트가 차지하는 비중이 커서 스파이럴오거에의 토사 부착에 의한 배토 불량이 염려되므로 충분한 배토작업을 하면서 굴착·침설함으로써 순조로운 시공을 실시하고 있었다. 그러나 지지층으로 한 사력층을 굴착·침설함에 따라 오거헤드와 자갈의 접촉에 의한 진동이 항타기 본체에 전해지기 시작하여 서서히 진동이 커져서 굴착도 곤란해지고 있었다. 그런 상황에서 근고부 상단이 되는 깊이 부근(지지층 상단으로부터의 깊이 2.6 m 정도)까지는 배토를 반복하여 자갈 배출작업을 실시했다. 계속 굴착·침설 작업을 실시하려고 1 m 정도 굴착했더니 말뚝의 침설이

불가능해지고 오거헤드(스파이럴오거)에 커다란 장애물이 맞닥뜨리는 것 같은 진동이 항타기 본체로 전해져 왔다. 이 때문에 시공을 중단하고 끌어올렸더니 아래말뚝 거의 전길이에 걸쳐서 세로방향으로 균열이 발생해 있었다.

3. 트러블의 원인

토질주상도의 토질설명란에는 최대 자갈지름이 기재되어 있었는데, 그 내용은 '최대 자갈지름 ϕ20 mm 정도'이며 또한, 옥석 등이 끼어 있는 밀실한 층은 아니라고 판단할 수 있었다는 것으로부터 속파기공법에 의한 시공에 문제가 없다는 것으로 판단했다. 그러나 실제 시공에서는 굴착·침설 시의 오거구동장치의 부하전류값이나 그 흔들림 상태, 시공기계의 진동으로부터 예상 이상의 자갈이 밀실하게 개재하고 있다고 생각되었지만, 충분한 배토작업을 실시하는 것으로 굴착·침설이 가능했기 때문에 시공을 속행했다.

그때의 사력층의 굴착·침설 작업을 이하에 나타내는 순서로 실시하여, 그 결과 문제가 발생했다(**그림 2**). ① 자갈의 배토 효율을 높이기 위해서 굴착비트 선단에서 에어를 토출하여 배토 작업, ② 배토할 수 없는 자갈이 서서히 침강, ③ 굴착 침설(약 1 m마다), ④ 침강한 자갈이 스파이럴오거 내에서 눈막음·말려듦, ⑤ 말뚝의 침설에 수반해 말뚝 안에 과잉 내압이 발생, 이 결과 말뚝에 균열이 발생했다.

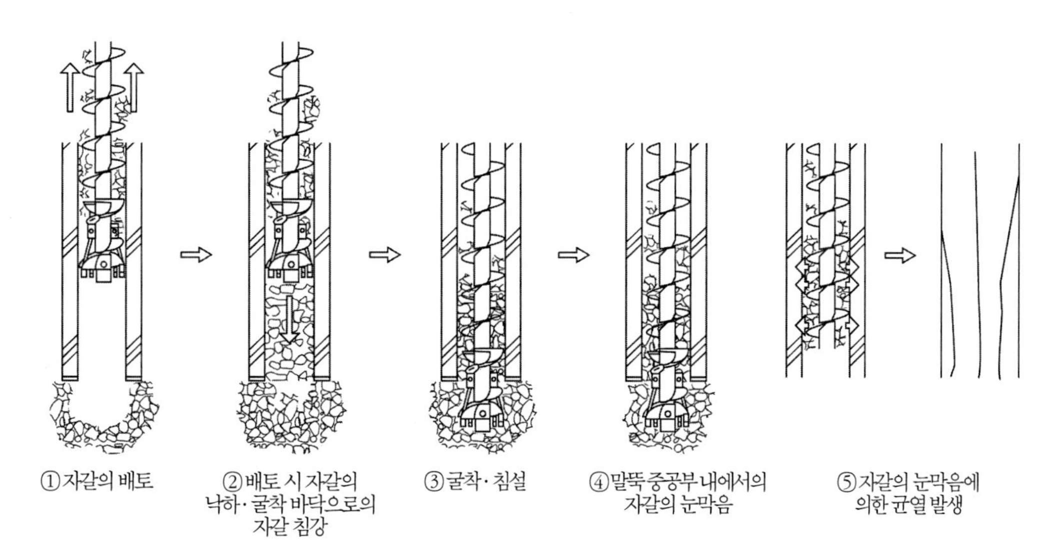

그림 2 트러블 발생 상황도

4. 트러블의 대처·대책

자갈의 배토작업은 하고 있었지만 배토 후의 굴착저항, 굴착속도의 관리는 하고 있지 않았다. 배출이 불충분한 상태였음에도 불구하고 무리한 말뚝의 침설작업을 해버린 것이 제일 큰 요인이었다.

이것으로부터 재시공 말뚝 이후에는 굴착속도를 최대 0.5 m/min로 하고, 0.5 m 굴착마다 배토작업을 행함으로써 자갈을 최대한 지상으로 배출하는 것으로 하였다. 또한 배토 후에 오거 구동장치의 부하전류가 과대한 값(200 A 정도를 기준)을 보이지 않음을 체크함으로써 배토되고 있음을 관리·확인하였다. 이에 따라 시공시간은 계획보다 소요되었지만 그 후엔 특별한 트러블 없이 무사히 완료하였다.

5. 트러블에서 얻은 교훈

일반적으로 사력층은 지하수로 포화되어 있는 경우가 많고 자갈지름이 작아도 자갈이 많은 경우 자갈이 침강하여 자갈웅덩이 같은 상황이 되며 그 결과 내압이 발생하여 종균열이 발생하는 경우가 있다. 그러므로 사력층에서는 최대 자갈지름(일반적으로는 기재된 것의 3배의 지름의 자갈이 존재하는 경우가 많음)과 동시에 층두께, 매트릭스 등을 종합적으로 검토하는 것이 중요하다. 또한 시공할 수 있는 자갈지름의 기준에 대해서는 말뚝 내면과 스크류 축부와의 간격이나 스파이럴오거 감김의 간격, 자갈의 밀도(큰 자갈이 차지하는 비율)에 크게 영향을 받는다고 생각되며 경험적이긴 하지만 말뚝 안지름의 1/5 정도가 하나의 기준이라고 생각된다.

21	사력층에서 프릭션커터 파손으로 인한 말뚝의 근입깊이 미달	종류	기성콘크리트말뚝
		공법	속파기 확대근고공법

1. 개요

속파기 확대근고공법에 의한 말뚝의 시공 중에 말뚝의 침설이 불가능해진 사례이다.

(1) **트러블이 발생한 말뚝** : 말뚝지름 ϕ1,000 mm, 말뚝길이 43 m(아래말뚝 10 m+중간말뚝 10 m+중간말뚝 9 m+중간말뚝 9 m+윗말뚝 5 m)의 PHC말뚝 단, 윗말뚝은 SC말뚝이다. 또한 말뚝선단에는 시공 시의 말뚝 주면저항을 저감할 목으로 두께 12 mm, 높이 200 mm의 프릭션커터를 설치하고 있다.

(2) **지반 개요** : **그림 1**에서 보는 바와 같이 GL-30 m 부근까지는 *N*값이 작은 모래 및 점성토층이지만 거기에서 지지층인 GL-43 m 부근까지는 중간층으로서 사력층 및 경질 점토층이 있다.

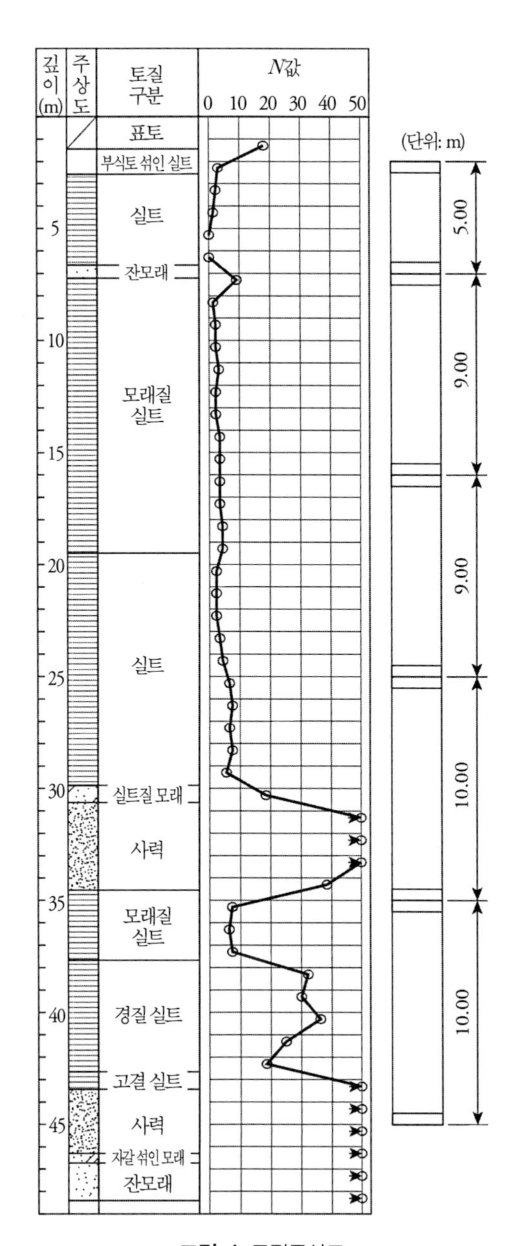

그림 1 토질주상도

2. 트러블 발생 상황

본 사례에서는 구조물의 기초로서 속파기 확대근고공법에 의한 말뚝의 시공이 계획되어 있었다.

시험말뚝 시공 시 GL-30 m 부근까지는 순조롭게 굴착 및 말뚝 침설이 가능하였으나 *N*값이 높아지는 중간층에 다다르면 서서히 침설이 어려워졌다. 거기서 배토를 보조할 목적으로 콤프레서에 의한 공기의 압송 및 주수를 행하면서 시공을 계속했지만 지지층 앞에 다다르면 거의 침설할 수 없는 상황이 되었다.

그 시점에서 래머를 이용해 경타를 실시하고 말뚝을 소정 깊이(GL-45 m)까지 침설하는 것도 생각했지만 주변 환경 때문에 실시하지 못하고 최종적으로 소정 깊이의 약 1 m 앞에서 침설 불능(근입깊이 미달)이 되어 말뚝을 인발하였다.

3. 트러블의 원인

본 사례에서는 시공 시의 말뚝주면저항을 저감할 목적으로 프릭션커터를 장착하고 있었는데 굴착하는 지반의 중간층에 사력층과 경질 실트층이 있고 그 층이 견고했기 때문에 프릭션커터의 강성이 부족하여 변형해 버렸을 가능성이 고려되었다.

그 결과 굴착 토사의 말뚝 중공부로의 흡입이 원활하게 되지 않아 말뚝과 주면지반과의 마찰력이 증대했기 때문에 침설 불능에 빠졌다고 생각되었다.

4. 트러블의 대처·대책

경질지반을 관통하는 케이스로서, 프릭션커터의 높이가 높을 때 등은 프릭션커터가 강성 부족이 되어 파손이나 변형을 일으킬 가능성이 있다. 그러한 경우, 일반적으로는 프릭션커터의 두께를 두껍게 하여 강성 부족을 보충하는 방법을 생각할 수 있다. 그렇지만 본 사례에서는 프릭션커터 두께의 제한이 있어서 대응하는 것이 어려웠다.

따라서 근입깊이 미달이 발생한 말뚝의 재시공에서는 프릭션커터의 강성을 늘려 침설 성능을 향상시킬 목적으로 강제 삼각 기둥의 보강 철물(100×100×150 mm, 재질 SS400)을 **사진 1** 및 **그림 2**와 같이 프릭션커터 안쪽에 원주방향으로 붙여서 시공을 행했더니 그 후의 시공에서는 말뚝의 침설 불능은 발생하지 않았다.

사진 1 보강 철물

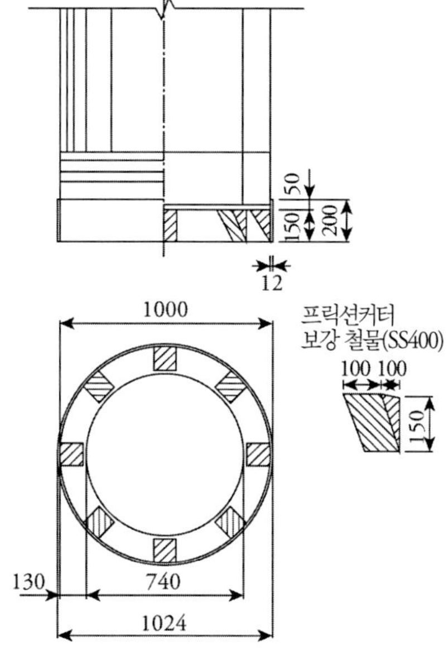

그림 2 보강 철물

5. 트러블에서 얻은 교훈

본 건은 강제 보강 철물을 부착하는 것에 의해 프릭션커터의 강성이 증가하고 그 결과 말뚝 중공부로 굴착 토사가 밀려들어가는 능력이 향상되어 트러블 해소로 이어진 사례이다. 본 사례처럼 굴착이 곤란한 상황에 빠질 것으로 예상되는 지반을 시공하는 경우에는 프릭션커터의 보강은 유효한 대책이라고 생각되지만 지지력 등의 영향이 없는지 검토한 다음, 사전에 발주자나 감리자 등에게 승낙을 얻을 필요가 있다.

22	근고 구근의 시공 불량*	종류	기성콘크리트말뚝
		공법	속파기 근고공법 외

1. 개요

속파기 근고공법 및 프리보링 근고공법(시멘트밀크공법)에서 근고부의 모양이나 강도에 문제가 있었던 사례이다.

2. 트러블 발생 상황

근고부의 품질은 코어보링을 통해 확인할 수 있다. 코어보링에 의한 코어 품질의 균일성이나 강도에 문제가 있었던 사례로는 이하의 4종류이다.

- 사례 1 : 시멘트 고결토의 코어가 말뚝 중간부에서 채취되고 말뚝선단부에서는 채취되지 않았다.
- 사례 2 : 말뚝선단부에서 코어는 채취할 수 있었지만 모르타르와 점토의 호층을 이루고 있었다.
- 사례 3 : 말뚝선단부에서 코어는 채취할 수 있었지만 진흙덩어리가 섞여 일축압축강도가 낮았다.
- 사례 4 : 시멘트 고결토의 코어를 전혀 채취할 수 없었다.

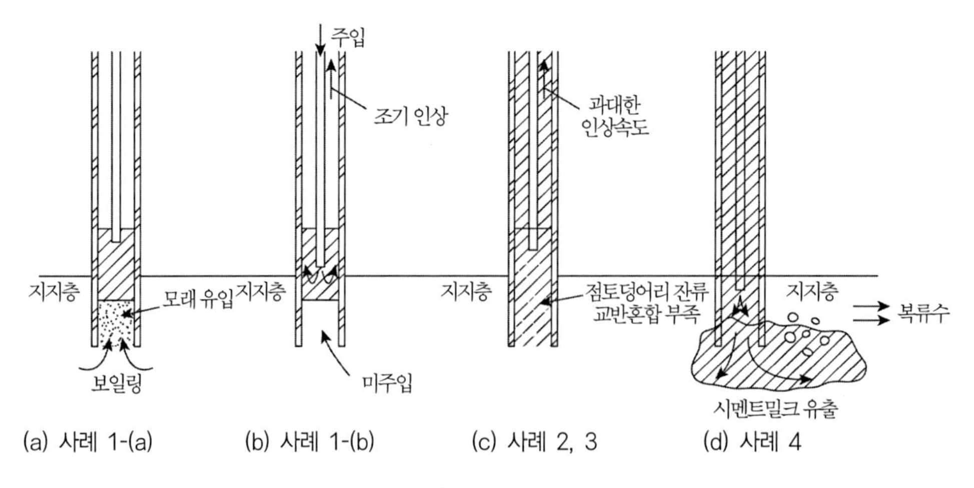

그림 1 트러블 예

3. 트러블의 원인

사례 1～4의 트러블의 원인으로는 다음과 같은 점을 생각할 수있다.

• 사례 1 : (a) 말뚝의 선단부에서 보일링이 발생하고 중공부에 침투수와 함께 흙이 유출되어 굴착장치의 선단부로부터 주입된 모르타르가 선단부로 향하지 않았기 때문이다.

(b) 근고액을 토출하는 타이밍이 어긋나버렸기 때문이다. 모르타르 주입 개시 후 호스와 주입관의 잔여 수가 나온 후에 굴착장치 선단부로부터 근고액이 토출되므로 근고액 토출량과 굴착장치 인상속도의 관계를 고려하지 않으면 어느 정도 인상된 시점에서 처음으로 선단부에서 근고액이 토출되게 된다. 모르타르 주입량이 적고 호스 길이가 100 m 이상인 경우에 발생하기 쉽다.

• 사례 2 : 지지층의 상부가 홍적점토층인 경우에 생기기 쉬우며 굴착토가 이수 상태로 되지 않고 덩어리 상태로 남아 있기 때문이다. 모르타르의 토출량에 비해서 굴착장치의 인상속도가 빠른 것에도 원인이 있다.

• 사례 3 : 근고액(시멘트밀크)의 물시멘트비는 통상 65%로서, 이 경우의 단위체적중량은 약 17 kN/m^{3}이며, 홍적점성토 덩어리의 단위체적중량(11～19 kN/m^3)에 근사한다. 이 결과, 근고액 중에 홍적점토 덩어리가 혼합되어 버렸기 때문이다.

• 사례 4 : (a) 지지층이 사력층으로서 복류수 때문에 시멘트밀크가 유출했기 때문이다. 하천부지에서 시공하는 경우에 발생하기 쉽다.

(b) 지하수가 전혀 없는 화산재층의 지반에서 시멘트밀크공법에 의해 말뚝을 시공한 경우에 시멘트밀크가 흩어져버렸기 때문이다.

4. 트러블의 대처·대책

• 사례 1 : (a) 굴착방법을 숙고함과 동시에 말뚝중공부의 지하수위를 확인한다.

(b) 그라우트펌프의 토출량과 모르타르 주입량과의 관계를 파악하여 모르타르 주입량과 인상속도의 관리를 충분히 실시한다.

• 사례 2, 3 : (a) 근고액의 주입량과 인상속도를 충분히 관리한다. 근고액을 주입하면서 굴착하거나 근고액의 배합을 바꾸어 유동화제를 넣거나 하는 것도 효과가 있다.

(b) 스크류오거에 의한 굴착의 경우, 굴착 예정 깊이 부근에서의 굴착이나 인상 시에 스크류오거를 역전시키면 점토덩어리를 흔들어 떨어뜨리므로 반드시 피한다.[1)]

• 사례 4 : (a) 시멘트밀크 주입 후, 말뚝 천단까지 물을 부어 말뚝 내부의 추이 변화를 2시간 정도 측정하고 지하수위와 비교한다. 증점제의 첨가 등도 생각할 수 있지만 효과가 없을 경우에는 공법 변경이 필요하다. 미리 소일시멘트 기둥을 조성하고 1~2일 후에 이 소일시멘트 기둥을 다시 굴착하는 공법을 채택해 성공한 사례도 있다.

(b) 과거의 시공사례의 조사나 보링머신에 의한 착공성 등의 조사 등을 참고하여 계획단계에서 공법을 신중하게 선정한다.

5. 트러블에서 얻은 교훈

대부분의 트러블이 적절한 시공계획과 시공관리에 의해서 방지될 수 있다고 생각한다. 공사의 실패나 트러블 혹은 그것을 회피하기 위한 노하우는 다른 사람들에게 전해지지 않지만 이와 같은 트러블 사례를 알아두는 것만으로도 트러블 방지에 큰 도움이 된다.

참고문헌

1) 京牟礼和夫·小泉真王·伴野松次郎·具戸俊一 : 杭施工の問題点とその対策 3. 場所打ちコンクリート杭と埋込み杭の設置に関する問題, 土と基礎, Vol.27, No4, pp.93~99, 1979.

23	근고 시공 불량으로 인한 지지력 부족*	종류	기성콘크리트말뚝
		공법	속파기 확대근고공법

1. 개요

속파기공법에서 근고 시공 불량에 따라 연직지지력이 부족했던 사례이다.

(1) **트러블이 발생한 말뚝**: 말뚝지름 ϕ600 mm, 말뚝길이 59 m(4본 이음)의 PHC말뚝

(2) **지반 개요**: 임해부의 깊은 연약지반 위의 매립지로서 지표면 아래 45 m까지는 N값 0~5의 실트층이고 그 이하의 깊이는 실트층과 잔모래층의 호층으로 이루어져 있다(**그림 1**).

2. 트러블 발생 상황

기설 수처리시설에 접속하는 수로의 기초로서 타입공법에 의한 말뚝이 계획되어 있었지만 가까운 곳의 주민에 대한 공사 중 소음공해 문제 때문에 매입공법으로 변경되었다. 시공방법은 속파기공법으로 말뚝을 침설한 후 근고장비의 분사 로드를 말뚝의 선단부까지 삽입하고 시멘트밀크를 고압으로 분사시켜 근고를 행하는 방법을 사용하였다.

시공위치의 지반은 연약층이 두껍게 퇴적되어 있기 때문에 부마찰력(NF)에 의한 부등침

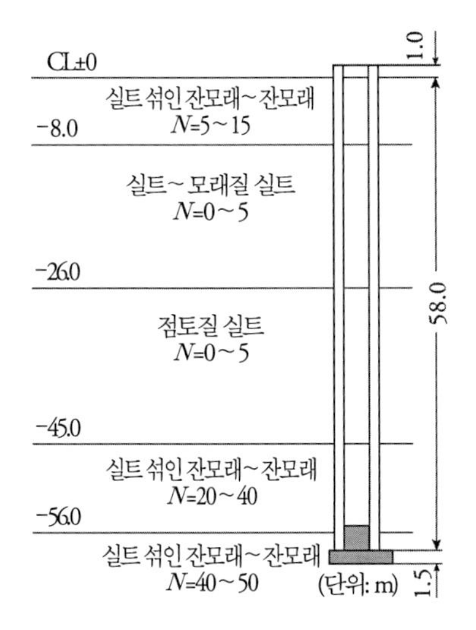

그림 1 토질성상과 말뚝위치의 관계

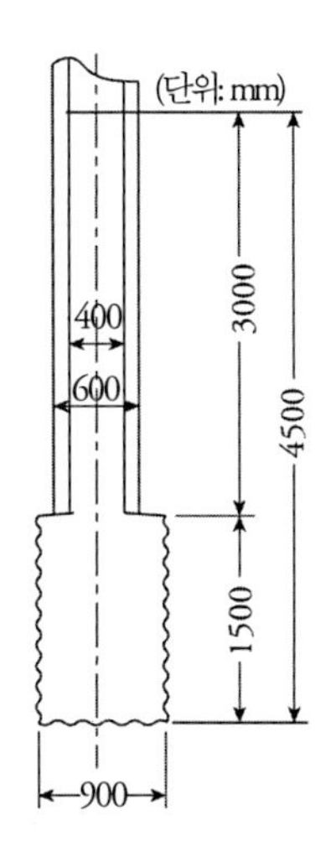

그림 2 말뚝선단 상세

하가 염려되었다. 그래서 본 공사 직전에 연직재하시험(1차 시험)을 행하여 말뚝의 선단지지력을 확인하기로 하였다. 연직재하시험에서는 2,000 kN을 넘으면서 말뚝머리 침하량이 증대하고 2,600 kN에서 극한에 도달하였다. 또한 시험결과로부터 구한 말뚝의 선단지지력은 1,000 kN이었다(**그림 3**). 설계에서는 말뚝의 선단지지력 R_u를 $R_u = 200\,\overline{N}A_p$(kN)에 의해 산정하고 있지만 시험결과는 이보다 훨씬 작은 값으로 나타났다.

말뚝 1본당 작용하는 구조물의 하중은 1,000 kN인데 NF를 2,300 kN, 정마찰력을 1,760 kN, 안전율을 1.2로 하면 말뚝의 선단지지력은 2,200 kN 이상이 필요했다. 공사 직전에 이 결과 때문에 공사관계자는 완전히 골치를 썩히고 말았다.

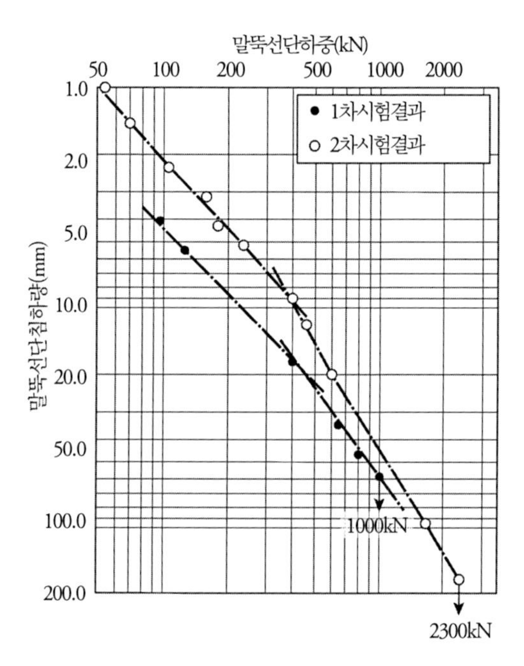

그림 3 말뚝선단에서의 log$P$-log$S$ 곡선

3. 트러블의 원인

근고공법에 의한 말뚝의 선단지지력 산정식을 $R_u = \alpha\overline{N}A_p$로 하고 재하시험 결과에서 α를 역산하면 약 70 kN/m^{2}로 된다. 이와 같은 결과가 된 이유로서 이하의 3가지가 받아들여졌다.

① 지지층이 모래층과 실트층의 호층으로서 지반 자체의 지지력이 작았다.

② 오거 인상 시에 생긴 부압으로 인해 선단지반의 이완이나 보일링이 발생하였다.

③ 근고부의 시공이 불충분하여 고결되지 않은 부분이나 강도가 낮은 부분이 생겼다.

이상의 이유 중 특히 ③이 가장 큰 이유로 생각되었다. 즉, 지반이 실트를 함유한 잔모래층과 같은 경우는 시멘트 밀크와의 교반 혼합이 불충분하기 쉬운 것, 말뚝의 침설과 근고를 따로 행하는 경우는 **그림 4**에서 보는 바와 같이 근고부와 기성말뚝 선단과의 경계 부분에 불량 부분이 생기기 쉬운 것 등이 추정되었다.

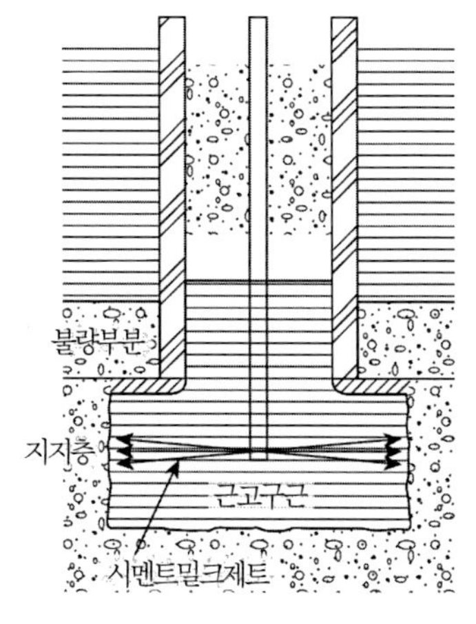

그림 4 트러블의 원인

4. 트러블의 대처·대책

근고부의 시공방법에 있어서 시멘트밀크 분사압력의 증가와 로드의 상하방향 움직임의 반복횟수 증가 등을 행하여 시험말뚝을 시공하고 재하시험(2차 시험)을 실시했다. 3,600 kN을 넘으면서 말뚝머리 침하량이 증대하고 3,900 kN에서 극한에 도달하였다. 또한 시험결과로부터 구한 말뚝의 선단지지력은 2,300 kN으로 나타났다(**그림 3**). 이 결과로부터 허용지지력을 구하면 1,080 kN으로 나타나 간신히 상부구조물의 설계하중 1,000 kN을 넘어섰다.

시공방법을 개선한 말뚝의 선단지지력으로부터 α를 역산하면 약 160 kN/m^{2}로 나타나 당초의 설계에서 채택했던 값에 아직 못 미친다. 또한 **그림 5**는 이와 같은 말뚝의 선단지반의 토질과 α와의 관계를 나타낸 것인데, 잔모래층에서의 값과 거의 일치한다.

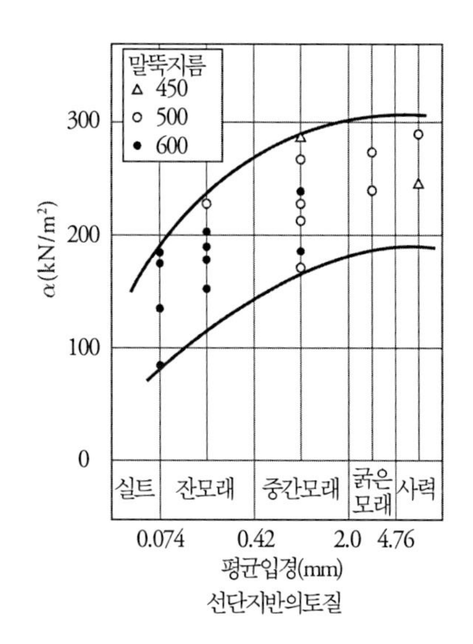

그림 5 토질성상과 선단지지력

5. 트러블에서 얻은 교훈

이 사례는 근고방식의 매입공법이 개발된 지 얼마 되지 않았을 때 발생한 것으로, 현재는 시공기술의 진보에 의해 통상적인 지지층으로 간주되는 지층에서는 α를 250 kN/m^2 이상으로 할 수도 있다. 새로운 공법을 채택할 경우에는 모든 점에 의심을 가지고 신중하게 검토하는 자세가 필요하다.

24	말뚝 시공 후의 침하*	종류	기성콘크리트말뚝
		공법	속파기 확대근고공법

1. 개요

건축물의 기초말뚝을 속파기 확대근고공법에 의해 시공 중에 말뚝이 소정의 설치 깊이보다도 과대하게 침하한 사례이다.

(1) **트러블이 발생한 말뚝** : 말뚝지름 ϕ600 mm, 말뚝길이 32 m(3본 이음)의 PHC말뚝

(2) **지반 개요** : **그림 1**에서 보는 바와 같이 연약한 실트질 지반이 깊이 약 30 m까지 이어지고 그 이하의 깊이는 모래 또는 사력층으로서, 그 층을 지지층으로 하고 있다.

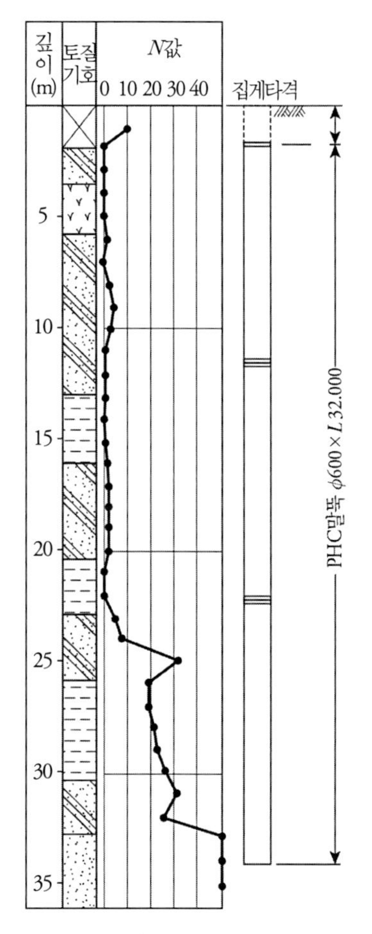

그림 1 토질주상도

2. 트러블 발생 상황

이 공사에서 채용한 속파기 확대근고공법에서의 근고는 말뚝을 소정 깊이에 설치한 후, 말뚝의 선단(지지층) 부근에 고압으로 시멘트밀크를 분사하여 시공하는 방법이다(**그림 2**).

말뚝을 소정의 깊이(GL-1.8 m)까지 속파기 압입에 의해 집게를 사용하여 설치한 후 집게를 인발하고 목측에 의해 말뚝머리를 확인했더니 약 70 cm 내려가 있는 것이 파악되어 다시 측정봉을 세워 측정하려고 했지만, 그 사이 약 5분에 말뚝머리를 볼 수 없게 되었다. 따라서 오거에 의해 말뚝머리를 찾은 결과 소정 깊이보다 약 3 m 깊은 GL-4.8 m 부근에 있다는 것이 밝혀졌다.

또한 이 말뚝 설치 시의 상황을 시공담당자에게 물어 보았더니 이하의 2가지 점에서 다른 말뚝의 시공 상황과 다른 것으로 나타났다.

① 속파기 압입 시에 흙이 딱딱하여 말뚝을 매끈하게 압입할 수 없었으므로 배토를 충분히 행하였다.

② 일반적으로 오거를 인발할 때는 역전하여 말뚝 중공부에 흙을 남기지만 역전을 하지 않고 인발하였다.

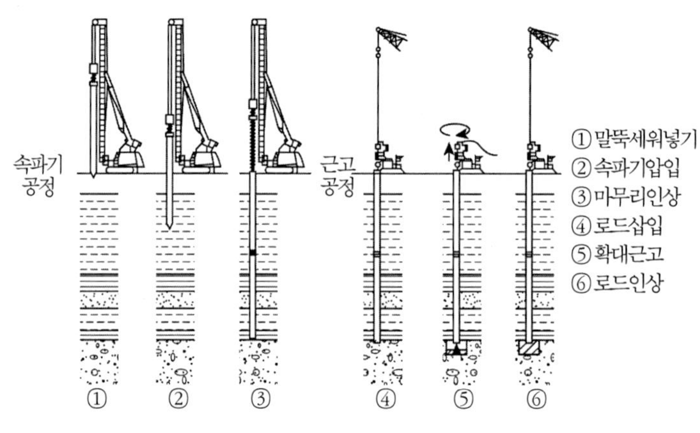

그림 2 시공순서

3. 트러블의 원인

말뚝이 과대하게 침하된 원인으로는 다음과 같은 3가지가 생각되었다(**그림 3**).

① 지지층 부근의 모래층에서 보일링이 발생하여 말뚝선단 부근의 지반이 느슨해져서 선단지지력이 저하하였기 때문에 말뚝의 자중에 의해 침하하였다.

② 오거 인상 시에 역회전을 시키지 않았기 때문에 말뚝의 중공부가 토사에 의해 밀폐되어 오거를 인발할 때에 말뚝선단이 부압이 되어 지반이 느슨해졌다.

③ 과대한 여굴로 말뚝선단 부근의 지반이 느슨해졌다.

이상의 원인 가운데 어느 것이 주된 원인이었는지는 명확하지 않지만, 이것들이 복합되어 트러블에 이른 것으로 간주되었다.

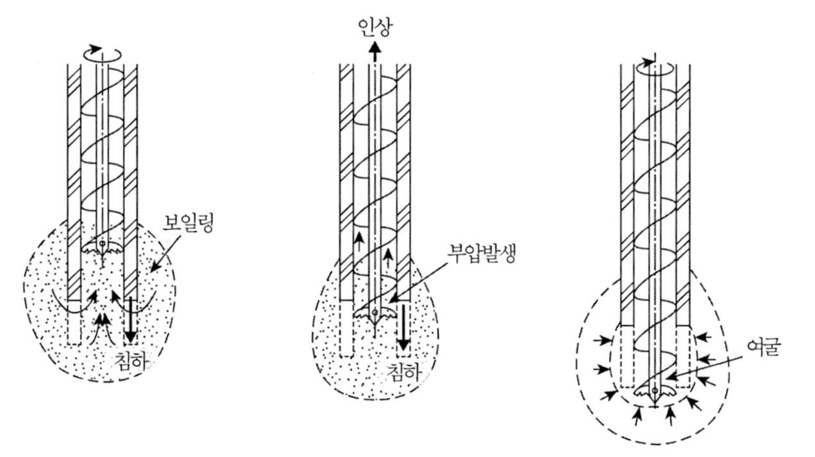

그림 3 트러블의 원인

4. 트러블의 대처·대책

침하 원인과 말뚝선단지반의 이완 범위를 조사하기 위하여 침하한 말뚝 근처에서 표준관입시험을 실시했다. 또한 침하한 말뚝은 지지력에 관해 불안정하다는 것, 굴착하여 말뚝을 잇는 것이 곤란하다는 것 등 때문에 트러블이 생긴 말뚝의 양측에 새롭게 말뚝을 추가 타입하고 기초 및 지중보의 보강을 실시했다.

5. 트러블에서 얻은 교훈

속파기 확대근고공법에서는 말뚝 주위의 지반을 느슨하게 하면서 압입하기 때문에 시공 후에는 말뚝의 주면저항이 작다. 또한 말뚝선단은 약 90 cm 여굴하고 시멘트밀크와 그 부근의 토사를 혼합 교반하기 때문에 시멘트가 경화하기까지의 선단지지력이 작다. 이러한 점 때문에 말뚝 침설 직후의 지지력은 매우 작으므로 이 공법을 채택했을 경우에는 말뚝의 침하에 주의할 필요가 있다. 특히 연약지반에서 무게가 큰 대구경말뚝을 사용하는 경우에는 이러한 트러블이 생기기 쉬우므로 말뚝의 설치 후 당분간은 매달아두고, 또한 집게를 사용할 때는 말뚝을 연결해두는 등의 대책을 세울 필요가 있다.

제4장

강관말뚝의 트러블과 대책

제4장 강관말뚝의 트러블과 대책

4.1 개설

4.1.1 강관말뚝공법의 종류

강관말뚝의 시공방법에는 일반적으로 **그림 4.1**과 같이 매입공법(속파기공법, 강관소일시멘트말뚝공법), 회전관입말뚝공법, 타입공법(타격공법, 진동공법)이 있으며 현장의 환경조건, 지반조건, 하중조건 등에 따라 나뉘어 사용되고 있다. 다른 시공방법에는 압입공법, 프리보링공법, 워터제트를 병용한 진동공법이 있다.

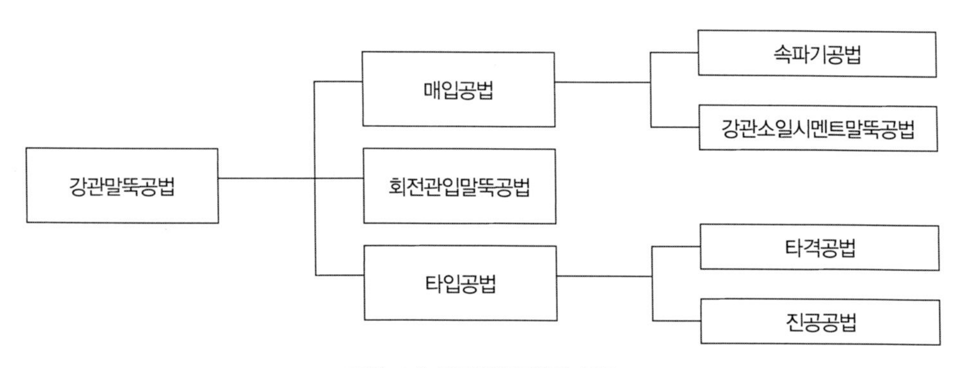

그림 4.1 강관말뚝공법의 종류

각 공법은 각각의 특징을 가지고 있는데다가 구조물의 종류에 따라 다른 설계·시공 기준에 따르고 있다. 공법의 선정은 이러한 조건과 장소에 따라 복잡하게 변화하는 부지, 지반, 지하수 등에 관한 조건 및 환경 등을 고려하여 실시해야 한다. 일반적인 선정방법으로서 『도로교시방서 IV: 하부구조편』(일본도로협회, 2012)의 **참고자료표 6.1**에 그 기준이 표시되어 있으므로 현장상황, 실적 등을 가미해 선정하는 것이 바람직하다.

4.1.2 설문조사로 본 트러블 현황

속파기공법, 강관소일시멘트말뚝공법, 회전관입말뚝공법, 타격공법, 진동공법의 설문조사 결과는 4.2절 이후 설명하는데, 여기에서는 강관말뚝공법 전체에 대한 설문조사 결과를 정리하여 트러블의 종류와 그 요인을 **표 4.1**에 나타냈다.

표 4.1에서 이번 설문조사 결과에서는 '말뚝의 근입깊이 미달·근입깊이 초과' 트러블이 가장 많은 17건으로 전체의 41%를 차지하고 있다. 이어 '항체 손상' 9건(22%), '경사·편심' 6건(15%), '부등침하·지지력 부족' 4건(10%), '소음·진동' 2건(5%), '지반·구조물의 변상' 1건(2%) 순이었다.

표 4.1 트러블의 종류와 그 요인(강관말뚝공법 전체)

트러블의 요인 \ 트러블의 종류			① 항체 손상	② 말뚝의 근입깊이 미달·근입깊이 초과	③ 지반·구조물의 변상	④ 부등침하·지지력 부족	⑤ 경사·편심	⑥ 소음·진동	⑦ 기타	계 건수	계 %
1	계획	시공기기의 선정	1	1				2		4	10
2	계획	지중 장애물·전석의 존재	2	4			1			7	17
3	계획	불충분한 지반조사 (중간층, 지지층)	1	7	1	2	2		1	14	34
4	시공	항체강도	2							2	5
5	시공	불충분한 시공관리 (세워넣기, 중간층·지지층 시공)	2	5		2	1			10	24
6	시공	기타	1				2		1	4	10
계		건수	9	17	1	4	6	2	2	41	
계		%	22	41	2	10	15	5	5		100

트러블 건수가 많은 각 공법별 건수와 트러블의 요인의 개요는 다음과 같다.

(1) 말뚝의 근입깊이 미달·근입깊이 초과

공법별 트러블 발생 건수는 매입공법이 12건으로 70%를 차지하고 있고 그 외의 공법으로는 회전관입말뚝공법이 3건, 타입공법이 2건이었다. 한편 트러블의 요인은 지중 장애물·전석의 존재를 포함하여 불충분한 지반조사가 과반이며 그다음으로 불충분한 시공관리였다.

(2) 항체 손상

공법별 트러블 발생 건수는 회전관입말뚝공법이 7건으로 78%를 차지하고 있으며 기타 공법에서는 타입공법이 2건이며 매입공법은 없었다. 한편 트러블의 요인은 불충분한 지반조사, 항체 강도, 불충분한 시공관리가 거의 동수였다.

(3) 경사·편심

공법별 트러블 발생 건수는 회전관입말뚝공법이 4건으로 67%를 차지하고 그 외의 공법에서는 매입공법, 타입공법이 각각 1건이었다. 한편 트러블의 요인은 불충분한 지반조사가 반수를 차지하고 있고 기타가 불충분한 시공관리였다.

(4) 부등침하·지지력 부족

공법별 트러블 발생 건수는 매입공법, 타입공법이 각 2건이며, 회전관입말뚝공법은 없었다. 한편 트러블의 요인은 '불충분한 지반조사'와 '불충분한 시공관리'가 동수였다.

4.2 속파기공법

4.2.1 속파기공법의 개요와 특징

속파기공법은 개단강관말뚝 내부에 오거스크류를 삽입하고 회전시켜 말뚝선단부의 토사를 연속적으로 굴착, 배토하면서 말뚝을 소정의 위치까지 침설한 후, 소정의 지지력을 얻을 수 있도록 선단 처리를 행하는 공법이다. 선단 처리 방식에는 최종타격방식, 근고방식, 콘크리트타설방식이 있다.

사질계 지지 지반의 경우에는 근고방식이 일반적으로 채용되고 있으며 비교적 환경 규제 조건이 완화된 경우에는 모래 및 점성토지반에 대해서 최종타격방식이 채택되고 있다. 또한 이들 방식에 의해 시공할 수 없는 경우에만 콘크리트타설방식이 쓰이고 있다.[2)]

속파기공법에 쓰이는 주요 기기는 삼점지지식 항타기, 어스오거, 선단 처리 설비, 보조크레인 등이 있다. 확대근고방식의 표준적인 시공순서를 **그림 4.2**, 시공상황을 **사진 4.1**에 나타냈다.

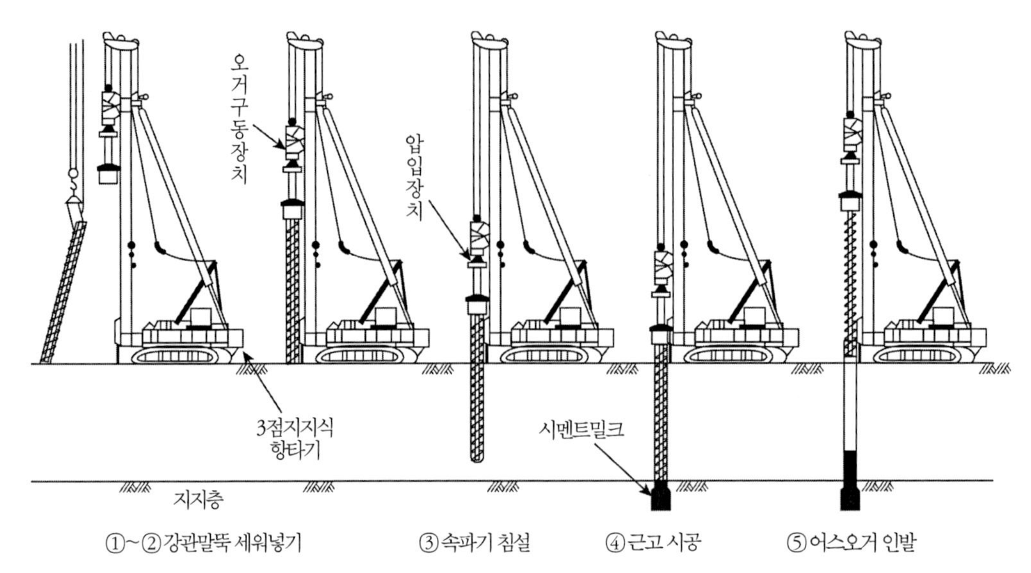

그림 4.2 속파기공법(근고방식)의 시공순서 예[1)]

속파기공법의 특징은 다음과 같다.

사진 4.1 속파기공법 시공상황

장점 :

① 저소음·저진동 공법이다.

② 저배토공법이다.

③ 공법에 따라서는 경사말뚝의 시공이 가능하다.

④ 오거 구동 전류값에 의한 지지층 확인이 가능하다.

단점 :

① 큰 지름의 자갈지반, 경질지반에서는 시공이 어렵다.

② 지표보다 2 m 이상의 피압지하수 지반, 수류속도가 3 m/mm 이상의 지지층에 대한 시공이 품질관리상 곤란하다.

4.2.2 설문조사로 본 트러블 현황

속파기공법의 설문조사 결과는 **표 4.2**와 같다. 설문조사 결과에서는 트러블의 종류로서 '말뚝의 근입깊이 미달'(3건), '말뚝의 근입깊이 초과'(3건)가 많고 '부등침하·지지력 부족'과 '경사·편심'이 각 1건이 있었다. 속파기공법은 저소음·저진동 공법이며, 강관말뚝은 재료 강도가 높고 실 단면적이 작은 점 등으로 인해 '항체 손상', '소음·진동' 등의 트러블 보고는 없으며 또한 '근고부 불량'도 없었다.

표 4.2 트러블의 종류와 그 요인(속파기공법)

트러블의 요인 \ 트러블의 종류			① 항체 손상	② 말뚝의 근입 깊이 미달	③ 말뚝의 근입 깊이 초과	④ 지반·구조물의 변상	⑤ 근고부의 불량	⑥ 부등침하·지지력 부족	⑦ 경사·편심	⑧ 소음·진동	⑨ 기타	계
1	계획	시공기계의 부적(선정의 오류)		1								1
2	계획	지중 장애물·전석의 존재(불충분한 조사)		1								1
3	계획	지지층의 경사(불충분한 조사)										0
4	계획	피압수(불충분한 조사)						1				1
5	시공	배토 불량										0
6	시공	용접										0
7	시공	집게 시공										0
8	시공	불충분한 말뚝 침설 시의 시공관리		1	1				1			3
9	시공	불충분한 근고부의 시공관리										0
10	시공	기타 불충분한 시공관리			2							2
11	기타											0
계			0	3	3	0	0	1	1	0	0	8

발생한 트러블의 종류에 따른 요인의 개요를 설명하면 다음과 같다.

(1) 말뚝의 근입깊이 미달

말뚝의 근입깊이 미달 사례의 요인은 시공기계 선정의 오류로 인한 능력 부족, 미흡한 조사에 의한 기존 기초 등의 지중 장애물의 존재, 경질 지지층의 존재 등이었다. 이번 설문조사에서는 회답이 없었지만, 큰 자갈·옥석 등의 존재로 근입깊이 미달되는 예도 생각할 수 있다. 또한 딱딱한 중간층을 파면서 시공해야 할 경우에 시공이 곤란해져서 선굴착을 행하는 경우가 있지만 지반을 교란시키지 않기 위해서는 도로교시방서에 규정되어 있듯이 1 m 이내의 선굴착을 수행할 필요가 있다.

(2) 말뚝의 근입깊이 초과

말뚝의 근입깊이 초과 사례의 요인은 시공 시 말뚝머리 레벨 설정의 오류, 집게(tongs) 시공 시 충분한 유지 시간을 확보하지 않고 집게를 뽑아낸 것 등이었다.

(3) 부등침하·지지력 부족

지지력 부족 사례의 요인은 중간 이암층으로의 속파기 시공과 피압수 분출로 인한 말뚝주면 지반의 교란, 말뚝주면과의 간극 발생이었다. 덧붙여, 부등침하 사례는 없었다.

(4) 경사·편심

경사·편심 사례의 요인은 연약지반상의 시공이기 때문에 시공기계의 이동, 과도한 시공속도로 인한 측압에 의한 지반의 변상이나 말뚝위치 관리 부족 등이었다.

4.2.3 설문조사로 본 트러블 대처 방법

(1) 말뚝의 근입깊이 미달

시공기기 선정의 오류, 경질지반 지지층 등이 요인인 사례에 대해서는 시공방법의 변경 등으로 대처하고 있다.

다음으로, 지중 장애물의 존재가 요인인 사례에 대해서는 장애물이 기설 구조물의 잔존 기초이며, 지표면으로부터 2 m 정도 부근이어서 말뚝 시공 범위에 들어가는 부분을 파쇄·철거한 후에 모래 등으로 치환하고 강도를 확인한 후에 트러블이 발생한 강관말뚝을 재시공한 것이 소개되어 있다.

(2) 말뚝의 근입깊이 초과

근입깊이 초과 말뚝에 대해서는 말뚝두부에 강관을 현장 용접으로 이어붙이는 방법, 말뚝두부를 파내려가서 푸팅콘크리트를 추가타설하는 방법이 소개되어 있다.

(3) 부등침하·지지력 부족

지지력 부족의 사례에 관해서는 주면저항력 부족이 원인이었기 때문에 말뚝주면에 약액주입하는 방법으로 대처하고 있다. 또한 시공 도중 지지력 부족이 우려되었던 사례에 대해서는 이후의 말뚝은 타격 가능한 환경조건이었기 때문에 타입공법으로 변경하여 대처한 것이 소개되어 있다.

(4) 경사·편심

편심한 강관말뚝은 뽑아내고 재시공하고 있다. 말뚝을 뽑아내서 재시공하는 것은 말뚝 주변 지반을 교란하게 되지만 사례에서는 케이싱을 사용하여 지반의 교란을 억제함과 동시에 프리보링공법의 주면고정액을 사용함으로써 현 지반과 동등 이상의 지반으로 회복할 수 있다고 판단했다. 또한 연약한 시공지반면은 쇄석을 추가로 깔아 시공기계의 안정을 도모한 것이 소개되어 있다.

4.2.4 트러블 방지 대책

(1) 말뚝의 근입깊이 미달 대책

기존 기초나 전석 등의 지중 장애물 등에 대해서는 기존의 지반조사 결과뿐만 아니라 충분한 지반조사의 실시가 필요하며, 인근 지반조사 결과 등도 참고함과 동시에 지반 이력을 확인하여 시공계획을 세울 필요가 있다. 다만, 몇 안 되는 지반조사에서는 확인할 수 없는 경우가 많기 때문에 조사 개소 수를 늘리는 것이나 사전에 대처책을 세워두는 것도 필요하다고 생각한다.

얕은 층에 지중 장애물이 존재하는 경우에는 강관말뚝 시공 전에 제거해놓을 수 있지만, 깊은 층에 존재하는 경우에는 제거가 어려운 경우가 있다. 그 경우에는 설계로 되돌아가 말뚝공법을 변경하는 등이 필요한 경우도 있다.

(2) 말뚝의 근입깊이 초과 대책

설문조사 응답에서는 강관말뚝을 소정의 깊이로 유지하기 위해 말뚝선단부의 강도 발현을 기대하는 대책이 마련되어 있었지만 집게(tongs) 시공의 경우에는 이 방법으로는 유지 상황을 확실하게 판단할 수 없다는 점이 고려되었다. 이를 위해 별도 유지 도구를 사용하여 확실한 유지대책을 병용하는 것이 필요하다고 생각된다.

(3) 말뚝의 경사·편심 대책

연약층에서 말뚝의 경사·편심을 일으키는 요인으로는 강관말뚝의 경우 항체의 영향으로 측방토압이 발생하는 경우는 적고, 일반적으로는 시공기계의 영향이 크다고 생각된다. 시공지반면의 강도 확보는 이러한 트러블을 회피할 뿐만 아니라 안전관리 측면에서도 중요하며, 기반면의 지반개량에는 충분히 유의할 필요가 있다.

(4) 부등침하·지지력 부족 대책

지지력 부족이 발생한 사례에 대해서는, 말뚝 시공 후의 주면지지력이 충분히 검증되지 않은 지반에서 속파기공법으로 시공한 것에 있으며, 이러한 특수지반에서는 설계 시 지반조건에 유의하여 말뚝종류 및 시공법을 선별하는 것이 중요하다고 생각한다.

다음으로, 지지력 부족이 우려된 사례에 대해서는, 피압수 유무가 검토되어 있지 않은 것에 기인하고 있다. 피압수를 낮추는 대책이 마련되지 않은 경우에는 설계로 되돌아가 시공법을 변경할 필요가 있다. 피압수 지반에서의 적용성이 높은 강관말뚝공법으로서 회전관입말뚝공법, 타입공법이 잘 알려져 있지만 강관소일시멘트말뚝공법도 시공실적이 있으며 이러한 공법을 선택하는 것이 좋다고 생각된다.

(5) 종합적인 트러블 대책

시공 시의 트러블을 미연에 방지하고 품질을 확보하려면 시험말뚝의 시공 및 엄격한 시공관리가 중요하다.

시험말뚝의 시공은 계획한 시공법·시공 관리 기법의 타당성, 설계조건과 실제 현장의 정합성 등을 확인할 수 있기 때문에 중요하다. 최신 「도로교시방서」(2012년 3월)에서는 시험말뚝의 시공이 의무화되었다. 단, 공사 시작 전에 별도로 시험말뚝을 실시하는 것은 어려울 수 있기 때문에 최초 말뚝을 시험말뚝으로 하여 일반적으로 지반조사 결과에 가까운 위치에서 실시하는 경우가 많다.

설문조사 사례에서는 눈에 보이는 이상이 발생했기 때문에 지지력 부족에 대한 대처가 가능했지만 속파기공법에서는 시공 시의 지지력을 직접 확인하기 어렵다. 그 때문에 소정의 프로세스에 의해 시공을 실시·관리하는 것이 트러블 대책이나 발생 시 대처 측면에서 중요하다.

(6) 기타

이번 설문조사에서는 기초공법의 적용성이 명확하지 않은 특수지반에 대해 사전에 여러 가지 검토를 실시하여 공법 선정·설계·시공 시의 트러블을 회피한 사례가 보고되어 있으므로 소개한다. 특수한 지지 지반의 경우에는 공법 선정의 적부가 불분명하기 때문에 트러블을 일으킬 가능성이 있었다. 그래서 지지층 지반의 토질 성상 확인, 시공시험을 통한 시공성 확인 및 근고부의 강도·완성형 확인 등을 실시함으로써 속파기공법(근고방식) 적용 지반의 성상·강도 범위를 사전에 명확하게 한 예이다.

4.3 강관소일시멘트말뚝공법

4.3.1 강관소일시멘트말뚝공법의 개요와 특징

강관소일시멘트말뚝공법은 현 지반에 시멘트밀크를 주입, 교반 혼합하여 축조한 소일시멘트 기둥과 외면 돌기 부착 강관의 일체화를 도모한 합성말뚝공법이다. 소일시멘트 기둥 축조와 동시에 강관을 침설하는 '동시침설방식'과 소일시멘트 기둥 및 선단부 축조 후에 강관을 후 침설하는 '후침설방식'이 있다.

강관소일시멘트말뚝공법에 이용하는 주요 기기는 삼점지지식 항타기, 굴착 교반기, 모르타르플랜트 기계, 보조크레인 등이 있다. 시공 절차에 대해서는 동시침설방식은 속파기공법과 시공절차가 유사하므로 여기에서는 사례로서 소개하고 있는 후침설방식의 시공순서의 예를 **그림 4.3**에 나타냈으며 동시침설방식의 시공상황은 **사진 4.2**를 참조하기 바란다.

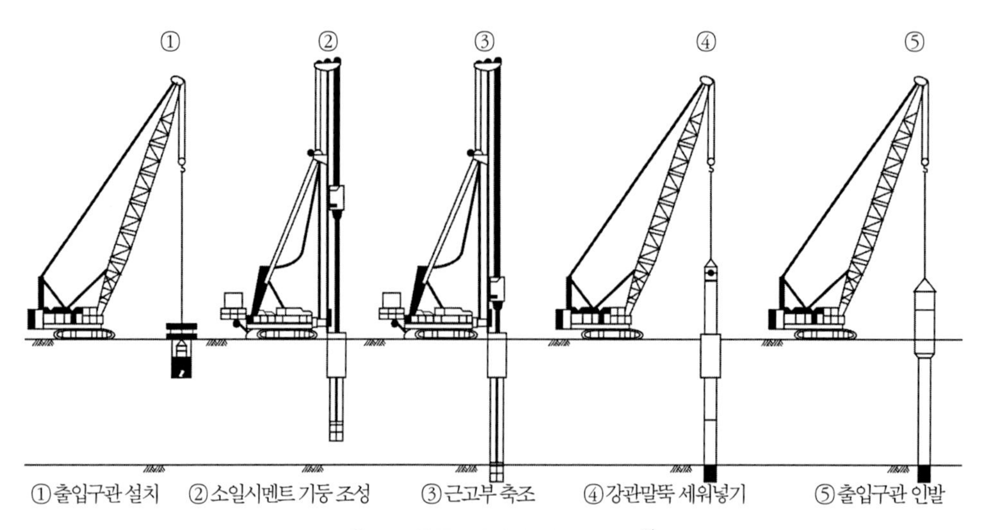

그림 4.3 후침설방식의 시공순서 예[2)]

강관소일시멘트말뚝공법의 특징은 다음과 같다.

사진 4.2 동시침설방식 시공상황

장점 :

① 저소음·저진동 공법이다.

② 저배토 공법이다.

③ 피압수 지반에서의 시공이 가능하다.

④ 강관과 고화체의 일체화에 따라 높은 지지력이 얻어진다.

단점 :

① 자갈지름이 큰 지반, 경질지반에서는 시공이 어렵다.

② 경사말뚝의 시공이 곤란하다.

③ 물이 흐르는 속도가 3 m/min 이상의 지지층에 대한 시공이 곤란하다.

4.3.2 설문조사로 본 트러블 현황

강관소일시멘트말뚝공법의 설문조사 결과는 **표 4.3**과 같다. 설문조사 결과에서는 트러블의 종류로서 '말뚝의 근입깊이 미달'(5건)이 대부분이며, '말뚝의 근입깊이 초과', '말뚝 일반 고화부의 불량'이 각 1건이었다.

표 4.3 트러블의 종류와 그 요인(강관소일시멘트말뚝공법)

트러블의 요인 \ 트러블의 종류			① 항체 손상	② 말뚝 근입 깊이 미달	③ 말뚝 근입 깊이 초과	④ 지반·구조물 변상	⑤ 말뚝선단 고화부 불량	⑥ 말뚝 일반 고화부 불량	⑦ 부등침하·지지력 부족	⑧ 경사·편심	⑨ 소음·진동	⑩ 기타	계
1	계획	시공기계 부적합 (선정의 오류)											0
2	계획	지중 장애물 · 전석 존재 (불충분한 조사)		3									3
3	계획	지지층의 경사 (불충분한 조사)											0
4	계획	피압수 (불충분한 조사)											0
5	계획	토질조사 · 배합조건 (불충분한 조사)		2									2
6	시공	용접											0
7	시공	집게 시공											0
8	시공	불충분한 말뚝 침설 시의 시공관리						1					1
9	시공	불충분한 선단 고화부의 시공관리											0
10	시공	기타 불충분한 시공관리			1								1
11	기타												0
계			0	5	1	0	0	1	0	0	0	0	7

강관소일시멘트말뚝공법은 속파기말뚝공법과 마찬가지로 '말뚝체의 손상', '지반·구조물의 변상', '경사·편심' 등의 회답이 없으며 또한 '말뚝선단 고화부의 불량', '부등침하·지지력 부족', '경사·편심' 등의 트러블 사례도 없었다.

발생한 트러블의 종류에 따른 요인의 개요를 설명하면 다음과 같다.

(1) 말뚝의 근입깊이 미달

말뚝의 근입깊이 미달 사례의 요인은 바위덩어리 등의 지중 장애물의 존재, 중간 지반에 시공한 소일시멘트의 누수 등으로 인해 발생한 막힘현상 등에 의한 강관 침설 시 마찰력의 급증이었다.

(2) 말뚝의 근입깊이 초과

말뚝의 근입깊이 초과 사례의 요인은 시공 후의 강관 유지 부족에 의한 침하였다.

(3) 말뚝 일반 고화부의 불량

말뚝 일반 고화부의 불량 사례는 중간 점성토층에서 시멘트밀크의 충전 교반이 충분히 이루어지지 않고 덩어리 모양의 점성토가 남았기 때문이었다.

4.3.3 설문조사로 본 트러블 대처 방법

(1) 말뚝의 근입깊이 미달

지중 장애물·전석의 존재가 요인인 사례에 대해서는 얕은 부분의 부석(敷石), 바위덩어리, 전석 등의 장애물이 있었기 때문에 시공이 끝난 말뚝을 뽑고 장애물을 철거한 후에 소일시멘트를 재시공하고 강관말뚝을 재침설하고 있다.

막힘현상이 요인인 사례에 대해서는 강관을 빼내고 소일시멘트부의 시멘트밀크의 배합 변경, 주입량의 증량, 강관의 회전건입방법 변경 등의 대처 방법이 소개되어 있다.

(2) 말뚝의 근입깊이 초과

근입깊이 초과된 말뚝은 말뚝머리에 현장용접으로 강관을 이어붙이고 있다. 또한 이후의 말뚝에 대해서는 강관을 강봉으로 매달아 유지하는 대책을 병용하고 있다.

(3) 말뚝 일반 고화부의 불량

시공이 끝난 강관말뚝은 뽑고, 그 후, 점성토괴가 생기지 않도록 시멘트밀크의 배합을 변경하고 다시 시멘트밀크를 주입·교반하고 강관말뚝을 재침설하고 있다.

4.3.4 트러블 방지 대책

본 항에서는 각종 트러블을 미연에 방지하기 위한 대책에 대해 기술한다. 덧붙여, 이하의 트러블 외에 여러 가지 트러블을 회피하기 위해서는 속파기공법과 마찬가지로 시험말뚝의 시공 및 엄중한 시공관리가 중요하다.

(1) 말뚝의 근입깊이 미달 대책

지중 장애물 등에 대해서는 속파기공법과 마찬가지로 기존의 지반조사 결과뿐만 아니라 충분한 지반조사의 실시가 필요하며 인근의 지반조사 결과 등도 참고함과 동시에 지반 내력의 확인도 하여 시공계획을 세울 필요가 있다. 다만 몇 안 되는 지반조사에서는 확인할 수 없는 경우가 많기 때문에 조사 개소수를 늘릴 것 그리고 사전에 대처책을 세워두는 것도 필요하다고 생각한다.

얕은 층에 지중 장애물이 존재하는 경우에는 말뚝 시공 전에 제거해놓을 수 있지만 깊은 층에 존재하는 경우에는 제거가 어려울 수 있다. 이 경우에는 설계로 되돌아가 말뚝공법을 변경하는 등이 필요한 경우도 있다.

막힘현상 등은 토질, 입도분포 등에 기인하여 발생하는 것을 경험적으로 알고 있지만 충분히 해명되어 있지 않으므로 시공계획을 세울 때 토질조건을 조사하여 발생이 우려되는 지반에서는 시멘트밀크의 배합설계, 강관 침설 방법 등에 대해서 미리 대책이 수립된 시공계획을 세워두는 것이 중요하다.

(2) 말뚝의 근입깊이 초과 대책

사례에서는 강관말뚝을 소정의 깊이로 유지하기 위해서 말뚝선단부 및 소일시멘트부의 강도 발현을 기대하는 대책이 마련되어 있었으나 단시간에 소일시멘트부의 강도 발현을 기대할 수 없기 때문에 집게 시공의 경우에는 유지 여부를 정확히 판단할 수 없다. 그렇기 때문에 별도 보호장치를 사용하여 확실한 유지대책을 병용하는 것이 중요하다.

(3) 말뚝 일반 고화부의 불량 대책

일반 고화부의 불량은 특수한 토질조건을 고려하지 않고 공법인정(工法認定)에 규정된 시공관리값을 잘 이해하지 못하고 그냥 받아들인 시공에 기인하고 있다. 시공계획을 세울 때에 소일시멘트 배합시험만이 아니라 교반방법 등에 대해서도 충분한 검토를 실시하는 동시에 미리 대책이 수립된 시공계획을 세워두는 것이 중요하다.

4.4 회전관입말뚝공법

4.4.1 회전관입말뚝공법의 개요와 특징

회전관입말뚝공법은 말뚝선단에 한 장 또는 여러 장의 우근(羽根)을 단 강관말뚝에 회전력을 주어 나무나사처럼 그대로 땅속에 관입시키는 공법이며, 말뚝지름은 ϕ 50~1,600 mm까지 폭넓은 범위에서 실용화되어 있다. 본 절에서는 이 중에서도 말뚝지름 ϕ 400 mm 이상의 비교적 지름이 큰 회전관입말뚝을 대상으로 공법 개요 및 특징을 소개한다.

회전관입말뚝의 시공에는 말뚝지름이 커짐에 따라 토크 출력이 큰 시공기계가 필요하므로 말뚝지름 ϕ 600 mm 정도까지의 회전관입말뚝에 대해서는 3점지지식 항타기를, 그 이상의 말뚝지름에 대해서는 지중 장애의 철거 등에 사용되고 있는 전둘레회전식 케이싱잭을 사용하여 말뚝을 시공하고 있다. 표준적인 시공절차 및 시공상황을 **그림 4.4** 및 **그림 4.5**에 나타냈다.

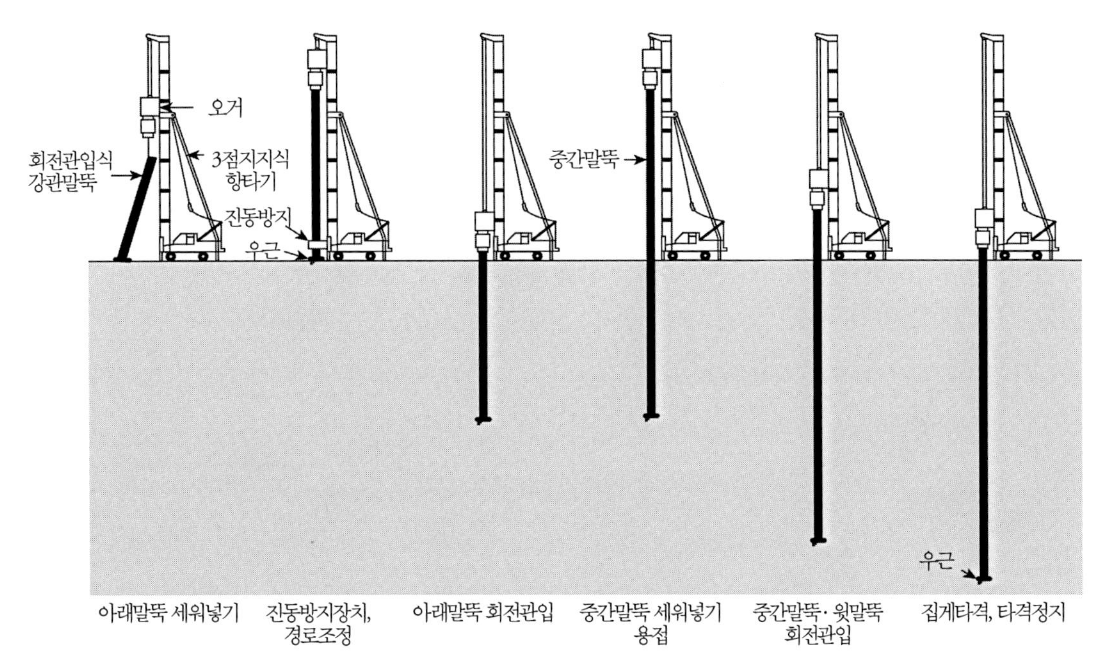

그림 4.4 시공순서 : 3점지지식 항타기(말뚝지름 ϕ 400~600 mm 정도)

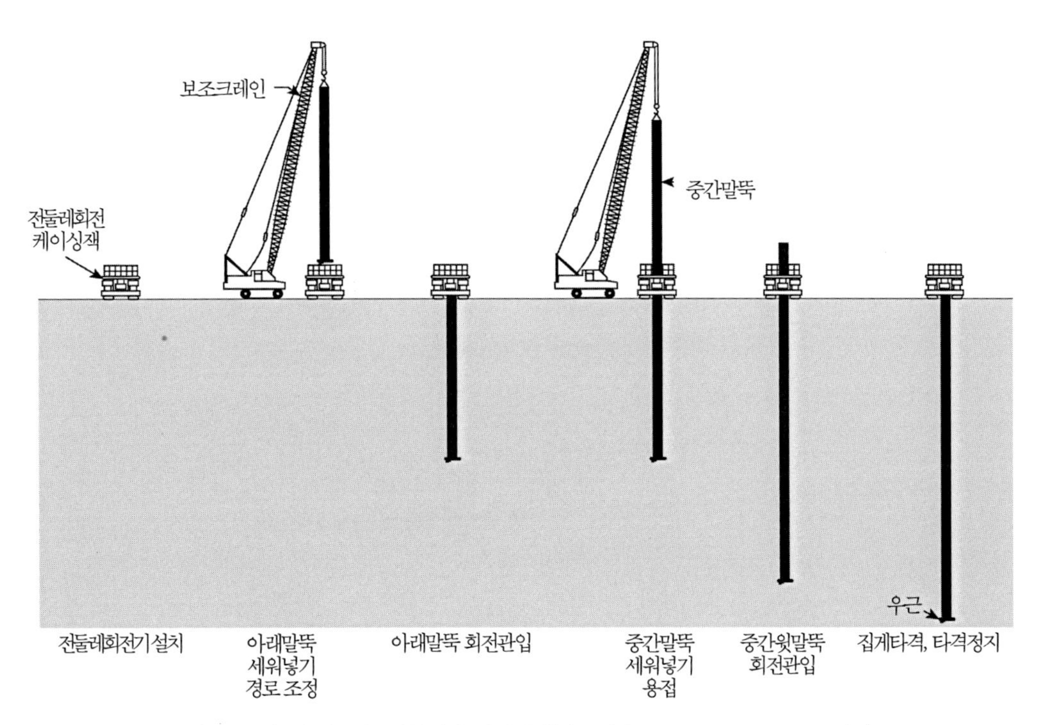

그림 4.5 시공순서 : 전둘레회전식 케이싱잭(말뚝지름 ϕ 600~1,600 mm 정도)

본 공법의 특징은 다음과 같다.

장점 :

① 프리보링 등을 하지 않고 강관말뚝에 회전력을 가하여 관입시키므로 저소음·저진동으로 무배토 시공이 가능하다.

② 콘크리트나 시멘트밀크 등을 일체 사용하지 않는다.

③ 시공 토크에 따라 말뚝선단이 지지층에 도달하고 있음을 모든 말뚝에서 확인할 수 있다.

④ 말뚝을 역회전시킴으로써 쉽게 말뚝을 인발하기가 가능하기 때문에 빌린 땅을 이용한 프로젝트나 가설구조물 등에도 적용하기 쉽다.

단점 :

① 큰 지중 장애에 접촉하면 시공이 불가능해질 수도 있다.

② 예상한 깊이에 지지층이 출현하지 않은 경우에는 말뚝길이에 과부족이 생겨버리는 경우가 있다.

4.4.2 설문조사로 본 트러블 현황

회전관입말뚝공법의 설문조사 결과는 **표 4.4**와 같다. 설문조사 결과에서는 트러블의 종류로서 '말뚝체의 손상'(8건), '말뚝의 근입깊이 미달·근입깊이 초과'(3건), '경사·편심'(4건)이 많았다. 또한 회전관입말뚝공은 시공방법이 단순하고 시공 토크에 따라 정밀도 높은 타입정지 관리를 할 수 있기 때문에 '지반·구조물의 변상', '지지력 부족' 등의 회답은 보이지 않았다.

표 4.4 트러블의 종류와 그 요인(회전관입말뚝공법)

트러블의 요인 \ 트러블의 종류			① 항체 손상	② 말뚝의 근입깊이 미달·근입깊이 초과	③ 지반·구조물의 변상	④ 지지력 부족	⑤ 경사·편심	⑥ 소음·진동	⑦ 기타	계
1	계획	불충분한 지반조사 (표층, 중간층, 지지층)	1	3			2			6
2	계획	시공기계의 선정						1		1
3	시공	지중 장애물(매설물) 전석의 존재	2				1			3
4	시공	근접시공								0
5	시공	항체 강도	2							2
6	시공	용접								0
7	시공	말뚝 세워넣기 시의 시공관리(항심, 경사)								0
8	시공	말뚝 관입 시의 시공관리(토크, 관입량)	2							2
9	시공	말뚝 타경 정지 시의 시공관리(토크, 깊이)								0
10	시공	지반의 이완					1			1
11	시공	기타	1						1	2
계			8	3	0	0	4	1	1	17

발생한 트러블의 종류별로 그 개요를 설명하면 다음과 같다.

(1) 항체의 손상

항체에 손상이 발생하는 요인으로는 '지중 장애와의 접촉'과 '지지층의 경사' 혹은 '과대한 시공 토크'를 들 수 있다. 손상된 위치로는 우근이 달려있는 말뚝선단부 또는 말뚝선단 부근의 강관 혹은 토크 전달을 위한 철물이 달린 말뚝머리 부근이 보고되어 있다. 또한 설문조사의 보고에는 없었으나 말뚝이음시공이 불충분하면 시공 중에 말뚝이 파손되기 때문에 충분히 주의할 필요가 있다.

(2) 말뚝의 근입깊이 미달·근입깊이 초과

실제 지지층 깊이가 예상 깊이와 다른 경우에는 말뚝의 근입깊이 미달·근입깊이 초과가 발생하고 있다.

(3) 경사·편심

말뚝의 경사·편심이 발생하는 요인으로는 '지중 장애와의 접촉'과 '지내력 부족에 의한 시공기계의 경사' 등을 들 수 있다.

4.4.3 설문조사로 본 트러블의 대처 방법

(1) 항체의 손상

회전관입말뚝공법에서는 시공 토크를 확인하면서 말뚝을 시공한다. 항체에 손상이 발생하면 그때까지 말뚝에 작용시키던 큰 토크가 갑자기 작아지기 때문에 즉시 항체에 손상이 생겼다는 것을 인식할 수 있다.

말뚝선단부가 손상되었을 경우에는 말뚝을 역회전하여 뽑아내는 동시에 땅속에 남아있는 항체를 별도로 철거하고 재시공하는 경우가 많다. 또한 말뚝머리 부분의 손상뿐이라면 손상된 곳을 현장에서 절단 철거하고 새로운 강관을 이어 보탬으로써 대처하는 경우가 많다.

(2) 말뚝의 근입깊이 미달·근입깊이 초과

말뚝이 근입깊이 미달인 경우에는 말뚝 시공 후에 여분의 항체를 절단하고 말뚝머리 레벨을 가지런히 하는 작업이 필요하다. 말뚝두부의 강관두께가 두꺼운 경우에는 두꺼운 부위의 부재길이가 짧아지기 때문에 필요 길이를 확보할 수 없는 경우가 있다. 이 경우에는 말뚝을 한번 뽑고, 두꺼운 부위보다 아래쪽 항체의 일부를 제거한 후에 재시공을 실시하고 있다. 한편 근입깊이 초과된 경우에는 말뚝머리 레벨을 가지런히 하기 위해 새로운 강관을 말뚝두부에 이어 보태고 있는 경우가 많다.

(3) 경사·편심

말뚝에 경사·편심이 발생한 경우에는 말뚝뿐만 아니라 시공기계에 관해서도 기울기나 말뚝 편심 등을 확인하는 것이 중요하다. 또한 시공데이터를 되돌아보고 경사·편심의 원인을 알아내는 것 또한 중요하다. 원인이 '지중 장애와의 접촉'이면 말뚝을 일단 뽑고 난 후 장애물 제거를 하고 다시 같은 위치에 말뚝을 시공하는 경우가 많다. 또한 '지내력 부족에 의한 시공기계의 경사'가 원인인 경우에는 지반개량 등의 보강을 실시한 후에 재시공한 예가 보고되어 있다.

4.4.4 트러블 방지 대책

(1) 항체의 손상

'지중 장애와의 접촉'과 '지지층의 경사' 등에 기인하는 항체 손상에 대해서는 기존 구조물의 유무를 포함하여 사전 지반조사를 면밀하게 실시하는 것이 중요하다. 또한 '과대한 시공토크'에 의한 항체의 손상에 관해서는 시공 토크 관리를 철저히 함과 동시에 토크가 작용하는 항체측 회전 지그(jig)에 대해서도 신중하게 검토할 필요가 있다.

(2) 말뚝의 근입깊이 미달·근입깊이 초과

말뚝의 근입깊이 미달·근입깊이 초과는 동일 부지 내에서 지지층의 굴곡이 심한 경우나 경사가 큰 경우에 발생하기 쉽다. 이러한 경우, 지반조사를 적절한 밀도로 실시하는 것은 당연하지만, 거기에 더해, 특히 지지층의 큰 굴곡이 예상되는 경우에는 지지층 깊이에 대한 조사만이라도 보다 밀도를 높여 실시하는 것이 좋다.

(3) 경사·편심

말뚝의 경사·편심이 발생하는 원인으로서 '지중 장애' 또는 '지내력 부족에 의한 시공기계의 경사' 등이 보고되어 있다. 모든 경우 착공 전에 부지상황이 밝혀지면 회피할 수 있는 트러블이다. 트러블 발생이 우려되는 경우에는 사전에 토지 이용 이력 등을 포함한 정보수집 및 부지의 지반조사를 행하여 대책방법도 포함한 검토를 실시하는 것이 중요하다.

4.5 타격공법

4.5.1 타격공법의 개요와 특징

타격공법은 주로 해머의 타격에너지를 말뚝에 주어 지반 속으로 관입시키는 방식으로서 **사진 4.3**과 같은 유압해머나 드롭해머가 이용된다. 최근에는 대구경말뚝의 채택에 맞추어 **사진 4.4**와 같은 대형 유압해머가 개발되어 채택되고 있다.

사진 4.3 일본산 유압해머

사진 4.4 대형 유압해머

타격공법은 말뚝의 시공법으로서 가장 오래전부터 이용되고 있다. 그 특징은 다음과 같다.

장점 :

① 시공속도가 빠르고 경제적이다.

② 시공설비가 콤팩트하다.

③ 경사말뚝의 시공이 용이하다.

④ 시공 중에 지지력을 판정할 수 있다.

단점 :

① 타격 시에 큰 소음·진동이 발생한다.

② 항체 손상 가능성이 있다.

4.5.2 트러블 현황

타격공법에 대해 돌아온 설문조사 응답은 2건이었으므로 초판 작성 시의 설문조사 결과 등도 포함해서 기술한다. 트러블의 종류로는 '항체 손상', '말뚝의 근입깊이 미달', '지반·구조물의 변상', '부등침하·지지력 부족', '경사·편심', '소음·진동' 등이 보고되어 있다.

많이 보고되어 있는 트러블에 대해서 그 개요와 요인을 설명하면 다음과 같다.

(1) 항체의 손상

항체의 손상은 말뚝머리 좌굴 및 말뚝선단 좌굴 등이 많으며 그 요인으로는 시공기계(해머) 선정의 오류나 지중 장애물과 지지층의 경사 등을 들 수 있다.

(2) 말뚝의 근입깊이 미달·근입깊이 초과

이 트러블은 지지층의 굴곡이나 경사, 단단한 중간층이나 표층의 장애물, 지지층 토질의 불균일성, 지지층의 두께·깊이 등 지반조건에 기인하여 야기된다. 요인으로는 지중 장애물 및 지층 판정의 오류, 지반조사의 부족, 적정 해머의 선정 오류, 타입에 따른 지반성상의 변화 등을 들 수 있다.

(3) 지반·구조물의 변상

이 트러블은 근접시공 및 연약지반 지역에서의 말뚝 타설 시 항체에 가까운 부피만큼의 흙을 옆쪽 또는 위쪽으로 이동시킴으로써 일어나는 것으로, 다수의 말뚝을 조밀하게 타설하는 경우에 발생한다. 그 요인으로는 불충분한 계획이나 시공관리를 들 수 있다.

(4) 부등침하·지지력 부족

타격공법에서는 시공 시의 동적 지지력 판정에 따른 지지력 부족이라는 트러블이 많이 보인다. 그 요인으로는 지지층 판정의 오류, NF 과소평가 등을 들 수 있다.

4.5.3 트러블 대처 방안

(1) 항체의 손상

시공 중의 항체 손상에 대한 대책으로서 선정, 편타 등의 해머에 의한 것에 대해서는 해머의 변경, 보조공법 병용 등 시공방법의 변경, 손상부가 말뚝머리 좌굴의 손상이면 항체 두부 보강 등이 취해지고 있다. 또한 지중 장애물, 지층 판정의 오류 등 지반에 기인하는 대책으로는 보조공법 등의 병용에 의한 시공법 변경, 지지층의 상태에 맞는 말뚝길이의 변경에 의해 지나치게 지지층으로 근입시키지 않는 방법 등이 있다.

한편 손상에 따른 말뚝의 지지력 부족에 대해서는 추가 말뚝으로 보강하는 등으로 대응하고 있다. 말뚝 간격이나 기초 치수에 따라 그대로는 추가할 수 없을 경우에는 기초 치수를 확대해 추가 말뚝을 실시할 필요가 있다.

(2) 말뚝의 근입깊이 미달·근입깊이 초과

지중 장애물에 의한 근입깊이 미달에 대해서는 보조공법으로서 속파기공법이나 프리보링 공법 등을 병용하여 소정의 지지층까지 타설하고 있다. 지지층 판정의 오류로 인해 지지력이 충분히 발현하는 경우에는 타격종료 깊이를 변경하여 말뚝을 절단하는 경우가 많다. 한편 해머 선정의 오류(과소)로 인한 근입깊이 미달의 경우에는 발현 지지력, 말뚝재료의 발생 응력의 추정을 실시해 해머 능력을 향상시키고 있다.

지지층 판정의 오류나 박층 지지층에서 지지력이 충분히 발현하지 않고 근입깊이 초과인 경우에는 이음말뚝에 의한 말뚝의 연장이 많이 사용되고 있다. 말뚝을 연장할 수 없다면 말뚝선단의 폐색효과를 향상시키는 방책이 취해지는 경우가 많다. 폐색효과를 향상시키기 위해서는 말뚝선단에 十자 리브 등의 선단철물을 붙이거나 말뚝선단 내부의 흙을 고화하는 등의 방안이 채택되고 있다. 또한 판두께가 다른 말뚝을 잇는 경우에는 현장용접 위치의 응력 저감을 고려하여 대처할 필요가 있다.

(3) 지반·구조물의 변상

시공 중 관내토가 상승하지 않게 되고 근방의 지반·구조물의 변상이 발생한 경우는 관내를 속파기하여 선단 폐색을 개방하여 시공하는 경우가 많다. 또한 지반조건에 따라서는 타격공법이 아니라 속파기공법 등의 지반변위가 적은 시공법으로 변경하는 것도 효과적인 방법이다.

(4) 부등침하·지지력 부족

상부구조의 부등침하·지지력 부족에 대해서는 말뚝을 추가하는 등의 대책이 많이 보인다. 추가 말뚝이 불가능할 경우에는 말뚝주면에 시멘트밀크 등의 고화재를 주입하여 말뚝주위 지반과 말뚝을 일체화시킴으로써 주면저항을 증대시키는 방안이나 말뚝선단 부분에 근고 구근을 조성하여 선단저항을 증대시키는 방안을 채택하기도 한다.

(5) 경사·편심

전석 등의 지중 장애물에 기인하는 경우에는 장애물 제거를 위한 선행굴착이 이루어지고 있다. 최근에는 해상 시공에 대한 편심 대책으로서 GPS의 채택 및 경사·편심의 양자를 관리할 수 있는 말뚝 타설 관리 시스템으로 시공하는 방법을 취하고 있다.

(6) 소음·진동

소음·진동 대책으로는 타격공법이 아니라 속파기최종타격공법이나 다른 매입공법으로 시공법의 변경이 이루어지고 있다.

4.5.4 트러블 방지 대책

타격공법에서 트러블을 방지하기 위해서는 적정한 시공계획과 시공관리가 중요하다. 게다가 조사, 계획 및 설계 단계에서도 적정한 지반·환경 조사를 실시함으로써 발생을 미연에 방지할 수도 있다. 주요한 방지 대책에 대해 설명하면 다음과 같다.

(1) 시공기계(해머) 선정

최근 타격공법에서는 주로 유압해머가 사용되고 있으며, 그 선정에 대해서는 **그림 4.6**과 같은 선정도가 문헌 3)에 제시되어 있다. 또한 쿠션이나 적정한 판두께(지름 판두께 비 $t/D \geq 1.2\%$이고 판두께 $t \geq 9$ mm)인 말뚝의 선정, 편타 방지가 중요하다. 근래에는 대구경의 긴 말뚝의 육상과 해상 시공 등에서 단위시간당 타격횟수(40~60 회/min)가 많고 말뚝의 관입성에 뛰어난 외국제 유압해머가 늘고 있는데, 선정에 있어서는 시공능력이 큰 것을 염두에 두고 지반조건, 말뚝지름, 판두께 및 말뚝길이 등으로부터 좌굴 등의 트러블을 사전 검토 후 적용 여부를 판단할 필요가 있다.

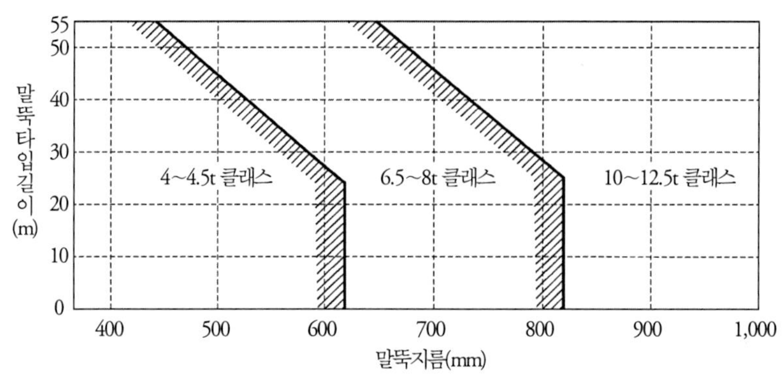

그림 4.6 유압해머 선정도[3)]

최근에는 설계 시의 지반조건, 말뚝 사양을 이용하여 파동이론 등에 의한 타설 검토를 실시하여 적정 해머의 선정, 말뚝의 좌굴 유무, 타설 가부를 사전에 검토하는 경우가 증가하고 있다. 확실한 시공을 기하기 위해 타설 검토 결과에 근거하여 설계한 판두께를 두껍게 하는 대책도 이루어지고 있다.

(2) 시험말뚝

시험말뚝의 시공은 타설 가부, 지지력 확인, 타격종료 관리방법의 결정을 위해 중요하고, 그 결과에 따라 말뚝길이, 시공방법의 변경 가능성이 있기 때문에 공사 시작 전에 실시하는 것이 바람직하다. 시험말뚝을 사전에 실시할 수 없는 경우에는 본말뚝의 첫 말뚝을 시험말뚝으로 타설하여 지지력 확인, 말뚝길이 및 타격종료 관리방법을 결정할 필요가 있다.

타격종료 시의 지지력 관리로서 동적 지지력 관리식이 이용된다. 유압해머의 경우는 道市식, Hiley식 및 5S식이 일반적으로 이용된다. 동적 지지력 관리식은 말뚝의 정적인 극한지지력을 동적인 관입저항이나 파동이론에서 구하도록 하는 것으로, 실제 정적 지지력과는 상당히 큰 격차가 생길 수 있으므로 각 동적 지지력의 내력을 충분히 검토하고 적용할 필요가 있다. 또한 이 식 중에서 道市식은 말뚝길이가 짧은 경우에 지지력을 과소평가하는 식인데 반해 Hiley식은 반대로 말뚝길이가 길어지면 과소평가하는 경우가 있으므로 주의가 필요하다. 동적 지지력 관리식에 의해 지지력을 관리할 때에는 재하시험을 통해 지지력을 확인하고, 확인한 말뚝의 타격종료 관리값에 의해 동적 지지력식을 보정하여 사용하는 것이 바람직하다.

말뚝의 근입깊이 미달·근입깊이 초과는 지지층 깊이에 크게 관계되므로 사전에 H형강을 타설해 지지층 확인을 실시하기도 한다.

(3) 지반·환경 조사

굴곡 등이 예상되는 경우에는 기존의 지반조사 결과만으로 계획하지 말고 조사 간격을 좁히는 등 면밀한 조사의 실시가 중요하다. 딱딱한 중간층과 표층의 장애물은 사전조사로 밝혀지는 경우가 많기 때문에 미리 보조공법을 이용해 피할 수 있는 경우가 많다.

최근에는 소음·진동 문제로 인해 공사가 중단되고 시공 도중에 공법 변경을 겪을 수가 있다. 이런 사태가 되지 않도록 시공환경조사(지중매설물, 인접 구조물 등)를 상세히 실시하여 보조공법 병용 여부를 선정하는 것이 중요하다.

4.6 진동공법

4.6.1 진동공법의 개요와 특징

진동공법은 기진기에 의해 발생시킨 상하방향의 진동(기진력)을 말뚝에 전달시켜 지반 속으로 관입시키는 방식으로, **사진 4.5**와 같은 바이브로해머(진동항타기)가 이용된다. 연약지반에서는 타입속도가 빠르고 타입과 인발에 겸용할 수 있다는 등의 장점이 있지만 경질지반에는 단독으로는 충분히 관입되지 않는 등의 단점이 있다. 이 때문에 중간층이 연약지반인 지지말뚝이나 인발 철거가 요구되는 가설 말뚝에 많이 이용된다. 최근에는 경질지반에 대한 말뚝 시공에 워터제트를 병용하여 시공하는 경우가 많아지고 있지만 제트로 지반을 교란시킨 경우의 지지력 판정법이 명확하지 않아서 제트로 교란된 부분에 시멘트밀크를 분사하여 근고구근을 조성하여 지지력을 확보하는 공법이 개발되고 있다.

사진 4.5 바이브로해머

4.6.2 트러블 현황

기진력으로 타설하는 진동공법에 대해서 접수된 설문조사는 1건이어서 문헌 4) 등을 참고하여 트러블 현황에 대해 기술한다. 트러블의 종류로는 '항체 손상', '말뚝 근입깊이 미달', '지반·구조물의 변상', '부등침하·지지력 부족', '소음·진동' 등이 있다.

이하에 많이 보고되고 있는 트러블에 대해서 그 개요와 요인에 대해 기술한다.

(1) 항체의 손상

진동공법에서는 말뚝머리 물림쇠(chuck)부의 손상을 많이 볼 수 있다. 그 요인으로는 시공기계(바이브로해머)에 알맞은 말뚝머리판 두께의 부족을 생각할 수 있다.

(2) 말뚝의 근입깊이 미달·근입깊이 초과

바이브로해머의 경우에는 유압해머에 비해 타입능력이 떨어지므로 근입깊이 미달이라는 트러블을 많이 볼 수 있다.

(3) 지반·구조물의 변상

4.5.2(3)에 보인 타격공법의 경우와 같다.

(4) 부등침하·지지력 부족

바이브로해머로 경질 중간층을 뚫을 경우에는 워터제트를 병용하여 시공하는 경우가 있는데, 이 방법에서는 지반이 느슨해지는 정도가 균일하지 못하고 지지력에 편차가 생긴다.

(5) 기타(구동원의 소손)

바이브로해머를 모터의 정격 이상의 과부하 상태로 1시간 이상 연속 시공한 경우 모터 소손(燒損)이라는 트러블이 발생한다.

4.6.3 트러블 대처 방법

(1) 항체의 손상

시공 중인 항체의 손상에 대해서는 선정 등 해머에 기인하는 것은 해머의 변경, 워터제트 등의 보조공법의 병용 등의 시공방법의 변경 등으로 대처한다. 손상부가 말뚝머리의 물림쇠부의 손상이면 항체 두부를 보강한다.

(2) 말뚝의 근입깊이 미달·근입깊이 초과

지중 장애물에 의한 근입깊이 미달에 대해서는 선행 굴착 등의 보조공법을 채택하여 소정의 지지층까지 타설한다. 지지층 판정의 오류로 지지력이 충분히 발현하는 경우는 말뚝두부를 절단한다.

(3) 부등침하·지지력 부족

4.5.3(4)에서 나타낸 타격공법의 경우와 같다. 또한 지지력 부족에 대한 대처 방법으로서 타격공법을 병용하기도 한다.

(4) 경사·편심

전석 등의 지중 장애물에 기인하고 있는 경우는 장애물 제거를 위해서 선행굴착을 실시한다.

(5) 소음·진동

소음·진동 대책으로는 워터제트 병용 바이브로해머공법으로 변경한다.

(6) 기타(구동원의 소손)

바이브로해머 구동원의 소손 대책으로는 규격을 큰 것으로 변경하든가 시공 중에 작업 휴지 시간대를 마련해 냉각한다. 또한 지반강도에 기인하는 경우가 대부분이므로 워터제트 병용으로 변경하거나 타설 능력이 큰 바이브로해머로 변경한다.

4.6.4 트러블 방지 대책

진동공법에서 트러블을 방지하기 위해서는 타격공법과 마찬가지로 적정한 시공계획과 시공관리 및 적정한 지반·환경 조사를 실시하는 것이 중요하다. 이들 개요에 대해서는 4.5.4에서 기술하고 있으므로 여기에서는 방지 대책으로서 진동공법에 대한 시공기계의 선정에 대해서 기술한다.

시공기계 중에서 가장 중요한 바이브로해머의 선정에 대해서는 **그림 4.7**과 같은 선정도가 문헌 5)에 제시되어 있다. 최근에는 설계단계에서 이용한 지반조건, 말뚝 사양을 이용하여 진동 타입 해석 등에 의한 타설 검토를 실시하여 적정 해머 선정, 타설 가부를 사전에 검토하는 경우가 증가하고 있다. 또한 타설이 곤란한 경우에는 워터제트 병용 등의 보조공법을 선정해두는 것이 중요하다.

또한 바이브로해머의 선정은 타입 길이와 말뚝질량에 따라 결정되므로 항체 손상 대책으로서 선정된 해머의 기진력에 대응하는 적정한 판두께($t/D \geq 1.0\%$이고 $t \geq 9$ mm)의 말뚝을 선정하는 것이 중요하다.

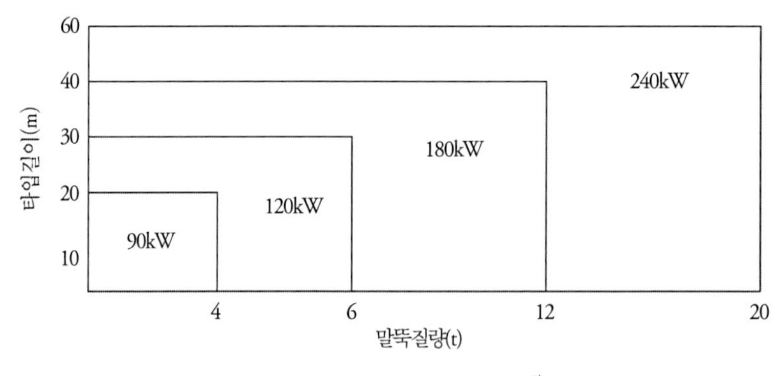

그림 4.7 바이브로해머 선정도[5)]

참고문헌

1) 地盤工学会 : 杭基礎の調査・設計・施工から検査まで, p.366, 2004.

2) 地盤工学会 : 杭基礎の調査・設計・施工から検査まで, p.373, 2004.

3) 日本道路協会 : 杭基礎施工便覧(平成18年度改訂版), p.84, 2007.

4) バイブロハンマ工法技術研究会 : バイブロハンマ設計施工便覧, 2010.

5) 日本道路協会 : 杭基礎施工便覧(平成18年度改訂版), p.149, 2007.

4.7 강관말뚝의 트러블 사례

<table>
<tr><td rowspan="2">1</td><td rowspan="2">잔존 구조물(기초)로 인한
말뚝의 근입깊이 미달</td><td>종류</td><td>강관말뚝</td></tr>
<tr><td>공법</td><td>속파기공법</td></tr>
</table>

1. 개요

건축물(증축)의 기초공사를 강관말뚝 속파기공법으로 시공했더니 얕은 곳에서 압입이 불가능해진 사례이다.

(1) **트러블이 발생한 말뚝** : 말뚝지름 ϕ 1,000 mm, 말뚝길이 14 m

(2) **지반 개요** : 본 건은 증축공사이며 기존 지반조사 결과를 인용했다. 지반조사는 부지 내 총 5개소에서 실시되었는데, 공사장소에 해당되는 위치에서의 조사는 없고 가장 가까운 위치에서 20 m 정도 떨어져 있었다. 지반조사 결과에서는 **그림 1**에서 보는 바와 같이 모래 및 사력층으로 구성되어 있으며, 사력층은 80 mm 정도의 자갈지름이 확인되는 단단한 층이다.

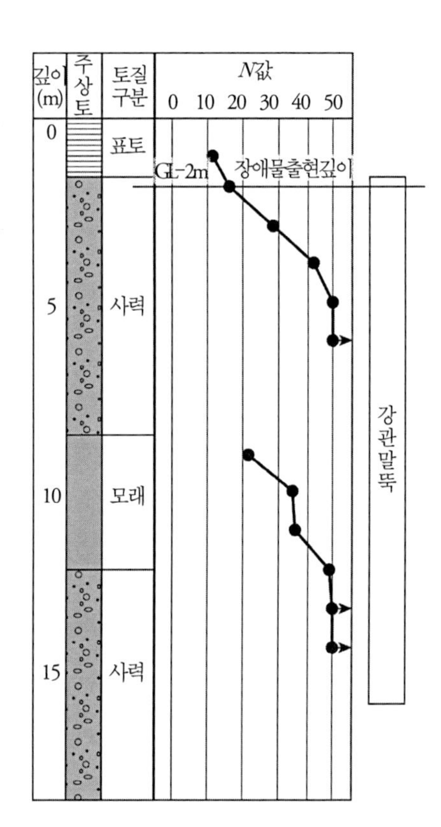

그림 1 지반주상도와 장애물 출현 깊이

2. 트러블 발생 상황

말뚝 시공에 있어서는 지반조사 결과를 참고하여 자갈에 유의하여 압입을 실시했다. **그림 2**에서 보는 바와 같이 6본의 강관말뚝의 시공을 개시했더니 GL-2 m 부근에서 압입이 불가능해졌다. 그래서 원인은 큰 자갈이 존재하기 때문으로 예상하여 일단 말뚝을 뽑아내고 해당 부분을 조사하기로 했다.

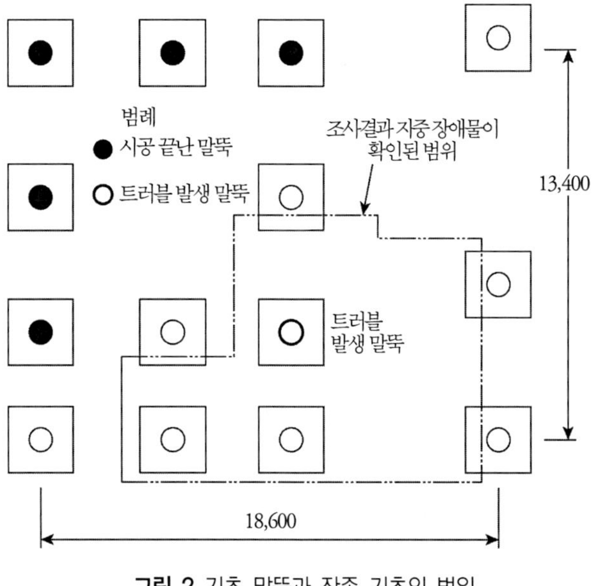

그림 2 기초 말뚝과 잔존 기초의 범위

3. 트러블의 원인

시공이 불가능해진 위치는 기초 하단 부근보다 얕았기 때문에 시공이 불가능해진 말뚝 부분을 유압 쇼벨로 굴착했더니 평평한 기설 구조물의 기초가 잔존하고 있는 것으로 판명되었다. 다음으로 조사범위를 넓혀 남은 9본의 미시공 말뚝의 위치 및 그 주변을 조사했더니 **그림 2**에서 보는 바와 같이 트러블 발생 말뚝을 포함하여 3본의 말뚝의 범위에 기설 기초 콘크리트가 잔존하고 있으며 기타 4본의 말뚝 근처까지 이 기초 부분이 이르고 있는 것이 판명되었다. 또한 유압 브레이커에 의해 기초 콘크리트를 파쇄했더니 1~2 m 정도의 두께였다.

4. 트러블의 대처·대책

잔존 기초의 두께가 2 m 정도이므로 모두를 제거하기에는 고액의 비용이 요구됨과 동시에 말뚝 주변 지반을 교란시키게 되므로 말뚝을 중심으로 지름 2 m 정도 이하의 범위에서 잔존 기초를 유압 브레이커로 파쇄·철거하고 모래를 되메우는 대처 방법을 취했다. 모래를 되메운 후, 현재 상황의 지반과 동등한 강도까지 롤러로 다지고 강관말뚝의 시공을 재개했다. 또한 당초 우려했던 자갈에 의한 시공 곤란에 있어서는 강관말뚝 지름이 1,000 mm였기 때문에 시공이 가능하여 무사히 말뚝 시공을 완료했다.

5. 트러블에서 얻은 교훈

이 공사는 증축공사이며, 해당 지점의 지반조사가 없었기 때문에 잔존 기초의 존재를 파악할 수 없었고, 게다가 기설 구조물의 유무 등에 대한 조사도 가능하지 않았던 것에 기인한다. 조사단계에서 신규로 시추 등의 지반조사를 증축부 중앙 지점 등에서 실시하였다면 잔존 기초의 존재가 판명되었을 것으로 생각한다.

이러한 잔존 기초 등의 지중 장애물로 인한 트러블은 본 건과 같은 거리의 공터뿐만 아니라 신규 매립지반 등에서도 발생할 가능성이 있다. 그렇기 때문에 주어진 자료로만 판단하지 말고 조사단계부터 다음 사항에 유의하는 것이 중요하다고 생각한다.

① 말뚝 시공 장소의 구조물 축조 경위나 지반 내력 등에 대해서도 조사한다.
② 시공 범위에 지반조사 결과가 없을 경우에는 가능한 한 새로 지반조사를 실시한다. 그 경우에는 가능한 한 기초의 시공 지점에 가까운 장소에서 실시함과 동시에 복수의 조사를 한다. 이번 경우에는 지지층의 경사는 없지만 말뚝의 근입깊이 미달, 근입깊이 초과 방지의 측면에서도 충분한 지반조사는 필요하다고 생각한다.

또한 구조물을 철거하는 경우에 기초까지 완전히 철거하는 것이 필요하지만 철거가 불가능한 경우에는 서류로 남겨두는 것이 중요하다.

2	특수지반에서의 지지력 부족	종류	강관말뚝
		공법	속파기공법

1. 개요

신설 교량 공사에서 교대 기초 말뚝을 속파기공법(콘크리트 타설 방식)으로 시공한 바 말뚝의 근입깊이 초과가 발생했다. 그 후 말뚝의 성능 확인을 위해 실시한 재하시험에 의해 연직지지력 부족이 판명된 사례이다.

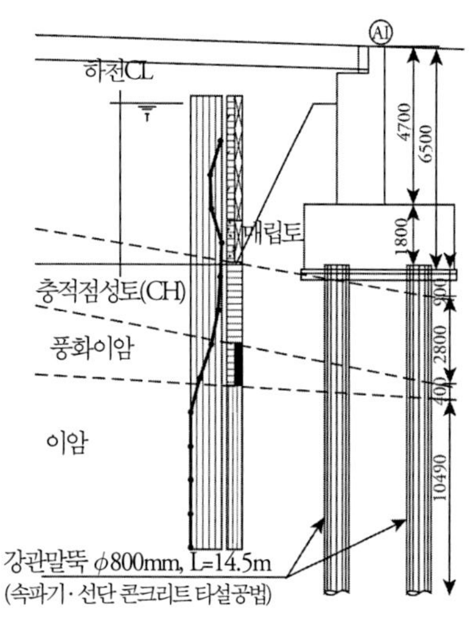

그림 1 지층단면도

(1) **트러블이 발생한 말뚝** : 말뚝지름 ϕ 800 mm, 말뚝길이 14.5 m, 14본

(2) **지반 개요** : **그림 1**과 같이 상부로부터 층두께 3 m의 충적점성토층, 약 1m의 풍화 이암층 및 지지층이 되는 이암층으로 구성되어 있으며, 말뚝은 약 10 m를 이암층에 근입시킨다. 또한 이암은 큰 흡수 연화 특성을 가지고 있다.

2. 트러블 발생 상황

기초 말뚝 천단은 시공기면 −6 m 정도에 설정되어 있고 기초 말뚝은 7 m의 집게를 이용하여 시공기면에서 속파기공법으로 시공했다. 그 후 푸팅 저판까지 굴착 완료 후 기초말뚝 전 14본 중의 1본의 말뚝에 약 60 cm의 근입깊이 초과가 확인됐다.

근입깊이 초과는 집게 철거 후 선단 콘크리트 경화 전에 발생한 것으로 추정되었다. 그 원인은 말뚝선단지반의 선굴착이라고 생각할 수 있었으므로 선굴착에 따른 선단지반의 교란에 의한 연직지지력 부족이 우려되었다. 그 확인을 위해 충격재하시험을 실시했다. 시험 결과는 **표 1**에서 보는 바와 같이 주면저항을 거의 기대할 수 없는 상태로서, 상시설계최대연직반력 정도의 지지력밖에 없고, 안전율을 고려하면 연직지지력이 부족했다. 또한 재하시험으로 말뚝선단지반은 탄성거동 범위에 있는 것이 확인되었으므로 선단지지력은 설계대로 지지력을 기대할 수 있다고 판단할 수 있었다.

표 1 충격재하시험 결과

항목	재하시험 결과	설계극한지지력
주면저항력	35 kN	1,492 kN
선단저항력	1,258 kN	2,263 kN
정적 지지력(압입) 합계	1,293 kN	3,755 kN

※ 상시설계최대연직반력 : 1,229 kN, 상시설계허용지지력 : 1,269 kN(압입)

3. 트러블의 원인

말뚝의 근입깊이 초과의 원인은 주면저항이 없는 상태에서 말뚝선단을 선굴착했던 것 때문이라고 생각되었다. 단, 주면저항력을 기대할 수 없는 원인은 말뚝지름 이상의 확대 굴착 등 주면 지반을 교란시키는 바와 같은 시공은 실시되고 있지 않으므로 시공 불량이라고는 생각할 수 없었다. 따라서 속파기말뚝의 시공방법 및 주면저항의 발현에 대한 생각을 다음과 같이 정리하여 이번 기초 말뚝의 주면저항력을 얻지 못한 원인을 추정하였다.

① 속파기공법은 말뚝 안에 삽입된 오거스크류에 의해 선단지반을 착공·배토함과 동시에 강관말뚝선단에 설치된 프릭션커터에 의해 지반과의 마찰을 끊으면서 말뚝을 침설한다. 그러므로 **그림 2**처럼 말뚝주면과 지반 사이에는 일시적으로 공극이 생긴다.

② 보통의 토사지반에서는 시간과 함께 공극이 없어지고 말뚝주면과 지반이 밀착하고 그 후 틱소트로피 효과에 의해 주면저항력이 회복·발휘된다. 이번 재하시험은 말뚝 타설 완료 뒤 2개월 이상 경과한 후에 실시하여 관례대로라면 주면저항은 회복·발휘되었을 것이었다.

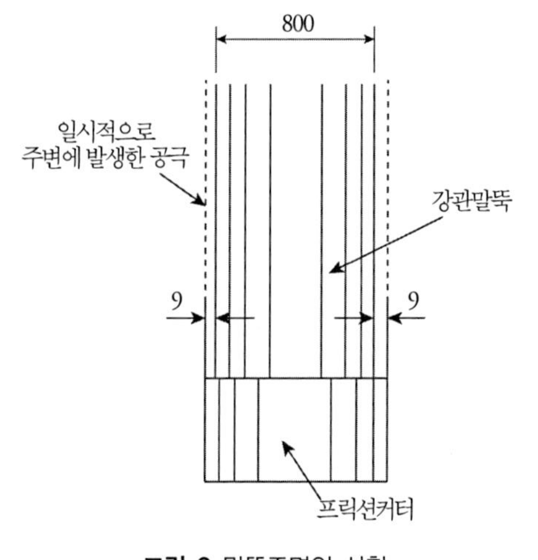

그림 2 말뚝주면의 상황

상기로부터 이번 대상이 이암이었다는 것을 고려하면 이암에서는 프릭션커터에 의해 생기는 말뚝본체의 주면에 생긴 공극이 메워지지 않고 자립한 상태로 되어 있을 것으로 추측된다. 또한 공극이 주변 토사로 메워진다 하더라도, 공극을 메우는 토사는 이암이 흡수 연화된 연약 이토(슬라임에 가까운 상태)라고 예상되어 주면저항력은 기대할 수 없는 상태에 있다고 생각된다. 게다가 이암의 흡수 연화 특성에 따라 말뚝의 프릭션커터 폭 이상의 주면지반 교란이 시간이 지남에 따라 발생하고 있다는 점도 추측된다.

이번 말뚝에서 주면저항력이 나타나지 않은 원인은 이상과 같은 속파기공법이 갖는 이암과의 주면저항 기구에 기인하는 것이라고 생각되며, 설계 시 지반조건을 감안한 적절한 공법 선정이 이루어지지 않은 것이 원인이라고 생각된다.

4. 트러블의 대처·대책

지지력 부족에 대해서 말뚝주면에 **표 2**에 나타낸 시멘트계 현탁형의 항구 그라우트를 주입하여 필요한 주면저항력을 확보하기로 하였다. 또한 근입깊이가 초과된 말뚝에 대해서는 말뚝 천단까지 굴착 저면을 파들어가서 보강철근을 배치한 후 푸팅 콘크리트의 두께를 늘려 대응했다.

표 2 그라우트 개요

<table>
<tr><th colspan="2">항목</th><th colspan="2">개요</th></tr>
<tr><td colspan="2">공법명</td><td colspan="2">이중관스트레이너공법(단상식)</td></tr>
<tr><td rowspan="2">배합</td><td>A액</td><td>보통포틀란트시멘트 125 kg
경화촉진재 16 kg
물 153 리터</td><td rowspan="2">합계
400
리터</td></tr>
<tr><td>B액</td><td>경화재 20.8 kg
물 197 리터</td></tr>
<tr><td colspan="2">주입재 강도</td><td colspan="2">일축압축강도 1.0 N/mm^2</td></tr>
<tr><td colspan="2">겔타임</td><td colspan="2">5～15 초(액온 : 20～5℃)</td></tr>
</table>

5. 트러블에서 얻은 교훈

이 사례에서는 선단지반의 선굴착에 따른 말뚝의 근입깊이 초과가 발단이 되어 말뚝의 주면저항력을 기대할 수 없어서 설계지지력을 얻지 못하는 것으로 판명된 것인데, 지지력 부족의 원인은 설계단계에서 대상 지반에 대한 지지력 성능이 검증되지 않은 말뚝공법을 적용했던 것이다. 이러한 경우, 공법 선정 시에는 시험말뚝에 의한 재하시험을 실시하고 그 결과를 반영한 지지력 평가 및 설계가 필요하다고 생각된다. 또한 이번과 같은 현상은 토단 등의 이암 전반에 대한 속파기말뚝과 선단에 프릭션커터를 가진 타입강관말뚝에 대해서도 발생할 가능성이 있어서 공법선정 및 연직지지력의 평가에 충분히 유의할 필요가 있다.

3	말뚝 주변으로부터 피압지하수의 분출*	종류	강관말뚝
		공법	속파기공법

1. 개요

수리시설의 기초로서 강관말뚝을 속파기공법에 의해서 시공 중에 말뚝 주위로부터 피압수가 분출되었던 사례이다.

(1) **트러블이 발생한 말뚝** : 말뚝지름 ϕ 1,100 mm, 말뚝길이 36 m

(2) **지반 개요** : **그림 1**에서 보는 바와 같이 GL-4.0 m에서 -12.0 m까지는 *N*값이 10 이하의 매립모래층, GL-12.0 m에서 -18.0 m까지는 *N*값이 10 이하의 충적실트층, GL -18 m 이상의 깊이는 *N*값이 15~50의 홍적사력층으로 구성되어 있다. 또한 홍적사력층의 피압수두는 GL +1.0 m에 있다.

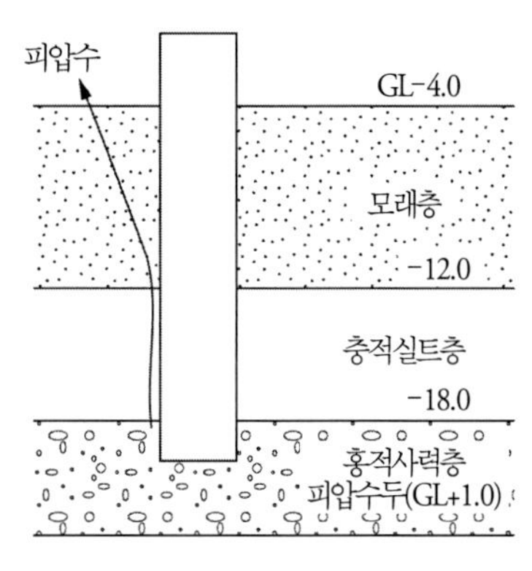

그림 1 피압수의 분출

2. 트러블 발생 상황

속파기공법에 의해 강관말뚝을 압입 중 압입 깊이가 21 m인 지점에서 **그림 1**과 같이 말뚝의 주변으로부터 지하수가 분출하였다. 계속해서 압입하려고 했지만 지하수 분출량이 많아서 압입공법에서 타입공법으로 변경하여 소정의 깊이까지 시공하였다.

이 말뚝은 본 공사에 앞서 타설된 3본의 시험말뚝 중 1본인데, 피압지하수가 높기 때문에 다른 시험말뚝에도 이런 지하수의 분출이 있으며 3본의 시험말뚝의 분출량은 모두 1.4 m^3/min가 되었다. 게다가, 충적실트층의 점성이 높아서 오거스크류의 회전에 의한 배토가 곤란해져서 말뚝 내의 주면저항이 커짐에 따라 말뚝이 따라 오르거나 따라 도는 일이 생겼다. 오거헤드로부터 고압수를 분사하여 말뚝 내의 주면저항을 저감하는 것도 가능하였으나 말뚝선단부의 지반을 교란시킬 수 있고 말뚝 밖 주면에서 분출수를 증대시킬 가능성도 크다고 생각되었다.

3. 트러블의 원인

강널말뚝으로 가물막이를 설치하고 제방을 수리시설의 바닥면인 GL-4.0 m까지 굴착하고 말뚝은 이 시공 지반면으로부터 시공했다. 시공 지반면에서의 지표수는 적어서 지표수의 배수를 위한 장소를 1곳 만들었을 뿐이었다. 지지 지반인 홍적사력층의 피압수압은 GL+1.0 m여서 수두차는 5.0 m가 되어 피압지하수가 불투수층인 충적실트층을 관통하여 분출될 가능성이 있는 것이 당초부터 우려되고 있었다. 또한 딥웰공법에 따라 홍적사력층의 피압수두를 저하시키는 것도 고려하였지만 바다에 면해 있기 때문에 대규모 지수벽을 시공하지 않으면 유효하지 않다고 생각되어 선택하지 않았다.

피압수가 분출된 직접적인 원인은 말뚝을 지지층인 사력층으로 압입할 때 압입저항이 커지고 말뚝이 요동함으로써 말뚝과 지반 사이에 틈이 생기고, 이것이 물길이 된 것이라고 생각된다.

4. 트러블의 대처·대책

피압수의 분출에 의해서 분출수와 함께 주변 토사가 뿜어 올려져 말뚝 주변 지반이 교란되고 말뚝의 지지력을 저하시킬 우려가 있었다. 또한 그 후의 공사에 대해서도 악영향을 미칠지도 모른다.

분출수 대책으로는 말뚝 바깥 둘레에 약액을 주입하는 방법을 채택했다. 주입 범위는 **그림 2**와 같이 불투수층인 실트층에 마개를 형성해서 분출수를 억제할 수 있는 범위로 하였다.

시험말뚝의 시공에 의해 말뚝 외주에서 피압수가 분출되는 것을 막는 것이 가능하다는 것을 확인할 수 있고, 또한 주변에 민가도 적다는 점에서 이후의 공사에서는 타입공법에 따라 시공을 하기로 하였다.

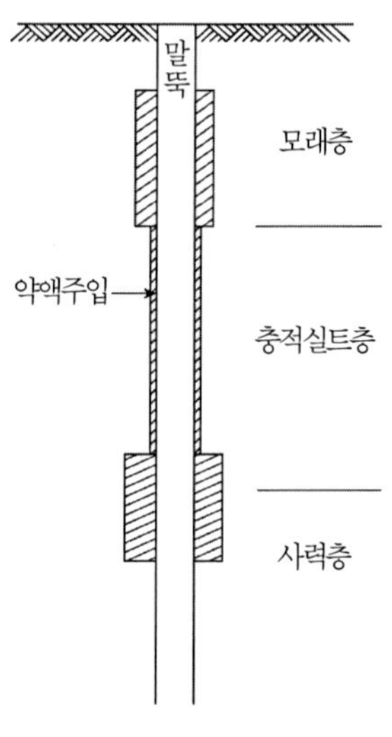

그림 2 피압수 분출 대책

5. 트러블에서 얻은 교훈

말뚝 시공법 선정에서는 피압지하수 유무를 검토하는 것도 중요하다. 피압지하수란 대기에 접하는 자유수면이 없는 것으로서 대수층의 상부가 불투수성의 두꺼운 점성토로 피복되어 대수층의 수면이 점성토 높이 또는 지표면으로 나오게 되는 지하수를 말한다. 산허리에서의 유출수가 선상지를 흘러내려 중류역에서 하류역 점토층으로 덮인 지역에서 피복된 사력 대수층 내를 피압지하수로 흘러내리는 경우가 많다.

타입공법에서는 피압지하수가 말뚝의 품질에 미치는 영향은 거의 없다. 이 때문에 피압지하수에 관한 고려는 불필요한 경우가 많지만, 현장타설콘크리트말뚝의 경우는 공벽 붕괴나 콘크리트의 품질 등에 대해 피압지하수의 영향이 꽤 크다. 한편 매입공법은 기성콘크리트말뚝을 사용하므로 항체의 품질에 대한 피압지하수의 영향이 작기 때문에 지금까지 피압지하수를 크게 신경쓰지 않는 경우도 많았다. 그러나 이 사례처럼 피압지하수가 말뚝의 지지력이나 주변환경에 악영향을 끼칠 수도 있으므로 주의할 필요가 있다.

4	시공 지반의 강도 부족으로 인한 말뚝의 편심	종류	강관말뚝
		공법	속파기공법

1. 개요

도로교의 교대 하부공에서 강관말뚝의 속파기근고공법에 의해 말뚝 시공 후, 저반까지 굴착했을 때 말뚝의 편심이 드러난 사례이다.

(1) **트러블이 발생한 말뚝** : 말뚝지름 ϕ 600 mm, 말뚝길이 15 m(아래말뚝 8 m + 윗말뚝 7 m)

(2) **지반 개요** : GL-8.5 m 정도까지 N값이 0인 연약 실트층, GL-8.5~-17 m 정도까지는 실트와 모래의 호층으로서 N값은 5~15이다. 지지층은 -17 m 정도 이상의 깊이로서 N값 50 이상의 양질 사력층이며 그 층 두께는 2 m 정도 밖에 안 되지만 그 아래쪽은 N값 50 이상의 양질의 잔모래층이다(**그림 1**).

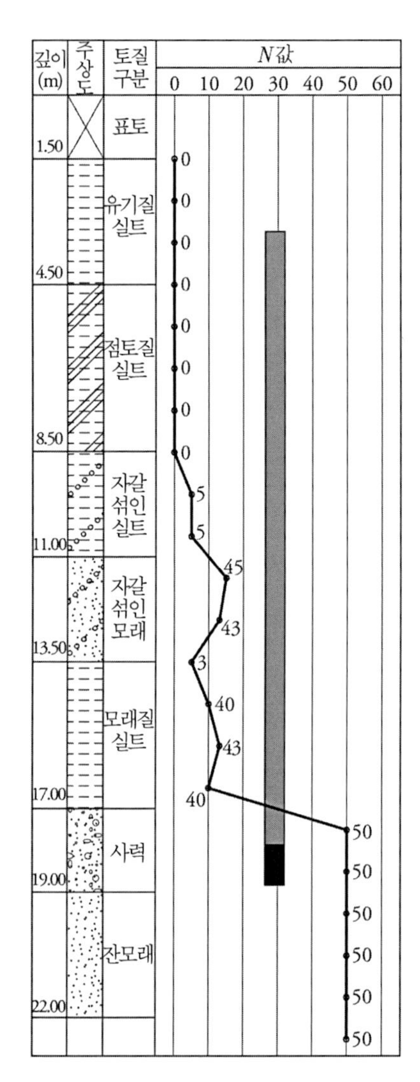

그림 1 토질주상도

2. 트러블 발생 상황

지표면 아래 8.5 m 정도까지 연약층이며, 항타기의 안정성을 도모하도록 지반개량이 시행되어 있었지만 시공기계가 안정되지 않아 말뚝의 연직 정밀도와 말뚝 중심 관리의 수정을 반복하면서 시공했다. 또한 말뚝 시공 중 특히 아래말뚝 초기단계에서 조심을 위해 검척봉으로 체크를 꼼꼼하게 실시하고 있었다. 그러나 항타기가 안정되지 않은 것도 있어서 말뚝 중심이나 말뚝의 연직성 확보도 쉽지 않은 말뚝이 발생하게 되었다. 따라서 몇 개의 말뚝시공 종료 후, 지반개량을 다시 하자고 제안하고, 원청업자와 검토·협의하였으나 공정상의 이유로 인해 어떻게든 가능한 시공정밀도 관리를 하여 말뚝 시공을 속행하게 되었다.

굴착공사에 의해 말뚝이 나타나서 완성형을 검사했더니 **그림 2**와 같이 먼저 시공한 교대 전면 말뚝 4개 중 허용값 100 mm를 초과하는 편심 말뚝(말뚝 편심)이 3개 있는 것으로 나타났다. 그 양은 130 mm. 150 mm. 190 mm였다.

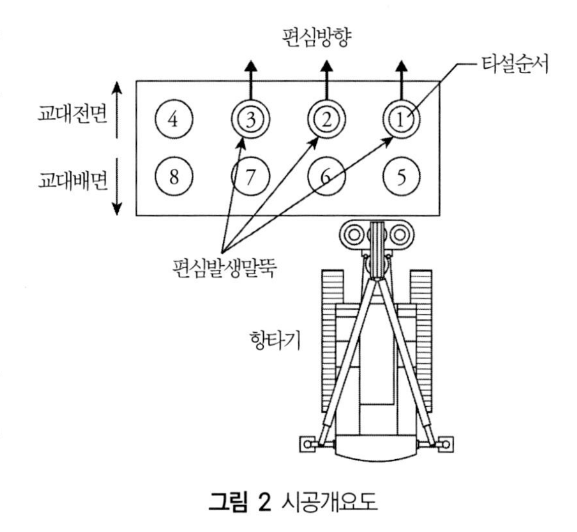

그림 2 시공개요도

3. 트러블의 원인

트러블의 직접적인 원인은 아래의 3개 항목과 같다.

(1) 항타기가 시공 중 안정하지 않았기 때문에 말뚝의 연직 정밀도 수정을 거듭하면서 시공하게 되어 말뚝 편심 및 연직 정밀도 확인이 부족했다.
(2) 말뚝 타설 직전에 다시 말뚝중심 위치의 재확인(트랜싯·광파 등의 이용)을 하지 않았기 때문에 말뚝 중심 위치 표시용 철근봉이 항타기 이동 시나 말뚝 시공 시에 이동해 버렸다.
(3) 과도한 속파기 굴착 압입속도에 따라 지반을 매개로 타설이 끝난 인접 말뚝을 측방이동시켜 버렸다.

이들 (1)~(3)에 관한 근본적인 원인과 판단미스는 시공기면의 지반개량이 미흡하여 지반강도가 부족했기 때문이라고 생각한다.

4. 트러블의 대처

완성된 말뚝 중심 위치에서 구조계산 조사를 실시했더니 안전성을 확인할 수 없었으므로 이에 대처하기 위하여 편심말뚝 3본을 인발 철거 후 지반 복구를 행하고 양생 후에 신규 말뚝을 재시공하게 되었다.

말뚝의 인발 철거 작업은 근고 구근부의 깊이 부근까지 외경 ϕ 800 mm의 케이싱을 침설하여 행하였다. 재시공은 당초 설계대로 동일 말뚝 중심 위치에서 실시하기 때문에 선단지지력을 확실히 발현시키도록 굴착 이력 깊이(구근 하단) 이하의 깊이에 말뚝선단 깊이를 설정(말뚝길이를 연장)하였다. 또한 말뚝 인발 철거에 따른 말뚝 구멍의 복구방법으로서 말뚝둘레 고정액을 주입하고 소일시멘트(28일 강도 $\sigma_{28} \geq 1.5$ N/mm^2)를 조성하였다.

5. 트러블에서 얻은 교훈

연약지반에 대한 강관말뚝 속파기공법에서는 품질관리·안전관리의 양면에서도 항타기 등의 시공기계 질량에 맞는 시공기면의 조성이 불가결하다. 시공기계의 안정을 확보한 후에 시공정밀도 등에 관해서 세심한 주의를 기울일 필요가 있다. 또한 속파기 시의 과도한 굴착 압입 속도는 조심하는 것이 중요하다.

본 사례는 상세한 사전 검토·계획의 필요성이 요구되었던 것으로, 시공 초기단계에 있어서의 이상 시 대응으로서 며칠간의 작업중단 등의 결단(지반개량을 통한 시공지반면 재조성)을 내려야 할 경우였다고 생각한다.

5	잔존 구조물(축댓돌)로 인한 말뚝의 근입깊이 미달	종류	강관말뚝
		공법	강관소일시멘트말뚝공법

1. 개요

도로교량(고가교)의 기초 말뚝을 강관소일시멘트말뚝공법(후침설방식)으로 시공했을 때 얕은 위치에서 소일시멘트기둥의 굴착 축조가 불가능하게 된 사례이다.

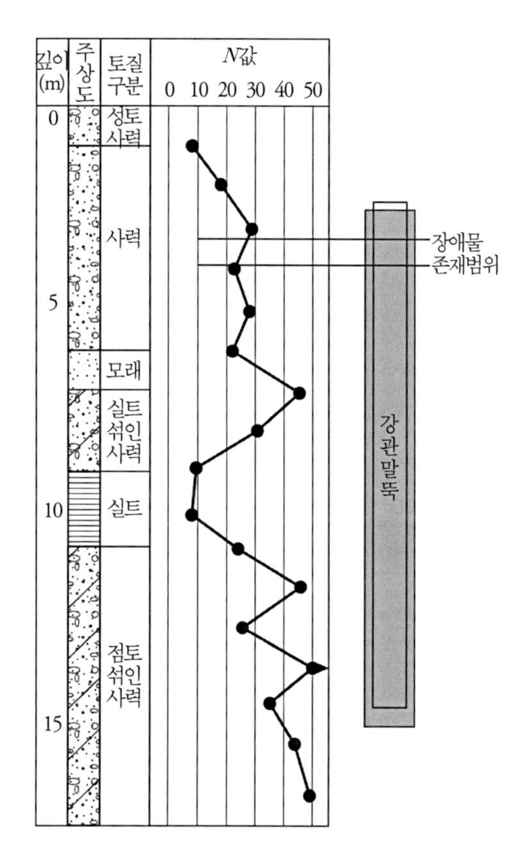

그림 1 토질주상도와 장애물 출현 깊이

(1) **트러블이 발생한 말뚝**: 소일시멘트지름 ϕ1,200 mm(강관지름 ϕ 1,000 mm), 말뚝길이 13.1 m(강관길이 12.5 m)

(2) **지반 개요**: 고가교 기초 1기당 1개소의 지반조사를 실시하였으며 **그림 1**에서 보는 바와 같이 중간에 일부 실트층을 협재하고 지지층을 포함한 대부분이 사력층이다. 또한 사력의 입경은 50 mm 정도로 나타났다.

2. 트러블 발생 상황

본 공사는 4개 말뚝인 교각기초이며 말뚝의 시공에 있어서 지반조사 결과로부터 지름이 50 mm 정도의 자갈이 확인되고 있었지만 강관소일시멘트말뚝 지름이 1.2 m / 1.0 m였기 때문에 시공이 가능하다고 판단하였다. 3본까지의 강관소일시멘트말뚝의 시공은 문제없이 완료했지만 마지막 4본의 소일시멘트기둥의 시공을 시작했더니 GL-3 m 부근에서 굴착용 오거의 전류값이 상승하여 굴착 불능이 되었고 소일시멘트기둥의 축조가 곤란해졌기 때문에 시공을 중단했다.

3. 트러블의 원인

3본까지의 시공 상황 및 시공 곤란이 된 상황으로부터 판단하여 큰 자갈 또는 지중 장애물의 존재가 추정되었다. 그래서 그 말뚝 부분을 유압 셔블로 굴착하여 장애물을 확인하기로 하였다.

트러블 발생 지점을 굴착해보니 지름이 40~80 cm 정도의 축댓돌의 암괴가 6개 확인됐다. 이 암괴의 존재는 지반조사 결과에는 명시되어 있지 않았다. 먼저 시공한 3개의 말뚝은 시공할 수 있었던 것으로 보아 과거 이 말뚝 중심 부근에 돌담 등의 구조물이 존재하여 철거되지 않고 잔존하고 있었던 것으로 추정된다.

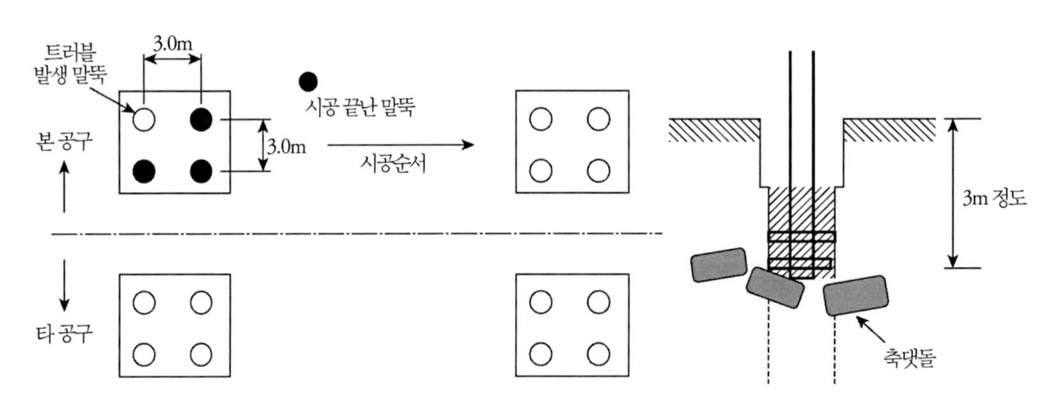

그림 2 기초 평면 배치 및 트러블 상황도

4. 트러블의 대처·대책

트러블 발생 깊이는 얕은 부분이며 축댓돌이 존재하는 두께도 50 cm로 단단하였기 때문에 장애물을 철거한 후 모래로 치환하고 롤러로 다져서 동등한 지반으로 복원한 뒤 시공을 재개했다. 그 후, 나머지 교각기초를 시공함에 있어서 기설 구조물의 유무 등의 지반 내력을 발주자나 원청 등의 관계자에게 확인한 후에 시공을 계속하였다. 또한 사력층의 큰 자갈의 존재에도 유의하면서 시공을 계속했지만 그 후로는 이런 트러블 발생은 없었고, 무사히 시공을 완료하였다.

5. 트러블에서 얻은 교훈

이 공사에서는 지반조사 결과가 기초마다 제시되었으며, 그것들은 기초 내 또는 기초 부근의 기존 조사 결과를 포함한 것이었다. 지반조사 결과로부터 자갈의 존재는 예상되었지만 축댓돌 등의 존재까지 예상하는 조사 자료는 없었다. 또한 본 공사에 인접한 교각이 있으나 다른 공구에서 같은 시기에 시공하고 있었기 때문에 기설 공사의 정보도 얻을 수 없는 상황이었다.

이번과 같이 큰 자갈이나 지중 장애물이 부분적으로 집중되어 있는 경우에는 1본의 보링조사 결과로는 예상할 수 없다고 생각할 수 있다. 이러한 트러블을 피하려면 발주자가 공사 발주 시 보링조사 결과뿐만 아니라 과거에 존재했던 구조물의 종별, 위치, 형상 등 지반내력에 관한 정보를 가능한 한 수집하고 공개하는 것이 중요하다. 또한 수주자도 지반조사 결과만으로 판단할 것이 아니라 광범위한 정보공개를 요구하는 등에 대해 유의해야 한다고 생각한다.

6	중간층의 전석으로 인한 말뚝의 근입깊이 미달	종류	강관말뚝
		공법	강관소일시멘트말뚝공법

1. 개요

고속도로 교량 하부공 공사에서 강관소일시멘트말뚝공법(후침설방식)으로 기초 말뚝을 시공 중에 예상 외의 거석(巨石)에 의해 굴착이 불가능해진 사례이다.

(1) 트러블이 발생한 말뚝

: 소일시멘트지름 ϕ1,500 mm(강관지름 ϕ1,300 mm), 말뚝길이 10.3 m(강관길이 9.5 m), 굴착깊이 GL-13.8 m

(2) 지반 개요 : 그림 1과 같이 상부에서 GL-3 m 정도까지 성토 및 사질토층, GL-3~-10 m까지 충적층(역질토와 일부 사질토) 및 그 하부의 홍적층(사질토)으로 구성되고 지지층은 GL-11 m로부터의 N 값 50 초과의 사질토층 지반이다.

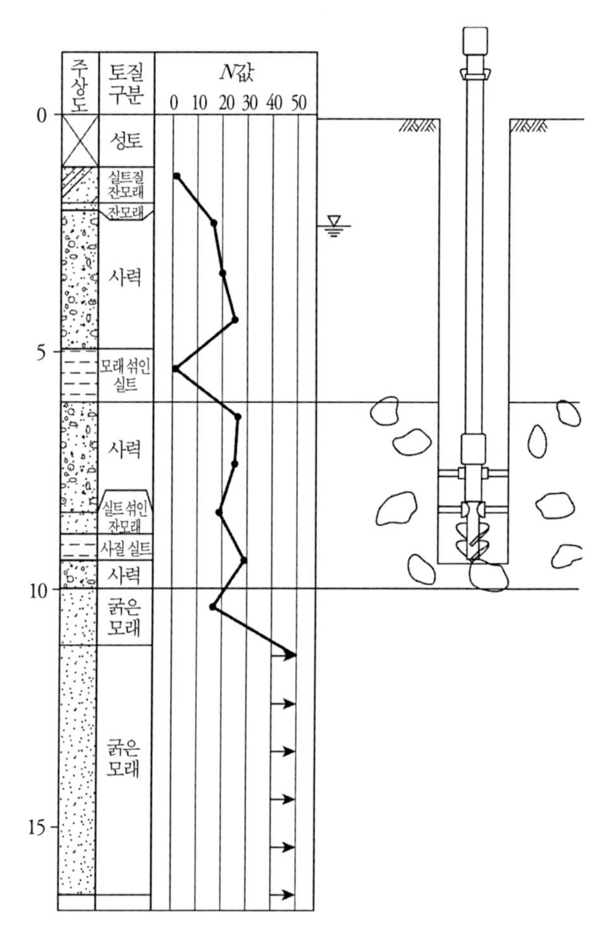

그림 1 토질주상도와 굴착 불능 높이의 관계

2. 트러블 발생 상황

시공장소 근방의 토질주상도에 의하면 지지층은 환산 N값 100 정도의 반고결상태의 조립모래이며, 굴착이 불가능해질 염려가 있었다. 이 때문에 본말뚝 위치에서 떨어진 장소에서 강관소일시멘트말뚝의 시공기계에 의한 시험시공을 했더니 GL-6 m부터의 자갈질 토층에서 굴착용 오거의 전류값이 상승하고 굴착속도의 저하가 보였지만 소정 심도까지 도달했다.

그 후 굴착 교반 비트를 빼내 수거해보니 교반날개의 파단(破斷)이 확인되었다. 이 단계에서 **그림 1**에서 보는 바와 같이 자갈질 토층에 거석이 개재되어 있는 것으로 생각되었지만 토질주상도에 그와 같은 토질설명이 없었기 때문에 본말뚝 시공 위치에서 발생할 가능성이 낮다고 판단했다. 또한 당초 우려가 있었던 지지 지반은 지장 없이 굴착이 가능했기 때문에 교반날개를 수리한 후 본말뚝 시공을 개시했다.

본말뚝의 시공에서는 GL-7 m 부근에서 굴착용 오거의 전류값이 상승하고 천공속도가 현저히 떨어졌다. 더 굴착을 진행했지만 GL-10 m 근처에서 굴착이 불가능해졌다. 그 후 강관소일시멘트말뚝공법 시공기계에 락오거용 스크류를 장비하고 그 위치에서 프리보링을 했지만 GL-10 m 부근에서 시공이 불가능해지고 다른 본말뚝 위치에서도 같은 결과가 되었다.

3. 트러블의 원인

토질주상도에 의하면 GL-6 m 이상 깊이의 사력층에서 최대자갈지름이 ϕ50 mm였기 때문에 시공이 가능하다고 판단하고 있었지만 **사진 1**에서 보는 바와 같이 예상 밖의 거석 [장경(長徑) 800 mm]이 끼어 있었다.

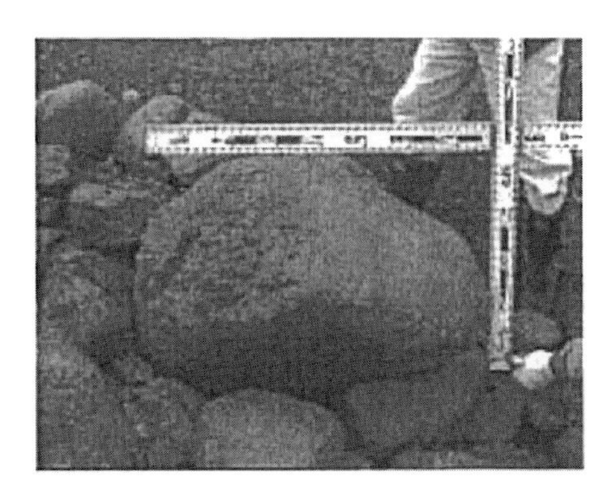

사진 1 철거한 거석

4. 트러블의 대처·대책

GL-10 m까지의 자갈질 토층의 거석을 제거하기로 하였다. 거석의 제거는 시공성 및 확실성에서 전둘레회전식 올케이싱 굴착기(굴착 지름 ϕ1.5 m)을 사용하여 해머그래브에 의해 수행하였다.

발생 토사의 대부분은 자갈질토이며, 거석을 제거하고 치환(되메우기) 토사에 사용했다. 토사 치환 후 표준적인 시공방법에 의해 강관소일시멘트말뚝을 시공할 수 있었다.

5. 트러블에서 얻은 교훈

토질주상도는 토층 구성을 파악하는 효과적인 수단이긴 하지만 자갈질 토층의 자갈지름 및 돌의 크기를 추정하기 어렵고 자갈 등의 혼입률이 낮을 경우나 대상 범위 모든 면에 끼어 있지 않은 경우는 토질주상도에 반영되기 어렵다. 특히 이번과 같은 하천 근방의 경우는 주의가 필요하며 추가보링 등을 실시하는 동시에 보다 넓은 범위의 지반데이터의 입수나 해당 지구의 과거 시공사례를 조사하는 것도 중요하다.

7	모래질 지반에서 강관의 근입깊이 미달	종류	강관말뚝
		공법	강관소일시멘트말뚝공법

1. 개요

도로교량(고가교)의 기초말뚝을 강관소일시멘트말뚝공법(후침설방식)으로 시공했을 때 중간층에서 강관의 침설이 불가능해진 사례이다.

(1) **트러블이 발생한 말뚝**: 소일시멘트지름 ϕ1,400 mm (강관지름 ϕ1,200 mm), 말뚝길이 14.3 m(강관길이 13.6 m)

(2) **지반 개요**: 고가교 기초 1기당 대략적으로 1개소의 지반조사를 실시하였고 **그림 1**에서 보는 바와 같이 말뚝머리 이하의 중간층은 사력층, 모래층과 점성토층의 호층으로 구성되어 있다. 지지층은 N값 50 초과의 사력층이다.

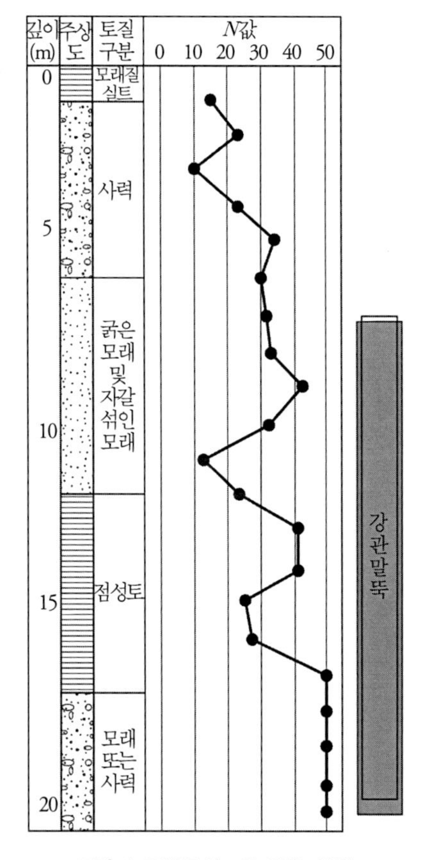

그림 1 지반주상도와 말뚝 위치

2. 트러블 발생 상황

본 사례는 16본의 교각기초이며 **그림 2**에 나타낸 위치에서 6본째 시공 시에 발생했다. ϕ1.4 m의 소일시멘트기둥의 축조를 한 후 ϕ1.2 m의 강관의 침설을 시작했지만 회전 침설 저항이 커지고 GL-12 m 부근에서 침설이 곤란해졌다(**그림 3**).

시공된 5개째까지의 강관 침설 시에는 약간 침설 저항이 상승하는 정도로 시공을 완료했고 또한, 소일시멘트기둥의 축조시간이나 강관 세워넣기까지의 소요시간은 해당 말뚝과 비교해 큰 차이가 없었다. 따라서 강관을 빼내서 회수한 후 원인을 추정하여 대책을 세우기로 했다.

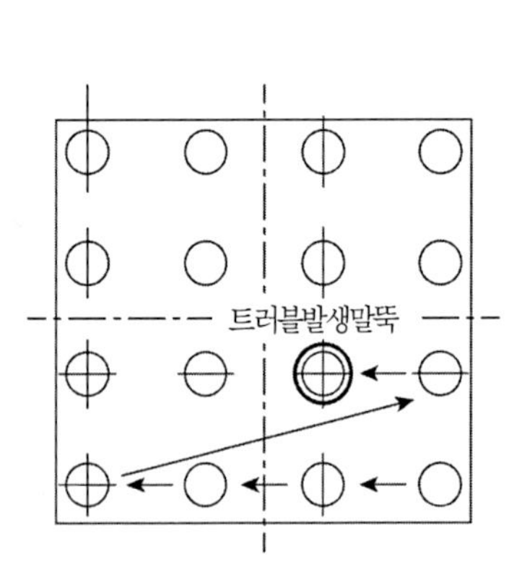

그림 2 강관소일시멘트말뚝의 시공순서

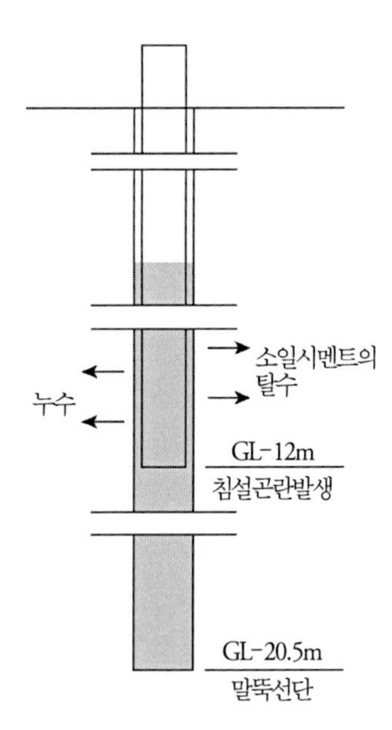

그림 3 트러블 발생 상황

3. 트러블의 원인

강관말뚝의 침설이 곤란해진 원인은 큰 자갈, 전석 등의 존재를 생각할 수 있지만 소일시멘트기둥 축조 시에는 접촉에 의한 진동 등 그 존재가 예상되는 현상이 없었으므로 다른 원인이라 생각되었다. 따라서 모래 및 자갈질 지반에서 강관 침설 시에 저항이 급격히 상승하는 것을 중시하여 트러블의 원인은 모래질계 지반 특유의 막힘(jamming)현상이라고 판단했다.

4. 트러블의 대처·대책

막힘현상에 대한 대처로써 시멘트밀크의 첨가량을 증가시켜서 소일시멘트의 유동성을 확보하여 막힘현상을 줄이기로 했다. 트러블 발생 말뚝은 소일시멘트기둥의 경화시간 내에 있었기 때문에 **표 1**의 시멘트밀크 배합으로 바꾸어 소일시멘트기둥을 축조하기로 했다. 따라서 GL-6~-12 m 부근에 분포하는 모래 및 자갈질 지반의 범위에 대하여 굴착장치(비트)를 오르내리는 반복 조작을 행하여 반복 시 및 굴착 장치 인상 시의 저항이 최초의 소일시멘트말뚝 축조 시에 비해 저하되어 있는 것을 알아보는 것으로 소일시멘트의 유동성 향상을 확인했다.

그 후 강관말뚝을 재침설하였는데, 침설이 어려워지는 일없이 소정의 위치에 침설을 완료했다. 또한 나머지 10본의 말뚝에 대해서도 같은 방법으로 시공을 속행했는데 문제 없이 무사히 모든 말뚝의 시공을 완료했다.

표 1 시멘트밀크의 변경 배합(흙 1m³당 사용량)

	시멘트(kg)	물(kg)	경화지연제(kg)	증점제(kg)
계획	300	495	9	30
변경 후	360	594	10.8	36

5. 트러블에서 얻은 교훈

이번과 같은 막힘현상은 입도분포가 나쁜 모래 및 자갈질 지반에서는 가끔 발생하는 현상이다. 따라서 모래 및 자갈질 지반에서 이러한 막힘현상이 발생할 우려가 있는 경우에는 시공 전 시멘트밀크 배합계획 단계에서 증점제의 증량 등을 포함한 사용재료를 검토하여 현지 조달이 가능한 재료로의 배합설계를 실시할 필요가 있다.

이번 경우는 현장 원주 용접 말뚝이었는데, 강관길이가 13.6 m로 짧았기 때문에 회수한 강관을 재가공 없이 재침설할 수 있었으나 강관말뚝이 긴 길이인 경우나 동시침설방식인 경우에는 회수 시 강관말뚝을 절단할 필요가 생기기 때문에 사전 배합계획에서는 충분히 유의할 필요가 있다.

8	시라스 지반에서의 강관의 근입깊이 미달	종류	강관말뚝
		공법	강관소일시멘트말뚝공법

1. 개요

고가교 공사에서 강관소일시멘트말뚝공법(후침설 방식)으로 강관 세워넣기 중에 근입깊이 미달이 발생한 사례이다.

(1) **트러블이 발생한 말뚝**: 소일시멘트 지름 ϕ1,200 mm(강관지름 ϕ1,000 mm), 말뚝길이 37.4 m (강관길이 35.0 m)

(2) **지반 개요**: 본 공사에서의 지반은 큐슈(九州) 남부 일대에 두꺼운 지층으로서 분포하는 세립의 경석이나 시라스로 구성되어 있다.

2. 트러블 발생 상황

동일한 라멘 고가교 내에서 강관소일시멘트말뚝을 소정의 설계깊이까지 문제 없이 8본 시공했지만 9본째를 시공 중에 근입깊이 미달이 발생했다. 8본째까지와 9본째에서 시공환경과 지반에 큰 차이는 없었다. 근입깊이 미달인 말뚝은 소정의 설계 깊이보다 약 3 m 정도 높은 위치에서 강관의 삽입 및 회전이 불가능해졌다. 정규로 타설한 말뚝과 근입깊이 미달인 말뚝과의 시공 타임사이클을 비교하면 굴착에 요구된 시간과 굴착·로드 인발 완료 시간 및 강관 세워넣기까지에 요구된 시간은 큰 차이가 없었다. 또한 시멘트밀크의 배합 [W/(C+B)]과 주입량에 대해서도 같은 배합, 동등한 주입량으로 시공을 실시하고 있었다.

3. 트러블의 원인

조성된 소일시멘트의 액면이 강관 세워넣기 중에 급격히 저하하는 것을 확인하였는데, **그림 1**에서 보는 바와 같이 9본째에 시공한 말뚝 부근의 시라스지반(GL-30 m 부근)에서 조성한 소일시멘트의 수분이 예상 이상으로 심하게 탈수함에 따라 막힘현상이 발생하고 소일시멘트에 의해 리브강관의 주면에 과도한 마찰력이 발생한 것이 근입깊이 미달의 원인이라 생각한다.

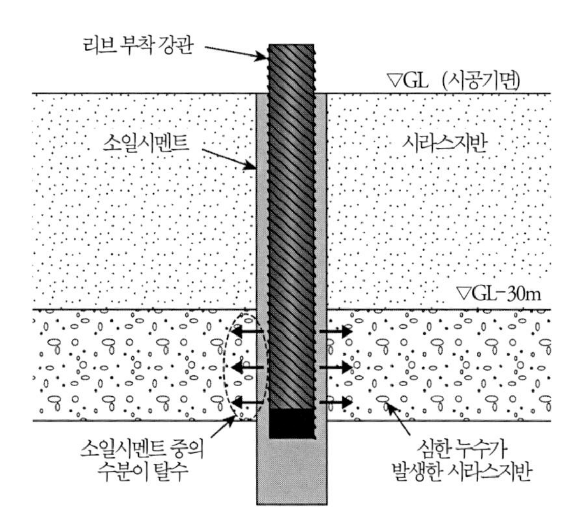

그림 1 트러블의 원인

4. 트러블의 대처·대책

우선 9본째의 근입깊이 미달인 강관에 대해서는 파워잭으로 소일시멘트가 경화하기 전에 회수할 수 있어서 설계량의 시멘트밀크를 다시 전량 주입하고 재굴착 교반을 실시하여 소정의 설계깊이까지 강관을 정착시켰다.

다음으로, 향후 시공을 위한 대책으로서 다음의 2가지를 실시하였다.

(1) 시멘트밀크 주입량 증량

근입깊이 미달이 발생하기 전까지 사용하던 시멘트밀크의 배합은 **표 1**과 같다. 8본째까지의 시공을 생각하면 시멘트밀크의 누수 방지 효과는 있었다고 생각한다. 근입깊이 미달된 말뚝과 같은 예상 이상으로 심하게 누수된 경우를 예상하여 더욱 점성을 높이는 대책도 생각할 수 있지만, 고점성 시멘트밀크로는 그라우트펌프에 의한 압송이 어려울 것으로 예상되어 채택할 수 없었다. 따라서 굴착 교반 시 및 로드 인상 시 시멘트밀크 주입량을 소일시멘트의 액면 저하가 멈출 때까지 증량함으로써 소일시멘트의 유동성을 확보하면서 시공하기로 하였다.

표 1 대상토 1m³당 시멘트밀크의 배합

	시멘트 C(kg/m³)	벤토나이트 B(kg/m³)	W/(C+B)(%)	지연제 P(kg/m³)	주입량(ℓ/m³)
말뚝 일반부	300	20	120	4.5	492.9
말뚝선단부	1000	15	60	5.0	948.0

(2) 강관의 회전 압입에 의해 누수층에서 반죽(재굴착교반) 실시

그림 2에서 보는 바와 같이 강관의 선단에 반죽 지그 [각강(角鋼)]를 장치하고 누수층에 도달하기 전(윗말뚝의 강관이 지상에 모두 나와 있는 상태)부터 강관을 회전 압입하면서 침설하였다. 이에 따라 누수층에서 예상 이상으로 소일시멘트의 수분이 적어졌다고 해도 소일시멘트의 유동성을 확보할 수 있다. 유동성을 확인하는 방법으로는 항타기에 장비되어 있는 하중계로 판단하면서 침설하기로 했다. 이러한 대책들을 통해 이후의 말뚝 시공에서는 무리 없이 강관을 소정의 설계깊이까지 정착시킬 수 있었다.

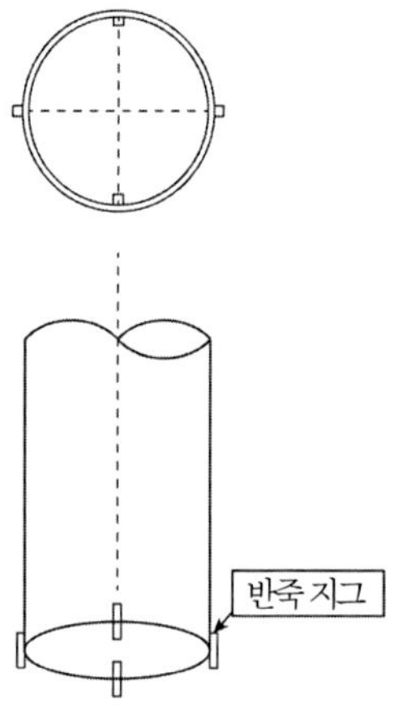

그림 2 반죽 지그

5. 트러블에서 얻은 교훈

사질지반 등에서 소일시멘트 중의 수분이 탈수되어 막힘현상이 발생한 예는 지금까지도 경험했지만 시라스지반에서도 같은 현상이 발생하는 것을 알았다. 이에 대처하려면 소일시멘트의 유동성 확보가 중요하고 위에 기재된 방책이 유효하다는 것을 알았다.

9	강관 유지 부족으로 인한 말뚝의 근입깊이 초과	종류	강관말뚝
		공법	강관소일시멘트말뚝공법

1. 개요

도로교 공사에서 강관소일시멘트말뚝공법(후침설방식)으로 강관말뚝 시공 중 근입깊이 초과가 발생한 사례이다.

(1) 트러블이 발생한 말뚝: 소일시멘트지름 ϕ1,400 mm(강관지름 ϕ1,200 mm), 말뚝길이 8.2 m (강관길이 7.5 m), 굴착깊이 GL-13.2 m

(2) 지반 개요: 본 공사에서 지반은 균일한 사질토지반이며 시공기면에서 층두께 8 m 정도의 충적층과 하부의 홍적층으로 구성되어 있다.

2. 트러블 발생 상황

트러블 발생 상황은 **그림 1**과 같다. 말뚝의 최종 정착 시(집게 시공 시) **그림 1** ②와 같이

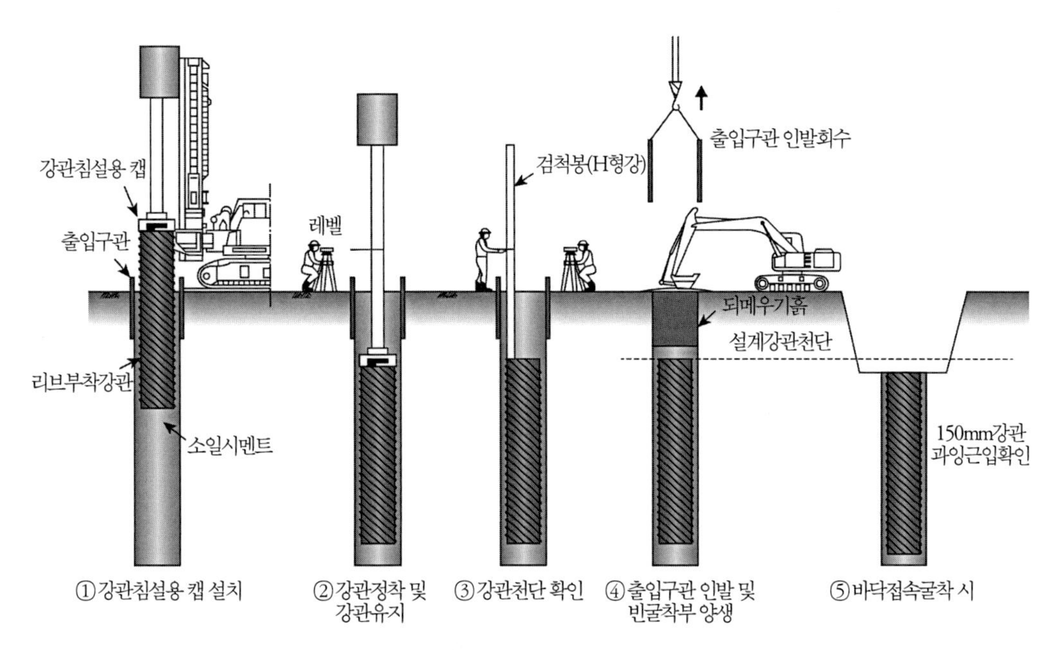

그림 1 트러블 발생 상황

강관 침설용 캡을 이용하여 강관높이를 소정의 설계 높이+10 mm에서 정지시켰다. 강관 침설용 캡을 설치한 채 강관이 낙하하지 않도록 30분 정도 유지했다. 그 후 항타기에 장비한 하중계에서 말뚝이 완전히 멈춰있는 것으로 판단하여 강관 침설용 캡을 벗겼다. 검척용 H형강을 이용하여 강관 천단 높이를 측정하고 다시 설계 높이 -20 mm로 시공관리값 내에 들어가고 있음을 확인하였다. 시공 완료 후에 안전성의 관점에서 말뚝공을 양생하기 위해서 빈 굴착부(집게부) 5 m 구간에 흙을 되메우고 출입구 관을 인발하였다. 후일, 교각 바닥 굴착 시에 설계 강관 천단 높이보다도 150 mm 강관이 낮아진 것으로 드러났다.

3. 트러블의 원인

트러블의 원인으로는 강관 침설용 캡을 떼어낸 직후의 강관 천단 높이 측정에서는 소정의 시공관리값 내에 있으므로 강관 침설용 캡을 떼어낸 후에 강관이 내려간 것이라고 생각한다. 소일시멘트의 경화상태를 확인했는데, 불충분한 상태이고 빈 굴착부로의 되메우기작업이나 출입구 관 인발작업을 실시한 것이 강관의 근입깊이를 초과시킨 직접적인 요인으로 생각한다. 그러나 소일시멘트의 경화상태가 제대로 파악되지 않았다는 점, 인적 판단실수가 본 사례에서 트러블의 주원인이다.

4. 트러블의 대처·대책

근입깊이 초과된 강관에 대해서는 말뚝선단부 사양의 조사, 현장용접에 의한 강관의 단위 면적당 허용응력의 조사 및 강관 이음 작업을 위해 말뚝두부 주변을 굴착함에 따른 지반의 교란에 의한 지지력의 영향 등의 검토를 실시한 후에 강관을 상부에 잇는 것으로 대처하였다. 향후 시공을 위한 대책으로 다음 사항을 실시했다.

설계 강관 천단 높이에 강관을 침설한 후에 **그림 2** 및 **사진 1**에서 보는 바와 같이 낙하 방지 조치로서 철근봉 등으로 강관을 고정하고 나서 강관 침설용 캡을 떼어낸다. 또 소일시멘트가 충분히 경화하기까지 철근봉을 떼어내지 않는다. 이들 대책으로 이후 말뚝시공에서는 강관을 소정의 설계깊이에서 정착시킬 수 있었다.

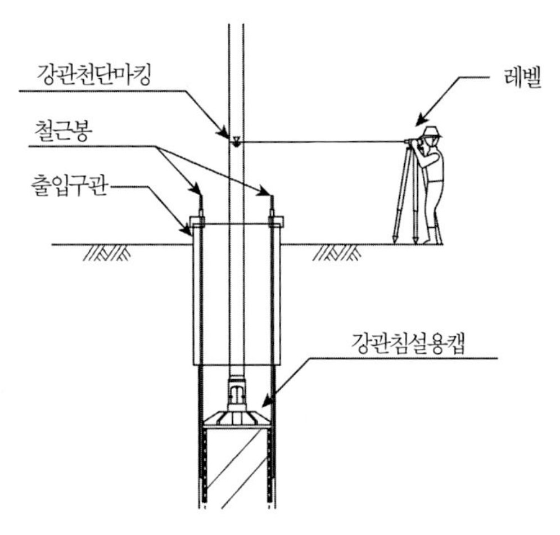

그림 2 낙하 방지 장치 이미지

사진 1 낙하 방지 장치(철근봉)

5. 트러블에서 얻은 교훈

본 사례는 소일시멘트의 경화상태를 판별하는 것이 불충분함에 따른 인적 판단착오가 초래한 트러블이다. 앞으로는 이러한 트러블이 생기지 않도록 강관 낙하 방지 조치만이 아닌 다양한 측면에 대해서도 휴먼에러를 미연에 방지할 대책을 생각해둘 필요가 있다.

10	회전력의 집중으로 인한 철물의 파단	종류	선단우근 부착 강관말뚝
		공법	회전관입말뚝공법

1. 개요

회전관입말뚝공법에 의해 말뚝을 시공 중에 회전철물이 파단하여 관입이 불가능해진 사례이다.

(1) **트러블이 발생한 말뚝**: 말뚝지름 ϕ600 mm, 선단우근 지름 ϕ900 mm, 말뚝길이 25.5 m, 관입깊이 28.0 m, 강관 판 두께 9 mm, 재질 SKK400

(2) **지반 개요**: 대상이 되는 토층은 상부에서 GL-4 m 정도까지의 매립토 및 롬층과 그 하부의 홍적층(점성토와 사질토의 호층)으로 구성되며, GL-27.5 m 부근부터의 N값 40 초과의 사질토층이 지지 지반이다(**그림 1**).

2. 트러블 발생 상황

그림 1에 보이는 토질주상도에서 GL-26 m 부근을 관입 중에 집게가 빠져 관입이 불가능해졌다. 강관 내부를 눈으로 확인했더니 강관 두부의 변형 및 회전철물의 파단이 확인되었다. 집게를 장치한 GL-23 m 부근으로부터의 지반상황은 점성토층과 사질토층의 호층으로서 토층 경계 부근에서의 미끄러짐(항체는 회전하지만 관입하지 않는 상태) 방지 대책으로서 정역회전과 상하동을 수행하고 있었다.

한편 회전철물 파손 시의 시공 토크값은 공사착수 전에 설정한 관리 토크값 이내였다. 관리 토크값은 항체의 파손을 방지하기 위해 설정한 값으로, 재료강도로부터 결정한 제한 토크값에 안전율을 곱한 것이다.

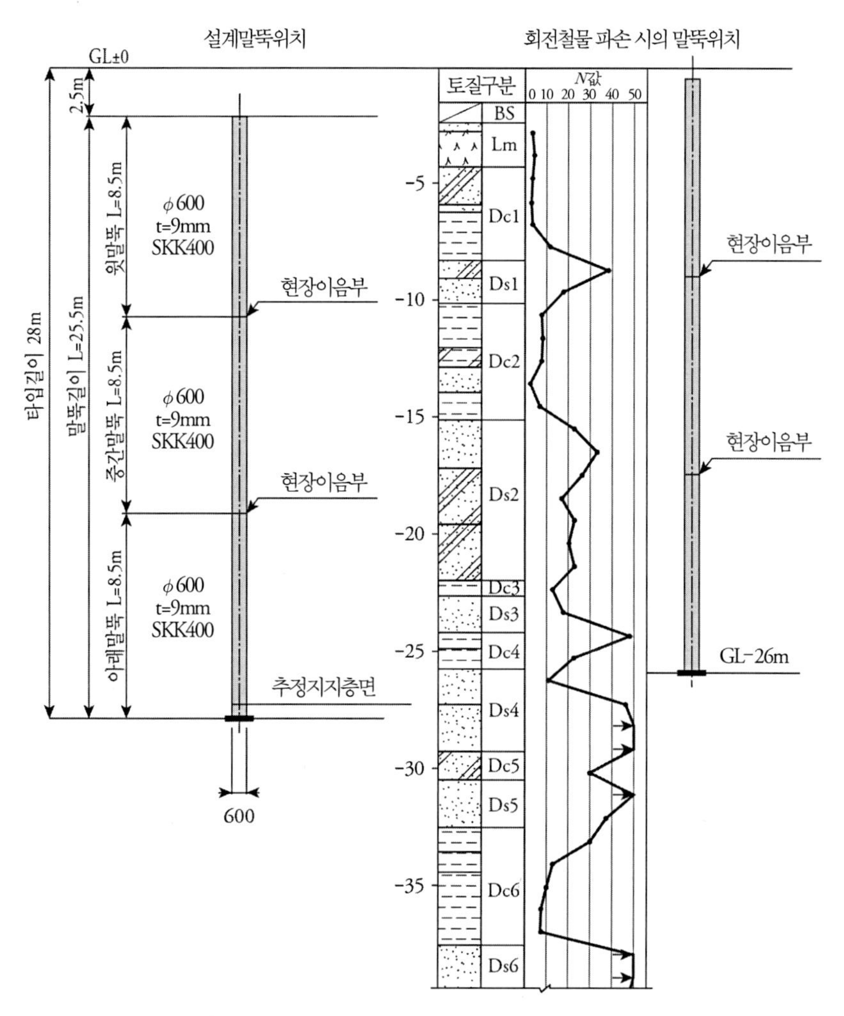

그림 1 토질주상도와 회전 철물 파손 시의 말뚝깊이도

3. 트러블의 원인

이번에 시공한 말뚝의 회전철물은 제한 토크값 내에서 파단이 없도록 형상 및 장치 방법을 사전에 검토하여 강관 안쪽에 2개소로 하였다. 회전철물은 2개소가 함께 기능하고 있는 상태에서는 파단하지 않지만 한쪽에 하중이 집중하는 경우에는 강도가 부족하다. 회전철물의 두께가 28 mm, 강관 안지름과 집게 바깥지름 치수 차이가 34 mm인 점에서 강관 두부가 변형한 경우와 집게가 말뚝의 회전철물의 한쪽에 치우친 경우에는 반대쪽의 회전철물이 집게로

부터 빠질 가능성이 있다. 어느 하나의 원인에 의해 하중이 1곳의 회전철물에 집중되고, 회전철물의 파단 및 강관 두부의 변형이 발생했던 것으로 미루어 짐작된다.

4. 트러블의 대처·대책

손상부에 대해서는 설계조사에서 확인한 후 현장에서 절단·이음을 실시했다. 또한, 회전철물의 파단과 강관 두부의 변형을 방지하기 위해 아래와 같이 대처하였다(**그림 2**).

(i) 회전철물의 파단 방지

집게가 치우쳤던 경우라도 2군데 이상의 회전철물에 하중이 전달되도록 회전철물을 4군데로 변경하였다.

(ii) 강관 두부의 변형 방지

강관 외주부에 보강밴드를 설치했다.

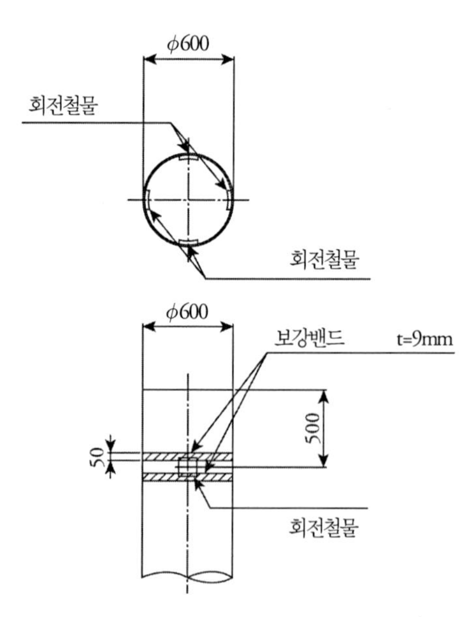

그림 2 강관 두부의 변형 방지 대책

5. 트러블에서 얻은 교훈

회전 토크값을 관리함으로써 항체의 파손과 회전철물의 파단을 방지할 수 있는 것으로 생각하고 있었으나, 집게의 이탈 방지 대책으로서 회전철물의 개수를 늘리든가 강관 안지름에 따라 회전철물의 두께를 늘릴 필요가 있다. 또한, 이번 사례에서는 트러블의 대처로서 강관 두부의 보강을 실시했는데, 회전철물이 적정하면 향후 보강은 필요없다고 생각한다.

11	옥석층으로의 시공에서 말뚝의 파손	종류	선단우근 부착 강관말뚝
		공법	회전관입말뚝공법

1. 개요

중간층이 자갈·전석이 밀실하였기 때문에 회전관입시공 시에 우근(羽根) 사이에 전석이 협재된 상태에서 말뚝 파손에 이른 것으로 추측되는 사례이다.

(1) **트러블이 발생한 말뚝**: 말뚝지름 ϕ1,200 mm, 선단우근 지름 ϕ1,800 mm, 말뚝길이 43.5 m

(2) **지반 개요**: 중간층에 환산 N값 100 초과의 옥석 섞인 사력층을 협재하지만 층두께가 지지층으로서 불충분하므로 해당 층을 관통 후 GL-47.0 m 부근의 응회각력암층을 지지층으로 하는 지반구성이다(**그림 1**).

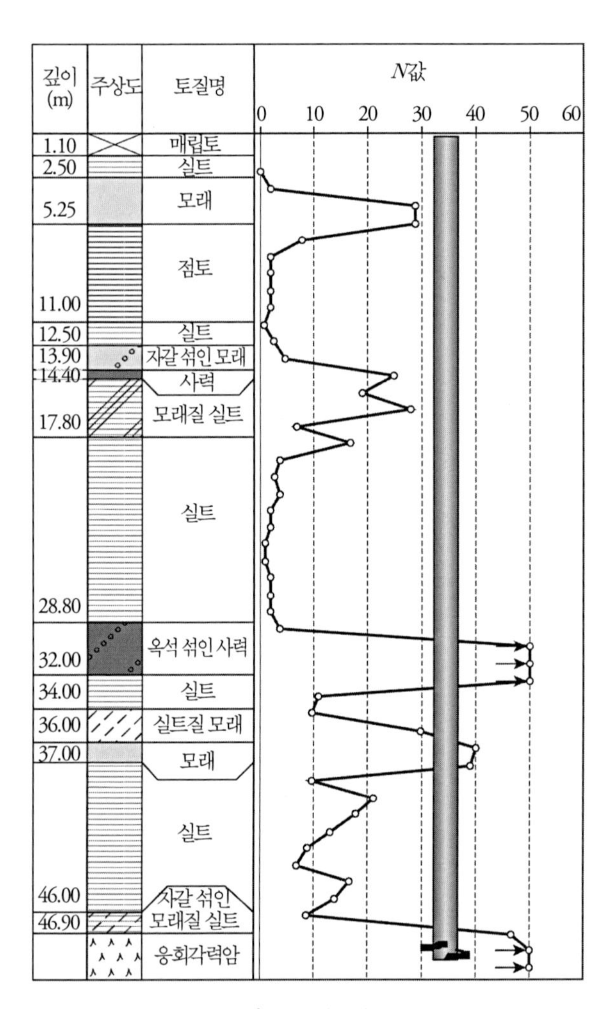

그림 1 토질주상도

2. 트러블 발생 상황

해당 개소는 1피어당 6본의 직항으로 구성되며, 트러블은 이 피어 내 최종 6번째의 시공 개소에서 발생했다. 선행한 5본의 말뚝은 중간층을 타격하여 구멍을 낼 때에 옥석의 영향은 별로 없이 소정 깊이에 무사히 타입종료할 수 있었다.

해당 말뚝도 선행 말뚝과 같은 방법으로 시공을 실시하고 있었는데, 중간층 옥석의 영향이 현격히 커서 옥석을 피하는 것이 매우 어려운 지경에 이르렀다. 동일 깊이에서 장시간(수 일 간)

회전 구동을 계속했으나 우근 선단이 새로운 층으로 파고들지 않고 공전하고 있는 상태가 되었다. 정회전·역회전을 해도 우근의 추진력이 얻어지지 않고 말뚝의 손상이 우려됨으로써 협의 후 일단 시공 중인 말뚝을 뽑아내고, ① 항체 확인→② 장애물 철거→③ 토사 치환 → ④ 말뚝 재시공이라는 절차를 밟는 것으로 하였다. 역회전해서 말뚝을 뽑아보니 항체가 파손되어 있었다.

3. 트러블의 원인

해당 개소의 재시공에서 땅속에 남겨진 우근 및 지중 장애물의 철거작업을 케이싱튜브·해머그랩을 이용하여 실시한 결과 최대 1 m급의 거석이 확인됐고 사람 머리 크기를 넘는 전석류가 집중적으로 다수 혼입되어 있던 것을 확인했다. 중간층 내에 옥석 밀집부가 존재하며 시공 부분과 겹쳐버린 것이 주요 원인으로 생각되었다(**사진 1**).

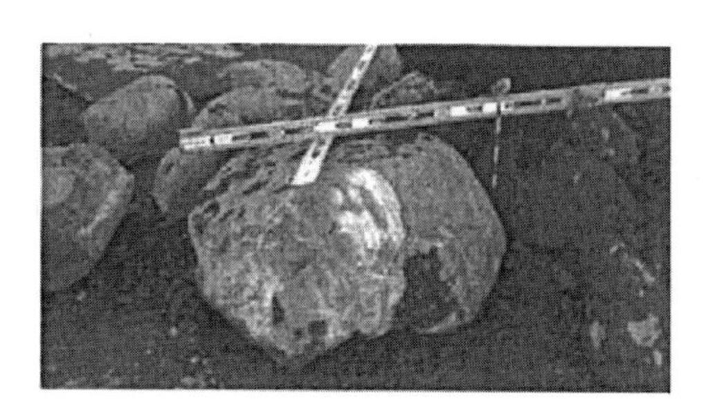

사진 1 철거 장애물(거석 등)

그러나 말뚝 시공 시 지중 장애물의 간섭에 의한 말뚝 파손을 억지하기 위한 관리 토크는 엄수되어서 높은 토크 시공 시에 발생하는 충격적인 파손 가능성은 생각할 수 없으므로 이번 파손은 본 지반 특유의 조건에 의한 것이라고 판단하였다. 파손 메커니즘으로는 거석 위에서 선단부가 공전하는 중 우근의 피치보다도 약간 큰 전석이 우근 선단부와 우근 종단부 사이에 낀 상태에서 회전이 계속된 것으로 인해 파손된 것으로 추측하였다.

4. 트러블의 대처·대책

당해 개소의 지중 장애 철거·구입토에 의한 치환, 설계상의 조사를 한 후, 동일 사양의 말뚝을 추가 제작하여, 다시 시공을 하였다.

5. 트러블에서 얻은 교훈

통상 공사에 앞서 토질주상도에서 중간층에 우근 피치를 웃도는 사이즈의 자갈·돌 등의 존재가 예상되는 경우에는 해당 중간층의 자갈·돌을 장애물로 인식하고 미리 보조공법 등에 의해 대처하는 것이 가능한지 여부를 검토한 후 시공계획을 수립한다. 또한 본 사례와 같이 토질주상도상에서는 우근 피치를 웃돌지 않는 정도의 옥석이라 하더라도 밀집되어 있을 가능성이 있는 경우에는 시공계획 단계에서 보조공법을 포함한 시공 여부를 판단할 필요가 있다는 것을 재확인하였다.

한편 최대 자갈지름에 대해서는 토질설명의 3~5배 정도 크기인 것도 예상하여 지금까지의 경험을 토대로 충분한 검토를 실시하는 것이 중요하다. 게다가 장시간에 걸친 회전 관입 시공은 말뚝 본체에 예상 외의 부하가 더해질 우려도 있기 때문에 최대한 빠른 단계에서 대책을 취할 필요가 있음을 재인식했다. 또한 본 사례에서는 우근 피치 이하의 옥석이 2, 3개 혼입 정도의 기사였지만 주변 시공실적으로부터 일부에 밀집해 있을 가능성 및 위험성을 예측하여 시공 곤란 시 대처법에 대해 협의를 빨리 하여 항체 손상에 이르는 최악의 사태를 회피하는 데에 힘쓸 수 있도록 상호 이해·협력이 필요한 사례였다.

12	급경사 지지층에서의 말뚝 파손	종류	선단우근 부착 강관말뚝
		공법	회전관입말뚝공법

1. 개요

지지층의 굴곡 및 급격한 경사로 인해 말뚝선단부에 예상 밖의 수평력이 작용하여 말뚝이 파손된 사례이다.

해당 공사는 장변 약 50 m, 단변 25 m의 구조물이며, 토질조사는 4모퉁이 및 중앙 부근의 총 5지점에서 실시되어 조사밀도가 비교적 조밀하지만 조사결과로부터는 단순 비교에서도 지지층 깊이 차이가 최대 약 10 m, 예상 경사각 20°로 극도의 지지층 굴곡·경사가 예측되는 지반이었다(**그림 2**).

(1) **트러블이 발생한 말뚝** : 말뚝지름 ϕ1,200 mm, 선단우근 지름 ϕ2,100 mm, 말뚝길이 26.0~40.0 m

(2) **지반 개요** : 지지층은 풍화 정도가 다르지만 환산 *N*값 100을 넘는 견고한 연암지반이며 평균 *N*값 50 초과 지지층이다. 또한 바로 위의 중간층은 평균 *N*값 25 상당의 점성토 섞인 사력을 협재한 지반 구성이다(**그림 1**).

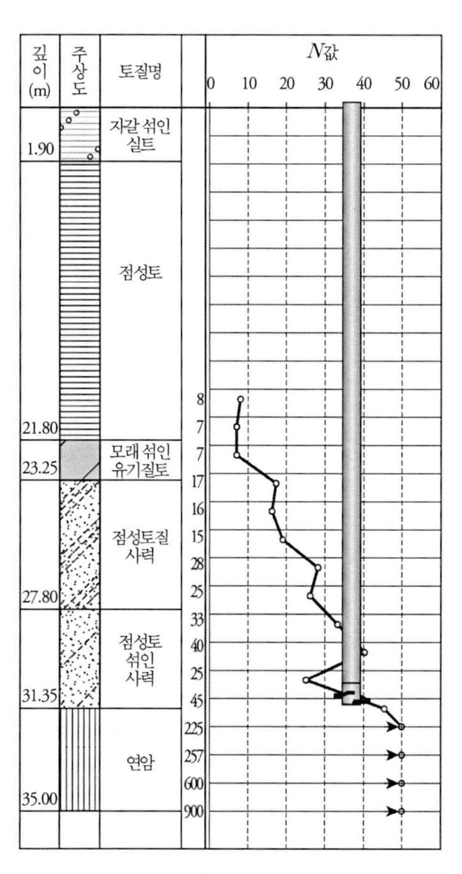

그림 1 토질주상도(Bor.No.3)

2. 트러블 발생 상황

근방의 보링데이터와 비교해보면 예상 외로 얕은 깊이로부터 시공 토크의 상승·하강이 반복되어 지중 장애물과의 간섭인지 중간층의 도달인지가 판별하기 어려운 상태 중에 시공 관리 토크를 보다 안전측으로 낮추면서 회전 압입 조작을 계속하고 있었다. 그러나 갑자기 진동을 동반한 후 토크가 상승하지 않게 됨에 따라 선단우근부의 앵커 효과 등을 확인하는 말뚝 건전성 평가를 실행했더니 말뚝이 저항 없이 인발되었기 때문에 말뚝이 파손된 것으로 판단했다.

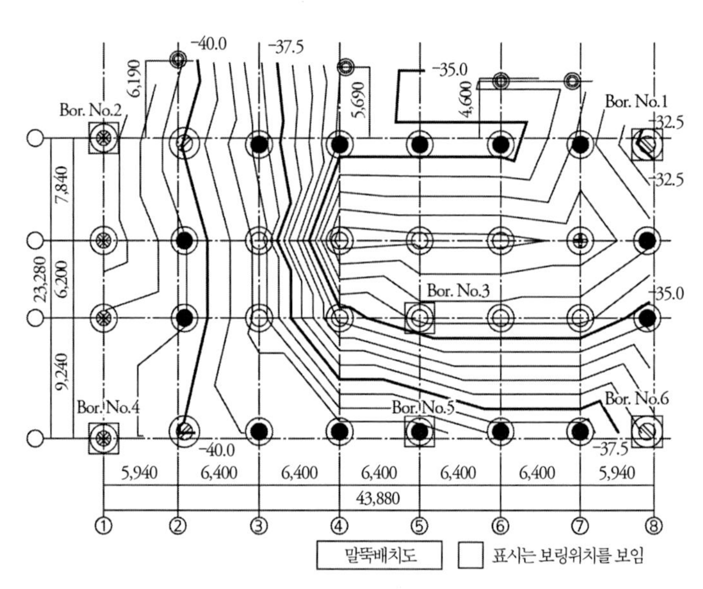

그림 2 설계 예상 시의 지지층 등고선

3. 트러블의 원인

해당 공사 완료 후 지지층 도달 깊이의 등고선도를 검증하면 해당 말뚝 파손부 주변의 지지층은 경사각이 45°를 넘는 극단적인 굴곡이 있어서 결과적으로 매우 강고한 지지층에 말뚝선단이 도달했을 때에 충분한 근입이 없는 채 토크가 상승함과 동시에 경사를 따라 선단부의 이동(수평력 가력)이 발생함에 따라 강관의 비틀림내력에 미치지 않는 낮은 토크에서 말뚝 파손에 이른 것으로 추측된다(**그림 2, 3**).

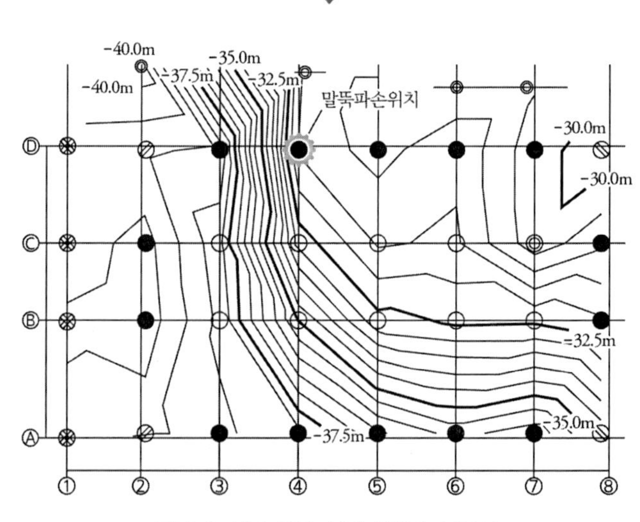

그림 3 시공 완료 시의 지지층 등고선

4. 트러블의 대처·대책

파손된 말뚝선단부는 지중에 존치되어 있어 지중 장애물이 되기 때문에 케이싱튜브, 해머그랩을 이용해 철거, 토사(사질토) 치환하고, 말뚝 재제작 후 재시공을 실시한다. 또한 해당 공사에서는 지지층 깊이가 불분명한 데다가 지지층에 급사면이 존재할 가능성을 고려하여 시공 토크의 상승과 함께 선단부의 휨응력이 증가하게 되는 불규칙 상태에서도 말뚝이 파손되지 않도록 안전측으로 시공 토크의 상한값을 설정하고 회전 압입 조작을 실행하였다. 결과적으로 시공속도는 약간 낮아졌지만 말뚝의 파손은 재발하지 않고 모든 말뚝을 무사히 시공할 수 있었으므로 해당 시공 제한의 유효성을 확인할 수 있었다.

5. 트러블에서 얻은 교훈

지반조사 빈도에 대해서는 조사 밀도뿐만 아니라 지지층의 경사가 대체로 5°를 넘는 지반에서는 중간점 등의 추가 조사가 필요할 것으로 생각한다. 또한 경사각이 더욱 커지는 경우에는 그 조사 피치를 보다 세밀하게 하는 것이 바람직할 것이라 생각한다.

시공 측면의 경우 지지층과 중간층이 눈에 띄게 굴곡·경사져 있는 것이 추측되는 지반에서 시공 시의 비틀림력 외에 선단부에서의 휨응력의 동시 가력 가능성을 파악한 후 파손에 이르지 못하게 하는 시공상의 제한을 마련하고 말뚝의 파손을 미연에 방지할 숙고가 필요하다는 것을 다시 인식하였다. 한편으로 이러한 시공 제한이 필요한 지반조건하에서는 결과적으로 시공속도는 저하하고 근입은 과대해지는 소정 깊이까지 압입을 계속하는 것이 곤란해지는 경우도 예측되므로 미리 설계상의 여유도를 가진 시방 설정이 필요할 것으로 생각한다.

13	지지층의 굴곡에 따른 말뚝길이 변경 대응 예	종류	선단우근 부착 강관말뚝
		공법	회전관입말뚝공법

1. 개요

계곡을 폐기물로 매립한 지반으로서 지지층은 시마지리(島尻)이암이다. 매립 시 인위적 개변(改變)이 가해져 있기도 하여 건물 범위 내에서의 지지층 깊이에는 약 35 m 정도의 높이 차와 복잡한 변화가 19군데의 지반조사 결과에 나타나 있었다(**그림 1**). 이러한 조건에서의 시공성에 관해서는 폐기물층의 관통 및 지지층으로의 근입 가부 및 지지층 깊이의 확인 방법이 과제였다. 말뚝의 연직지지력과 수평저항력에 대해서도 재하시험에 의한 확인이 필요하다고 판단되었다.

본 공사에 앞서 시공성 확인과 말뚝의 단위면적당 선단지지력(우근 면적당)이 일축압축강도의 3배 정도인 지반의 변형계수 E_0는 LLT 시험값의 1.5배인 것 등을 확인하였다.[1)] 이러한 복잡한 지지층 깊이의 변화에 어떻게 대응하여 트러블을 회피했는가 하는 사례이다.

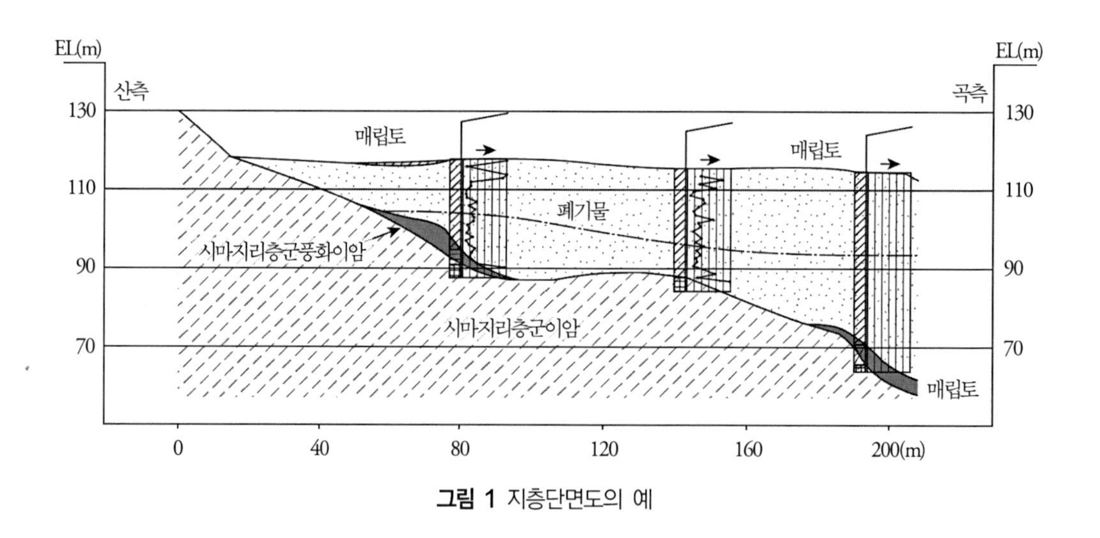

그림 1 지층단면도의 예

2. 예상되는 트러블

말뚝공사에서는 예상했던 지지층 깊이가 실제 지반에서는 달라지는 경우가 드물지 않다. 예상과 실제 지지층 깊이가 다를 경우에는 말뚝의 이음이나 절단을 하게 된다. 이음·절단 등의 가공을 용이하게 할 수 있는 것이 강관말뚝의 특징 중 하나이다. 단, 강관말뚝은 휨모멘트가 커지는 말뚝머리의 두께가 다른 부분에 비해 두꺼워지는 경우가 많다. 이 때문에 항타 종료 시점에는 지지층에 근입되어 있음에 더해 두툼한 부분이 소정의 길이만큼 확보되어 있어야 할 필요가 있다.

시마지리이암은 풍화의 정도에 차이도 있고 시험공사의 6×6 m의 범위에서 지지층의 깊이에 2.4 m의 고저차가 있었다. 본말뚝 시공 전에는 말뚝중심 위치에서 불발탄의 유무를 조사할 필요가 있었고 시공 말뚝 모든 수(966본)에 대해서 불발탄의 조사와 지지층 확인을 목적으로 연직 자기탐사를 실시했다. 다만 여기서 실시한 지지층 확인에서는 표준관입시험은 행하지 않고, 보링기계의 중량에 상당하는 약 20 kN으로 보링로드를 눌러, 들어가지 않는 경우를 미풍화 시마지리이암으로 판단하였다.

본 공사에 있어서는 최초 십여 개의 말뚝 시공 시에 자기탐사용 보링으로부터 추정된 지지층 레벨과 말뚝 시공 시에 판정된 지지층 레벨의 상관성을 조사했다. 양자에 차이는 있지만 대체로 일치하는 것으로부터 자기조사용 보링에 의한 추정 지지층을 예상 지지층으로 하고, 필요 말뚝길이를 정하고, 말뚝 시공을 하였다. 실제로 시공해보니, 이 방법에 의한 예상 지지층에는 오차가 포함된다는 것을 알 수 있었기 때문에, 실제 말뚝에서는 시험공사에서 정한 타격종료 기준을 사용하여 다시 시공 깊이를 확인하였다.

3. 트러블의 원인

간단한 지지층 확인으로는 시마지리층의 깊이까지는 확인할 수 있지만 풍화 정도의 대소까지 판정하기에는 미흡했고, 풍화 정도의 차이도 상당히 컸다.

4. 트러블의 대처·대책

최종적인 타격종료 관리는 실제 말뚝에서 행할 필요가 예상되고 있었으므로 준비하고 있던 긴 집게를 이용해 지지층 확인을 실시했다.[2] 예상보다 지지층 깊이가 깊은 경우에는 적절한 말뚝으로 교체하거나 부족 분의 말뚝을 추가했다. 반대로 예상보다 지지층이 얕은 경우에는 아래말뚝 또는 중간말뚝을 잘라서 길이를 조정했다. 해당 공사에서는 말뚝의 지름을 3종류로 한정하여 두께를 통일하는 것으로 같은 지름의 말뚝 상호 간의 호환성을 갖게 했다. 또한 부족한 길이에 대응하기 위해 준비해둔 강관을 현지에서 필요 길이로 잘라낼 수 있도록 강관 가공장과 설비를 준비해놓았다. 강관 추가 주문은 시공 기간 중 2회로 나누어 행한 결과 공사 완료 시 남은 재고는 전 수량의 3% 미만에 들 수 있었다. 참고로 각 말뚝중심 위치에서의 지지층 깊이를 5 m마다의 등고선으로 **그림 2**에 나타냈다.

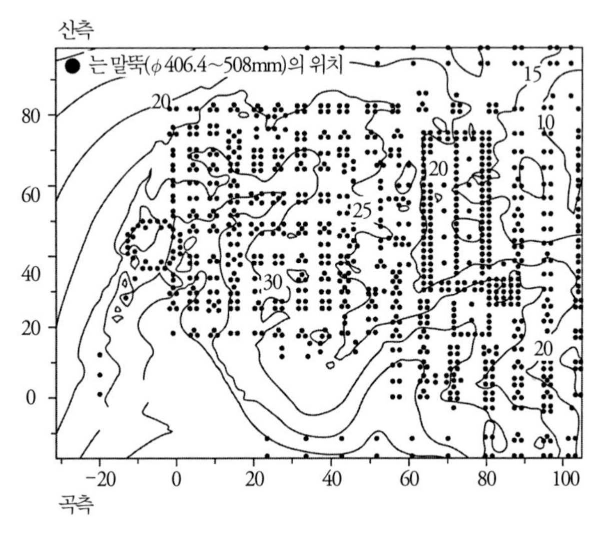

그림 2 지지층 레벨의 분포 상황(말뚝 시공기록에서 산출)

5. 트러블에서 얻은 교훈

지지층 깊이의 굴곡이 현저해서 말뚝 길이가 변경될 것으로 예상되는 지반에서의 말뚝공사에 있어서는 면밀한 지반조사에 의해 말뚝 길이를 결정할 필요가 있다. 그렇지만 실제 공사에서는 사전 예상을 뛰어넘는 지반 변화에 자주 직면한다. 말뚝의 종류와 사양을 통일하고 지지층 깊이의 변동에 대응하여 말뚝의 전용(轉用)·교체가 가능하도록 한 배려는 유효했다.

참고문헌

1) 高良·幸地他 : 廃棄物理立地盤における先端翼付回転貫入鋼管杭の適用(その1, 2), 第 16 回沖縄地盤工学研究発表会, 2003.11.
2) 坂口·瀧尾他 : 回転貫入杭の最新施工例②一支持層変化への適用事例(つばさ杭) 一, 土木施工, 2006.2.

14	작업대상에서의 시공과 지반의 이완에 기인한 말뚝의 경사	종류	선단우근 부착 강관말뚝
		공법	회전관입말뚝공법

1. 개요

교대기초의 갱신 공사에서 기존 말뚝을 철거한 후, 회전관입말뚝공법에 의해 말뚝을 시공하는 중, 말뚝의 경사로 인해 시공이 끝난 인접한 말뚝에 접촉한 사례이다.

(1) **트러블이 발생한 말뚝** : 말뚝지름 ϕ400 mm, 선단우근 지름 ϕ800 mm, 말뚝길이 16 m, 관입깊이(작업대에서) 24 m, 지반면에서 15 m

(2) **지반 개요** : 지반면 상부에서 GL-14 m까지 충적층(사질토 및 점성토)이고 그 하부의 역질토층이 지지 지반이다(**그림 1**). 기존 말뚝 철거 흔적 근처의 지반은 느슨한 상태이고 콘크리트 찌꺼기도 혼입되어 있다.

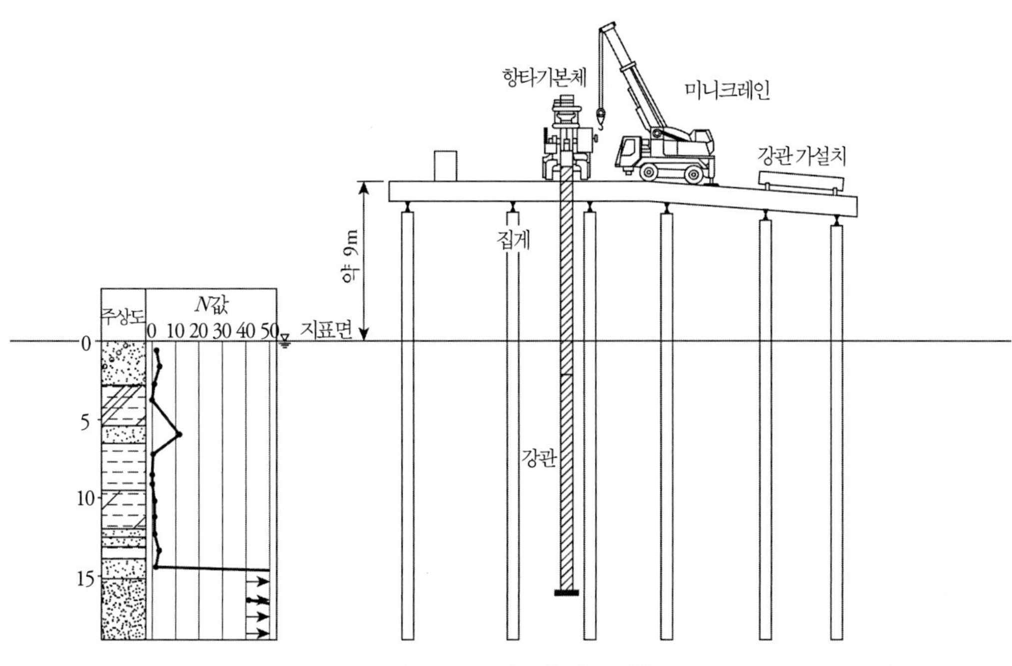

그림 1 토질주상도와 시공 상황

2. 트러블 발생 상황

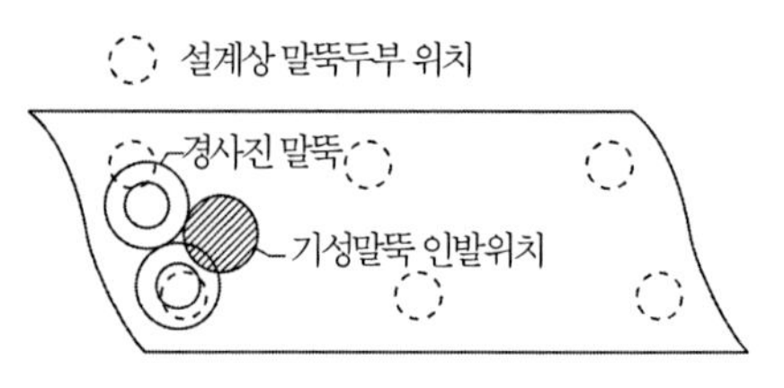

그림 2 교대의 말뚝 평면배치와 접촉 상황

그림 1에서 보는 바와 같이 GL에서 약 9 m 높은 작업대상에서 회전관입말뚝을 시공하던 중 GL-15 m 부근에서 지장물에 접촉하여 관입이 불가능해졌다. 관입 중 말뚝의 위치 및 경사를 측정한 결과 말뚝머리 위치는 기준값 내에 있었지만 시공이 끝난 인접한 말뚝의 방향으로 크게 경사(1.8°)져 있었다. 경사각도와 인접한 말뚝의 위치 및 경사로부터 **그림 2**와 같이 말뚝선단부끼리 접촉하고 있는 것으로 짐작되었다.

3. 트러블의 원인

기존 말뚝의 철거 흔적은 인접한 말뚝 방향에 있었다. 철거 흔적에는 지반의 이완이 생기고 있었다고 생각되며, 그 방향으로 경사가 진행되었다. 게다가 지표면 부근의 콘크리트 찌꺼기에 의해 위치가 정해지기 어려웠던 것과 작업대로부터 지표면까지는 9 m나 떨어져 있어 시공기계에 장비된 진동 방지 브레이스가 효율적으로 기능하지 않았다. 또한 접촉 시에는 집게의 경사를 측정하고 관리를 하고 있었기 때문에 말뚝과 집게의 치수 차로부터 생긴 편차로 인한 말뚝의 기울기를 간과하고 말았다.

4. 트러블의 대처·대책

말뚝 경사 방지 차원에서 이하의 대책을 실시했다.

① 지표면 부근의 콘크리트 찌꺼기를 제거했다.
② 지표면에 말뚝 진동 방지용 가이드를 설치했다.
③ 경사 및 위치 측정은 관입 50 cm마다 항타 종료까지 말뚝 본체에서 실시했다.
④ 관입 시작 시에는 연직성을 확보할 수 있도록 신중하게 관입·인발을 반복하면서 시공하였다.
⑤ 말뚝과 집게의 사이를 줄였다(30 mm → 15 mm).

5. 트러블에서 얻은 교훈

작업대상에서 경사계의 측정값을 관리함으로써 말뚝의 경사를 방지할 수 있을 것으로 생각했다. 이번 트러블은 지반조건(말뚝 철거 흔적이나 콘크리트 찌꺼기)에 의한 요인도 크지만 항타기가 시공작업을 하는 바닥과 지표면의 레벨 차이가 클 경우의 관리나 설비에 문제가 있었다고 생각한다. 직접 지반에 말뚝을 관입하는 경우에는 항타기 하부에 장비된 진동 방지 브레이스와 지반에 의한 구속력으로 인해 위치 편차나 경사가 생기기 어렵겠지만 이번처럼 진동 방지 브레이스와 지반면이 떨어져버리면 진동 방지 브레이스가 효율적으로 기능하지 못하고 위치 편차나 경사가 커진다. 이러한 경우는 항타기에 장비된 진동 방지 브레이스뿐만 아니라 지반면 부근에 진동 방지 브레이스를 설치하는 것이 유효하다고 생각한다.

15	지내력 부족으로 인한 말뚝의 경사·편심	종류	선단우근 부착 강관말뚝
		공법	회전관입말뚝공법

1. 개요

회전관입말뚝공법에 의한 말뚝 시공 시에 시공 지반면의 강도(지내력) 부족으로 말뚝의 연직 정밀도 및 수평 정밀도가 현저히 악화한데다가 정밀도를 교정하는 것이 불가능한 상태가 되어 시공을 계속할 수 없어져서 철거 후에 재시공한 사례이다.

(1) **트러블이 발생한 말뚝** : 말뚝지름 ϕ1,600 mm, 선단우근 지름 ϕ2,400 mm, 말뚝길이 9.5 m

(2) **기계중량** : 시공기계(전둘레회전식 케이싱머신+카운터웨이트)의 총중량은 약 1,200 kN

(3) **지반 개요** : 지표면에서 6 m 부근까지는 모래 및 자갈이 혼재하는 점성토로 이루어지고 6 m 이하 깊이는 다공질인 안산암 및 용암인데, 상부는 안산암이 자갈 모양을 띠고 자갈 사이에 롬질 점토가 협재하는 지층(점토 섞인 사력층)이다. 해당 공사에서의 지지층은 이 점토 섞인 사력층이다(**그림 1**).

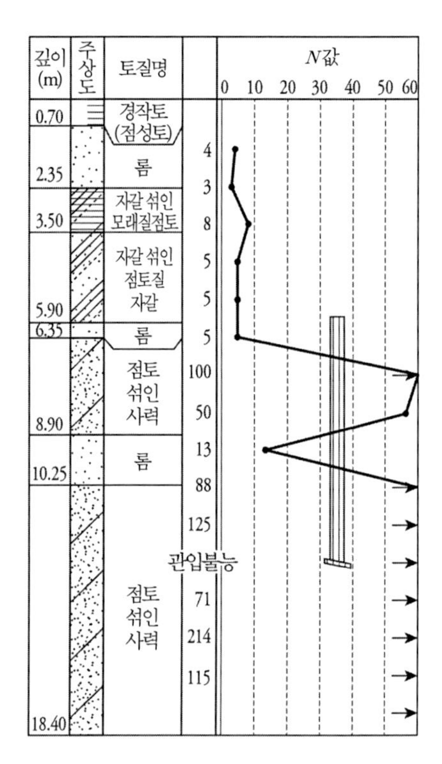

그림 1 토질주상도

2. 트러블 발생 상황

시험말뚝 시공에서 GL-6 m 지나 중간층(점토 섞인 사력층)을 관통하여 시공 중에 서서히 말뚝의 경사량이 증폭하였기 때문에 시공기계의 하부 수평 잭에 의한 세워넣기 교정(**그림 2**)을 행하면서 시공을 계속했지만 수평 잭의 신축 조정 한계에 도달해 세워넣기 교정이 불가능해졌다. 결과적으로 말뚝두부의 수평변위도 편심 허용값을 크게 초과하고 있었다.

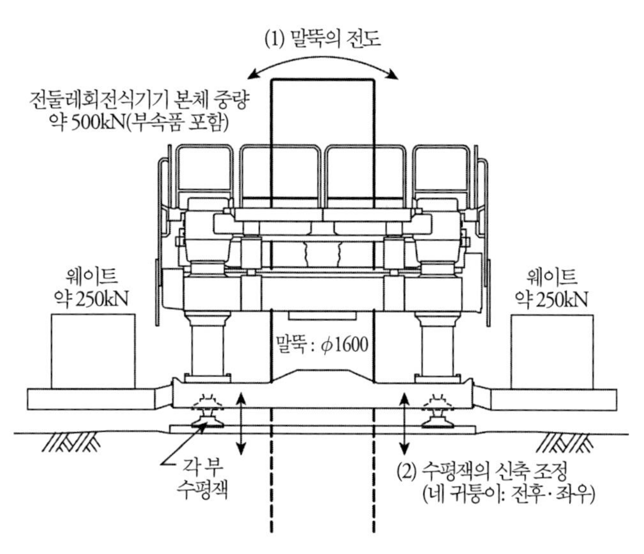

그림 2 시공기계의 구성과 경사 보정

3. 트러블의 원인

토질주상도(**그림 1**)와 같이 해당 공사 지점은 표층이 경작토로 이루어지고 GL-6 m 부근까지는 N값 5 상당의 비교적 연약한 지반이 이어지고 있었는데, 말뚝 시공 시의 가설계획에서는 깔개철판(두께 22 mm)만으로 지내력을 확보하는 것으로 계획되어 있었다.

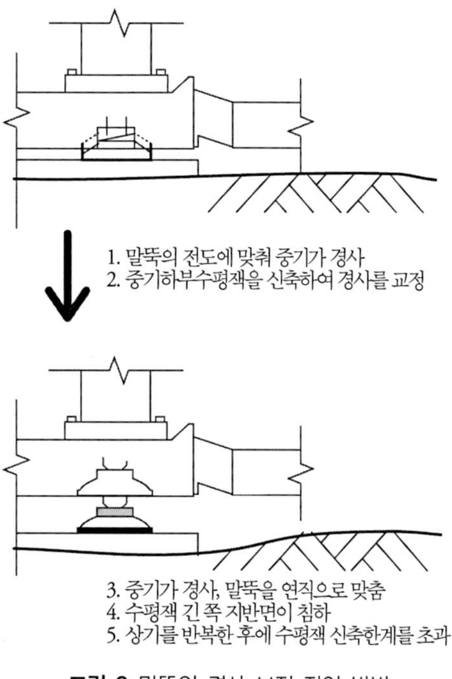

그림 3 말뚝의 경사 보정 작업 방법

한편 시공기계는 최대 말뚝지름에 대응할 수 있는 사이즈의 것을 준비하고, 시공 시의 회전반력의 역할도 맡고 있는 동반하는 크레인도 그것에 따라 대형이 필요하게 되었기 때문에 대규모 장비가 되었다. 그 결과, 수평 잭에 의한 세워넣기 조정 시에는 말뚝을 교정하기 이전에 시공 지반면의 지내력이 부족하여 지반침하가 빨라지는 경향을 보이고, 세워넣기 교정이 불가능해지는 상태가 되었다(**그림 3**).

위에 기술한 것으로부터 시공기계를 평균수준으로 유지하기 또는 항체의 기울기를 교정하는데 필요한 지표면 강도가 부족했다는 것이 트러블의 주된 원인이라고 생각한다.

4. 트러블의 대처·대책

해당 공사에서는 시공 중인 말뚝을 일단 철거하고 시공기계를 이동시킨 후에 시공 지반면 강도의 증강공사(표층 개량)를 실시한 후 말뚝공사를 재개하여 적절한 정밀도로 말뚝공사를 완료할 수 있었다.

5. 트러블에서 얻은 교훈

시공 지반면 강도(지내력)에 대해서는 시공기계 사양·구성에 의거하여 적절한 지반반력을 얻을 수 있도록 사전 협의 단계에서 공사관계자 간에 충분히 협의를 하고 부족이 예견될 경우에는 표층의 지반개량을 실시하는 등 대책을 세운 후 말뚝공사에 착수할 필요가 있다.

지내력 부족에 따른 문제점은 시공기계의 전도 등의 우려뿐만 아니라 시공정밀도 불량(연직·수평)에 대한 영향이 크다는 것을 인식할 수 있었다. 해당 공사에서는 현 지반면 자체가 경작토와 지내력이 낮은 지반이었기 때문에 시공정밀도가 나빠져 버렸다. 그 외의 사례로서 일차 굴착 후의 바닥 부착면에 대한 시공 시에 지내력 부족으로 연직정밀도가 악화된 사례 보고도 있으며 이러한 경우에도 같은 주의가 필요할 것으로 생각한다.

16	지중 장애물로 인한 시공 불능	종류	선단우근 부착 강관말뚝
		공법	회전관입말뚝공법

1. 개요

기존 구조물 해체 후의 공사에서 지중 장애물 잔존으로 말뚝시공이 일시 정체되고 작업 대기·재작업이 발생한 사례이다.

(1) **트러블이 발생한 말뚝**: 말뚝지름 ϕ700 mm, 선단우근 지름 ϕ1,050 mm, 말뚝길이 11 m

(2) **지반 개요**: 표층에서 6 m 정도는 매립토층(*N*값 2~9 상당), 매립토층의 하층은 일률적으로 마사토층으로 구성된 지반이다. 또한 마사토층 내의 상층 부분은 *N*값 10 전후의 중간 정도의 값을 나타내는데, 이 층 안 5~10 m 정도의 층두께를 지난 하층 부분에서는 *N*값 60 초과의 경질지반이 되며 해당 기초 말뚝은 마사토층 내의 하부층을 지지층으로 하는 공사이다(**그림 1**).

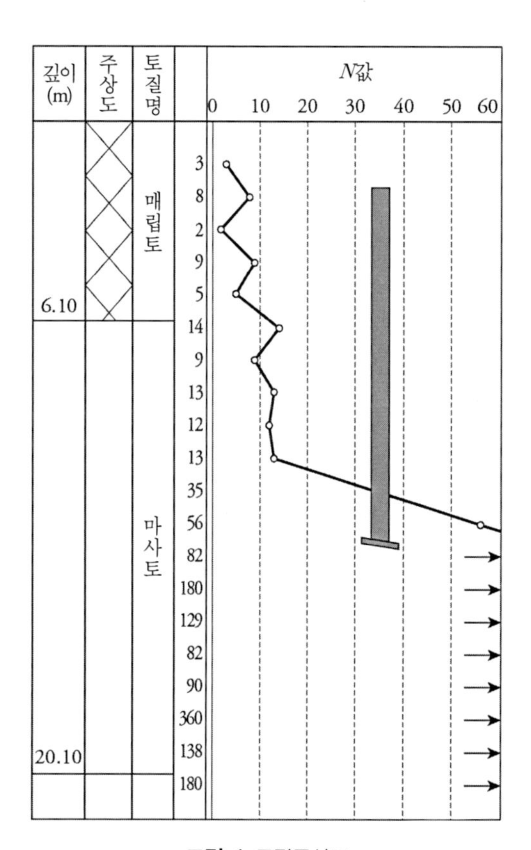

그림 1 토질주상도

2. 트러블 발생 상황

해당 공사의 시험말뚝에서 시공 개시 직후 시공지반면 아래 1.5 m 정도의 깊이에서 시공기계(전둘레회전기)의 진동, 말뚝에서의 잡음, 순간적인 토크의 상승이 보이며, 전석 또는 지중 장애물의 존재가 우려되는 사태가 벌어졌다. 지중 장애물의 크기가 불분명하기 때문에 항체를 손상시키지 않도록 신중하게 지중 장애물을 피해갈 수 있도록 반복하여 회전관입을 시도하였다. 그러나 같은 깊이에서 순식간에 토크가 상승하고 서서히 항체의 기울기도 확대 추세가 되었기 때문에 일단 말뚝을 인발하고 시굴하여 조사를 실시하기로 하였다.

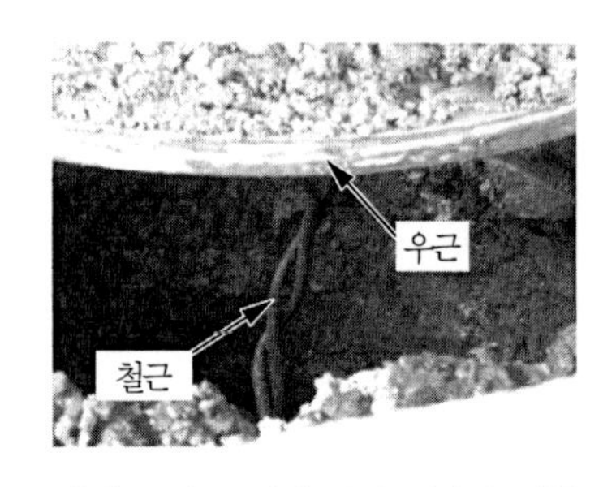

사진 1 말뚝 인발 시의 선단부 상황

인발한 말뚝을 확인한 결과 선단부에 철근 부스러기와 콘크리트 파쇄 조각의 부착이 확인되었기 때문에 지하 구체가 잔존해 있을 것으로 판단되었다(**사진 1**). 해당 지점의 시공을 일시 중단하고 해당 지점를 백호우로 시굴하여 조사했더니 기존 구조물 관련 도면상에 존재하지 않는 기초 구체가 확인되었다.

3. 트러블의 원인

해당 지반은 기존 구조물 해체 후의 부지였는데 그 후의 조사로부터 기존 구조물이 건설되기 이전에 더 오래된 구조물이 존재했던 지반 내력이 판명되었다. 또한 본 사례에서 지중 장애물이 된 곳은 해체 전의 기존 구체에서는 전혀 이용되지 않은 공지(空地)였던 것 등으로 인해 기존 구조물 신설 시에는 상부 구체만 철거되고 기초 구체는 잔존·방치되었지만 그 기록이 남아 있지 않았던 것으로 밝혀졌다.

4. 트러블의 대처·대책

본 사례에서 지중 장애물은 비교적 얕은 깊이에서 출현했기 때문에 보통이라면 백호우 등으로 간단하게 철거할 수 있지만 시공 공간 등의 문제 때문에 케이싱튜브와 해머그랩을 수배 후 말뚝 압입 시공용 시공기계로 지중 장애물을 철거했다. 철거 시에 확인된 지중 장애물의 두께는 약 1.5 m 정도였다(**사진 2**). 또한 되메우기에는 부지로부터의 배출토를 이용했다.

사진 2 철거된 지중 장애물의 상황

본 사례에서는 장애물과 말뚝이 간섭할 위험성을 고려하여 시공했던 말뚝을 일단 뽑기로 일찌감치 결정하였으므로, 재시공한 후에 지장이 되는 말뚝 본체의 손상은 발생하지 않아서 동 말뚝재료를 재이용할 수 있었다. 재작업·절차 변경 등의 로스트가 생겼지만 대체 말뚝의 재료비용이 생기는 일 없이 공사를 완료하였다.

5. 트러블에서 얻은 교훈

본 사례에서는 매우 빠른 판단·대처를 통해 항체 파손이라는 중대 트러블에 이르지 않고 공사를 완료할 수 있었지만 최악의 경우에는 말뚝 파손과 직결될 수 있는 사안이며 장애물 대응은 최대한 신속하게 판단하는 것이 특히 중요하다고 생각한다.

공사의 전체 공정은 지중 매설물(구조 구체, 외구 구조물, 매설 배관 등)로 인해 큰 영향을 받으므로 사전(설계 시, 가설계획 시)에 보다 면밀한 조사를 실시하는 것이 중요하다는 것이 재인식된 사례였다.

17	소음·진동 사전 회피	종류	강관말뚝
		공법	타격공법

1. 개요

본 교량 하부 공사 장소는 소음규제법의 제2종 구역(진동규제법의 규정에 근거하는 제1종 구역)에 지정되어 있는 주택지와 소학교 등의 시가지에 인접해 있어서 강관말뚝의 타격으로 인한 소음·진동의 영향을 최소한으로 억제할 필요가 있었기 때문에 소음·진동의 발생을 억제하는 공법을 채택하여 주변 주민과의 트러블을 회피한 사례이다.

(1) **대상 말뚝**: 말뚝지름 ϕ1,100 mm, 말뚝길이 51.0~54.5 m

(2) **지반 개요**: **그림 1**과 같이 표층으로부터 지지층(응회암)까지 N값 30 안팎의 모래, 사력의 호층으로 이루어져 있다.

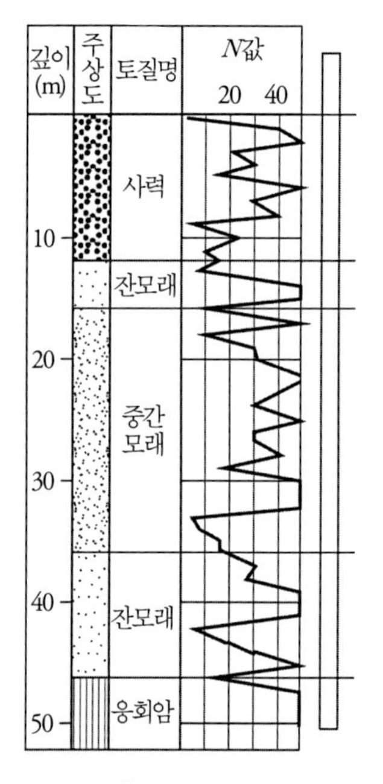

그림 1 토질주상도

2. 예상되는 트러블

강관말뚝의 타설은 중방식(重防食) 및 지지층에 해당하는 부분을 유압해머(NH-100)로 타입하는 계획으로 이루어져 있고 소음규제법 및 진동규제법에 규정된 특정건설작업(항타기를 사용하는 작업)에 해당하며 시공구역 경계에서의 소음은 85 dB, 진동은 75 dB로 규제된다. 그것들을 근거로 하여 타설 시에 대한 시가지의 영향을 최소한으로 억제하기 위한 소음·진동 대책을 실시하였다.

3. 트러블의 원인

소음·진동에서 생각되는 트러블의 원인으로 다음을 들 수 있다.

① 유압해머 타격 시의 소음 및 진동이 크다.

② 유압해머 타격 시의 진동이 암반층을 매체로 하여 멀리 전파된다.

따라서 유압해머에 의한 타격을 최소한으로 억제함으로써 강관말뚝 타설 작업 시 일어나는 소음·진동에 의한 시가지에 대한 영향을 줄일 수 있는 시공방법을 검토했다.

4. 트러블의 대처·대책

설계에서는 전둘레 회전 굴착기를 이용한 회전 압입 후, 중방식 및 지지층에 해당하는 부분을 유압해머에 의한 타격공법에 따라 시공하는 방법으로 이루어져 있었다. 그러나 본 공사에서는 소음·진동의 영향을 줄이기 위해 중방식에 해당하는 부분을 강관말뚝과 말뚝 내 스파이럴오거를 독립하여 회전 착공시키는 공법을 채택함으로써 중방식을 손상시키지 않고 저소음, 저진동으로 타설했다. 이 공법의 채택에 의해서 유압해머에 의한 타설 길이를 약 77% 축소하고 타격횟수 및 타격시간을 대폭 저감하였다. 시공순서는 아래와 같다.

① 전둘레 회전 굴착기에 의한 몸통 회전 공법에 의해 윗말뚝 바로 전의 강관말뚝까지 압입

② 전둘레 회전 굴착기 철거 후 윗말뚝(중방식 도장된 강관말뚝)을 이음

③ 윗말뚝 이음 완료 후 중방식에 걸리는 부분에 대해서는 회전착공에 의해 저소음·저진동 타설

④ 지지층 천단까지 타설 후 유압해머로 전환, 타격공법에 의해 최종 타설

덧붙여서 유압해머의 타격음 저감을 위하여 유압해머 주변에 방음커버를 설치하고 타격진동에 따른 강관말뚝 내부로부터의 공명음 저감을 위한 흡음재를 설치함과 동시에 공사구역 경계에 방음시트를 2줄로 온통 둘러싸는 등의 소음·진동 대책을 실시하였다.

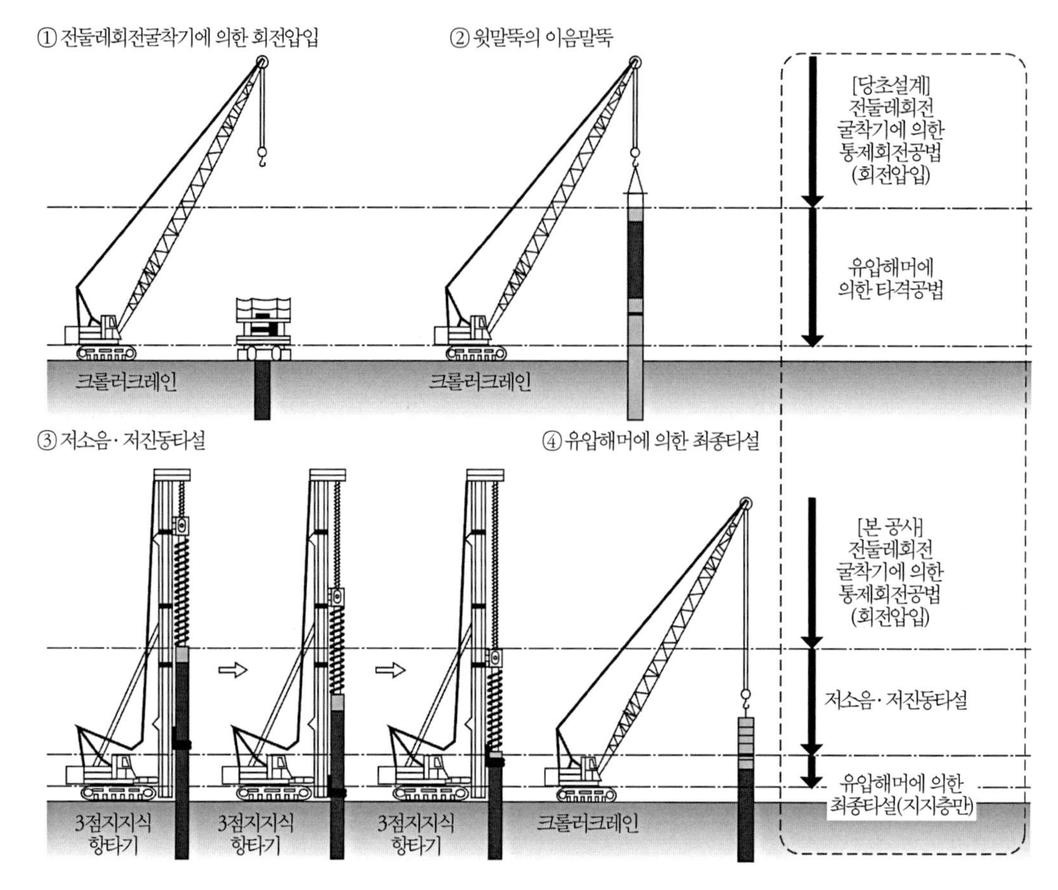

그림 2 강관말뚝 타설 순서

5. 트러블에서 얻은 교훈

본 사례에서는 시공 전에 현장 주변 환경에 대해 사전검사를 면밀히 하고 유압해머에 의한 타설길이를 77% 삭감함으로써 주변 주민과의 트러블을 피할 수 있었다. 그러나 소음·진동 대책을 위하여 공법의 대폭적인 변경이 필요할 수도 있고, 그럴 경우 말뚝의 지지력 재검토가 필요할 수 있으므로 설계단계부터 환경을 배려한 공법 선정이 중요하다.

18	개단강관말뚝의 지지력 부족	종류	강관말뚝
		공법	타격공법

1. 개요

부주면마찰력이 예상되는 잔교의 강관말뚝 타입공사에서 타격종료 시의 지지력을 동적 지지력관리식으로 관리한 결과, 필요 지지력에 대하여 선단지지력이 부족하다고 판명된 사례이다.

(1) **트러블이 발생한 말뚝** : 말뚝지름 ϕ1,000 mm, 말뚝길이 32 m

(2) **지반 개요** : **그림 1**과 같이 해저면으로부터 연약한 점성토가 이어지고 지지층은 DL-27.2 m 이상 깊이의 사질토이다.

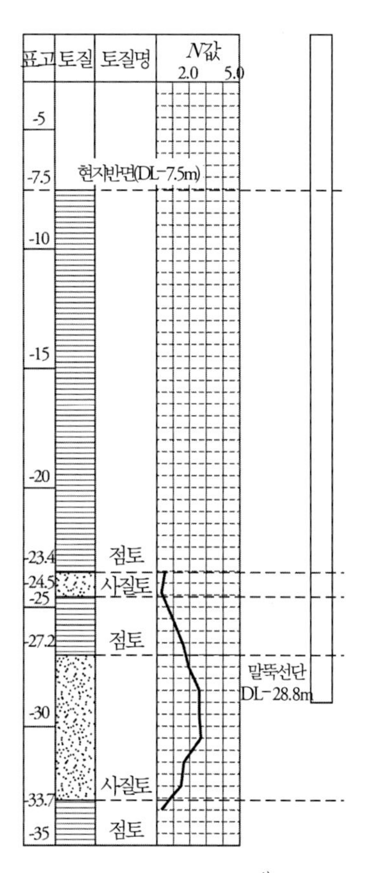

그림 1 토질주상도[1)]

2. 트러블 발생 상황

말뚝은 유압해머(NH-115B)로 시공하고, Hiley식, 5S식, 道示식과 같은 동적 지지력관리식으로 위치가 떨어진 시험말뚝 2개(①, ②)에 대해서 지지력을 관리했다. 그 결과를 **표 1**에 나타냈다.

표 1 동적 지지력

(kN)

No	Hiley식	5S식	道示식(제1 항)
①	3,730(1,656)	1,740(773)	1,690(750)
②	8,000(6,240)	3,560(2,777)	1,910(1,490)

( ) 안은 선단지지력 추정값

부주면마찰력(N_f=2,320 kN)이 작용하는 말뚝의 선단지지력을 추정할 수 있는 것은 道示식의 제1항만이 참고가 되며, 이 비율로 다른 식의 선단지지력을 검토해도 **표 2**의 필요 지지력에 대해 지지력이 부족한 말뚝으로 드러났다.

표 2 필요 지지력

(kN)

NF 없음	2,910(설계하중×3)
NF 작용 시	3,940((설계하중+N_f)×1.2)

3. 트러블의 원인

지지력 부족의 원인으로는 지지층의 강도가 평균 N값이 25 정도로 강고하지 않았다. 이 지지층에 말뚝지름 정도의 근입에서 폐색효과를 100%로 설계했기 때문에 다소 과대설계의 가능성이 있었다.

또한 동적 지지력관리식은 오차가 큰 식이며 진정한 지지력을 표현할 수 없다. 부주면마찰력이 작용하는 말뚝을 동적 지지력관리식에 의해 지지력을 추정하는 것은 어렵다는 점 등이 고려되었다.

4. 트러블의 대처·대책

타설 후 충분히 양생한 기설 말뚝의 셋업 후의 지지력과 새로 선단지지력의 향상을 목적으로 말뚝선단에 우물정자 가공을 한 신설 말뚝의 지지력에 대해서 충격재하시험에 의해 지지력의 증대 효과를 확인한 결과를 **표 3**에 나타냈다. 이 표에 나타나듯이 기설 말뚝의 셋업 후 및 선단 우물정자 보강한 신설 말뚝으로도 필요 지지력을 확보하지 못하는 것이 확인되었으므로, 말뚝길이를 연장하여 지지력 증대를 도모하기로 했다.

연장 말뚝은 신설 말뚝에 16.4 m의 말뚝을 이어붙이고 약 1.5개월 양생 후에 급속재하시험을 실시하여 지지력을 확인했다. 그 결과는 **표 4**와 같다. 말뚝길이를 연장한 지지력은 필요 지지력을 충분히 만족하는 것을 확인할 수 있어서 지반의 주면저항력에서 필요 말뚝길이를 구해서 본말뚝의 말뚝길이로 삼았다. 또한 말뚝의 지지형태가 지지말뚝에서 마찰말뚝에 가까워졌으므로 타격종료 관리는 근입길이 관리로 실시했다.

표 3 충격재하시험 결과

말뚝		기설 말뚝	신설 말뚝
양생일수		약 1년	타격종료 시
말뚝선단	(DL+m)	-29.11	-28.80
근입길이	(m)	15.01	14.70
관입량	(mm)	22.8	4.4
리바운드량	(mm)	13.0	9.3
전달 에너지	(kNm)	98	32
전 저항	(kN)	7,000	3,250
정적 지지력	(kN)	2,790	1,410
모래층 지지력	(kN)	2,260	1,320

표 4 급속재하의 파형 매칭 해석 결과

번호	표고 (DL+m)	층두께 (m)	단위면적당 주면저항력 (kN/m^2)	주면저항력 (kN)
	-14.1	-		
1	-18.0	3.9	68.3	836
2	-23.2	5.2	68.3	1,115
3	-27.0	3.8	68.3	815
4	-34.2	7.2	98.3	2,223
5	-45.2	11.0	155.2	5,363
주면저항력 계				10,354
선단저항력				706
저항력 합계				11,060

5. 트러블에서 얻은 교훈

이번처럼 연약층 아래의 중간층에 대하여 설계에서 필요한 지지력을 확보하려면 설계단계에서 충분한 조사와 시험을 실시하여 지지력을 확인할 필요가 있다.

또한 본 사례와 같은 조건에서는 Hiley식만을 통한 시공관리로는 부주면마찰력을 고려하는 층도 포함하는 값을 산출하기 때문에 유효한 관리방법이 되지 않는다는 것으로 판명되었다. 이러한 경우에는 시공 시에도 셋업률이 적은 말뚝선단저항력을 어느 정도의 정밀도로 확인할 수 있는 충격재하시험 등의 채택이 효과적이다.

참고문헌

1) 載荷試験を活用した鋼管杭の設計･施工管理手法の体系化 : 港湾空港技術研究所資料, No.1202, 2009.9.

19	교량 하부공 기초 말뚝의 근입깊이 미달*	종류	강관말뚝
		공법	타격공법

1. 개요

교량 하부공의 기초공법으로 채택된 강관말뚝 타입공법에서 시공 중에 타입 곤란으로 근입깊이 미달 현상이 발생한 사례이다.

(1) **트러블이 발생한 말뚝**: 말뚝지름 ϕ600 mm, 말뚝길이 40 m 및 35 m

(2) **지반 개요**: 본 공구 연장 1.6 km의 지층은 **그림 1**처럼 지표면으로부터 N값이 0~1인 연약한 충적점성토층이 20~30 m 두께, N값이 10~20 미만인 점성토가 주체인 홍적층이 약 10~15 m 두께로 존재하며 지지층으로서 N값이 50 이상의 홍적 사력층으로 구성되어 있다. 지지층은 기점측과 종점측에서 약 7 m의 표고차를 가지고 완만하게 경사지며 각 층도 같은 상태라고 예상되고 있었다.

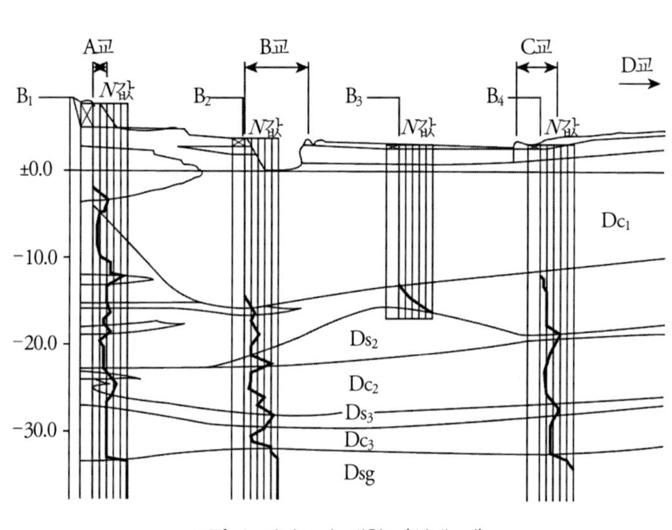

그림 1 지반조사 개황도(설계 시)

2. 트러블 발생 상황

이 공구에는 4개의 교량이 있으며 A교와 3경간으로 구성된 B교의 A1교대 기초 말뚝을 타설한 결과 **그림 1**에 나타낸 TP-17~-20 m 부근에 존재하는 얇은 중간 홍적모래층부(N값 < 20 [일부 30]으로서 층두께 1m 정도)를 타격하여 뚫을 때 관입량이 1 mm/타를 밑돌며 중간층을 타격하여 뚫기에 필요한 타격횟수가 140~180회 정도가 되었다. 이와 같은 타입 상황은

이 이상 깊이의 홍적점성토(Dc_2) 및 홍적모래층(Ds_3)에서도 계속되었지만 말뚝이 좌굴하지 않도록 배려하면서 설계상의 근입까지 타설하였다. 그러나 이 상태에서 2기 공사 이후를 계획대로 시공하는 것은 문제가 있기 때문에 보충 보링을 실시하고 B교 및 C교 하부공의 수정설계를 실시하게 되었다.

3. 트러블의 원인

트러블의 원인을 찾기 위해 B교 A1교대 대안(對岸) 쪽에서 지질조사 B5를 실시했다. 그 결과 **그림 2**와 같이 당초의 지질조사 결과와 달리 TP-20 m 부근에 $N > 50$의 중간층(Ds_2)이 약 5 m이고 그 하위에 N값이 22~35의 홍적점성토(Dc_2)가 약 4 m 존재하는 것으로 나타났다. 다음으로 중간 2교각 위치에서 새로이 B6, B7의 조사를 실시한 결과는 B5와 비슷한 상황이며 기왕의 데이터와는 다른 내용이었다. 또한 B교의 상황에서 2경간의 C교 중앙교각부의 B4(**그림 1**)에 더해, 양안 교대 위치 및 교각 위치에서 보충조사를 실시했다. 그 결과 **그림 3**의 B8~B12처럼 기왕의 데이터와 달리, B교와 마찬가지로 중간지지층이 존재하였다.

변화를 예상하는 데이터가 부족함에도 불구하고 추가조사를 실시하지 않고 억지로 지질단면도를 예상한 것에 있다고 생각한다.

4. 트러블의 대처·대책

A교 및 B교 A1교대의 시공상황과 보충 지질조사 결과에서 B교는 TP-20 m 부근, C교는 TP-17 m 부근에 존재하는 홍적모래층(Ds_2)을 지지층으로 하는 것이 가능하다고 판단할 수 있었으므로 각각 수정설계를 실시했다. 그 결과 말뚝길이가 B교에서 약 13 m, C교에서 15~16 m 짧아졌다. 그리고 이 설계변경에 기초하여 강관말뚝을 타설한 결과 트러블 없이 시공을 완료했다.

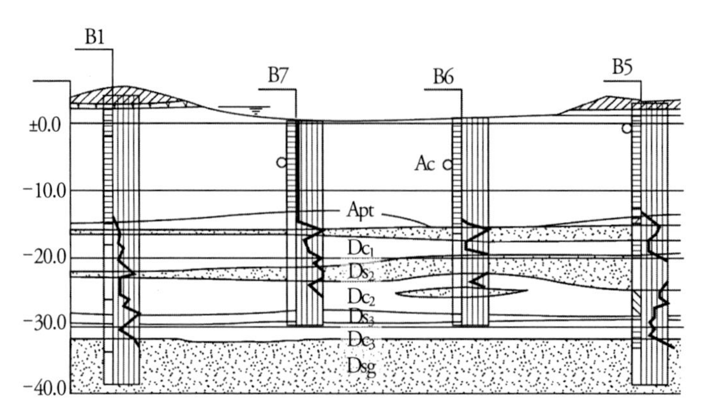

그림 2 B교 지질조사 예상 단면도(보충조사 시)

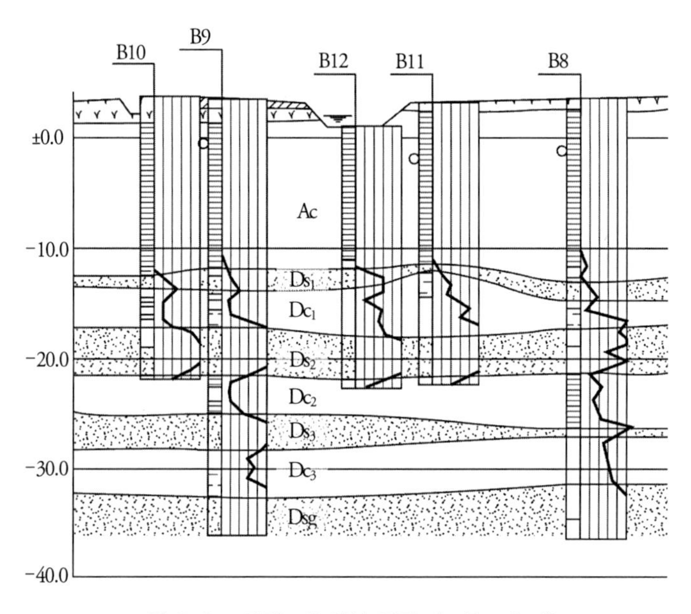

그림 3 C교 지질조사 예상 단면도(보충조사 시)

5. 트러블에서 얻은 교훈

① 이번 트러블은 시공구간의 연장에 비해 지질조사 수량이 적은 것이 주요 원인이라는 점에서, 지질단면도에 신뢰성을 갖게 할 수 있는 조사위치를 결정하고 충분한 개수의 조사를 실시해야 할 것이다.

② 구조물 기초를 설계할 때 지질조사 결과가 충분히 없는 경우에는 그것에 기인하여 발생하는 문제점을 검토하고 경우에 따라서는 보충조사를 사전에 제안할 필요가 있다.

20	강관말뚝 타설 시 말뚝중심 이동 *	종류	강관말뚝
		공법	타격공법

1. 개요

모래다짐말뚝(sand compation pile)공법에 의한 강제치환으로 개량한 지반의 강관말뚝 항타 공사에서 말뚝중심의 이동이 발생한 사례이다.

(1) **트러블이 발생한 말뚝**: 말뚝지름 ϕ1,400 mm, 말뚝길이 44~50 m, 말뚝본수 84본, 말뚝중심 관리값: ±100 mm

(2) **지반 개요**: 깊이 37 m까지 균질한 해성점토가 계속되는 지반(**그림 1**)에 대해서 해저면(-19 m)에서 깊이 37 m까지 모래다짐말뚝공법(지름 ϕ2,000 mm)으로 개량(개량률 a_s =80%)한 지반(**그림 2**)

2. 트러블 발생 상황

말뚝 타입 상황은 **사진 1**과 같다. 말뚝의 배치는 **그림 3**과 같다. 말뚝 타설 시의 이동은 강관말뚝의 선단이 개량 지반의 하단에 이르는 무렵 많이 발생했다. 이동량이 말뚝중심 관리값을 넘어선 사례는 총 타설 본수 84본 중 21본이며 최대 이동량은 229 mm였다. 말뚝 본수에 대해 행한 측정의 평균값은 66 mm였다(**표 1**).

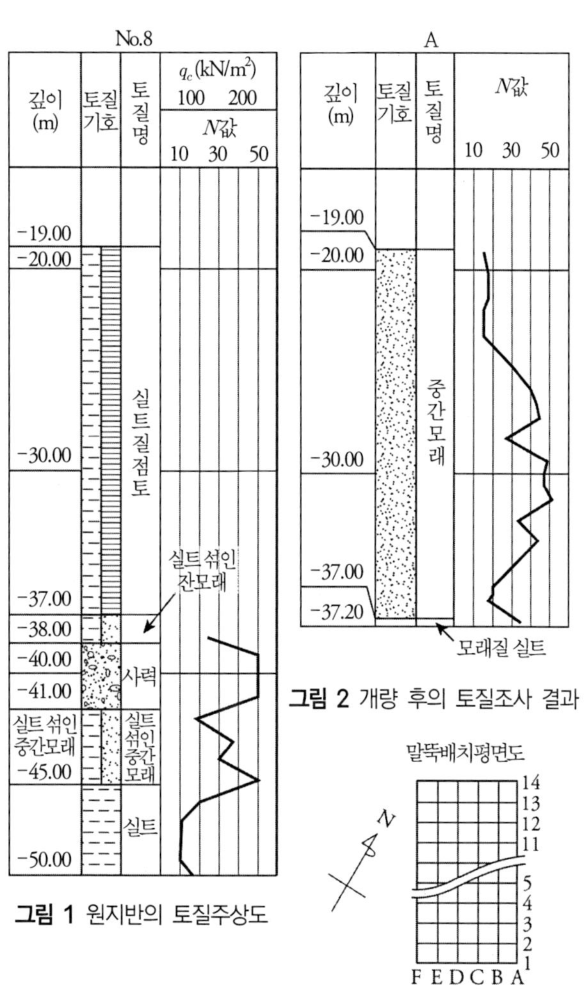

그림 1 원지반의 토질주상도

그림 2 개량 후의 토질조사 결과

그림 3 말뚝 배치

사진 1 말뚝 타입 상황

표 1 말뚝중심 이동 측정 결과

(단위: mm)

말뚝열	번호 / 방향	①	②	③	④	⑤	⑥	⑦	⑧	⑨	⑩	⑪	⑫	⑬	⑭
F	N-S	S5	N242	N28	N62	N52	N27	N27	N61	N3	N68	S19	S80	S15	S66
	E-W	E83	E87	E109	E45	E88	E88	E41	E125	E8	E115	E24	E83	E27	E88
E	N-S	S41	N81	N88	S22	S19	S80	S82	N10	N5	S21	N80	S85	S2	N87
	E-W	W8	W38	E8	W46	W28	W89	W49	W15	W5	E11	E11	E43	W127	E10
D	N-S	S74	N84	S21	N9	S68	N20	N58	S41	N50	N48	N13	S6	S181	S88
	E-W	E95	W12	E74	W5	E10	E88	W211	W28	W181	E21	W78	E8	E84	W102
C	N-S	0	N84	N84	N144	N21	N51	S14	S48	N48	S20	N180	N42	S85	N60
	E-W	W3	E8	E10	E70	E11	W85	E18	W80	E83	W48	E71	E40	E15	E48
B	N-S	S85	S58	S82	N65	S13	N64	S118	N15	S1	N16	N17	S8	N84	S11
	E-W	W10	E21	W69	W88	E51	W48	W58	W185	E14	W18	W44	W38	E50	E8
A	N-S	N54	N108	S10	N28	S55	S19	N61	N18	N84	N61	S52	N87	N48	N81
	E-W	E10	W6	W18	W16	W14	W81	E23	W122	W173	E27	E3	E88	E82	W221

3. 트러블의 원인

원인으로 추정되는 이하의 2가지 요인에 대해 검토하였다.

① 본 사례에서는 모래다짐말뚝의 타설을 개량구역에 대해 편압(片押)의 형태로 하고 있다. 따라서 새롭게 타설하는 모래말뚝은 선단 부분에서 조금씩 미개량측으로 어긋나는 모양으로 이루어져 있는 것으로 생각한다.

② 모래다짐말뚝 단면 내에서의 다짐 정도는 일반적으로 말뚝 중심부에서 평균 N값 30 정도를 확보할 수 있지만 말뚝 바깥 가장자리에서는 N값이 10 이하로 저하하는 경우

가 많다. 따라서 개량지반의 강도 분포가 똑같지 않고 말뚝에 대한 저항도 다르다고 생각한다.

강관말뚝의 말뚝중심이 타설 중에 변화하는 것은 상기 2가지 요소가 중복되어 작용하여 개량지반에는 연직이 아닌 세로의 층이 형성되는 동시에 강관말뚝 선단도 그것에 따르는 형태로 관입되기 때문이라고 생각한다.

4. 트러블의 대처·대책

타설 중의 대책으로서 말뚝에 이동이 나타나기 시작했을 때 말뚝을 밀거나 당기거나 하여 정규의 위치에 있도록 하면서 타설을 실시했다. 그러나 타설 완료 시 캡을 풀면 말뚝은 원래대로 돌아가는 것이 확인되었다. 따라서 말뚝중심의 최종 조정은 말뚝머리 연결공 설치 시에 행했다.

21	워터제트 병용 바이브로해머공법으로 시공한 잔교 말뚝의 지지력 부족	종류	강관말뚝
		공법	타격공법

1. 개요

잔교의 강관말뚝을 워터제트 병용 바이브로해머공법으로 시공한 말뚝에서 지지력 부족이 판명된 사례이다.

(1) **트러블이 발생한 말뚝** : 말뚝지름 $D = \phi 1{,}200$ mm, 말뚝길이 47 m

(2) **지반 개요** : **그림 1**에서 보는 바와 같이 사석 아래면 DL-12 m에서 N값 18~24의 사질토가 6.5 m 두께, 점착력 77~100 kN/m^{2}의 점성토가 24.5 m 두께로 존재하고, 지지층으로서 N값 23~48의 사질토로 구성되어 있다. 이 지지층은 강도의 편차가 큰 층으로 이루어져 있다.

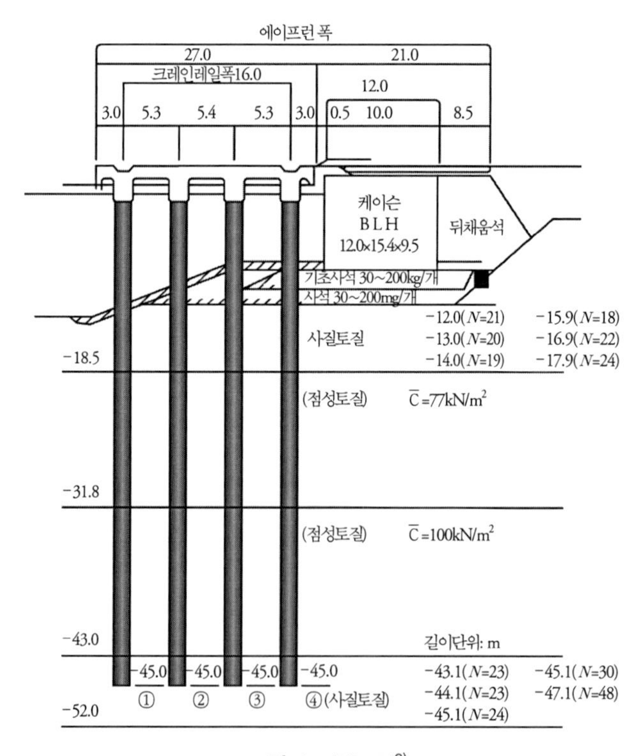

그림 1 지반조건[2)]

2. 트러블 발생 상황

말뚝의 시공은 항타 종료 깊이 바로 전 5*D*에서 제트수를 정지하고 바이브로해머 단독으로 타설했다. 타격종료 시에는 바이브로해머설계시공편람[1)]에 제시되어 있는 동적 지지력관리식과 유압해머(NH-115B)를 이용하여 Hiley식으로 관리했다. 그 결과 **표 1**처럼 양자 모두 지지력을 만족하지 못하였다. 그래서 정확한 지지력을 파악하기 위해 충격재하시험을 실시한 결과, 5,250~6,320 kN으로 시공 후 8개월 경과해도 지지력을 만족하지 않는 것으로 판명되었다. 게다가 정적재하시험으로 정확한 지지력을 확인한 결과, 지지력은 제2 한계저항력으로 3,700 kN이었다.

표 1 동적 극한지지력

(단위: kN)

No.	바이브로식 R_u	Hiley식 R_{du}	필요한 극한지지력
1	6,200	10,100	
2	5,550	9,580	
3	3,590	8,510	9,930
4	5,330	9,510	
5	5,240	8,450	

3. 트러블의 원인

지지력 부족의 원인으로는 지지층 강도의 편차가 커서 평균 *N*값 36 정도를 대푯값으로 하는 것이 적당하지 않았다. 말뚝선단 부근에서는 워터제트를 정지하고 시공했지만 그래도 지반을 교란시켰을 가능성이 있다.

D=1,200 mm의 대구경 말뚝에 대해서 말뚝선단에 十자 리브로 보강하고 지지층에 1.6*D* 정도의 근입으로 100%의 폐색률을 적용한 설계방법이 과대했을 가능성이 있다.

4. 트러블의 대처·대책

지지력 부족이 판명되기 전에 이미 어느 정도의 말뚝이 시공되어 있었기 때문에 기설말뚝과 신설말뚝의 2가지 대책을 실시했다. 타설되어 있는 말뚝에 대해서는 **그림 2**에 나타낸 바와 같이 말뚝주면에 시멘트계 고화재를 주입하고 주면저항력을 증대시키는 공법을 채택했다. 신규로 타설한 말뚝에 대해서는 **그림 3**에서 나타낸 바와 같이 제트수를 시멘트밀크로 대체하여 분사하고 주면저항력을 증대시키는 공법을 채택했다.

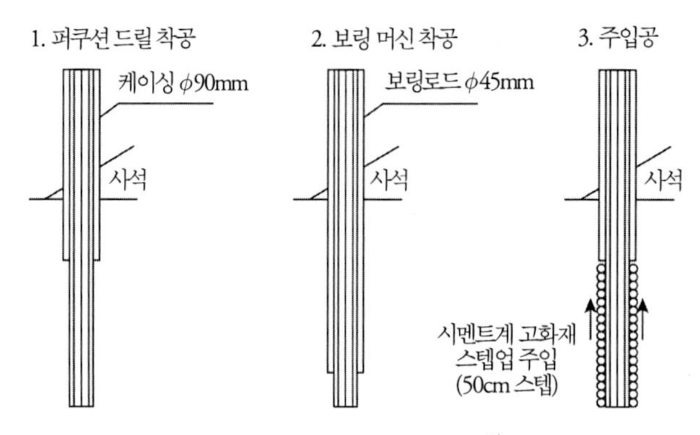

그림 2 기설말뚝의 주입공법2)

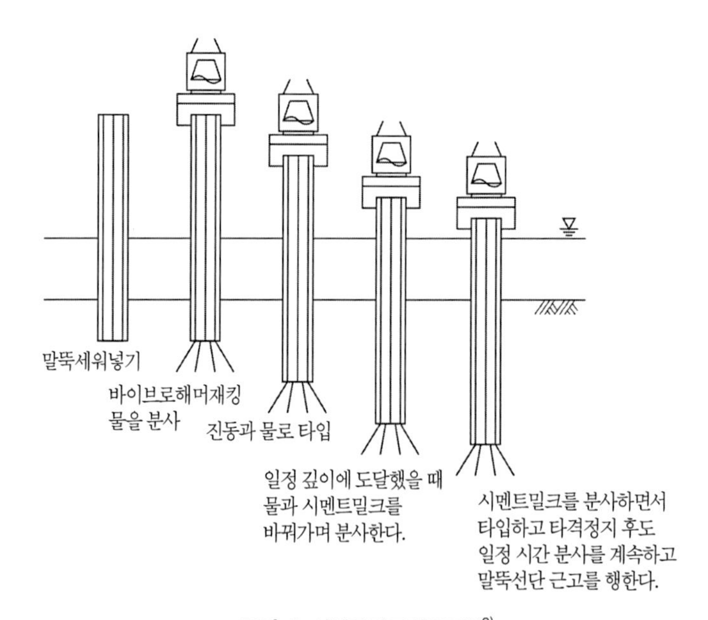

그림 3 시멘트밀크제트공법2)

주입공법에 의한 말뚝에 대해서는 충격재하시험으로 지지력을 확인한 결과 **표 2**와 같이 정적지지력으로 10,720~11,020 kN을 확인했다. 시멘트밀크제트에 의한 말뚝에 대해서는 정적재하시험을 통해 지지력을 확인한 결과 제2 한계저항력 때 주면저항력 9,840 kN, 선단저항력 2,160 kN, 합계 12,000 kN으로 양자 모두 설계에서 예상하고 있는 지지력을 만족할 수 있다는 것을 확인하였다.

표 2 주입공법 말뚝의 충격재하시험 결과

(단위: kN)

	말뚝①		말뚝②	
	개량 전	개량 후	개량 전	개량 후
주면	3,974	7,440	3,658	7,741
선단	1,473	3,280	601	3,280
합계	5,447	10,720	4,259	11,021

5. 트러블에서 얻은 교훈

이 현장에서는 주변의 소음·진동을 억제할 목적으로 워터제트 병용 바이브로해머공법을 채택하여, 소음·진동 대책에는 효과적인 공법이었다. 그러나 이 공법으로는 말뚝 주변 지반이 어느 정도 손상된다는 것은 예상하고 있었지만 예상 이상의 지지력 부족이 드러났다.

앞으로 이러한 소음·진동을 배려해야 할 때 이 공법을 채택하는 경우에는 설계단계부터 충분한 조사와 시험을 실시하여 지지력을 확인할 필요가 있다.

참고문헌

1) バイブロハンマ工法技術研究會：バイブロハンマ設計施工便覧, 2010.

2) 上園晃·竹澤一彦·瀧口要之助·高橋邦夫·山下久男·西村真二：ジェットバイブロ工法で施工した棧橋杭の支持力とその増大工法について, 土木学会論文集, No.700/VI-54, 15-29, 2002.3.

제5장

소구경말뚝의 트러블과 대책

제5장 소구경말뚝의 트러블과 대책

5.1 마이크로파일

5.1.1 마이크로파일의 개요와 특징

마이크로파일은 일반적으로 말뚝지름 ϕ300 mm 정도 이하의 현장타설콘크리트말뚝이나 매입말뚝의 총칭으로서 기초 보강 등에 많이 사용된다. 일본에서는 효고현(兵庫縣) 남부 지진을 계기로 도로교의 내진설계가 강화됨에 따라 시공공간을 충분히 확보할 수 없는 장소에서도 기설 기초의 보강에 적용할 수 있는 '추가말뚝공법'으로 개발되었다.[1] 그 후 신설 구조물의 기초 말뚝이나 산사태 억지 말뚝, 절토사면 보강 말뚝 등으로도 폭넓게 활용되고 있다.

일본의 마이크로파일(회전 관입식 마이크로파일은 제외)은 지반을 착공하여 보강재(고장력 강관이나 이형 봉강)를 매설하고, 강관 내외에 그라우트를 가압 주입하여 정착하는 타입과 고압 분사 교반에 의한 개량체(ϕ600～1,000 mm)를 조성한 후, 그 안에 보강재를 매설하고 그라우트를 가압 주입하여 정착하는 타입으로 나눌 수 있다.[2), 3)] 각 마이크로파일의 종류와 구조를 **표 5.1** 및 **그림 5.1**에 나타냈다.

표 5.1 마이크로파일의 종류

타입	보강재	보강재 정착 방법	말뚝지름
A	고장력 강관, 이형 봉강	강관 내외에 그라우트 주입(부분 정착)	ϕ300 mm 이하
B	고장력 강관	강관 내외에 그라우트 주입(전면 정착)	ϕ300 mm 이하
C	고장력 강관	고압분사교반에 의해 조성한 개량체 속을 착공하여 강관을 매설하고 강관 안팎에 그라우트 주입(전면정착)	강관 ϕ300 mm 이하 개량체 ϕ600～1,000 mm

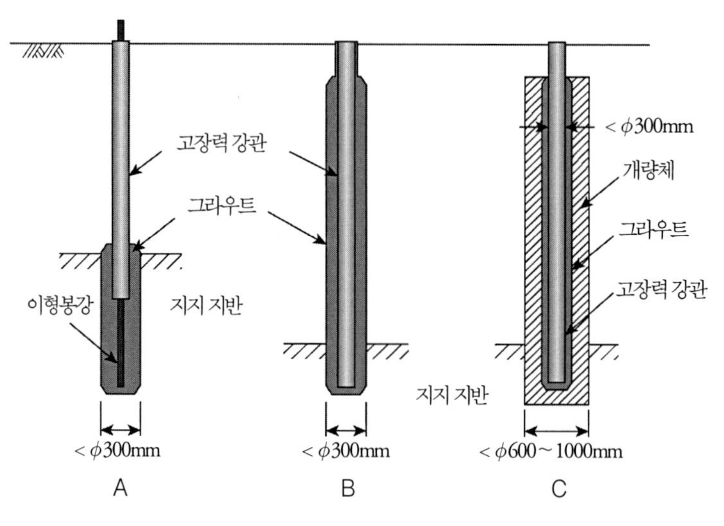

그림 5.1 마이크로파일의 구조

어느 타입이든 짧은 길이의 고장력 강관(인장강도 540 N/mm^2 이상)을 커플러식 나사 이음을 이용해서 순차적으로 이어붙이면서 시공할 수 있으며, 대체로 시공기계가 작고 이동도 용이하기 때문에 좁은 곳이나 두부 위 공간의 제한과 같은 제약조건이 있는 현장에서의 적용성이 뛰어나다. 미리 개량체를 조성하는 타입 C는 보링 착공만으로 말뚝을 시공하는 타입 A, B에 비하면 적용 지반의 제약을 받기 쉽다. 타입 A, B의 경우는 최대 시공 길이 50 m 정도의 실적이 있으며, 경사말뚝 시공도 비교적 쉽다.

마이크로파일의 착공 방식은 단관 착공과 이중관착공으로 나뉘는데, 강관을 케이싱으로 하여 사용하는 이중관착공이 일반적이다. **그림 5.2**는 이중관착공의 분류를 나타낸다. 각각 회전만으로 착공하는 회전식과 회전과 타격을 병용하여 착공하는 회전타격식이 있다. 또한 공벽을 보호할 목적으로 안정액(청수·이수 등)을 사용하면서 착공하고 슬라임(이토)을 지상으로 배출하는 습식과 굴착토를 연속오거나 에어를 이용해 지상으로 배출하는 건식으로 나눌 수 있다. 회전과 두부 타격을 병용하는 로터리퍼쿠션드릴이나 공기압으로 선단부를 타격하는 다운더홀해머를 이용하면 옥석·전석을 포함한 역질토나 암반과 같은 경질지반에도 대응할 수 있다. 착공 후 주입용 패커를 이용해 그라우트를 행한다. 그라우트는 보통 설계기준강도를 30 N/mm^{2}로 하여 물시멘트비 $W/C=50\%$ 정도의 시멘트슬러리를 0.2~1.0 MPa 정도의 압력으로 단계적으로 주입한다.

이상과 같이 마이크로파일은 제한된 시공공간이나 폭넓은 지반조건에 적용할 수 있고 그라우트를 이용한 정착에 의해 소구경이면서 큰 압입·인발 저항을 얻을 수 있는 이점과 경사말뚝에 의해 수평저항이 증강되는 이점이 있다.

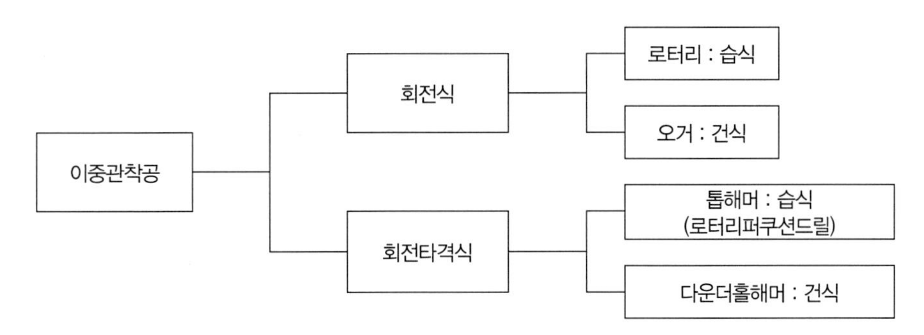

그림 5.2 이중관착공에서의 착공방식 분류

5.1.2 발생한 트러블의 개요

마이크로파일은 미리 개량체를 조성하는 경우도 포함하여 보링머신에 의한 착공과 그 후의 그라우트에 의한 정착이 기본이다. 회전타격식 착공의 경우는 착공방식이나 지반조건 등에 따라서는 상응하는 소음·진동을 동반한다. 또한 습식 착공의 경우는 슬라임의 적절한 처리가 필수적이다. 착공에 탑해머나 다운더홀해머를 이용함으로써 옥석이나 전석을 포함한 대단히 딱딱한 지반에도 대응할 수 있는 반면 소구경말뚝이기 때문에 말뚝중심 편차에 대한 시공관리에 유의할 필요가 있다.

마이크로파일의 지지 성능은 그라우트에 의한 주면저항과 선단저항에 의해 확보되며 불충분한 그라우트는 지지력 부족으로 이어진다. 강관 등의 보강재를 설치한 후 그 내외에 그라우트를 가압주입하지만 공극이 있는 지반이나 지하수에 의해 피압된 지반, 유속이 빠른 지하수가 존재하는 지반 등에서는 그라우트가 유실될 우려가 있다.

5.1.3 설문조사로 본 트러블 현황

마이크로파일의 성능에 큰 영향을 미치는 시공 인자는 착공과 그라우트 주입이다. 설문조사에 접수된 트러블은 2가지 타입(타입 A, B), 3가지 예뿐이면서 각 사례는 그것들을 다룬 내용으로 이루어져 있다(**표 5.2**).

표 5.2 마이크로파일에 대한 트러블의 종류와 요인

트러블의 요인 \ 트러블의 종류		①	②	③	④	⑤	⑥	⑦	⑧	⑨	⑩	계
		항체 손상	말뚝 근입 깊이 미달	말뚝 근입 깊이 초과	지반·구조물 변상	개량체의 불량	정착부의 불량	지지력 부족	경사·편심	진동·소음	기타	
1	불충분한 지질조사(지지층)											0
2	시공기계의 부적											0
3	지중 장애물·전석의 존재								1			1
4	기존 말뚝의 영향											0
5	불충분한 착공 관리						1					1
6	불충분한 그라우트의 시공관리=불충분한 정착부의 시공관리											0
7	불충분한 개량체 조성의 시공관리											0
8	지하수의 영향						1					1
9	기타											0
계		0	0	0	0	0	2	0	1	0	0	3

(1) 트러블의 종류와 요인

3가지 예의 트러블의 종류와 요인은 **표 5.2**와 같다. 통상 마이크로파일은 착공하면서 고강도의 강관을 동시에 매설하므로 기본적으로 항체 손상은 잘 일어나지 않으며 연직방향의 시공정밀도도 높다.

(2) 트러블 발생 상황과 대처 방법

각 트러블의 개요를 이하에 소개한다.

1번째 예(타입 A)는 소정의 깊이까지 안정액을 병용한 탑해머방식으로 착공한 후, 그라우트를 가압주입하면서 강관을 끌어올렸더니 강관 내에서 지하수가 분출하여 그라우트가 유실된 예이다. 계획하고 있던 정착층이 지하수에 의해 피압된 상태에 있으며, 착공깊이별로 수위 변동 상황을 조사하여 피압수의 영향범위를 파악한 후 그라우트가 유실되지 않는 깊이까지 말뚝길이를 늘렸다.

2번째 예(타입 B)는 표층의 점성토 이상 깊이에 사질토가 퇴적한 지반으로서 오거로드에 의해 강관 내를 건식 착공하면서 강관을 매설한 후 로드를 회수하려고 끌어 올렸더니 선단부

에서 물과 함께 토사가 강관 내로 유입되어 공저에 슬라임 고임이 생긴 예이다. 예상 이상으로 지하수위가 높아 강관 내외의 수압차에 의한 침투류로 모래지반이 보일링을 일으킨 점과 로드 회수 시에 강관 선단의 착공비트부에서 부압이 발생한 것이 요인이라 생각되어 비트 지름을 변경함과 동시에 물을 병용한 착공방법으로 전환하였다.

3번째 예(타입 B)는 지반면에서 약 GL-5 m까지 집게를 사용하여 말뚝머리를 타격할 예정으로 착공을 개시했더니 GL-3 m 부근까지의 성토부분에서 예상 이상으로 옥석이 많은 것으로 판명되어 말뚝 편심이 우려되었다. 공정을 재검토하여 말뚝 시공에 앞서 푸팅바닥 부착면까지 옥석층을 굴착·흙막이한 후 개구부 위의 가설 발판으로부터 말뚝을 시공하여 말뚝 편심을 미연에 방지한 예이다.

5.1.4 트러블 방지 대책

마이크로파일은 보링착공기술을 이용하는 것으로써 다른 말뚝공법으로는 시공이 어려운 지반 조건에도 대응할 수 있다. 그러므로 면밀한 지반조사와 지반조사 결과를 정밀히 조사한 후에 시공에 임할 필요가 있다. 시공에 앞서 지반상황을 검토할 때의 유의점 **표 5.3**과 같다. 지반 조건에 가장 적합한 타입, 착공방법을 선정하는 것이 트러블 예방으로 이어진다.

표 5.3 지반에 따른 시공상의 사전 대책

<table>
<tr><th colspan="3">지반조건</th><th>대책</th></tr>
<tr><td rowspan="2">중간층의 상태</td><td colspan="2">극히 딱딱한 층이 존재함</td><td rowspan="2">회전타격식 착공을 적용</td></tr>
<tr><td>자갈을 포함</td><td>자갈지름 25 mm 이상</td></tr>
<tr><td rowspan="5">지지층의 상태</td><td>깊이</td><td>40 m 이상</td><td rowspan="5">개량체 조성 타입을 피함</td></tr>
<tr><td rowspan="4">토질</td><td>모래·사력($N>30$)</td></tr>
<tr><td>점성토($N>20$)</td></tr>
<tr><td>암반</td></tr>
<tr><td></td></tr>
<tr><td rowspan="3">지하수의 상태</td><td colspan="2">용수량이 많음</td><td rowspan="2">그라우트의 배합을 검토
타 공법을 검토</td></tr>
<tr><td>피압지하수가 존재함</td><td>피압수두가 지표면에서 2 m 정도 이상</td></tr>
<tr><td>유속이 큼</td><td>유속이 3 m/min 정도 이상</td><td>타 공법을 검토</td></tr>
</table>

그러나 예를 들어 산간지의 지층이나 지하수의 상태 등 조사가 불충분한 경우나 지반조사 결과에서는 예기치 못한 상황에 직면하는 경우도 생각할 수 있다. 복잡한 지반에 대해서도 착공 능력이 높은 공법의 특징을 살려 트러블 회피를 도모하지만 시공 시에는 시험말뚝을 설치하고 사전에 소정의 시공 절차 및 그라우트의 배합 등에 문제가 없음을 확인하는 것이 바람직하다.

참고문헌

1) 土木研究所, 先端建設技術センター, 民間 12 社 : 既設基礎の耐震補強技術の開発に関する共同研究報告書(その3), 2002.

2) 高耐力マイクロパイル研究会 : 高耐力マイクロパイル工法設定・施工マニュアル, 2002.

3) NU 研究会 : STマイクロパイル工法設計・施工マニュアル, 2013.

5.2 마이크로파일의 트러블 사례

1	피압지하수로 인한 사력층에서의 그라우트 유실	종류	마이크로파일
		공법	-

1. 개요

하천 내의 기설 파일벤트 교각에 대한 추가말뚝에 의한 내진보강공사 착공 후 그라우트 주입 시에 지지층인 사력층에서 그라우트가 유실된 사례이다.

(1) **트러블이 발생한 말뚝** : 강관지름 ϕ177.8 mm, 말뚝길이 17.35 m

(2) **지반 개요** : 푸팅바닥을 기준으로 바닥~3.6 m 사이가 사력~모래, -3.6~-8.9 m 사이가 실트 섞인 모래, -8.9~-13.3 m 사이가 사력, -13.3 m 이상의 깊이가 조밀한 사력지반이다.

2. 트러블 발생 상황

기설 파일벤트 교각의 전후에 말뚝 간격 1.06 m로 한쪽에 11본씩 총 22본의 마이크로파일을 타설하는 계획(**그림 1**)이며, **그림 2**에서 보는 바와 같이 N값이 30 이상의 사력층과 N값이 50 이상인 조밀한 사력층에 걸치도록 6 m의 정착부를 축조할 계획으로 시공을 시작했다. 첫 번째 말뚝을 시공했을 때 강관을 케이싱으로 하여 안정액을 이용한 탑해머방식으로 착공은 문제없이 완료했는데, 그라우트 주입 공정의 강관 인발 시에 말뚝두부에서 지하수가 분출하여 그라우트가 유실되었다.

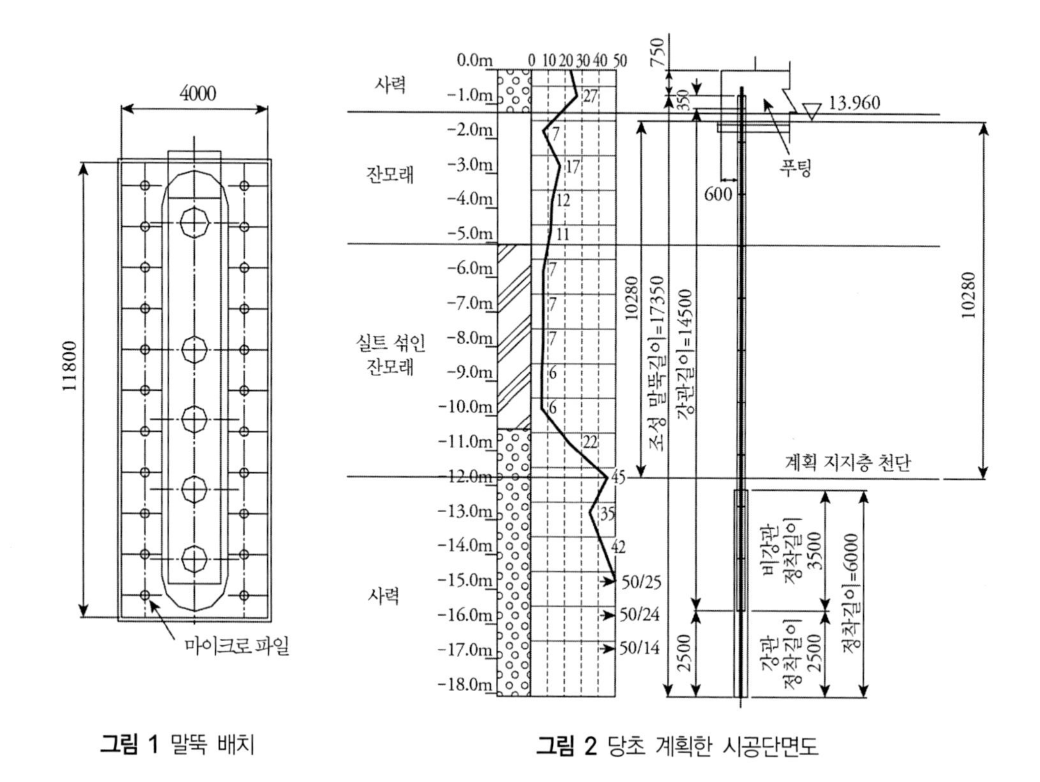

그림 1 말뚝 배치

그림 2 당초 계획한 시공단면도

3. 트러블의 원인

그라우트가 유실된 원인으로서 아래와 같은 피압지하수의 영향이 생각되었다.

① 푸팅바닥에서 －3.6～－8.9 m에 존재하는 층두께 5 m 정도의 실트 섞인 모래층이 불투수층이 되어, 지지층으로 설정한 사력층 중에 존재하는 지하수가 피압상태가 되어 있었다.

② 착공 종료 시(강관 선단이 조밀한 사력층에 관입되어 있는 상태)에는 전술한 바와 같은 지하수의 분출을 볼 수 없었다는 점에서 해당 사력층 중 상부의 *N*값이 25에서 40 정도의 범위가 피압수의 영향범위로서, 그 두께는 약 4 m 정도(당초 설계에서의 정착부 중 2.5 m 정도가 포함됨)라고 예상되었다.

4. 트러블의 대처·대책

정착부 내의 그라우트 유실을 방지하고 양호한 가압그라우트체를 축조하기 위해서는 피압수의 영향부를 피할 필요가 있다고 판단하여 정착부의 조성 위치를 깊게 설정하였다 (**그림 3**).

피압수의 영향범위를 파악하기 위하여 착공 깊이별 착공수의 변동상황을 조사했더니 당초 지지층 천단에서 3 m 깊이 위치이면 피압수의 영향이 없으며 그라우트 유실의 위험성도 없는 것으로 확인되었다. 따라서 정착부 천단을 당초 계획보다도 3 m 깊은 위치에 설정하였다.

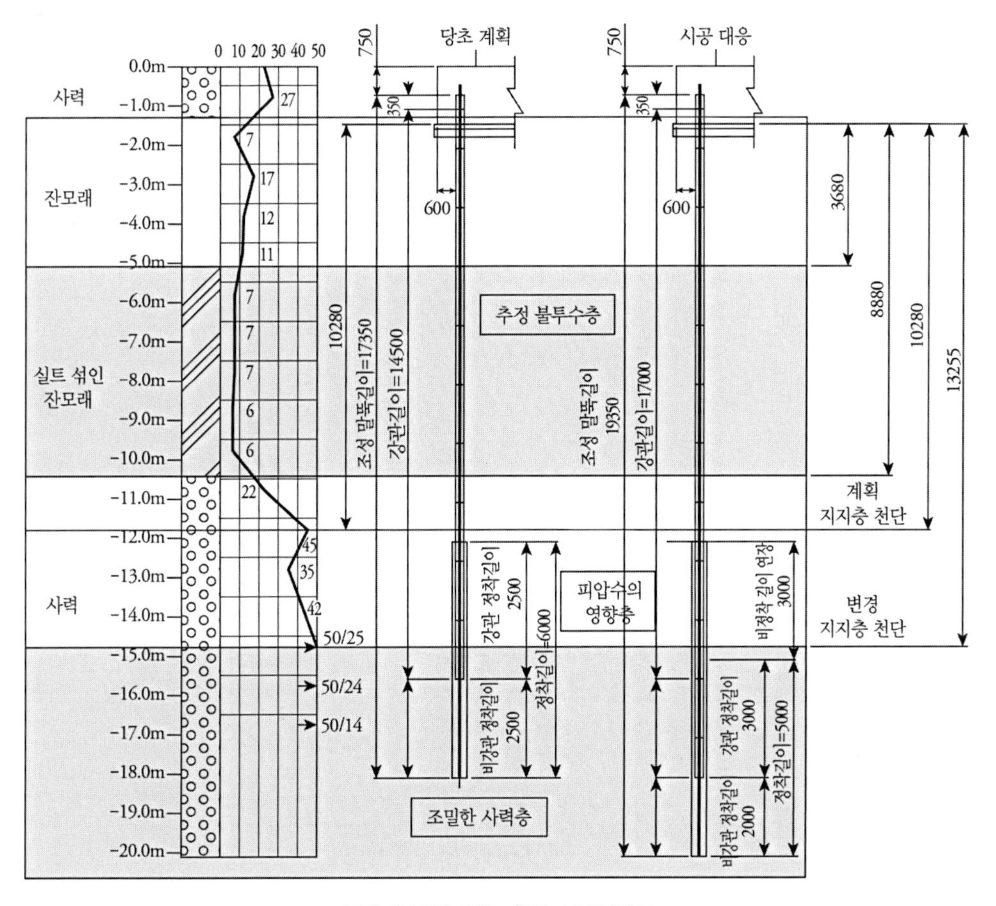

그림 3 변경 대응 후의 시공단면도

5. 트러블에서 얻은 교훈

본 트러블은 불충분한 지질조사가 원인이라 생각되지만 지질조사 결과에 지하수의 상황에 관한 기술이 누락되어 있는 경우도 있기 때문에 설계 혹은 시공계획 단계에서 충분히 주의할 필요가 있다.

본 공법은 지하수의 상황에 따른 정착부 위치의 조정이 가능하며 시공 시의 대응도 비교적 용이하지만 그 검토와 방침 결정에는 시간이 필요하기 때문에 지질조사 정보뿐만 아니라 주변 지형의 정보 등을 포함하여 검토하고, 필요에 따라 지하수 조사를 추가하는 등의 대응도 필요하다고 생각한다.

2	이중관 착공 시의 보일링으로 인한 공저에서의 토사 유실	종류	마이크로파일
		공법	-

1. 개요

말뚝머리 위 공간 제한(5.1 m)이 있는 좁은 곳의 신설 보도교 공사에서 오거를 이용한 건식 이중관착공방식으로 마이크로파일을 시공했더니 착공 중 및 착공 완료 후에 지하수와 함께 토사가 강관 내에 유입되어 말뚝선단에 슬라임으로 체류한 사례이다.

(1) **트러블이 발생한 말뚝** : 강관지름 ϕ216.3 mm, 말뚝길이 6.5~7.0 m

(2) **지반 개요** : 표층 약 3 m는 *N*값 2 정도의 모래 섞인 점성토, 그 이상의 깊이는 사질지반으로 이루어지며, 지지층은 *N*값 30 정도의 사질토이다.

2. 트러블 발생 상황

말뚝 배치는 교각기초 3기 중 2기는 간격 1.8 m×0.8 m, 1기는 간격 0.8 m×0.8 m, 각 4본의 그리드이다. **그림 1**의 시공순서대로 강관 내에 삽입한 오거로드 선단에 지름확대형 절삭비트를 부착하여 지반을 착공하고, 에어를 병용하여 슬라임을 배토하는 건식 이중관착공방식으로 시공하였더니 착공 중의 강관 접속 시 및 착공 완료 후 오거로드 회수 시에 공 바닥에서 지하수와 함께 토사가 강관 내로 유입하였다(**그림 2**). 배토에 따른 말뚝선단 주변 지반의 이완과 강관 내에 체류한 슬라임에 의한 말뚝 저부로의 그라우트 충전 불량으로 말뚝 지지력의 저하가 우려되었다.

3. 트러블의 원인

그림 3에 나타낸 대로 착공 지반이 점성토 및 *N*값 30 정도 이하의 사질지반이었기 때문에 오거를 이용한 건식 이중관착공을 채택하였다. 그러나 당초 예상보다도 지하수위가 상승해 있었던데다가 지지층의 토질이 거의 균질한 입도의 잔모래라서 침투류가 발생하면 파괴되기

쉬운 지반이었다. 강관 안팎으로 수압차가 발생한데다가 사용하던 절삭 비트와 강관 안지름의 간격이 작아 로드를 회수할 때 절삭 비트가 피스톤과 같은 작용을 해 부압이 생겼기 때문에 말뚝 주변의 토사를 강관 내로 빨아올려버렸다고 생각된다.

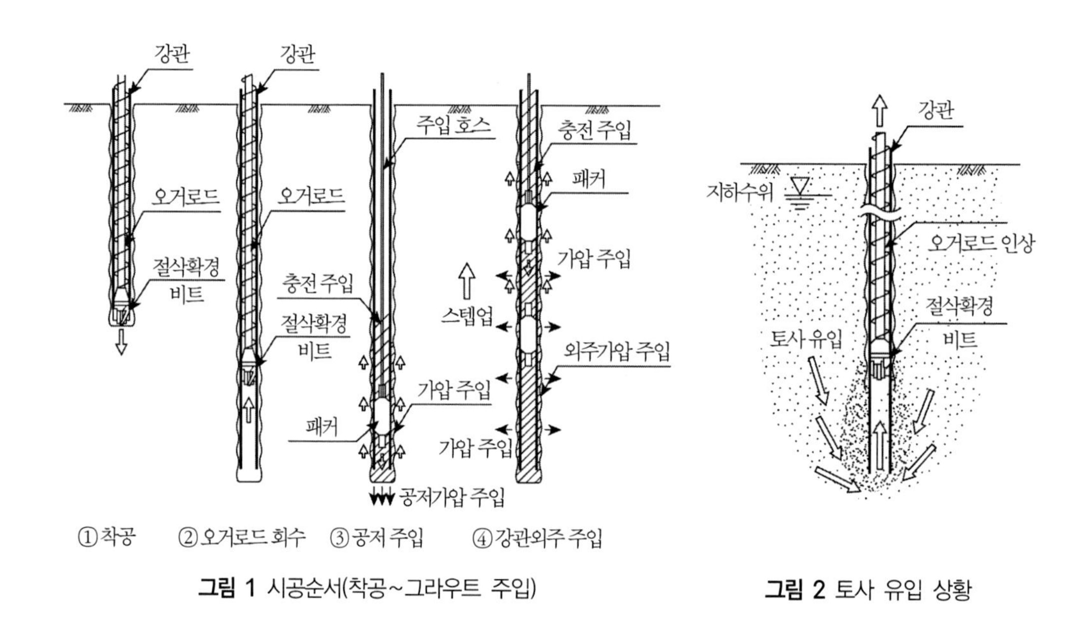

그림 1 시공순서(착공~그라우트 주입)

그림 2 토사 유입 상황

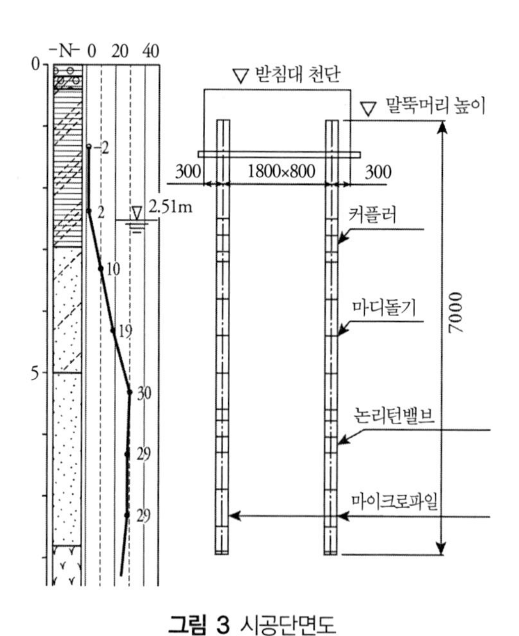

그림 3 시공단면도

4. 트러블의 대처·대책

부압이 발생하기 쉬운 상태를 개선하기 위해 절삭 비트와 강관 안지름의 간격이 커지는 비트시스템으로 교체함과 동시에 착공 완료 시점에는 강관 내에 물을 충전하여 강관 내외의 수압 균형을 유지함으로써 토사의 유입을 최대한 억제하기로 했다. 또한 오거로드 회수 후 슬라임 고임에 대해서는 리버스방식을 모의하여 강관 내에 배수파이프를 공저까지 내리고 송수 순환에 의한 바닥 정리를 실시함으로써 쌓인 슬라임을 배제하고 공저 및 강관 외주의 그라우트 주입을 실시했다(**그림 4**).

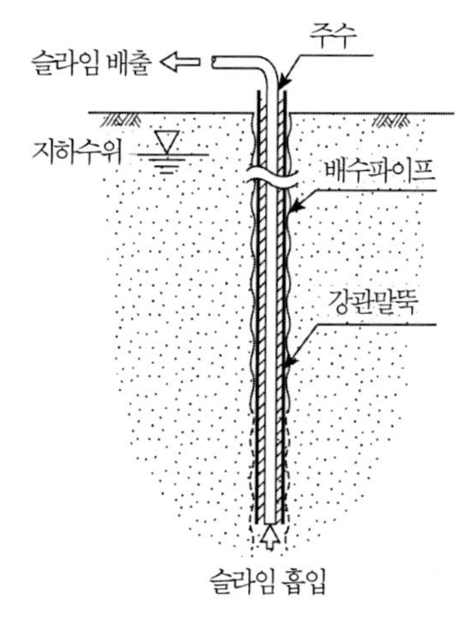

그림 4 슬라임 제거 방법

5. 트러블에서 얻은 교훈

본 사례는 본질적으로 지질조사 정보가 부족하여 시공방법의 검토에 활용하지 못한 것이 한 요인이라고 생각되지만, 일반적으로 시공도에 기재된 토질주상도만으로부터 말뚝의 시공성을 판단해야 하는 현장도 많다.

건식 이중관착공을 기본으로 한 본 공법은 송수 착공이나 착공 툴의 교체에 의해 비교적 쉽게 폭넓은 지반에 대응 가능하지만, 앞으로는 지역 특성이나 근방의 지질조사 정보 등도 판단 재료로 삼아 계획 단계부터 대처할 수 있도록 유의하기 바란다.

3	옥석층의 사전 굴착·철거에 의한 말뚝 편심 방지	종류	마이크로파일
		공법	-

1. 개요

말뚝머리 위 공간 제한(4.0 m)이 있는 보 아래 신설 교대공사에서 시험착공 시의 정보로부터 시공 공정을 재검토하여 마이크로파일의 시공에 앞서 표층 부근의 옥석층을 심초 입갱에 의해 바닥 접속면까지 사전에 굴착·철거하여 말뚝의 편심을 예방한 사례이다.

(1) **대상 말뚝**: 강관지름 $D=\phi 216.3$ mm, 말뚝길이 7.5 m

(2) **지반 개요**: **그림 1**에서 보는 바와 같이 전체적으로 옥석 섞인 사력층으로서 표층 약 3 m는 성토이다.

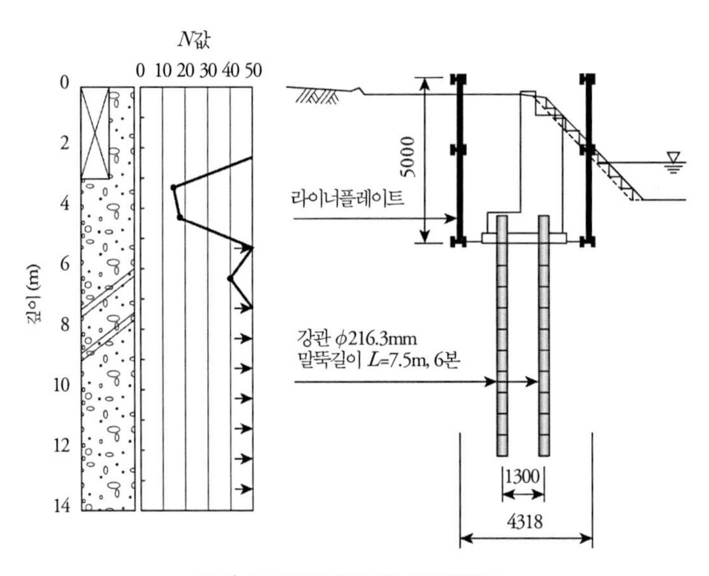

그림 1 토질주상도 및 시공단면도

2. 예상되는 트러블

당초 도로면(현 지반면)에서 약 5 m 아래까지 집게를 이용한 여굴 시공에 의해 말뚝을 타입하는 계획으로 이루어져 있었다. 계획대로 착공을 개시했더니 여굴 구간의 성토부에서 예상보다도 많은 옥석을 만났다. 집게 시공으로는 말뚝 경사나 말뚝 편심으로 인해서 말뚝머리에서의 편심을 허용값($D/4$≒54 mm) 이내로 억제하기 곤란하다고 예상되었다.

3. 트러블의 원인

시공 정밀도를 확보하기 어렵다고 판단한 이유는 다음과 같다.

① 도로면에서부터 말뚝머리 깊이까지의 성토부에 혼재하는 옥석이 예상 이상이었다(**사진 1**).

② 요구되는 말뚝머리 수평 정밀도의 허용값이 $D/4$≒54 mm) 이내로 엄격한 값이었다.

사진 1 표층지반의 상황

4. 트러블의 대처·대책

마이크로파일은 강관을 케이싱으로 하고, 선단에 확경 비트를 장착해 착공하는 이중관착공방식을 표준으로 하고 있다. 착공과 동시에 강관을 매설하기 때문에 일반적으로 지반의 교란과 말뚝의 편심은 적은 공법이다. 그러나 본 공법에서는 표층 부근의 옥석의 영향이 불가피하고 또한, **사진 2 (c)**에서 보는 바와 같이 슬래브 배근의 관계로부터도 말뚝의 수평 정밀도의 확보가 요구되었다. 따라서 시공기계가 소형·경량인 점을 살려서 시공 공정을 재검토하기로 했다.

(a) 착공작업

(b) 완성형 전경

(c) 말뚝머리처리

사진 2 시공 상황

먼저, 교대를 구축하기 위한 심초 입갱의 푸팅바닥 접속 굴착을 선행하였다. 다음으로 입갱 위에 가설 발판을 마련하여 시공기계를 설치하고 말뚝을 시공하였다. 또한 푸팅바닥 접속면에는 말뚝위치에 중공관을 매입하고 베이스콘크리트를 타설하여 착공 시 말뚝 편심을 억제하기로 했다. 말뚝머리를 육안으로 관리할 수 있는 상태가 되어 작업성도 향상되었다.

성토부분을 제거한 후 지지 지반의 옥석 등의 상황은 예상범위 내이며, 다운더홀해머를 이용한 건식착공을 통해 특별한 문제 없이 시공을 완료했다.

5. 트러블에서 얻은 교훈

마이크로파일은 착공 시의 경사각도 관리값을 ±1° 이내로 하고 있다. 집게 시공의 경우 시공 지반면에서 말뚝머리까지의 여굴 깊이나 지반에 따라서는 말뚝의 편심오차의 관리값인 '강관지름의 1/4 이고 100 mm 이내'를 확보하기 어려운 경우도 있다. 따라서 계획단계에서 편심오차가 관리값을 넘는 경우를 예상하여 사전에 응력조사 등을 실시하는 것과 같은 대책도 필요하다.

5.3 주택용 소구경말뚝

5.3.1 주택용 소구경말뚝의 개요와 특징

(1) 개설

주택용 소구경말뚝은 일반적으로 '말뚝형 지반보강공법'으로 분류되며, 스웨덴식 사운딩 시험(이하, SWS시험)에 따라 설계가 이루어지고 있다. **그림 5.3**에서 보는 바와 같이 말뚝형 지반보강공법은 현지 흙과 시멘트밀크를 혼합 교반하여 조성하는 심층혼합처리공법 등도 있지만 여기에서는 강관말뚝 등을 이용하는 소구경말뚝공법을 대상으로 한다.

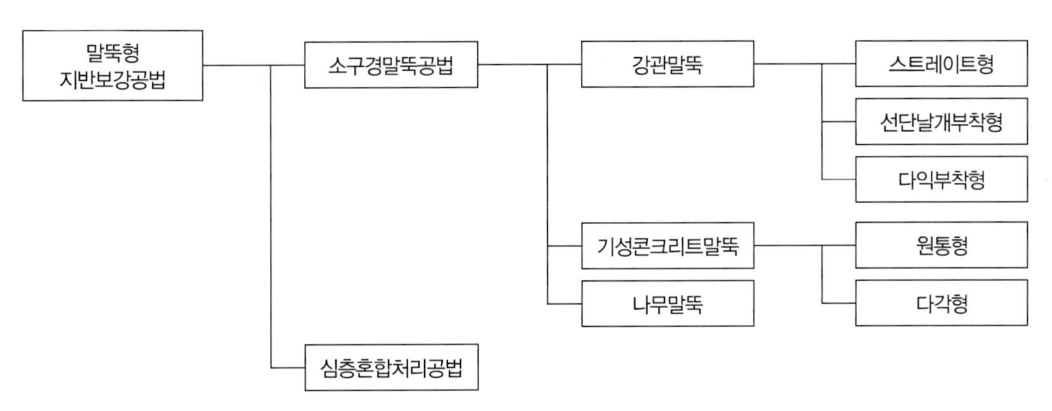

그림 5.3 말뚝형 지반보강공법의 분류와 말뚝 종류

말뚝형 지반보강공법은 **그림 5.4**에서 보는 바와 같이 보강재(소구경 강관말뚝이나 기성콘크리트말뚝 등)를 기초슬래브와 일체화하지 않는 것이 일반적이다. 보강재는 연직지지력만을 부담하고 수평력은 건물기초의 바닥·측면과 지반 또는 쇄석 등과의 마찰력에 의해 저항하는 것으로 한다. 따라서 소규모 건축물에 시공되는 말뚝형 지반보강공법은 수평력에 대한 검토를 생략하는 경우가 많다. 그러나 근래에는 수평력도 고려한 설계를 행하는 경우가 늘고 있다.

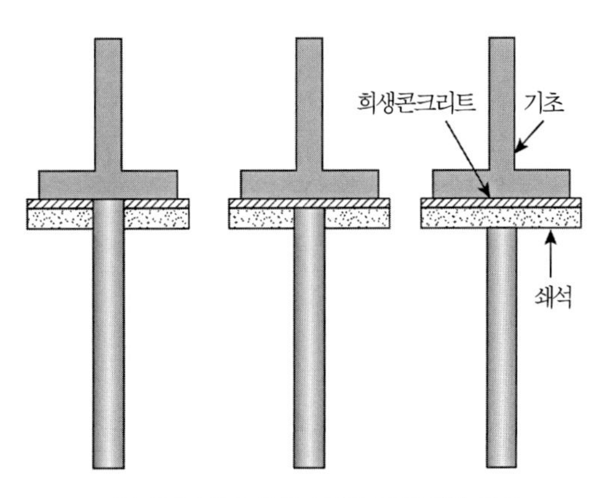

그림 5.4 말뚝 형상 지반보강공법의 구조

여기에서는 일반구조용 탄소강 강관(JIS G 3444)에 의한 소구경 강관말뚝(이하, 강관말뚝)과 소구경 기성콘크리트말뚝(이하, 기성콘크리트말뚝)에 대해 설명한다.

(2) 소구경 강관말뚝의 개요와 특징

소구경 강관말뚝은 말뚝지름 ϕ89.1～165.2 mm의 범위가 많이 이용되며, 최대 표준 길이는 5～6 m이다. 이 이상의 길이가 필요한 경우는 용접 또는 기계식에 의한 이음을 이용한다. 강재의 부식은 일반적으로 강관의 외면에 1 mm 정도의 부식량을 고려하여 설계가 이루어지고 있다. 이음이 있는 경우에는 이음부분의 성능을 확보할 수 있는 방법을 채택하여 하중 전달을 확보할 필요가 있다.

소구경 강관말뚝 시공의 대부분은 회전관입에 의해 이루어진다. **그림 5.5**는 표준적인 시공 절차이다.

소구경 강관말뚝의 특징은 다음과 같다.

장점 :

① 선단에 굴착날이나 날개를 붙임으로써 관입력이 뛰어나고 소형 기계로의 시공이 가능하다.

② 단면적이 작으므로 타설 능률이 좋고 타설 중의 배출 토량이 적다.

③ 재료가 가볍고 재료 강도도 강하며 취급이 용이하다.

④ 강관 지름이나 강관 두께의 종류가 많다.

⑤ 중간층에 부식토 등의 연약지반이 존재하더라도 이하의 깊이에 지지 지반이 있으면 적용할 수 있다.

⑥ 건물 해체 후에 빼내는 것이 용이하다.

단점 :

① 재료 단가가 고액이 되기 쉽다.

② 선단 날개가 달린 형태의 단척 말뚝 시공에서는 말뚝 편심을 일으키기 쉽다.

③ 강관 두께가 얇기 때문에 항체의 뒤틀림이나 휨, 좌굴이 생길 수 있다.

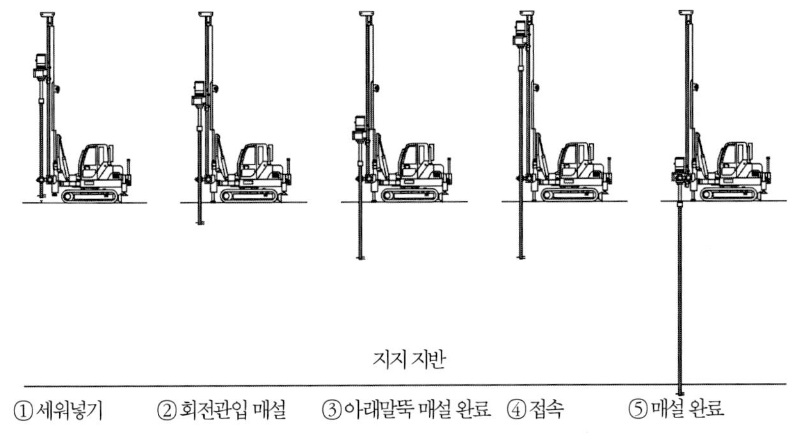

그림 5.5 소구경 강관말뚝의 표준적인 시공순서

(3) 소구경 기성콘크리트말뚝의 개요와 특징

소구경 기성콘크리트말뚝은 말뚝지름 ϕ200~250 mm 정도의 프리스트레스트콘크리트말뚝(PC말뚝) 또는 원심력 철근콘크리트말뚝·다각형 또는 H형 철근콘크리트말뚝(RC말뚝)이 이용되며 최대 표준 길이는 7~9 m이다. 이 이상의 길이가 필요한 경우에는 장부식 이음 혹은 용접이음이 필요하다. 강관말뚝과 같은 부식 문제는 없지만 장부식 이음을 사용할 경우는 재료강도의 저감이 1부분당 20% 정도로 크기 때문에 세장비를 포함한 검토가 필요하다.

소구경 기성콘크리트말뚝은 회전 주입 또는 프리오거를 병용한 압입공법으로 많이 시공되고 있다. **그림 5.6**은 표준적인 시공순서이다.

소구경 기성콘크리트말뚝의 특징은 다음과 같다.

장점 :

① 강관말뚝에 비해 대구경으로서 단면적과 둘레가 크다.

② 재료비가 싸다.

③ 간이식 이음(장부식 이음)의 경우 시공시간이 짧다.

④ 압입공법이므로 시공시간이 짧고 발생 잔토가 적다.

단점 :

① 소규모 건축물의 현장치고는 시공기계가 크다.

② 압입능력이 작은 경우 근입깊이 미달의 발생 위험이 높다.

③ 절단 후의 재료는 건축폐기물로 처리할 필요가 있다.

④ 장부식 이음의 경우 재료강도 저감이 크다.

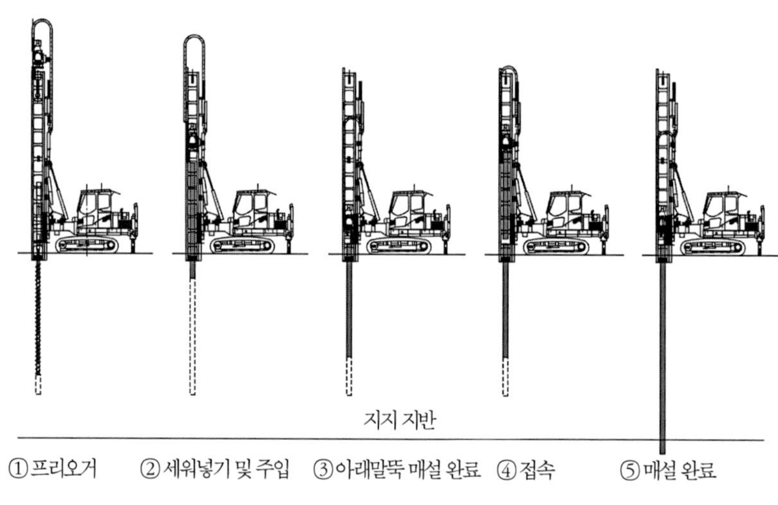

그림 5.6 소구경 기성콘크리트말뚝의 표준적 시공 순서

5.3.2 설문조사로 본 트러블 현황

(1) 트러블 발생 현황

주택용 소구경말뚝의 설문조사 결과는 **표 5.4**와 같다. 이번에 모은 트러블 사례는 20건이었다. 트러블의 종류로서 '말뚝 손상'이 6건, 다음으로 '말뚝의 근입깊이 미달'이 5건으로 많았다. 이것들은 계획과 시공단계의 양쪽 모두에 트러블 요인이 있는 것을 알 수 있다. 계획단계에서는 불충분한 지반조사가 요인이 되는 경우가 많이 보고되며 시공단계에서는 시공관리와 중간경질층(장애물 등)이 요인이 되는 사례가 보고되고 있다. 다음으로 '부등·압밀침하'의 사례도 많이 보고되었다. 이 트러블 요인은 계획단계에 모여 있는 것으로 나타났고, 계획단계에서의 '불충분한 지반조사', '압밀침하의 평가', '성토·절토의 평가'를 적절히 실시하는 것이 중요하다.

표 5.4 주택용 소구경말뚝의 트러블의 종류와 그 요인

트러블의 요인 \ 트러블의 종류			① 항체 손상	② 말뚝의 근입 깊이 미달	③ 말뚝의 근입 깊이 초과	④ 지반·구조물의 변상	⑤ 부등·압밀침하	⑥ 지지력 부족	⑦ 경사·편심	⑧ 소음·진동	⑨ 기타	계	
												건수	%
1	계획	불충분한 지반조사	1(2)	3	2		1					8	40
2		지지력 평가										0	0
3		압밀침하 평가	1				2				1	4	20
4		토질 평가	1									1	5
5		성토·절토 평가		1			2					3	15
6		시공기계 선정										0	0
7		재료 선정										0	0
8	시공	용접										0	0
9		시공관리	1	1								2	10
10		중간층		1(0)								0	0
11		지중 장애물	1									1	5
12		기타									1	1	5
계		건수	6	5	2	0	5	0	0	0	2	20	
		%	30	25	10	0	25	0	0	0	10		100

(2) 트러블의 종류와 요인

이번 설문조사 결과에서 트러블의 종류로는 '항체 손상', '말뚝의 근입깊이 미달', '부등·압밀침하'가 80%로 대부분을 차지하며 '지반·구조물의 변상', '지지력 부족', '경사·편심', '소음·진동'에 관한 사례는 없었다. 한편 트러블의 요인으로는 '불충분한 지반조사', '압밀침하의 평가', '성토·절토의 평가'로서 75%를 차지하고 있다.

설문조사에는 없었지만 다음의 트러블도 생각할 수 있으므로 유의할 필요가 있다.

① 시공기계가 작기 때문에 중간 경질층이나 지중 장애물을 관통할 수 없다.

② 소구경말뚝은 가늘기 때문에 지중 장애물 등의 영향에 의해 항체의 손상이나 말뚝 편심이 발생하기 쉽다.

③ 옹벽 배면의 되메우기가 불충분한 경우에는 근접 건축물에 장애가 생긴다.

④ 주택 밀집지에서의 시공이 많기 때문에 인근 주민과의 소음·진동의 트러블이 발생하기 쉽다.

5.3.3 트러블 방지 대책

주택용 소구경말뚝의 트러블별 요인과 그 대처 및 대책은 **표 5.5**와 같다. 이 표에서는 대표적인 트러블과 요인을 들고, 대처와 대책을 정리했다. 설문조사의 회답에서 많았던 '말뚝의 손상', '말뚝의 근입깊이 미달'에 대한 대책은 적절한 조사시험·지지 지반의 깊이를 정확하게 판단하는 것이 요구된다. 말뚝 손상이나 근입깊이 미달을 일으키는 지중 장애물은 사전에 철거할 필요가 있다. 또한 부등침하는 조성 성토 계획, 압밀층, 지지 지반 및 토질 성상 등을 종합적으로 판단하여 대처하는 것이 중요하다.

표 5.5 주택용 소구경말뚝의 트러블 요인과 그 대처·대책

트러블	트러블의 요인	대처	대책
말뚝 편심	• 지중 장애물 • 지반의 정밀도, 오류	• 추가 타격 • 이설+추가 타격	• 선행 굴착 • 장애물 철거 • 진동 방지 사용
말뚝 손상	• 과대 토크 • 지중 장애물	• 재타격 • 강관지름·두께 증대	• 토크 관리, 사전 철거 • 강관지름·두께 증대
용접 불량	• 경로 간격 불충분 • 용접면의 오염·젖음, 용접 속도	• 보수 • 육안 확인	• 무용접이음 채택 • 용접작업매뉴얼 책정
근입깊이 미달	• 지중 장애물 • 모터의 토크 부족 • 지반데이터와의 차이, 부족	• 지지력 확인 • 장애물 철거	• 선행굴착 • 시공기계 선정 • 기존자료 활용
시공기계의 전도	• 지반의 지지력 부족, 연약 지반 • 양생 불량, 지표면의 경사·단차 • 찌꺼기 철거 후의 전압 부족	• 표층 개량 • 부설철판 양생	• 표층 개량 • 부설철판 양생
소음·진동	• 공사·반입차량, 시공기계 • 지중 장애물, 엔진음	• 저소음형 시공기계 • 근린 설명 • 시간 엄수	• 저소음형 시공기계 • 지중 장애물 사전 철거 • 시간 엄수
부등침하	• 지반조사 부족 • 지지층 두께 확인 부족 • 조성상황 파악 부족, 천재	침하수정공사	• 관입력 높은 조사 병행 • 기존자료 활용 • 시공관리 철저

이러한 점 외에 주택용 소구경말뚝의 트러블 방지를 위해서 계획·설계단계에서 유의해야 할 점은 다음과 같다.

① 소규모 건축물의 지반조사에서는 일반적으로 SWS시험이 이용되고 있다. 이 시험의 유의점에 대해서는 제1장 1, 2를 참조하기 바란다. SWS시험에서 얻는 정보는 적고 정확도도 높지 않다. 특히 성토된 택지에서 자갈·찌꺼기가 혼입한 경우에는 관입 곤란한 성토층을 지지 지반으로 오인하는 일이 있다. 단, 관입상황의 기재사항이나 토질설명을 주의 깊게 관찰하거나 사전에 인근 데이터나 주변의 지반을 파악함으로써 트러블을 회피할 수 있는 경우도 있다.

② 지반조사 결과로 얻은 정보가 한정되어 있으므로 사전 조사나 주변 상황 등의 토지정보를 많이 수집하여 트러블을 예측함으로써 트러블을 미연에 방지할 수 있다. 가령 **표 5.6**에서 보는 바와 같은 토지정보 자료를 살펴보면 신구 지형도나 항공사진에서 그 토지가 어떻게 택지가 되었는지 짐작할 수 있다. 또한 조성 도면을 통해서는 성토의 두께와 성토 전의 지반조사 결과를 통해 지지 지반을 확인할 수 있다. 인근 주상도나 말뚝공사 보고서가 있으면 지지 지반 깊이의 추정에 도움이 되며, 트러블을 피할 수 있는 가능성이 높아진다.

표 5.6 현장토지정보자료의 예

자료명	얻을 수 있는 정보
지형도(현황·구판)	현황과 구판의 비교로 지형 개변 상황
토지조건도	지형 조건
표층지질도	지질 상황
지반도	지반 구성, 토질
연대별 항공사진	현황과 구판의 비교로 지형 개변 상황
조성도면	조성 상황

5.4 주택용 소구경말뚝의 트러블 사례

4	타설 시 소구경 강관말뚝의 손상	종류	소구경 강관말뚝
		공법	회전관입말뚝공법

1. 개요

단독주택의 기초로 이용한 소구경 강관말뚝을 회전관입시켰던 경우 지지층에 도달시킬 때 강관 본체가 손상(비틀려 끊어짐)된 사례였다.

(1) **트러블이 발생한 말뚝**: 지반은 비교적 안정되어 있다고 예상할 수 있었지만 신규 성토 50 cm에 의해 부식토 및 연약한 점성토가 압밀침하를 일으킬 가능성이 있었다. 심층혼합처리공법은 부식토의 영향으로 고화 불량의 우려가 있었기 때문에 부적합하다고 판단하여 소구경 강관말뚝으로 설계를 하였다. 재질은 STK400, 말뚝지름 ϕ114.3 mm, 판두께 4.5 mm, 선단날개지름 300 mm, 말뚝길이 6.5 m였다.

(2) **지반 개요**: 건설지는 1급 하천 지류의 골짜기 밑·범람평야에 위치하여 다이쇼오키(大正期) 지형도에 따르면 논 지역에 있으며 성토에 의해 택지화된 지반이다. 주변 지반과 높낮이 차이가 없는 지반이었다.

트러블이 생긴 소구경 강관말뚝 부근의 SWS시험 결과를 **그림 1**에 나타냈다. 시험결과로부터 옛 성토 바로 아래에 자침층(自沈層)이 확인되며, 지형적으로도 부식토가 끼어 있을 가능성이 있었다. 또한, 새로 50cm의 성토가 계획되어 있었다.

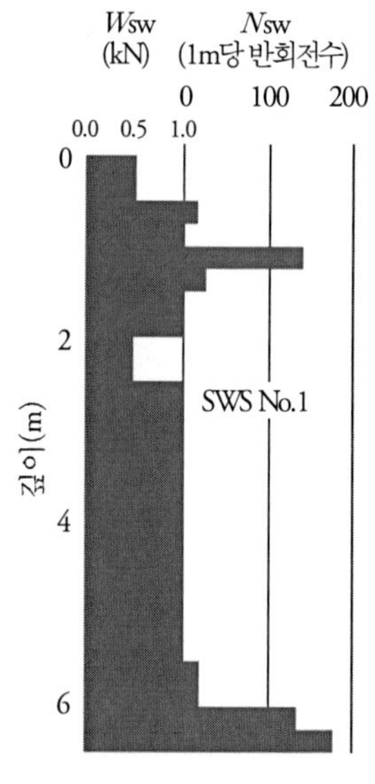

그림 1 SWS시험 결과

2. 트러블 발생 상황

SWS시험 결과와 토크값의 관계를 **그림 2**에 나타냈다. 소구경 강관이 소정 깊이까지 이르렀지만, 시공관리장치의 토크값이 오르지 않고 저하했다. 지지층 두께가 예상한 두께보다 얇아서 관통되었거나 지지층의 굴곡에 의해 조사결과보다 깊은 것으로 추정됐다. 강관을 이어붙이고 재시공을 시작했더니 토크값이 더욱 저하하고 강관 자체도 흔들리면서 회전했기 때문에 작업을 중지하고 역회전하면서 인발하였다. 인발한 강관의 파괴 상황은 **사진 1**과 같다. 관찰 결과, 강관 상단에서 약 1.7 m의 곳에서 파단(비틀려 끊어짐)해 있었다.

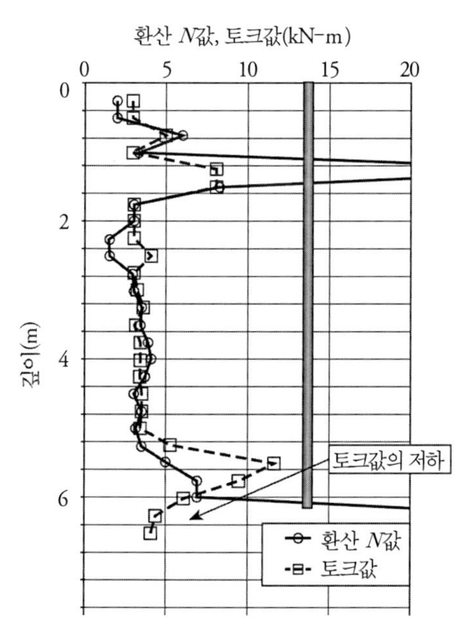

그림 2 SWS시험 결과와 토크값의 관계

사진 1 강관의 파단 상황

3. 트러블의 원인

트러블이 있었던 소구경 강관말뚝의 시공상황은 다른 것과 같은 회전관입상황을 나타내고 있었는데, 이 소구경 강관말뚝만 파단하였다. 파단의 원인이 될 수 있는 요인은 다음과 같다.

① 사용 재료의 지름이나 두께가 부족했다.

② 시공기계의 능력이 과잉이었다.

③ 표층 1～1.5 m 사이에 관입 장애물(기왓조각과 자갈 등)의 존재가 조사시점에서 판명되었지만, 무리하게 시공한 결과 강관 본체가 손상되어 비틀려 끊어지는 계기를 만들었다.

④ 토크값이 비틀림강도 T=11 kNm(강관의 단기 허용값)을 약간 넘었다.

⑤ 강관 자체의 불량 또는 가공·운반 시에 무엇인가 손상을 주었다.

4. 트러블의 대처·대책

(1) **대처** : 손상된 강관의 선단부(약 4.8 m)는 땅속에서 파내는 것이 불가능하기 때문에 설계자와 협의하여 남겨두고 그 양옆에 같은 규격의 것을 추가 타격하였다(**그림 3**). 나머지 개소는 시공관리장치에 의해 규격값 이상의 힘이 가해지지 않도록 관리하고 시공하였다. 이후로는 파단하는 경우는 없었다.

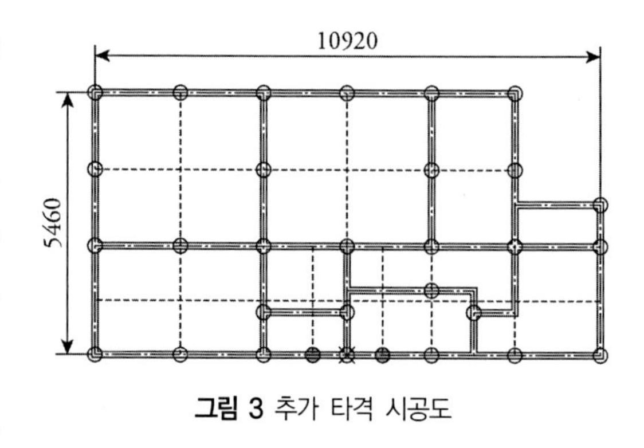

그림 3 추가 타격 시공도

(2) **대책** : 강관 가공 시와 적재·운반 시의 취급 주의를 환기하고, 현장 반입 시의 외관 체크와 강관 경타격 등에 의한 이상·이음 확인을 철저히 했다. 특히 지지층에 정착 시 규정값 이상의 회전 토크나 과도한 압입력을 주지 않고 회전속도를 적절히 조정하여 관리장치로 확인하는 등을 철저히 했다. 트러블 발생 시에는 연락·보고를 신속하게 실시할 수 있도록 작업원에게 교육을 실시했다.

5. 트러블에서 얻은 교훈

이번에는 설계자와 협의해서 추가 타격에 의해 대처할 수 있었다. 그러나 추가 타격 불가능, 기초 보강 필요, 좁은 부지 등의 공사조건이나 다양한 지반조건에 대한 대응책으로서 트러블 대책 매뉴얼을 작성하였다.

5	시공관리 부족으로 인한 지지 지반 관통	종류	소구경 강관말뚝
		공법	회전관입말뚝공법

1. 개요

지지 지반의 층두께가 불균일하고 지지 지반의 깊이·두께가 차이가 나서 소구경 강관말뚝의 일부가 지지 지반을 관통하게 되어 건물이 부등침하한 사례이다.

(1) **건물 개요**: 2층 건물로서 전면기초(단위면적당 기초 설계하중 20 kN/m^2)

(2) **트러블이 발생한 말뚝**: 말뚝지름 ϕ101.6 mm(선단날개 지름 ϕ220 mm), 말뚝길이 7 m

(3) **지반 개요**: SWS시험 결과, 지반구성과 소구경 강관의 관계를 **그림 1**에 나타냈다. 시공장소는 골짜기 밑 낮은 지반에 위치하고 있으며, 산자락을 따라 조성된 성토와 논의 경계 부분은 높이 2.0 m의 프리캐스트 L형 옹벽이 설치되어 있다. 지반구성은 GL-5.75 m까지 연약한 점성토가 계속되며 GL-7.0 m까지 환산 *N*값 12~20이 이어져 관입 불능으로 종료하였다.

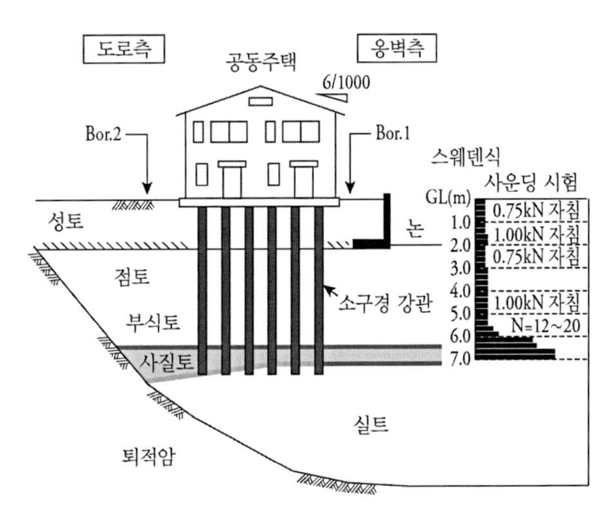

그림 1 지반구성과 소구경 강관의 관계도

2. 트러블 발생 상황

조성으로 인해 연약한 점성토가 압밀침하를 일으킬 가능성이 높다고 판단하여 소구경 강관을 GL-7 m까지 타설했다. 시공 후 3년 정도 경과하여 건물이 침하하였으므로 조사를 해달라는 의뢰를 받고 건물의 수평도를 조사하였다. 침하의 원인을 조사하기 위하여 옹벽측과 도로측에서 표준관입시험을 실시했다. 조사 위치 및 결과는 **그림 2**와 같다. 또한 건물의 침하량은 **그림 3**과 같다. 그 결과 옹벽측에 향하여 6/1000을 넘는 경사가 있는 것이 확인됐다.

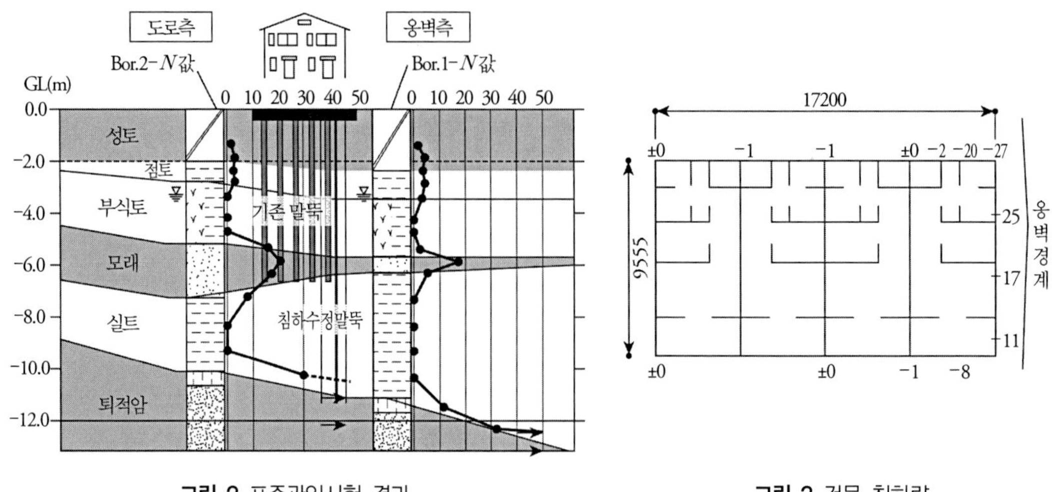

그림 2 표준관입시험 결과

그림 3 건물 침하량

3. 트러블의 원인

SWS시험에서는 관입 불능 때문에 확인할 수 없었으나 그 후 행한 표준관입시험에 의하여 지지층이 되는 모래층의 층두께는 0.7~2.0 m로 불균일한 것으로 밝혀졌다. 트러블의 원인은 지지층을 관통해 시공한 것이며, 관통된 측에 침하가 진행했다. 또한 시공 전의 시험굴착에 의한 지지층 두께 확인 및 시공 시에서의 소구경 강관의 관입저항값(토크값, 압입력값)의 관리가 불충분했다고 생각한다.

4. 트러블의 대처·대책

대처 방법(부등침하의 복원)으로는 내압판공법, 강관압입공법, 약액주입공법이 고려되었는데, 성토하에 존재하는 부식토층(흙입자의 밀도 ρ_s=2.03 g/cm^3, 함수비 w=232%, 강열감량 시험값 L_1=35.2%)은 유기물을 많이 포함하고 있어서 내압판공법이나 약액주입공법으로는 재침하를 일으킬 것으로 생각되었다. 이 때문에 기초 밑을 굴착하여 건물하중을 반력으로 길이 1 m의 강관을 이어 붙여 잭으로 압입하는 강관압입공법을 채택하였다. 침하 수정 말뚝의 배치를 **그림 4**에, 시공 상황을 **사진 1**에 나타냈다. 건물 기초 부분에 많은 균열이 발생하고 있어서 기초에 미치는 영향을 줄이기 위해 강관의 시공 피치를 평소보다 조밀히 하여 말뚝지름 ϕ101.6 mm, 말뚝 본수 28본, 말뚝길이 11 m로 계획했다.

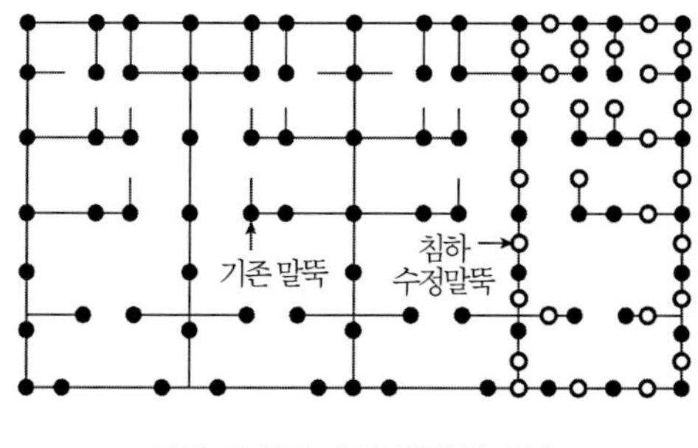

그림 4 침하 수정 말뚝의 배치

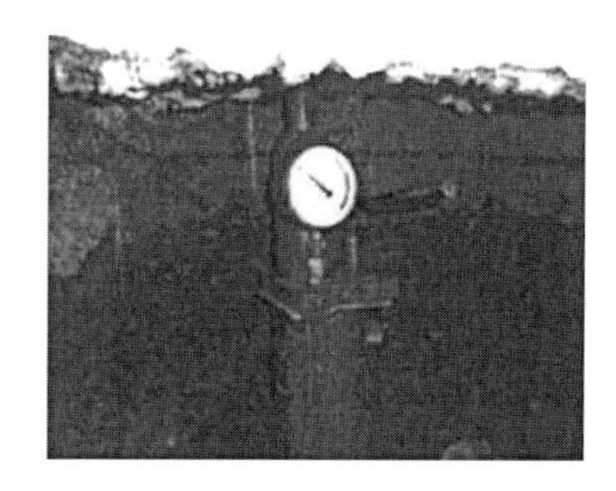

사진 1 시공 상황

트러블 대책은 다음과 같다. 본 사례와 같이 계획 건축물의 하중이 비교적 가벼울 경우 SWS시험을 채택하는 경우가 많다. 그러나 선단지지형 말뚝을 사용하는 경우 지지층 두께나 그 연속성 확인이 중요해지기 때문에 조사 시에는 적절한 개소 수와 확실히 지지층 두께를 확인할 수 있는 보링조사나 램사운딩시험 등의 관입성이 높은 조사방법도 병용한다. 시공 시에는 관입저항값(토크값, 압입력값)의 관리를 적절히 하는 것이 중요하다.

5. 트러블에서 얻은 교훈

지반조사 시에는 지지층 두께나 지층의 연속성을 확인할 수 있는 지반조사법을 선택할 필요가 있다. 또한 시공 시에는 지지층 두께 확인을 위한 시험굴착을 실시하여 관리장치로 계측하는 관입저항값(토크값, 압입력값)이나 시공기의 압입 능력·기체 중량 등의 조건과 지반 상황을 고려하여 공사를 수행한다. 향후 지반은 항상 불균일하다는 것을 염두에 두고 조사·시공해야 한다.

6	타격관입량에 의한 지지력 확인	종류	소구경 강관말뚝
		공법	회전관입말뚝공법

1. 개요

소구경 강관말뚝 공사에서 중간 경질층에서의 근입깊이 미달에 대한 대처로서 타격관입량으로 추정할 수 있는 지지력값에 의해 설계지지력을 확인한 사례이다.

(1) 해당 목조주택 건설지는 대지(臺地)·단구(段丘)의 하위면에 위치한 경사지이며, 인접 수로의 축대옹벽에 균열·경사 등의 이상이 확인되었다. 그래서 옹벽이 붕괴되었을 경우에 대비하기 위하여 소구경 강관말뚝에 의해 사면의 안정경사보다 깊은 양호한 지지층에 지지시키는 것이 요구되었다.

(2) **그림 1**에 나타낸 SWS시험 결과와 같이 환산 N 값 20 이상의 양호한 지지층의 깊이가 GL-9.5~-11.0 m로 경사져 있다. 또한 GL-4.0~-5.0 m 부근에 중간 경질층을 가지고, 조사지점 1, 3, 5의 3지점의 중간 경질층은 SWS시험의 스크류포인트로 관입 불가능한 상태였다.

(3) 중간 경질층이 양호한 지지층인지 불명확하기 때문에 소구경 강관말뚝은 중간의 경질층을 관통하여 지지층까지 관입시킬 계획으로 하고, 협소지용 시공기계 중에서도 토크가 높은 기기를 선정했다.

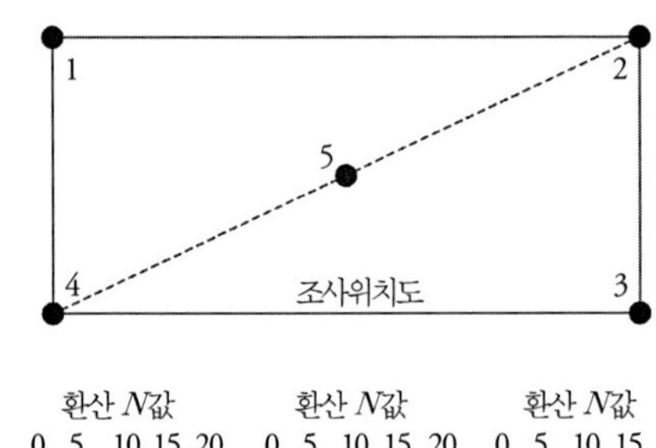

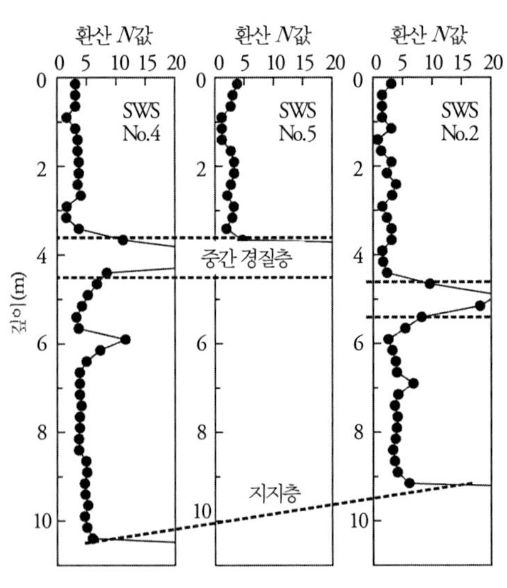

그림 1 현지의 지반상황

2. 트러블 발생 상황

중간의 경질층에서 모든 말뚝에 근입깊이 미달이 발생하였다. 각 말뚝에 따라 상황이 다르며 아래와 같이 대표된다.

① 경질층상에서 회전은 하지만 미끄러져 버리고 관입하지 않는다.
② 시공기계의 최대 회전토크에서도 경질층 중에서 회전하지 않고 경질층을 관통하지 않는다.
③ 시공기계로 압입하여도 압입되지 않는다.

3. 트러블의 원인

중간층이 경질이며, 선정한 시공기계의 회전토크 및 압입력으로는 대응할 수 없는 것이었다. 또한 현장의 경험에 따르면 SWS시험의 스크류포인트로 관입할 수 없는 경질층은 소규모 건축물에서 사용되고 있는 시공기계로는 마찬가지로 말뚝을 관입하지 못할 수 있다.

4. 트러블의 대처·대책

본 현장은 근입깊이 미달이 예측되었으므로 래머를 탑재한 시공기계를 선정하였다. 근입깊이가 미달된 말뚝은 타설 직후에 래머에 의한 지지력 확인을 실시하여 계획한 장기 허용지지력(38 kN/본)을 상회하는 것을 확인하였다.

지지력 확인 상황을 **사진 1**에, 확인한 소구경 강관말뚝의 위치도를 **그림 2**에 나타냈다. **그림 2**

사진 1 지지력 확인 상황

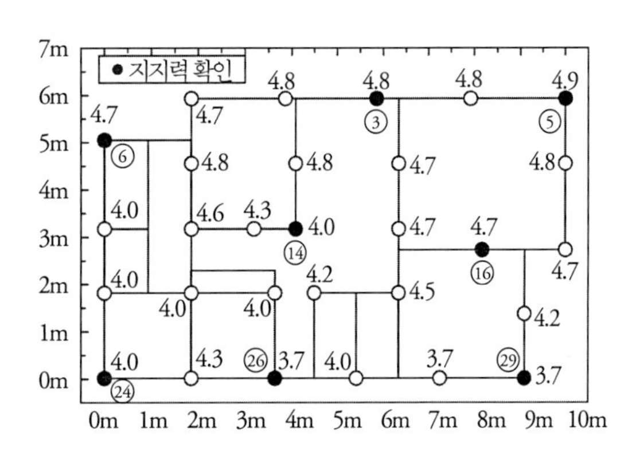

그림 2 말뚝 배치도 및 지지력 확인 위치

에서 ○으로 둘러싸인 숫자는 말뚝번호를 나타내고 있으며 아울러 말뚝의 타설 길이(m)도 병기하고 있다.

래머에 의한 추정지지력은 「2007년판 공공건축공사표준시방서 건축공사 편」 4장 3절 3항 '타입공법'에 나타나는 타입말뚝의 지지력추정식인 다음 식을 따랐다.

$$R = \frac{F}{5S + 0.1}$$

여기서, R : 말뚝의 장기 추정지지력(kN), S : 말뚝의 최종관입량(m), F : 해머의 타격에너지(kJ)이다.

래머에 의한 타격에너지는 식 $F = W \times g \times H$ 로 얻는다. 여기서, W: 래머의 질량(t), g : 중력가속도(m/s^2), H: 래머의 낙하고(m)이다. 사용한 래머의 질량은 0.4 t, 낙하고는 2.0 m이다. 확인시험은 단부·중앙부의 8개소에서 실시했다. 그 결과는 **표 1**과 같다. 모든 말뚝에서 계획된 허용지지력을 만족하는데다가 옹벽이 붕락한 경우의 안정경사보다 깊은 타설길이임을 확인했다.

표 1 지지력 확인 결과

말뚝 No.	1회째 (mm)	2회째 (mm)	3회째 (mm)	평균값 (mm)	추정지지력 (kN/본)
3	6	12	16	11	50
5	16	12	12	13	47
6	15	12	13	13	47
14	10	8	12	10	52
16	20	13	10	14	46
24	13	13	15	13	47
26	8	10	12	10	52
29	14	11	12	12	49

5. 트러블에서 얻은 교훈

단독주택은 협소지에 건설되는 경우가 많고, 높은 관입성능을 가진 시공기계의 반입이 곤란한 경우가 많다. 이 경우에는 소정의 깊이까지 관입할 수 없는 경우도 예상하여 래머가 탑재되어 있는 시공기계를 선정하고 있다. 또한 최근 실적으로부터 사전에 관입이 곤란하다고 생각되는 경우에는 공법의 변경을 제안하고 있다. 타격관입량에 따른 지지력 확인은 간단하지만 협소지에서 시공기계가 제한되는 상황에서 확인하는 방법으로서 유효한 시공관리방법 중 하나라 생각한다.

7	옹벽 하부 지반의 지지력 부족	종류	소구경 강관말뚝
		공법	회전관입말뚝공법

1. 개요

건축 후 10년 경과한 목조 2층 주택이 옹벽의 침하에 따라 부등침하하여 침하를 수정한 사례이다.

(1) **조사 경위** : 건축물이 침하되어 있다는 상담을 받고 상황 확인과 원인규명을 위해 측량 및 지반조사를 실시하였다. 측량 결과는 **그림 1**과 같다.

(2) **지반 개요** : 건설 시 지반조사는 실시하였지만 자료는 남아 있지 않았다. 그래서 지반 성상을 확인할 수 있는 표준관입시험과 토질시험을 권했으나, 시공주의 희망에 따라 지반의 경연을 조사하는 SWS시험을 수행하였다. 또한 지형도와 구판 지형도를 대비한 결과 건설지는 북쪽에서 남쪽으로 경사진 구릉지 중턱에 위치하고 남쪽만 성토가 두꺼운 것으로 분석되었다.

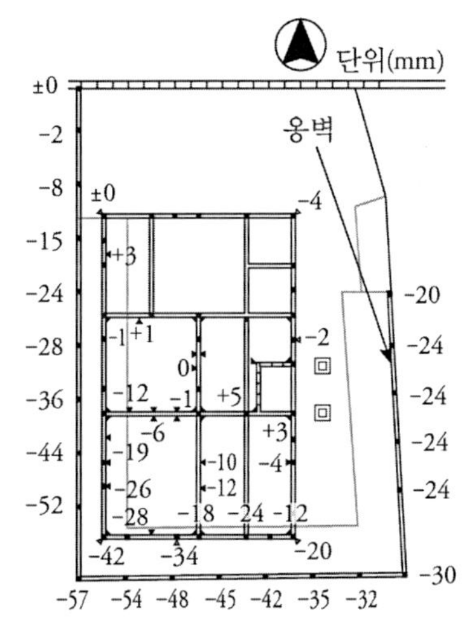

그림 1 침하량 측량 결과

(3) **설계 개요** : 건축물은 소구경 강관말뚝(이하 강관말뚝)으로 6.0 m의 보강이 이루어져 있다는 정보는 있었지만 옹벽에 대해서는 불명확하였다. 옹벽 높이는 약 2.0 m이고 장기 허용지지력으로 100 kN/m^2 정도라 예상할 수 있었다.

2. 트러블 발생 상황

SWS시험 조사 위치를 **그림 2**에, 조사 결과와 강관말뚝의 깊이를 **그림 3**에 나타냈다. 조사 결과와 지형도에 따르면 건설지는 최대 2.0 m의 성토에 의해 택지화된 지반이었다. **그림 3**에서 보는 바와 같이 일부 강관말뚝은 옹벽 저

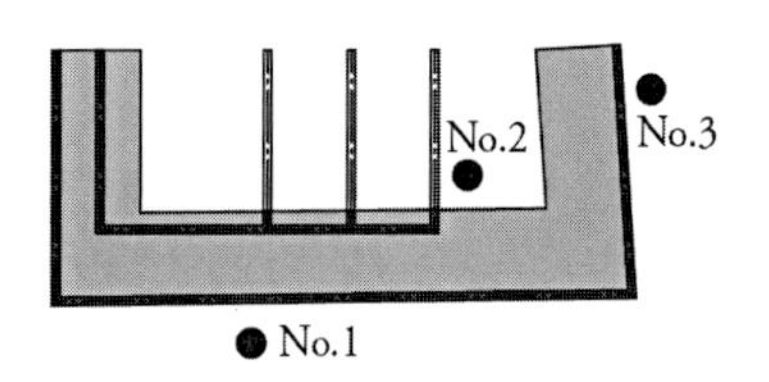

※ 회색 부분: 옹벽 저반 위치

그림 2 조사 위치

판에서 시공을 종료하고 있었다. 또한 옹벽 하부 지반은 보강과 개량을 하지 않아 지지력이 부족하다는 것을 확인할 수 있었다. 옹벽은 북과 남으로 최대 57 mm, 건축물 기초는 최대 42 mm의 부등침하가 확인되었다. 특히 건축물은 옹벽 저판과 겹치는 범위에서 급격한 침하가 확인되었다.

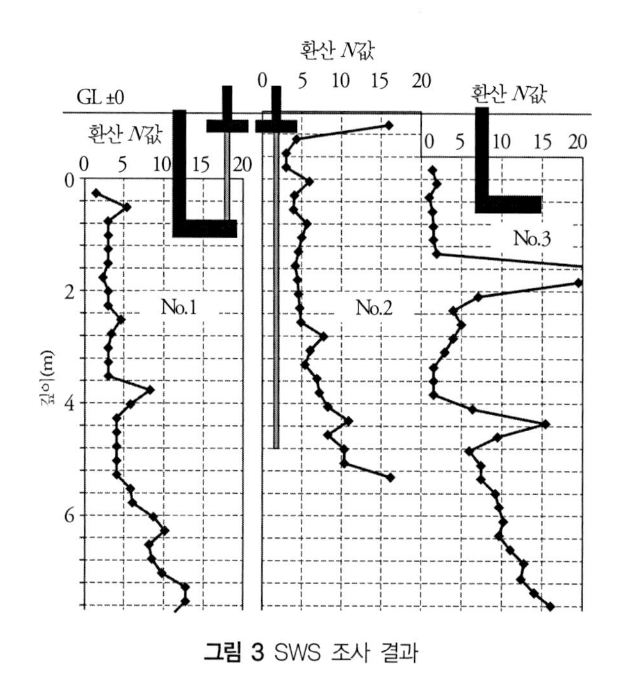

그림 3 SWS 조사 결과

3. 트러블의 원인

부등침하가 발생한 원인은 다음과 같다.

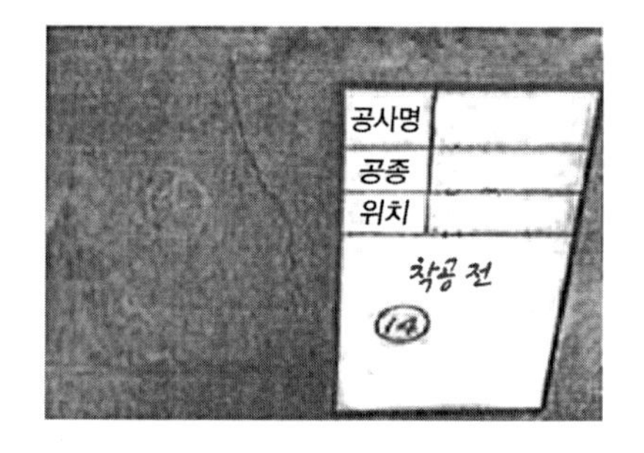

사진 1 기초의 크랙

① 옹벽 하부의 지반개량이 이루어져 있지 않았다.
② 강관말뚝을 안이하게 옹벽 저판에서 그치고 있다.
③ 성토에 따른 하중 증가를 고려하지 않았다.
④ 기초 보강이 충분하지 않았다.

이 트러블은 설계 단계에서 충분히 정밀하게 조사하였으면 회피할 수 있었던 사례이다. 먼저, 확인 신청이 필요없는 옹벽 때문인지 지반의 지지력이 분명히 부족한데도 불구하고 지반개량이 되지 않았다. 다음으로 옹벽이 안정되어 있는지 아닌지를 확인하지 않고 강관말뚝이 옹벽 저판에 배치되었던 것, 강관말뚝이 배치되어 있어서 문제가 없다고 판단했는지 기초 보강 검토를 하지 않고 표준적인 기초와 같은 사양으로 한 것이 원인이라 생각한다.

4. 트러블의 대처·대책

본 사례는 옹벽 저판 아래에 약액을 주입하는 공법도 검토하였지만 약액의 유실에 의해 인접지 구조물에 미치는 영향을 고려하여 채택하지 않고 강관압입공법을 선택했다. 원래는 옹벽도 포함하는 수정공사를 수행해야 하지만, 건설 후 10년이 경과하고 있으며, 수정공사에 의해 옹벽 저판에 작용하는 하중이 저감되므로 재침하의 가능성은 낮다고 판단해 해당 부분의 보수만 결정했다.

작업은 **그림 4**처럼 (1) 옹벽 저판까지 굴착, (2) 저판의 코어 채취, (3) 강관 압입, (4) 되메우기의 순서로 진행하였다. 공사 후 1년이 경과한 시점에서 옹벽 천단 및 기초 천단을 측량했지만 변화는 확인되지 않았다.

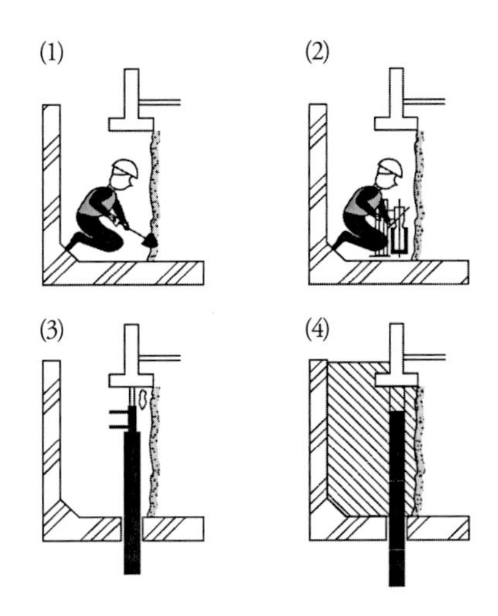

그림 4 작업 순서

경사지의 택지는 옹벽을 축조하여 부지를 효과적으로 이용하도록 하였다. 그 때문에 옹벽 저판과 건축물 배치가 세심하지 않은 것도 드물지 않아서, 설계단계에서 충분히 검토할 필요가 있다. 검토항목으로는 조성공사(시기·두께·범위), 옹벽구조계산서, 옹벽의 상재하중, 지반조사, 배면의 되메우기 롤러다짐 등을 들 수 있다.

5. 트러블에서 얻은 교훈

강관말뚝으로 지지되고 있기 때문에 문제가 없다고 안이하게 설계한 결과 옹벽이 침하하면서 건축물에 영향을 미치게 되었다. 옹벽은 건축물 중량에 비해 훨씬 무거운 구조물임을 인식하고 설계한다. 또한 옹벽 근방에서의 건축계획에서는 체크항목을 책정하고 정보의 공유화를 도모할 필요가 있다.

8	조성 성토에서의 부등침하 (소구경 강관말뚝)	종류	소구경 강관말뚝
		공법	회전관입말뚝공법

1. 개요

성토지반에 건설된 주택이 시공 후 1.5년에 최대 침하량 69 mm. 경사각 10/1000의 부등침하가 발생하여 약액주입공법에 의해 복원한 사례이다.

(1) **건설지 개요**: 연못의 호안에 두께 2～3 m의 성토를 실시한 후 약 3개월의 방치기간을 두고 소구경말뚝을 이용하여 주택을 건설하였다.

(2) **말뚝 사양**: 재질 STK400, 말뚝지름 ϕ165.2 mm, 판두께 4.5 mm의 일반구조용 탄소강 강관을 이용한 스트레이트형 회전관입말뚝, 말뚝길이 3～11.9 m, 말뚝본수 42본, 말뚝의 장기허용지지력 40 kN/본

(3) **지반 개요**: 건설 전에 행한 SWS시험의 조사 위치를 **그림 1**에, 조사 결과를 **그림 2**에 나타냈다. 또한 SWS시험은 건축예정지 내 12군데에서 실시했는데, 그중 11군데에서는 성토 내에서 관입이 불가능하게 되었으며 이 그림에 나타난 1군데(No.1)만 깊이 7.45 m까지 관입할 수 있었다.

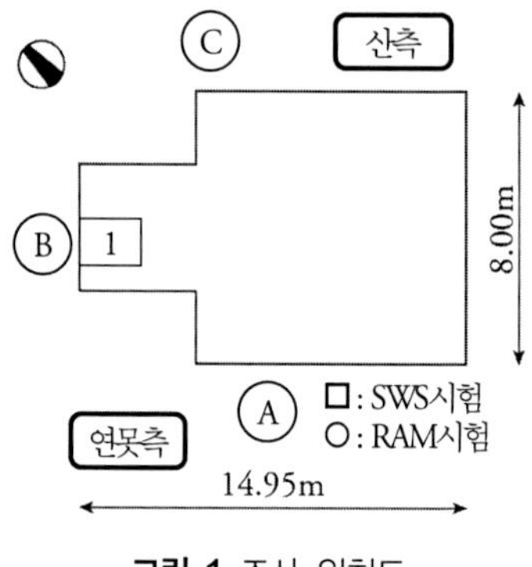

그림 1 조사 위치도

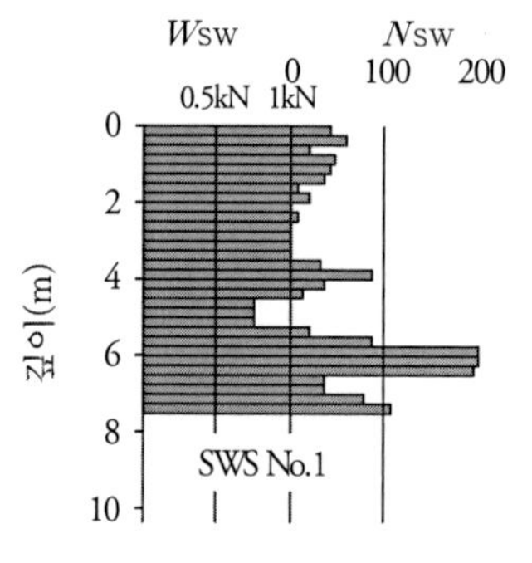

그림 2 SWS시험 결과

2. 트러블 발생 상황

소구경말뚝은 산쪽에서 3.0 m, 연못쪽은 11.9 m까지 관입했다. 주변 지형으로 볼 때 지지지반은 산쪽에서 연못쪽으로 기울어진 것으로 추측할 수 있다. 말뚝의 관입 상황도 그 경사를 따라 지지 지반까지 관입할 수 있었다고 판단하여 시공을 종료했다. 그러나 건축 후 1.5년째에 소구경말뚝의 튀어나옴이 최대 15 cm 발생했다. 그때의 1F 바닥 높이의 측량 결과는

부등침하의 최댓값이 69 mm, 경사각이 10/1000이었다. 또한 연못쪽 기초보에 여러 군데 균열이 확인되었고, 외부 토방(土房, 에어컨 실외기 설치용)이 경사하는 등의 침하 장애가 나타났다.

3. 트러블의 원인

침하의 원인과 복원공법의 검토를 위해서 오토매틱램사운딩시험(이하 RAM시험)을 실시했다. RAM시험 조사위치를 **그림 1**에, 시험 결과를 **그림 3**에 나타냈다. 또한 건물의 침하량은 **그림 4**와 같다.

① RAM시험 결과로부터 말뚝의 지지력을 계산하면 필요지지력 40 kN/본에 대하여 4 kN/본 정도 지지력이 부족했다. 소구경말뚝이 지지 지반에 도달하지 않았을 가능성도 있다.

② 성토하중에 의해 성토 하부의 점성토가 압밀침하를 일으켰을 가능성이 높고, 이로 인해 소구경말뚝에 마이너스 마찰력이 작용했다고 본다.

③ 조성 성토의 롤러다짐 부족으로 수축 침하를 일으키고, 소구경말뚝이 튀어나왔다.

④ 설계시공계획은 No.1의 SWS시험 결과만으로 설계가 이루어졌다.

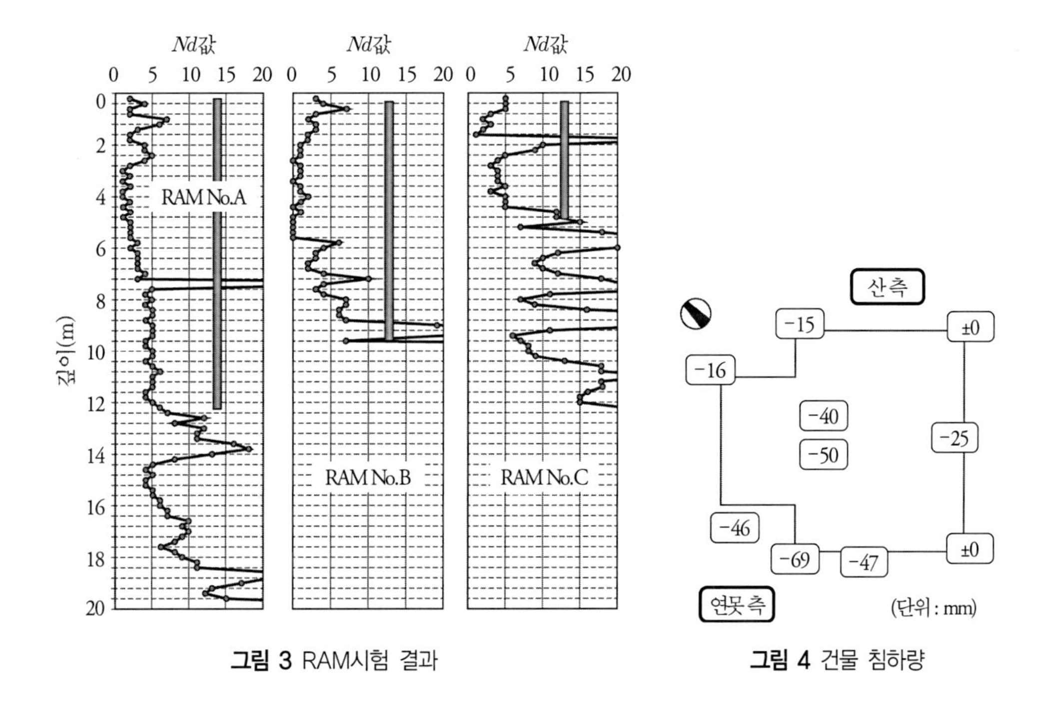

그림 3 RAM시험 결과

그림 4 건물 침하량

4. 트러블의 대처·대책

여기에서는 단순히 기초 침하를 수정할 뿐만 아니라 압밀침하의 진행을 경감시킬 필요가 있기 때문에 약액주입공법에 의한 수정을 실시했다. 약액주입 범위를 **그림 5**에 나타냈는데, 압밀침하의 경감을 꾀하기 위해 점토층도 주입 대상으로 삼았다.

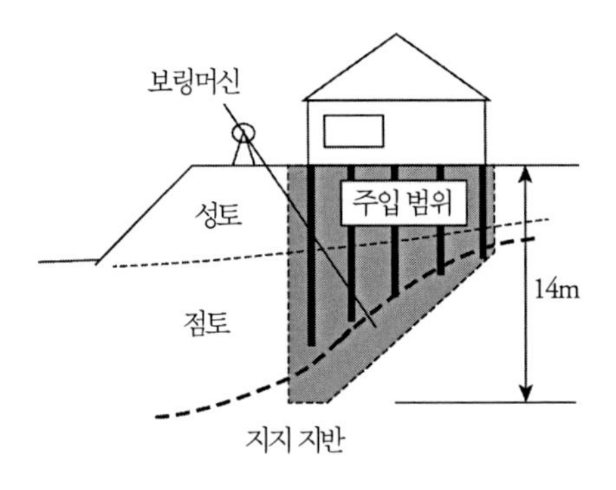

그림 5 약액 주입 범위

복구공사에 의해 건물은 몇 mm의 오차 내로 수평 수복을 할 수 있었다. 또한 건물의 침하도 거의 종식되었다. 그러나 소구경말뚝 튀어나옴은 시공 후 6~10 mm/년으로 줄기는 했지만 3년간 진행되었다.

5. 트러블에서 얻은 교훈

① 연약지반에 성토 조성을 해서 건축하는 경우는 조성계획(조성 두께, 시기, 전압상황 등)과 로케이션을 파악한다.

② SWS시험이 성토 안에서 관입 불능이 되는 경우가 많이 발생한 경우는 RAM시험 또는 보링조사 및 토질시험을 제안한다.

③ 중간경질층이나 성토에 장애물이 예상되는 경우는 굴착능력이 높은 기계의 선정 등을 미리 준비해둔다.

④ 성토에 의한 부마찰력을 경감하기 위해 주면저항을 기대하는 스트레이트형 강관말뚝을 피하고 우근 부착 소구경말뚝을 제안한다.

⑤ 성토하중에 의해 소구경말뚝이 튀어나오는 것은 충분히 예상할 수 있으므로 보링조사 및 토질시험 결과로부터 압밀침하의 방치기간을 상세하게 검토할 필요가 있다.

9	조성 성토에서의 부등침하 (소구경 RC말뚝)	종류	소구경 강관말뚝
		공법	프리오거 병용 압입공법

1. 개요

소구경 기성콘크리트말뚝(이하 RC말뚝)을 이용한 목조 2층 주택이 부등침하를 일으켰다. 강관압입공법과 기존 RC말뚝에 의한 침하 수정 공사를 실시하였으나 재차 부등침하를 일으켰던 사례이다.

(1) **트러블이 발생한 말뚝**: RC말뚝은 말뚝지름 ϕ200 mm, 말뚝길이 5~10 m, 첫 번째 침하 수정 시 강관말뚝은 말뚝지름 $D=\phi 165.2$ mm, 판두께 t=4.5 mm, 말뚝길이 L=5~12 m

(2) **부지 개요**: 대지 내 계곡부를 조성한 택지

(3) **지반 개요**: 시공 전에 행한 SWS시험 결과를 **그림 1**에, 조사 위치를 **그림 2**에 나타냈다. No.1은 최대침하가 생긴 부근의 시험결과이고 No.2는 5 m 부근에서 관입 불능이 된 시험결과이다. 수정공사를 위해 실시한 두 번째 SWS시험에서는 No.2 부근에서도 꿰뚫는 것이 가능하며(No.2), 5 m 이상 깊이의 결과는 No.1과 같은 경향이었다.

(4) **설계·시공**: 5 m 부근의 중간 경질층은 오거에 의한 선행굴착이 가능하다고 판단하여 모든 말뚝길이를 11 m로 설계했다. 그러나 굴착이 곤란해서 5 m 부근에서 타격 종료한 말뚝과 8~10 m에서 압입 한계에 이른 것도 있었다.

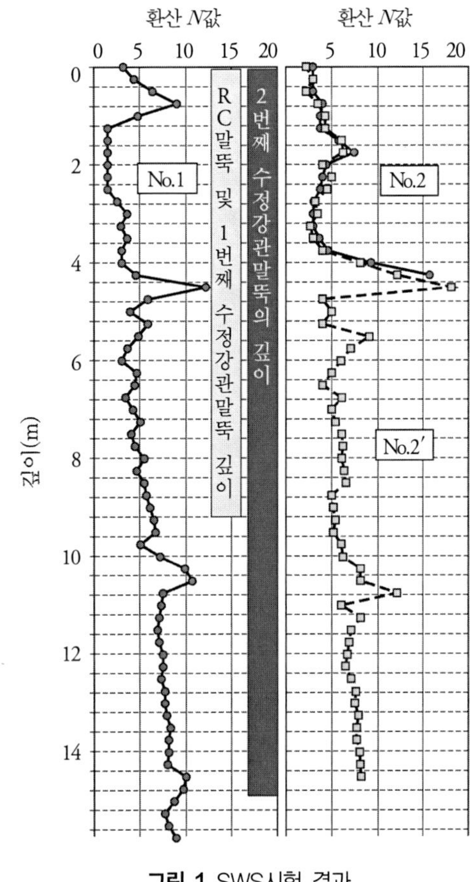

그림 1 SWS시험 결과

2. 트러블 발생 상황

RC말뚝 시공 2년 후에 최대 63 mm의 부등침하가 확인되었다. 부등침하량과 RC말뚝의 배치를 **그림 2**에 나타냈다. 토지의 조성 시기와 그 성토층 두께는 불명확했지만 적어도 시공 후 2년은 경과하고 있으므로 압밀침하는 종식하고 있다고 판단하고 침하 수정 공사를 진행하였다.

시공방법은 RC말뚝을 기초에서 떼어내고 기초를 반력으로 RC말뚝두부에 신규 강관말뚝을 얹어 50 mm 정도 다시 압입함과 동시에 말뚝 사이에도 신규 강관말뚝을 RC말뚝과 같은 깊이까지 압입했다. 그러나 수정공사 시공 5년 후에 다시 첫 번째와 같은 방향으로 부등침하하고, 최대침하량 84 mm가 확인되었다(**그림 3**).

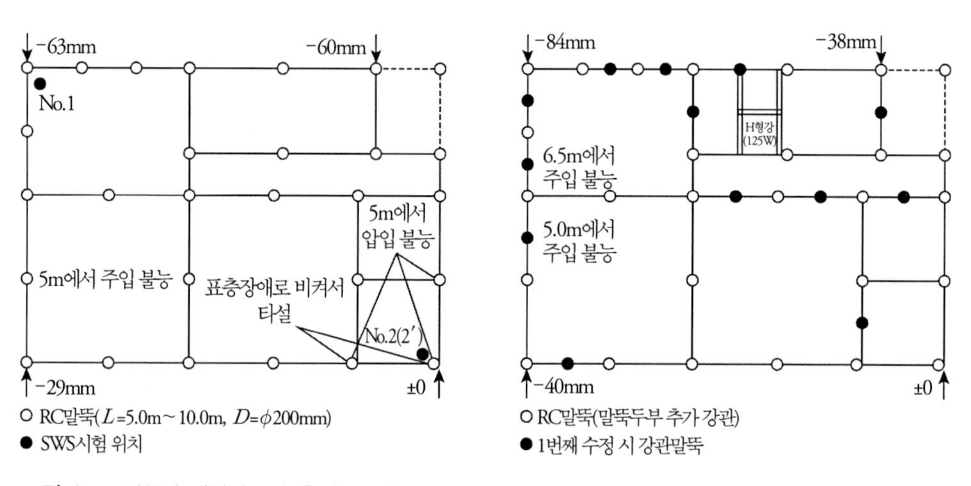

그림 2 RC말뚝의 배치와 2년 후의 부등침하량

그림 3 수정 강관말뚝의 배치와 5년 후의 부등침하량

3. 트러블의 원인

이만큼 오랜 기간 동안 침하가 발생한 것은 부식토가 분포하든가, 미압밀지반에서 발생한 부마찰력이 말뚝에 영향을 준 것으로 추정된다. 본 건은 SWS시험 결과만으로 압밀특성이 불명확한 채 설계가 이루어지고 오거에 의한 굴착이 불가능, 5 m 부근의 토질이 불명확, 성토 시기·두께가 불명확으로 많은 정보를 알지 못한 채 시공한 것이 원인이었다.

또한 SWS시험으로는 관통할 수 있었던 곳도 RC말뚝과 첫 번째 침하 수정 강관말뚝은 5 m 부근에서 압입 한계에 이른 위치에 있었던 점이 재침하의 원인이었다. 시공관리에서는 최종 압입력값 확인만으로 안이하게 타격 종료한 것도 원인이었다.

4. 트러블의 대처·대책

2번째의 침하 수정 공사는 신규 강관말뚝만으로 실시했다. 압입 깊이가 깊어지도록 첫 번째의 강관말뚝보다도 가는 지름을 채택하고, 선단도 창모양으로 가공하여 관입력을 높였다. 그 결과 강관말뚝은 대체로 11～16 m 부근(일부 7 m)까지 압입할 수 있었다(**그림 4**). 그 이후로 침하 보고는 받지 못했다.

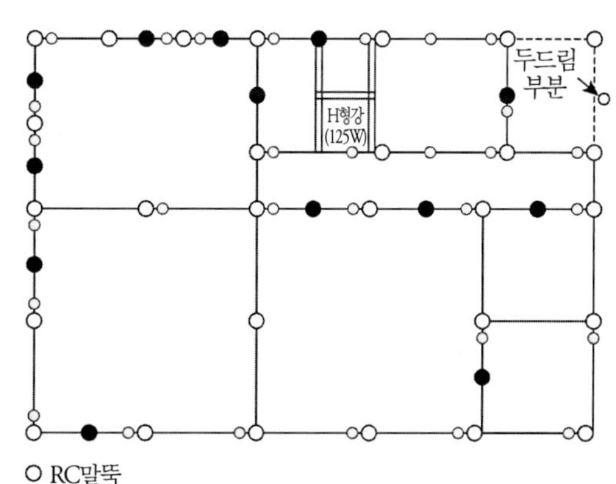

그림 4 두 번째 침하 수정 강관말뚝의 배치

5. 트러블에서 얻은 교훈

시공기계를 반력으로 하는 압입공법에서는 기계의 중량으로 그 압입길이가 정해지기 때문에 설계지지력 이상의 압입능력을 가진 시공기계를 선정해야 한다. 설계깊이까지 압입할 수 없는 경우에는 지지력을 확인할 필요가 있다.

10	소구경 RC말뚝의 부상 현상	종류	소구경 기성콘크리트말뚝
		공법	압입공법

1. 개요

소구경 RC말뚝(기성콘크리트말뚝, 선단폐색) 타설 후 항체가 지표방향으로 부상한 사례이다. 항체의 부상 현상은 중공부의 체적비가 큰 대구경 선단폐색말뚝에서 발생하는 경우가 많다. 중공부의 체적비가 작은 소구경말뚝도 같은 부상 현상이 과거에도 수 건 발생했지만 전체적으로는 적다.

토질주상도와 말뚝의 위치를 **그림 1**에 나타냈다. 본 부지는 경작지에 1.5 m 정도의 성토에 의해 조성된 택지이다. 성토 아래는 연약한 점토와 실트로 구성되며 *N*값 10 정도의 지반이 GL-14 m까지는 나타나지 않았다.

성토 후 10여 년이 경과했기 때문에 성토에 의한 압밀침하의 영향은 작다고 추정되었으나 건물의 침하 억제를 위해 소구경 RC말뚝을 사용했다. 설계는 *N*값 0이 이어지는 표층으로부터 5 m까지의 주면저항과 선단지지력은 고려하지 않고 장기 허용지지력의 검토를 실시했다.

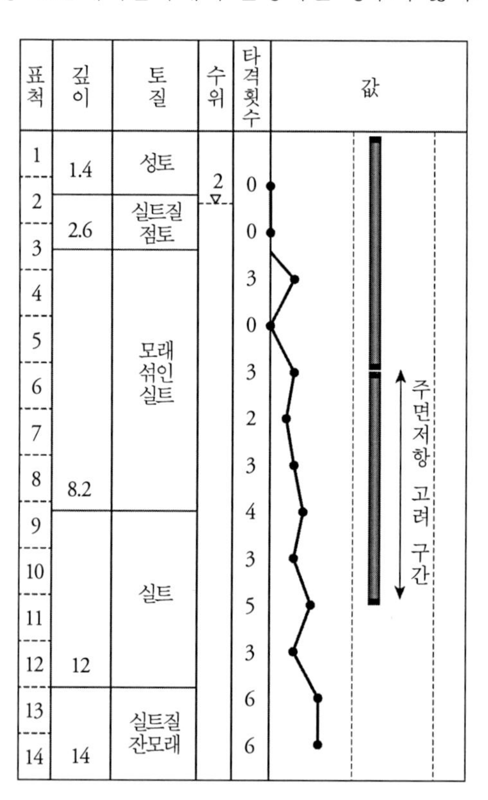

그림 1 토질주상도

2. 트러블 발생 상황

RC말뚝은 말뚝지름 ϕ250 mm, 말뚝길이 10 m(5+5 m·장부이음), 25본을 소정의 깊이까지 압입하였다. 다음 날 말뚝머리 레벨을 확인해보니 6본의 말뚝이 20~40 mm 부상하였다. 표층부의 주면저항을 고려하지 않은 설계이기 때문에 몇 센티미터의 절단이면 지지력에 대해 충분한 여유가 있었다. 그 때문에 부상한 말뚝머리는 레벨조정을 위해 콘크리트커터로 절단하였다.

재차, 시공 5일 후에 말뚝머리 레벨의 확인을 했는데, 다시 5본의 말뚝이 40~60 mm 부상하였다. 그중 1본은 시공 다음날 말뚝머리를 40 mm 절단한 말뚝으로, 합계 80 mm의 부상 현상을 일으켰다. 부상한 말뚝의 위치와 부상량을 **그림 2**에 나타냈다. 또한 부상량에는 위치에 따른 경향은 나타나지 않았다.

3. 트러블의 원인

주 원인의 단정은 어렵지만 여러 요인이 복합되어 항체의 부상 현상을 일으켰을 것으로 추정된다. 경험에 따르면, 이러한 현상은 지하수위가 높고 *N*값이 작은 점토와 실트가 두껍게 퇴적한 지반에서 발생하기 쉽다.

생각할 수 있는 요인은 다음과 같다.

① 말뚝 압입에 따른 과잉간극수압 발생으로 인한 주면저항의 저하

② 압입력의 해방에 의한 탄성적인 리바운드(**그림 3**)

③ 말뚝선단 폐색에 의한 부력의 발생

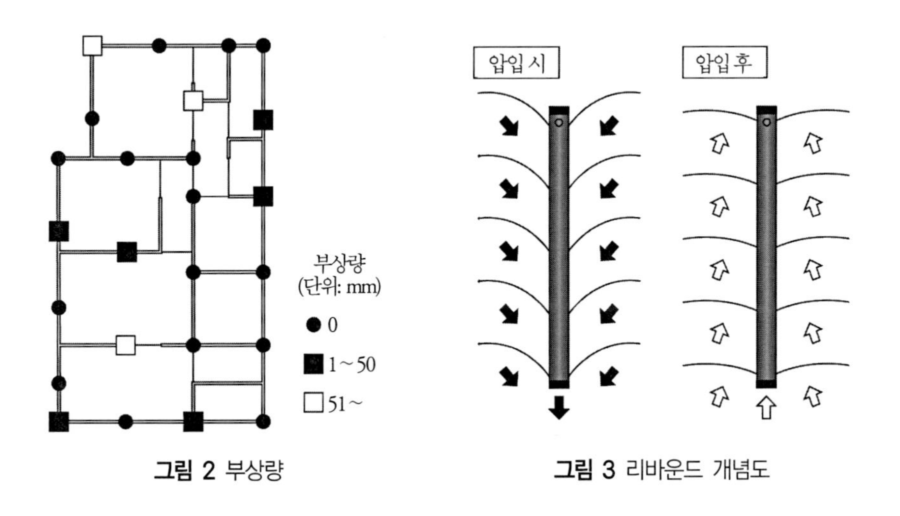

그림 2 부상량

그림 3 리바운드 개념도

4. 트러블의 대처·대책

본 사례는 말뚝머리를 콘크리트커터로 절단하여 레벨을 조정함으로써 대처했다. 말뚝이 부상하면 선단지지력을 기대할 수 없게 되지만, 이 대처는 지지력에 여유를 가진 계획에서 성립하는 방법이다.

연약층을 수반하는 지반에서 말뚝이 부상하지 않게 하려면 이하의 대책도 생각할 수 있다.

① 지반의 변형을 줄이기 위해 말뚝의 타설 속도를 늦춰 급격한 토압 상승을 억제한다.
② 타설하는 말뚝 간격을 가능한 한 띄워 인접한 말뚝에 영향을 미치지 않도록 타설 순서를 계획한다.
③ 부력이 생겨 부상할 우려가 있는 지반에 대해서는 말뚝 레벨을 유지할 수 있는 지그(jig)를 이용하는 것도 효과적인 수단이다. 그래도 부상이 발생한 경우에는 원칙적으로 시공기계 등으로 소정의 위치까지 압입한다.
④ 부력 경감을 목적으로, 말뚝재료로서 선단 개방형 말뚝을 채택한다. 단, RC말뚝은 인장응력에 약하기 때문에 선단 개방형을 사용할 경우에는 중공부에 흙이 충전됨으로써 내압에 의해 말뚝이 파손될 우려가 있음에 유의하여야 한다.

5. 트러블에서 얻은 교훈

부상 현상이 우려되는 지역에서는 상기 대책을 포함한 사전조사(인근의 실적·조사 결과, 구판 지형도 등)에 충분한 시간을 소비할 필요가 있다. 또한 지하수위가 높고 연약한 점성토가 이어지는 지반에서 시공할 때는 부상 방지 대책용 지그가 효과적이다.

말뚝기초 트러블과 대책

초판 발행 2023년 5월 30일

지은이 일본지반공학회
옮긴이 임종석, 김병일
펴낸이 김성배

책임편집 최장미
디자인 윤지환
제작 김문갑

발행처 도서출판 씨아이알
출판등록 제2-3285호(2001년 3월 19일)
주소 (04626) 서울특별시 중구 필동로8길 43(예장동 1-151)
전화 (02) 2275-8603(대표) | 팩스 (02) 2265-9394
홈페이지 www.circom.co.kr

ISBN 979-11-6856-142-7 (93530)